Geschichten aus der Mathematik

Heinz Klaus Strick

Geschichten aus der Mathematik

Indien, China und das europäische
Erwachen

 Springer

Heinz Klaus Strick
Leverkusen, Deutschland

ISBN 978-3-662-66905-1   ISBN 978-3-662-66906-8 (eBook)
https://doi.org/10.1007/978-3-662-66906-8

Die Deutsche Nationalbibliothek verzeichnet diese Publikation in der Deutschen Nationalbibliografie; detaillierte bibliografische Daten sind im Internet über https://portal.dnb.de abrufbar.

Planung/Lektorat: Iris Ruhmann
Springer ist ein Imprint der eingetragenen Gesellschaft Springer-Verlag GmbH, DE und ist ein Teil von Springer Nature.
Die Anschrift der Gesellschaft ist: Heidelberger Platz 3, 14197 Berlin, Germany

Vorwort

In den zurückliegenden 16 Jahren erschienen unter *https://www.spektrum.de/mathematik* über 200 Beiträge im Rahmen des „Mathematischen Monatskalenders". In diesen populärwissenschaftlich gehaltenen Kalenderblättern habe ich versucht, Persönlichkeiten aus der Geschichte der Mathematik vorzustellen, über deren Leben und Lebensumstände zu berichten und zu beschreiben, welche Beiträge diese Person zur Entwicklung der Mathematik geleistet hat.

Bei meinen eigenen Recherchen im Vorfeld der Erstellung der Kalenderblätter und aus den Rückmeldungen zu den Kalenderblättern wurde mir deutlich, dass es sich unbedingt lohnen würde, die oft vergessenen und nicht allgemein bekannten „Geschichten" aus der Mathematikgeschichte zusammenzuführen – auch, um einen besseren Überblick zu geben.

Besonders eindrucksvoll für mich als Autor waren die Einsichten, die ich bei der Recherche über Mathematiker aus anderen Kulturkreisen hatte. Diese waren mir und sind auch ansonsten im Allgemeinen nicht sonderlich bekannt. Die Namen der Mathematiker aus dem Vorderen, dem Mittleren und dem Hinteren Orient werden in Schulbüchern höchstens als Fußnote erwähnt und Beispiele von Aufgaben findet man oft nur als *kuriose* Zusatzangebote.

Unser Wissen über den Ablauf der Geschichte der mathematischen Wissenschaften ist im besonderen Maße eurozentrisch geprägt, d. h., es bezieht sich vor allem auf die Mathematik in und aus Europa: An vorderster Stelle steht das „griechische Erbe", das im Wesentlichen von Euklid in den *Elementen* zusammengetragen wurde; die Beiträge von Archimedes, Apollonius, Heron, Diophant und Pappos spielen eine eher geringere Rolle. Dass uns diese Werke erhalten blieben, verdanken wir insbesondere den Mathematikern des islamischen Kulturkreises. Dass diese Wissenschaftler die Werke der Antike nicht nur bewahrten, sondern oft sogar weiterentwickelten, wird gerne vernachlässigt. Beispielsweise wird der Name al-Khwarizmis oft nur erwähnt, weil aus der Verballhornung seines Namens die „modernen" Begriffe *Algebra* und *Algorithmus* entstanden.

Es lohnt sich, die ausführlichen Geschichten über Muhammed al-Khwarizmi, Ali al-Hasan Ibn al-Haitham, Abu Arrayhan al-Biruni, Omar Khayyam und Jamshid al-Kashi zu lesen – hier sei u. a. auf deren Kurzporträts in *Mathematik – einfach genial* (Springer 2020) verwiesen. Über diese und weitere Mathematiker des islamischen Kulturraums, nämlich über Nasir al-Din al-Tusi, Abu Yusuf al Kindi, Abu Ali al-Husain ibn Sina (Avicenna), Thabit ibn Qurra, Abu'l Wafa und Abu Bakr al Karaji, habe ich ebenfalls Kalenderblätter verfasst, die auch in englischer Übersetzung abrufbar sind. Leider musste aus Umfangsgründen darauf verzichtet werden, diese Beiträge im Rahmen dieses Buches zu berücksichtigen.

Die Idee, das hier vorliegende Buch in der schließlich gefundenen Form zusammenzustellen, entwickelte sich, als ich mich noch einmal mit der Geschichte der Jesuiten in China beschäftigte: Das Kalenderblatt über Matteo Ricci, Johann Adam Schall von Bell und Ferdinand Verbiest hatte ich als eines meiner ersten Blätter bereits im Jahr 2006 verfasst. Deren Plan, die „ungebildeten" heidnischen Chinesen durch Euklid von der Überlegenheit der europäischen Kultur zu überzeugen, ist faszinierend und gleichzeitig arrogant – mit anderen Worten: eurozentrisch verblendet.

Und so habe ich versucht, den Bogen zu spannen

- von den Jesuiten (Kap. 3), die im 17. Jahrhundert versuchten, mithilfe der *Elemente* des Euklid (Kap. 2) zu missionieren,
- bis hin zu ihren europäischen Zeitgenossen, deren Beiträge Europa endgültig aus dem mittelalterlichen Mathematik-Schlaf herausführten,

konkret: von Christopher Clavius, dem Lehrer Matteo Riccis (Abschn. 2.1), bis hin zu Clavius' Lehrer Pedro Nunes (Abschn. 8.6).

Auch hier musste aus Platzgründen darauf verzichtet werden, auf die rasante Entwicklung der Algebra durch die Beiträge von Niccolò Tartaglia, Girolamo Cardano, Rafael Bombelli und François Viète näher einzugehen, ebenso auf die Fortschritte, die sich hinsichtlich der Rechentechniken ergaben (u. a. Johann Werner, John Napier, Jost Bürgi), und auch nicht auf die Entwicklungen in der Vermessungskunde (u. a. Gemma Frisius, Gerard Mercator, Willebrord Snell). Auch hier sei auf die Kalenderblätter bzw. auf die Ausführungen in *Mathematik – einfach genial* verwiesen.

Nach den Ausführungen über die Entwicklung der Mathematik im alten China (Kap. 4) und auf dem indischen Subkontinent (Kap. 5), in denen erläutert wird, welch anspruchsvolle Mathematik in diesen Regionen betrieben wurde – zu einer Zeit, als sich Europa noch im mittelalterlichen Schlaf befand, geht es dann wieder in Europa mit Leonardo von Pisa weiter, der seiner Zeit weit voraus war (Kap. 6), bis hin zu weiteren Wissenschaftlern, die durch ihre Beiträge zu ersten neuen Fortschritten in der europäischen Mathematik beigetragen haben (Kap. 7 und 8).

In den Ausführungen der einzelnen Kapitel spielt die Entfaltung von Theorien nur eine geringe Rolle, vielmehr entwickelte sich die Mathematik durch das Lösen von konkreten Fragestellungen, von Aufgaben, die sich aus dem Alltag ergaben. Aus der Variation dieser Aufgaben, teilweise bis hin zu abstrusen Rahmenbedingungen in den Aufgabenstellungen, ergaben sich allgemeine Lösungsverfahren, die unabhängig von der ursprünglich untersuchten Situation anwendbar sind.

Dieses Buch enthält in den einzelnen Kapiteln eine Fülle von Problemstellungen, die ich aus den Schriften der über dreißig im Buch erwähnten Mathematiker entnommen habe, sowie Variationen dieser Aufgaben – nicht alle mit den zugehörigen Lösungen.

Vielleicht haben Sie, liebe Leserin, lieber Leser, Freude daran, die Lösungen selbst zu finden. Jedenfalls bietet dieses Buch viele Gelegenheiten dazu.

Die behandelten mathematischen Themen sind durchweg mit schulischem Vorwissen aus der Ober- oder Mittelstufe nachvollziehbar; in diesem Buch werden also keine mathematischen Anforderungen gestellt, die deutlich über das an der Schule erreichbare Niveau hinausgehen. Daher empfiehlt sich das Buch für alle, die sich gern mit Mathematik beschäftigen, und ist beispielsweise auch für Arbeitsgemeinschaften an Schulen und als Anregung für Facharbeiten geeignet.

Auch beim Verfassen dieses Buches ist es mir so ergangen wie bei meinen bisher im Springer-Verlag erschienenen Büchern:

Wenn man sich mit den Erkenntnissen und Ideen längst verstorbener Mathematiker auseinandersetzt, kommt man oft aus dem Staunen nicht heraus. Ich hoffe, dass es mir in diesem Buch auch gelungen ist, eine Reihe dieser wunderbaren, leider oft in Vergessenheit geratenen Einsichten wieder ins Bewusstsein zu bringen.

Ich habe mich bemüht, durch die Literaturhinweise genügend Anregungen für eine weitere Beschäftigung mit den angesprochenen Themen zu geben – vielleicht habe ich durch dieses Buch das Interesse entdeckt, die etwas ausführlicher behandelten Bücher – insbesondere von Leonardo von Pisa, Adam Ries, Christoff Rudolff und Michael Stifel – selbst zu lesen.

Erfreulicherweise hat die Qualität der deutschen Wikipedia-Beiträge (und der darin enthaltenen Literaturhinweise) in den letzten Jahren deutlich zugenommen; oft werden sie in der englischsprachigen Version noch übertroffen. Hier findet man auch zahlreiche Querverweise zu Einzelthemen.

Angeregt durch Hans Wußing (vgl. das folgende allgemeine Literaturverzeichnis) habe ich auch in das vorliegende Buch etliche Bilder von Briefmarken aufgenommen, durch die die Postverwaltungen der einzelnen Länder an die Leistungen von Persönlichkeiten erinnern, die in längst vergangenen Zeiten gelebt haben. Für die Genehmigung zur Wiedergabe dieser „kleinen Kunstwerke" bedanke ich mich bei den verschiedenen Behörden (in Deutschland ist – neben den Grafikern der einzelnen Briefmarken-Motive – das Bundesministerium der Finanzen zuständig).

Am Ende der Arbeit an diesem Buch möchte ich mich herzlich bei all denen bedanken, die mich bei der Vorbereitung und Umsetzung des Buchprojekts unterstützt haben, insbesondere

- bei meiner Frau, die es auch diesmal geduldig ertrug, dass ich mich immer wieder in die schöne Welt der Mathematik (und in die Lektüre der alten Schriften) vertiefte,
- bei meinem Sohn Andreas, der Porträtzeichnungen von Aryabatha, Brahmagupta, Bhaskara und Stifel anfertigte (siehe auch: https://kunst-a-s.jimdo.com), und

- bei Wilfried Herget, der mir auch diesmal wieder zahlreiche Anregungen gab, Formulierungen in meinen Texten verständlicher zu gestalten,

sowie bei Iris Ruhmann und Carola Lerch vom Springer Verlag, die dieses Buch erst
ermöglichten.

Leverkusen, Deutschland   Heinz Klaus Strick

Inhaltsverzeichnis

Einleitung 1

Inhaltsverzeichnis

▶ **Zusammenfassung** Unser heutiges Bild von Mathematik ist geprägt von der Entwicklung des Fachs auf unserem europäischen Kontinent. Andere Kulturen spielten und spielen in unserem Bewusstsein kaum eine Rolle.

Unser heutiges Bild von Mathematik ist geprägt von der Entwicklung des Fachs auf unserem europäischen Kontinent. Andere Kulturen spielten und spielen in unserem Bewusstsein kaum eine Rolle.

Der Aufbau des Geometrieunterrichts an unseren Schulen orientierte sich noch bis vor wenigen Jahrzehnten im Wesentlichen an den *Elementen* des Euklid.

Die heute üblichen Schreibweisen der Arithmetik und Algebra wurden im Laufe des 16. und 17. Jahrhunderts in Europa entwickelt ebenso wie die der analytischen Geometrie; in der Analysis gibt es bestenfalls noch den Streit darüber, wer von den beiden Europäern – Newton oder Leibniz – die größeren Verdienste erwarb.

Die Mathematik, die in China oder auf dem indischen Subkontinent entstand, ist im Allgemeinen nur wenig bekannt. Bestenfalls wird an das Dezimalsystem als „indisches Erbe" erinnert, also ein Stellenwertsystem zur Basis 10, einschließlich der hierfür verwendeten Ziffern.

Mit ziemlicher Sicherheit können wir davon ausgehen, dass die ersten großen Mathematiker Griechenlands wie Thales oder Pythagoras Anregungen für ihre mathematischen Einsichten im alten Ägypten und in Mesopotamien erhielten.

© Der/die Autor(en), exklusiv lizenziert an Springer-Verlag GmbH, DE, ein Teil von Springer Nature 2023
H. K. Strick, *Geschichten aus der Mathematik*,
https://doi.org/10.1007/978-3-662-66906-8_1

Immer wieder hat es Spekulationen darüber gegeben, welche Regionen von Thales und Pythagoras bereist wurden, bevor sie in Griechenland ihre mathematischen und philosophischen Lehren verkündeten. Waren sie „nur" in Ägypten und/oder Mesopotamien? Oder verbrachten sie ihre „Lehrjahre" vielleicht sogar in Indien und haben daher Erkenntnisse der „indischen Mathematik" nach Griechenland exportiert?

Aber was wissen wir tatsächlich? Welchen Austausch von mathematischem Wissen gab es – schon im Altertum oder seit Beginn der Neuzeit – mit den Wissenschaftlern des indischen Subkontinents oder gar mit den noch weiter von uns entfernt lebenden chinesischen Mathematikern? Welchen Einfluss hatte beispielsweise die Mathematik aus dem indischen Subkontinent auf die Mathematiker des islamischen Kulturkreises – über die Einführung der indischen Ziffern hinaus?

Der indische Autor Bhaskar Kamble weist in seinen Büchern *Hindu Mathematics – What they did not teach you at school, and why* und *The Imperishable Seed* auf verblüffende Übereinstimmungen der Lehren von Aristoteles, Platon und Sokrates mit den Aussagen der in Indien entstandenen Religionen hin.

Bei seinen Spekulationen über den wahren Ablauf der Geschichte geht er sogar so weit zu behaupten, dass die gesamte Entwicklung der europäischen Differenzial- und Integralrechnung durch die Übermittlung von Erkenntnissen indischer Mathematiker in Gang gesetzt wurde.

Tatsächlich gab es – wie in Kap. 1 dargestellt – von 1499 an Kontakte europäischer Forscher nach Indien: 1499 war das Jahr, in dem der Portugiese Vasco da Gama nach Umsegelung der Südspitze Afrikas den Seeweg nach Indien gefunden hatte und an der Küste Keralas gelandet war.

Zu Christopher Clavius (vgl. Abschn. 8.7) gelangten dann Informationen über einen möglichen Wissensvorsprung indischer Astronomen, die nützlich hätten sein können, um die Kalenderreform durchzuführen. Daher beauftragte er seinen Schüler, den in Mathematik bestens ausgebildeten Jesuiten Matteo Ricci, herauszufinden, warum es bei dem in Indien verwendeten Kalender keine Probleme mit der Festlegung von Hindu-Feiertagen gab – im Unterschied zu Europa, wo der Zeitpunkt des Frühlingsanfangs gemäß julianischem Kalender alle 130 Jahre um einen Tag nach vorne gerückt war und mittlerweile bereits auf den 11. März fiel, was wiederum Probleme mit der Festlegung der Feiertage des Kirchenjahres gab.

Matteo Ricci selbst weilte drei Jahre in der indischen Niederlassung der Portugiesen. Ob er besondere Einsichten der Mathematiker und Astronomen des indischen Subkontinents nach Europa transferieren konnte und welche das waren, wird sich wohl nicht mehr genau klären lassen.

Groß war auch das europäische Interesse an den astronomischen Tafeln der Inder, die offensichtlich genauer waren als die eigenen, sowie an den Navigationstechniken, die eine Beherrschung der Methoden der sphärischen Trigonometrie voraussetzten.

Im Zeitraum zwischen 1560 und 1650 traf eine Fülle von Berichten in Rom ein, die von dort aus auch zu den benachbarten Universitäten durchsickerten, wo beispielsweise Galileo Galilei (1564–1642) und Buonaventura Cavalieri (1598–1647) arbeiteten. Über Marin

Mersenne (1588–1648) gelangten Nachrichten von Rom aus auch an andere europäische Mathematiker wie René Descartes (1596–1650), Blaise Pascal (1623–1662), Pierre de Fermat (1607–1665) und Gilles de Roberval (1602–1675). James Gregory (1638–1675), der sich zwischen 1664 und 1668 in Italien aufhielt, veröffentlichte 1671 einen Beitrag über die Reihenentwicklungen trigonometrischer Funktionen – ohne Angabe darüber, wie er zu diesen Darstellungen gekommen ist.

In den Lebensgeschichten europäischer Mathematiker des 17. Jahrhunderts findet man kaum jemanden, der nicht in einen Prioritätenstreit mit einem anderen Mathematiker verwickelt war. Wollten einige von ihnen die tatsächliche Quelle ihrer „Eingebungen" für sich behalten, weil die Ideen eigentlich indischen Ursprungs waren und dies vor den anderen verborgen bleiben sollte?

Erhielt etwa Gottfried Wilhelm Leibniz (1646–1716) die Anregung, sich mit Determinanten zu beschäftigen, von Personen, die Kontakte zum japanischen Mathematiker Seki Kowa (1642–1708) hatten? Seki Kowa löste lineare Gleichungssysteme mithilfe von Determinanten – zehn Jahre vor Leibniz.

Über den Einfluss der im alten China entwickelten Erkenntnisse auf die europäische Mathematik – und möglicherweise umgekehrt – wissen wir noch weniger. Juschkewitsch, Joseph und Martzloff (siehe Literaturhinweise) gehen in ihren Büchern ausführlich auf diese Frage ein; aber letztlich bleibt die Quellenlage unsicher.

Zweifelsohne wurde in China eine Fülle von Schreibweisen und Techniken entwickelt, die teilweise erst sehr viel später auch in Indien und in Europa benutzt wurden; dazu zählen etwa die Schreibweise von Dezimalzahlen sowie die von Brüchen in Form zweier übereinanderstehenden Zahlen, die Verwendung von negativen Zahlen, die Betrachtung von Resten und Restklassen.

In Indien entstanden die ersten trigonometrischen Tabellen und kamen später erst nach China – aber wurden vielleicht die Grundideen hierfür zuvor bereits von Ptolemäus (85–165) gelegt und „wanderten" dann nach Osten?

Bei Ausgrabungen in China wurden römische Münzen gefunden; ebenso weiß man, dass in Rom Seide aus China gehandelt wurde, die längs der sog. Seidenstraße ins Land gekommen war. Wurden auf diesem Handelsweg auch Ideen der griechischen Mathematik in den Fernen Osten transferiert? Und gab es umgekehrt bereits im Altertum Anregungen aus China für die europäischen, die indischen oder die anderen Regionen?

Der Buddhismus breitete sich von Indien nach China aus – wurden parallel dazu auch mathematische Konzepte transferiert? Welchen Austausch gab es überhaupt zwischen indischen und chinesischen Wissenschaftlern? An einzelnen besonderen Aufgaben wie beispielsweise am sog. *100-Vögel-Problem* oder am *Problem des abgeknickten Bambus* kann man ablesen, dass es solche Beziehungen gegeben haben *muss*.

Welchen Einfluss auf die Geschichte der Mathematik in Indien ergaben sich aus den Kontakten während der Eroberungsfeldzüge durch Sultan Mahmud von Ghazni? In seiner

Begleitung war Abu Arrayhan al-Biruni, der u. a. Texte griechischer und arabischer Mathematiker in Sanskrit übersetzte.

Dschinghis Khan und seine Nachfolger eroberten ein gewaltiges Reich und verschleppten zahlreiche arabische und persische Wissenschaftler (insbesondere Astronomen) in das chinesische Kernland. Welche Wirkungen hatte dies (wechselseitig)?

Eine Klärung all dieser Fragen kann (und will) dieses Buch nicht leisten, vielmehr soll hier nur berichtet werden, welch erstaunliche Vielfalt an mathematischen Ideen außerhalb Europas entwickelt wurde und wie dann schließlich auch Europa aus dem mittelalterlichen Schlaf erwachte.

Das Buch enthält eine Reihe von Geschichten über Mathematik und über Mathematiker:

Vom (gescheiterten) Versuch, mithilfe der klassischen „europäischen" Mathematik die Chinesen von der Überlegenheit der europäischen Kultur (und damit auch der christlichen Religion) zu überzeugen, bis hin zu der europäischen Zeitenwende in der Mitte des 16. Jahrhunderts, als beim Drucker Johann Petreius in Nürnberg drei Bücher erschienen:

- *De revolutionibus orbium coelestium* (1543) von Nikolaus Kopernikus, durch das sich das physikalische Weltbild veränderte;
- *Arithmetica Integra* (1544) von Michael Stifel, durch das die Systematisierung der Rechenmethoden einen ersten Höhepunkt erreichte (vgl. Abschn. 8.3);
- *Ars magna sive de Regulis Algebraicis* (1545) von Girolamo Cardano, wodurch die Suche nach einem allgemeinen Verfahren zur Lösung kubischer Gleichungen endete und ein neues Kapitel der Algebra begann (vgl. hierzu auch *Mathematik – einfach genial*, Kap. 8).

Das vorliegende Buch beginnt mit Christopher Clavius und endet mit ihm (sowie einer Geschichte über seinen Lehrer, den Portugiesen Pedro Nunes, der mit der Veröffentlichung seines Algebra-Buches zu lange wartete und dann feststellen musste, dass durch das Buch von Girolamo Cardano ein Teil seines Lebenswerks bedeutungslos geworden war).

Im hinteren Teil des Buches ist eine Zeitleiste abgedruckt, aus der die *ungefähren* Zeiträume abgelesen werden können, in denen die Mathematiker lebten, die in diesem Buch erwähnt werden. Die Möglichkeit der korrekten Darstellung in einer solchen Zeitleiste findet ihre Grenzen am Ende der behandelten Epochen, da hier eine größere Anzahl von europäischen Mathematikern aufgelistet wird und hierfür der notwendige Platz fehlt. Insbesondere aber leidet jeder Versuch, die Entwicklung der Mathematik in der Form einer Zeitleiste darzustellen, darunter, dass u. a. die Namen der chinesischen Mathematiker in den vorchristlichen Jahrhunderten unbekannt sind und somit irrtümlich der Eindruck entstehen könnte, dass die Mathematik in dieser Region und in dieser Zeit kaum entwickelt war – was bestimmt nicht der Fall war, wie in Kap. 4 nachzulesen ist.

1.1   Allgemeine Literaturhinweise

Eine wichtige Adresse zum Auffinden von Informationen über Mathematiker und über Epochen ist die Homepage der St. Andrews University.
Biografien einzelner Personen findet man über den Index:

* https://mathshistory.st-andrews.ac.uk/Biographies/

Die Biografien der St. Andrews University beruhen u. a. auf zwei Webangeboten:

* https://www.encyclopedia.com/people/science-and-technology/mathematics-biographies/
* https://www.britannica.com/

In den letzten Jahren sind zahlreiche gut recherchierte Wikipedia-Beiträge entstanden, die auf allgemein zugängliche Quellen verweisen.
Informationen über deutschsprachige Mathematiker findet man auch unter

* https://www.deutsche-biographie.de/

ein Webangebot, über das der Zugang zur *Allgemeinen Deutschen Biografie* und der *Neuen Deutschen Biografie* möglich ist.
Darüber hinaus wurden folgende Bücher zur Geschichte der Mathematik als Quellen verwendet:

* Alten, Heinz-Wilhelm u. a. (2003): *4000 Jahre Algebra*, Springer, Berlin
* Ball, Rouse (1960): *A Short Account of the History of Mathematics*, Dover Publications, New York
* Cantor, Moritz (1900), *Vorlesungen über Geschichte der Mathematik,* Teubner, Leipzig
* Guericke, Helmuth (1993): *Mathematik in Antike und Orient*, Fourier, Wiesbaden
* Hermann, Dietmar (2014): *Die antike Mathematik*, Springer Spektrum, Berlin
* Herrmann, Dietmar (2016): *Mathematik im Mittelalter*, Springer Spektrum, Berlin Heidelberg
* Juschkewitsch, Andrei Pawlowitsch (1964): *Geschichte der Mathematik im Mittelalter*, Teubner, Leipzig
* Kordos, Marek (2002): *Streifzüge durch die Mathematikgeschichte*, Klett, Stuttgart
* Merzbach, Uta C., Boyer, Carl B. (2011): *A History of Mathematics*, 3rd Edition, John Wiley & Sons, Hoboken N.J.
* Scriba, Christoph J./Schreiber, Peter (2005): *5000 Jahre Geometrie*, Springer, Berlin
* Stillwell, John (2016): *Elements of Mathematics: From Euclid to Gödel*, Princeton University Press

- Swetz, Frank J. (2013): *The European Mathematical Awakening – A Journey Through the History of Mathematics from 1000 to 1800*, Dover Pub., Mineola
- van der Waerden, Bartel Leendert (1956): *Erwachende Wissenschaft*, Birkhäuser, Basel
- Wußing, Hans (2008): *6000 Jahre Mathematik – Von den Anfängen bis Leibniz und Newton*, Springer, Berlin

Europäische Missionare in China: Euklid als Wegbereiter für das Christentum?

2

Inhaltsverzeichnis

▶ **Zusammenfassung** In diesem Kapitel wird berichtet, wie Missionare aus dem Orden der Jesuiten versuchten, die chinesische Bevölkerung zum Christentum zu bekehren.

Seit Marco Polo über den Landweg nach China gereist war, sich dort von 1275 bis 1295 aufgehalten und nach seiner Rückkehr einen Reisebericht über das geheimnisvolle *Cathay* verfasst hatte, übten die unbekannten Länder im Osten eine starke Faszination auf die Menschen in Europa aus.

Im 15. und 16. Jahrhundert versuchten wagemutige Seefahrer, die Welt zu erkunden. Der Portugiese Vasco da Gama fand 1498 den Seeweg nach Indien und landete in Calicut (heute Kozhikode, Kerala). Die Fehden rivalisierender indischer Fürsten ausnutzend, konnten portugiesische Pioniere Handelsniederlassungen gründen: 1503 in Kochin (heute: Kochi, Bundesstaat Kerala) und 1505 in Goa. Weitere Stützpunkte längs der sog. Gewürzroute entstanden u. a. in Ceylon (Sri Lanka), in Malakka (Malaysia), in Macau und schließlich sogar in Nagasaki (Japan).

Die Niederlassung in Macau (englische Schreibweise: Macao), an der Mündung des Perlflusses im Süden Chinas gelegen, konnte erst 1557 nach langwierigen Verhandlungen gegen Zahlung einer Pacht an den chinesischen Kaiser eingerichtet werden; bis 1695 war Macau der einzige Seezugang für Fremde zum chinesischen Reich.

Den Händlern folgten die Missionare, vor allem aus dem Orden der Jesuiten, die den Auftrag der katholischen Kirche hatten, die chinesische Bevölkerung zum christlichen Glauben zu bekehren.

Ähnlich war die Situation in Japan: Die portugiesischen Briefmarken aus den Jahren 1992 und 1993 veranschaulichen die Ankunft portugiesischer Händler und Missionare in Japan im Jahr 1542.

2.1   Matteo Ricci (1552–1610)

Einer der ersten Missionare, die nach Indien und China reisten, war der Italiener Matteo Ricci.

Dieser hatte zunächst in Rom mit dem Studium der Rechte begonnen, war dann im Alter von 19 Jahren in den Jesuitenordnen eingetreten. Er studierte Mathematik und Astronomie bei **Christopher Clavius** (1538–1612, vgl. auch Abschn. 7.7), dem aus Bamberg stam-

menden Leiter der päpstlichen Kommission, die von Papst Gregor XIII. mit der längst
überfälligen Durchführung einer Kalenderreform beauftragt worden war.

Die links abgebildeten Briefmarken des Vatikans zeigen Clavius, der von Zeitgenossen
als „Euklid des 16. Jahrhunderts" bezeichnet wurde, wie er dem Papst den Entwurf der
neuen Zeitrechnung überreicht (*Gregorianische Kalenderreform*, 1582).

Im Jahr 1577 bat Ricci seine Vorgesetzten darum, als Missionar im fernen Osten
eingesetzt zu werden. Nachdem dies genehmigt war, begab er sich zusammen mit anderen
Jesuiten, die für den Einsatz in Indien und China vorgesehen waren, nach Lissabon.

Von Christopher Clavius hatte Matteo Ricci den Auftrag erhalten herauszufinden,
warum es bei dem in Indien verwendeten Kalender keine Probleme mit der Festlegung
von Hindu-Feiertagen gab – im Unterschied zu Europa, wo der Zeitpunkt des Frühlingsanfangs gemäß julianischem Kalender alle 130 Jahre um einen Tag nach vorne rückte und
mittlerweile bereits auf den 11. März fiel, was wiederum Probleme mit der Festlegung der
Feiertage des Kirchenjahres gab.

Am 24. März 1578 begann die lange, unsichere Reise zum portugiesischen Handels-
stützpunkt Goa in Indien; nicht alle Schiffe des Schiffskonvois und nicht alle Passagiere
kamen ans Ziel, das schließlich am 13. September des Jahres erreicht wurde.

In Goa beendete Ricci seine theologische Ausbildung und wurde zum Priester geweiht,
dann unterrichtete er an Jesuiten-Schulen in Goa und in Cochin.

Im August 1582 reiste er dann auf Anweisung seiner Vorgesetzten weiter nach Macau.
Immer noch wurde den Fremden jeglicher Zugang ins Landesinnere Chinas verwehrt.
Handelsbeziehungen waren in einem gewissen Umfang willkommen, aber dazu genügte
der Kontakt über die Niederlassung.

Die Ordensoberen hatten erkannt: Wenn man die Bevölkerung zum christlichen Glauben bekehren will, sollte man deren Sprache beherrschen und deren kulturelle Gewohn-
heiten kennen. Neu ankommende Missionare mussten daher zunächst Sprache und Schrift
erlernen und sich mit den philosophischen Lehren und den religiösen Bräuchen beschäftigen.

Der äußerst gelehrige Matteo Ricci arbeitete sich erfolgreich ein und bereits im darauffolgenden Jahr durfte er seinen Vorgesetzten **Michele Ruggieri** begleiten, als dieser
endlich die Erlaubnis erhielt, sich in Shiuhing (Zhaoqing) in der Provinz Kanton (Guang-
dong) niederzulassen.

Bei seinen Kontakten zur einheimischen Bevölkerung trat Ricci freundlich und hilfsbereit auf; anfangs kleidete er sich in der Art buddhistischer Mönche. Bewusst vermied er zunächst ein Gespräch über die christliche Botschaft, die zu lehren er eigentlich ins Land gekommen war.

Sein umfassendes Wissen und seine Fähigkeit, sich auf die fremde Kultur einzulassen und traditionelle chinesische Werte und Bräuche anzuerkennen, verschafften ihm bald hohes Ansehen unter den Gebildeten, die staunend zur Kenntnis nahmen, dass die Fremden doch nicht die „ungebildeten Barbaren" waren, was die Einheimischen üblicherweise über Nicht-Chinesen dachten.

Besonderes Aufsehen erregte Ricci 1584 mit einer selbst angefertigten Weltkarte, durch die er den seit Jahrhunderten in Isolation lebenden Chinesen die (Rand-)Lage und die tatsächliche Größe des Landes aufzeigte. Für die geografischen Bezeichnungen verwendete er die europäischen Namen, die er phonetisch in chinesische Schriftzeichen übersetzte – in Unkenntnis der Tatsache, dass der chinesische Admiral **Zeng He** Anfang des 15. Jahrhunderts Entdeckungsfahrten im asiatischen Raum durchgeführt hatte und es eigentlich eigene chinesische Bezeichnungen für die Länder in der Region gab.

Die Weltkarte (*Große Karte der zehntausend Länder*), die er auf Grundlage von Karten von **Gerardus Mercator** (1512–1594) und **Abraham Ortelius** (1527–1598) entworfen hatte, enthielt bereits den amerikanischen Kontinent (wenn auch die Proportionen noch nicht stimmten) sowie einen vermuteten, aber noch nicht entdeckten Südkontinent.

Die Briefmarken aus Belgien und den Niederlanden zeigen die beiden flämischen Kartenmacher jeweils mit einer Karte der Niederlande; die Briefmarken aus Italien und aus Guinea-Bissau mit dem Porträt Matteo Riccis enthalten die Weltkarte Riccis.

Diese Weltkarte öffnete den jesuitischen Missionaren letztlich sogar den Weg zum Kaiserpalast; der Herrscher war beeindruckt und ließ sich mehrere Weltkarten in vergrößerter Form herstellen. Ricci hielt daher später einmal die Anfertigung der Weltkarte „für die beste und nützlichste Tat …, um China die Sache unseres heiligen Glaubens näher zu bringen". Allerdings lernte Ricci den Kaiser nicht persönlich kennen – dies war erst seinen Nachfolgern vorbehalten.

Erst im Jahr 1601, also 19 Jahre nach dem ersten Betreten chinesischen Bodens, wurde Ricci der Zutritt zu der für Fremde verbotenen Stadt Peking (Beijing) erlaubt; unter dem chinesischen Namen **Li-Ma-Tou** lebte er dort wie ein Mandarin (Minister) am kaiserlichen Hof. Die Briefmarken aus Taiwan, Macau, Guinea-Bissau und Malta zeigen Ricci in der typischen Kleidung eines Mandarins.

Riccis mathematische Kenntnisse setzten die Gebildeten in Erstaunen, waren doch die herausragenden Errungenschaften chinesischer Mathematiker in Vergessenheit geraten – welchen Stand die chinesische Mathematik bis zum Jahr 1320 erreicht hatte, wird in Kap. 4 erläutert.

Riccis Sprachkenntnisse waren schließlich so weit entwickelt, dass er mehrere Bücher über theologische Themen in chinesischer Sprache verfasste, darunter einen Katechismus, der großzügig an Interessierte ausgegeben wurde. Seine behutsame Vorgehensweise trug wesentlich dazu bei, dass die Jesuiten Missionshäuser in verschiedenen Städten eröffnen konnten, darunter in Nanjing und Shanghai. Neugier erregten die in den Missionshäusern ausgelegten bunt gestalteten Bibeln und Darstellungen der Gottesmutter; im Jahr 1608 verzeichnete man insgesamt 2000 Taufen.

In Zusammenarbeit mit dem Angehörigen des chinesischen Hofes, dem Gelehrten **Xu Guangqi** (1562–1633), begann er im Jahr 1607, die ersten sechs Bücher der *Elemente* des Euklid (vgl. Kap. 3) ins Chinesische zu übersetzen.

Dabei erläuterte er seinem gelehrigen Schüler den Inhalt der von Clavius vorgenommenen lateinischen Übersetzung; dieser versuchte, dies – soweit er es verstanden hatte – in chinesischer Sprache angemessen wiederzugeben. In den Hinweisen für die Leser schrieb Xu Guangqi:

Vier Dinge in diesem Buch sind nicht notwendig: an den Sätzen zu zweifeln, neue Sätze zu vermuten, zu überprüfen oder zu modifizieren. Außerdem sind in diesem Buch vier Dinge unmöglich: irgendeinen Teil wegzulassen, zu widerlegen, zu kürzen oder die Reihenfolge zu verändern.

Die Briefmarken aus Taiwan und der Volksrepublik China (links) enthalten jeweils ein Porträt Xu Guangqis, die Briefmarken aus Guinea-Bissau und dem Vatikan zeigen die beiden Freunde, die Briefmarke rechts ein weiteres Porträt Matteo Riccis.

Im Unterschied zur strengen Vorgehensweise der griechischen Mathematik hatte sich die traditionelle chinesische Mathematik eher mit praktischen Fragen beschäftigt, also der *Anwendung* von Mathematik. Für die Grundbegriffe der euklidischen Geometrie wie Punkt, Kurve, Parallele, spitzer oder stumpfer Winkel gab es in der chinesischen Sprache keine eigenen Wörter.

Diese musste Xu Guangqi „erfinden“; seitdem sind sie, ebenso wie geometrische Planfiguren, Bestandteil auch der chinesischen Mathematik geworden. Xu Guangqi war so sehr von der Überlegenheit der europäischen Mathematik überzeugt, dass er selbst es nicht einmal bedauerte, dass die bedeutenden Schriften der klassischen chinesischen Mathematik verloren gegangen waren.

Ricci hoffte, durch die Vermittlung der wissenschaftlichen Leistungen des Westens auch die Überlegenheit des Christentums als Religion zu demonstrieren und hierdurch die chinesische Bevölkerung zu missionieren. Bei ihren Kontakten zu Chinesen der gebildeten Schichten führten sie die aus Europa mitgebrachten Musikinstrumente, mechanische Uhren und astronomische Messgeräte vor. Große Hoffnung setze Ricci darauf, den gregorianischen Kalender als überzeugendsten Beleg für die Stärke europäischer Wissenschaftler auch in China einzuführen.

Riccis taktisch kluges Vorgehen, bei dem die religiöse Lehre offensichtlich nicht im Mittelpunkt stand, wie auch seine Tolerierung des traditionellen Ahnen- und Konfuzius-Kultes der Chinesen stieß in der eigenen Kirche auf heftige Kritik, mit der sich aber erst Riccis Nachfolger auseinandersetzen mussten.

Ricci vertrat die Meinung, dass die Verehrung der Ahnen vergleichbar wäre mit der in allen Kulturen geltenden Ehrerbietung gegenüber den Eltern, solange sie lebten, und die Verehrung des Konfuzius nur ein Zeichen der Dankbarkeit gegenüber dem weisen Philosophen, der Leitlinien für das tägliche Handeln gegeben hatte. In Riccis Augen war dies kein heidnischer Aberglauben, der zu bekämpfen sei. Ihm war bewusst, dass abergläubische Bräuche in der einfachen Bevölkerung eine große Rolle spielte und sowieso kaum einzudämmen sind – dies galt ähnlich auch für die christliche Bevölkerung Europas.

Dominikanische Mönche meldeten Riccis Einstellung nach Rom weiter; auch kritisierten sie – theologisch spitzfindig – die von Ricci verwendeten Bezeichnungen *T'ien und Shang-ti,* weil mit *T'ien* im Chinesischen auch der physikalische Himmel und mit *Shang-ti* der weltliche Herrscher bezeichnet werde. Akzeptiert wurde *T'ien chu* (wörtlich: Herrscher des Himmels) als Bezeichnung für „den wahren Gott".

Bevor er seitens der vatikanischen Behörde zur Rechenschaft gezogen werden konnte, starb Ricci auf dem Höhepunkt seiner Karriere; er wurde mit höchsten Ehren in einem vom Kaiser gestifteten Grab in Peking beigesetzt.

2.2   Johann Adam Schall von Bell (1592–1666)

Einer der Nachfolger Riccis war der aus dem Rheinland stammende Jesuit Johann Adam Schall von Bell, vgl. die Briefmarken aus Deutschland und Taiwan.

Nach dem Besuch des Kölner Dreikönigsgymnasiums (*Tricoronatum*) bewarb er sich 16-jährig zum Studium der Mathematik und der Astronomie am *Collegium Germanicum* in Rom und wurde dort trotz seines jungen Alters aufgenommen. 1611 trat er in den Jesuitenorden ein und studierte Theologie am *Collegio Romano*. 1618 reiste er zusammen mit weiteren 21 Missionaren nach Macau, wo er (nach kurzem Zwischenaufenthalt in Goa) 15 Monate später eintraf.

Eine Weiterreise ins Landesinnere war zunächst nicht möglich, weil die chinesische Regierung gerade alle Jesuiten des Landes verwiesen hatte; die Wartezeit nutzte Schall zum Erlernen der chinesischen Sprache. Schall wurde aktiver Zeuge eines Überfalls durch ein niederländisches Kommando, das Macau als kolonialen Stützpunkt für niederländische Handelsschiffe erobern wollte. Von 1623 an durften die jesuitischen Missionare das Land wieder betreten.

Im Jahr 1629 kam es zu einem denkwürdigen Wettbewerb unter der Leitung von Xu Guangqi, der in der Zwischenzeit zum einflussreichsten Minister des Kaisers aufgestiegen war. Drei Gruppen wurden beauftragt, den genauen Termin der nächsten Sonnenfinsternis zu berechnen – eine Gruppe, die den Zeitpunkt nach den bisher in China üblichen Methoden berechnen sollte, eine Gruppe von muslimischen Astronomen, die seit Jahrzehnten die Leitung des astronomischen Amts innehatten, und eine Gruppe um Schall von Bell, die die in Europa entwickelten Methoden beherrschte. Die zuletzt genannte konnte alle Konkurrenten an Genauigkeit der Vorhersage übertreffen und erhielt den Auftrag des Kaisers, den aktuell gültigen Kalender zu reformieren.

Die Gestaltung eines Jahreskalenders war seit jeher ein besonderes Anliegen eines jeden Herrschers, konnte er auf diese Weise demonstrieren, dass er im Einklang mit den himmlischen Mächten lebte. Der chinesische Monat entsprach der Umlaufzeit des Mondes um die Erde, d. h. der Zeit vom Neumond zu Neumond. Zwölf Monate ergeben jedoch nur 354 Tage, daher wurden innerhalb von fünf Jahren zwei Schaltmonate eingefügt, was aber auch nicht ausreichte. Seit der Han-Dynastie (208 v. Chr.–8 n. Chr.) wurde der Kalender 70-mal neu gestaltet.

Schall verfasste mathematische und astronomische Bücher in chinesischer Sprache und baute neuartige astronomische Instrumente, u. a. im Jahr 1634 das erste in China benutzte Fernrohr – nach dem Vorbild von **Galileo Galilei** (1564–1642).

In seinem Werk *Traktat über das Fernrohr* veröffentlichte Schall eine Skizze des Sonnensystems, das von **Tycho Brahe** (1546–1601) entwickelt worden war (die im Mittelpunkt stehende Erde wird von der Sonne umkreist, um die sich wiederum die Planeten bewegen).

Dieses tychonische Weltbild wurde im Unterschied zum kopernikanischen Modell von der katholischen Kirche toleriert. Gleichwohl stand Brahe mit dem Protestanten **Johannes Kepler** (1571–1630) in Kontakt, der ihm seine *Rudolfinischen Tafeln* für zukünftige astronomische Berechnungen zur Verfügung stellte, d. h., seine Berechnungen führte Schall auf der Grundlage des von der Kirche verbotenen kopernikanischen Systems durch, ohne dies ausdrücklich gegenüber seinen chinesischen Schülern zu erwähnen. Möglicherweise hätte er auch Schwierigkeiten mit der Inquisition bekommen, die bereits seit 1545 in Goa tätig war und auf die strikte Einhaltung der Glaubenslehre achtete.

Nach dem Sieg der von Norden eindringenden Mandschu über die Ming-Dynastie wurde Schall 1644 Präsident des Astronomischen Amtes, außerdem Berater und Lehrer des ersten Mandschu-Kaisers Shunzhi. Als Mandarin nahm Schall großen Einfluss auf die Politik des neuen Kaisers.

1650 erhielt er sogar die Erlaubnis, im gesamten Land die christliche Religion zu verkünden und Kirchen zu bauen. Dies war jedoch nur ein scheinbarer Erfolg seines Missionierungsauftrags, denn erneut war er ins Visier der römischen Glaubenskongregation geraten, nachdem er von Dominikanern wegen Unterstützung des Aberglaubens angezeigt worden war (sog. *Ritenstreit*); außerdem wurde heftig kritisiert, dass er als Priester ein staatliches Amt innehatte.

Als Kaiser Shunzhi im Jahr 1662 unerwartet starb, gab man Schall die Schuld hierfür. Viele am Hof hatten nur auf eine Gelegenheit gewartet, dem Einfluss der unerwünschten Fremden Einhalt zu bieten. Zusammen mit neun seiner Mitarbeiter wurde Schall ins Gefängnis geworfen und Folterungen ausgesetzt.

Die Leitung des Astronomischen Amtes wurde an den Chinesen **Yang Guangxian** (1597–1669) übergeben, der Schall fehlerhafte astronomische Berechnungen vorwarf, die zu falschen Entscheidungen geführt hätten.

Im Gefängnis erlitt Schall einen Schlaganfall, sodass er sich im Prozess nicht selbst verteidigen konnte. Seine Verteidigung übernahm der Jesuit **Ferdinand Verbiest**, aber auch dieser konnte nicht verhindern, dass Schall und seine Mitarbeiter wegen Hochverrats zum Tode verurteilt wurden.

Ein starkes Erdbeben, das Teile des Palasts zerstörte, rettete die Verurteilten vor der Vollstreckung des Urteils. Die Richter sahen in der Naturkatastrophe ein Zeichen für das Eingreifen der Götter und somit einen Beweis für die Unschuld der inhaftierten Missionare.

Der seit dem Schlaganfall gelähmte Schall lebte noch ein Jahr in der Jesuiten-Mission in Peking; Verbiest wurde sein Nachfolger als Leiter der Mission, wurde jedoch unter Hausarrest gesetzt.

2.3 Ferdinand Verbiest (1623–1688)

Ferdinand Verbiest war nach dem Besuch einer Schule in Brügge an das Jesuitenkolleg in Kortrijk gewechselt, danach folgte ein Studium an der Universität von Leuven (Louvain), bevor er 18-jährig in den Jesuitenorden aufgenommen wurde. Nach Ablegen seines Gelübdes studierte er noch zwei Jahre lang Mathematik, Astronomie und Philosophie, danach unterrichtete er am Jesuitenkolleg in Kortrijk, bevor er seinen Vorgesetzten gegenüber den Wunsch äußerte, als Missionar nach Amerika gehen zu wollen.

Seinem mehrfach wiederholten Wunsch wurde nicht entsprochen, auch weil es nach Ansicht der spanischen Regierung dort bereits zu viele Missionare gab. Nach Studienaufenthalten in Rom und Sevilla entschied er sich dann für eine Missionstätigkeit in China, die 1655 genehmigt wurde. Bevor er die lange Schiffsreise antreten konnte, verweilte er noch zum eigenen Studium der Mathematik in Genua und übte er eine Lehrtätigkeit am Jesuiten-Kolleg in Coimbra (Portugal) aus. Am 4. April 1657 legte das Schiff in Lissabon ab, am

17. Juni 1658 erreichte es Macau, im Frühjahr 1659 erhielt Verbiest die Erlaubnis, das chinesische Festland zu betreten.

Nach einer kurzen Missionstätigkeit in der Provinz wurde der sprachgewandte Jesuit – er sprach außer seiner Muttersprache Niederländisch auch Mandschu, Latein, Deutsch, Spanisch, Italienisch und Tatar – Assistent von Johann Adam Schall zur Bell.

Als der neue Mandschu-Kaiser Kangzhi (1654–1722), Sohn des verstorbenen Kaisers Shunzhi, im Jahr 1669 die Macht übernahm, wurde er darüber informiert, dass die von Yang Guangxian durchgeführten Kalenderberechnungen Fehler enthielten.

Er ordnete daher einen Wettstreit zwischen den chinesischen und europäischen Astronomen an: Berechnet werden sollte die Schattenlänge eines Stabes (Gnomon) in der Mittagsstunde eines bestimmten Tages, die exakten Positionen der Sonne und der Planeten an einem bestimmten Tag sowie den genauen Zeitpunkt einer bevorstehenden Mondfinsternis.

Mithilfe der Rudolfinischen Tafeln und unter Nutzung des Fernrohrs gelang es Verbiest, in allen drei Herausforderungen die genaueren Werte zu bestimmen, worauf Yang Guangxian seines Amtes enthoben und in die Verbannung geschickt wurde.

Verbiest wurde zum neuen Leiter der Astronomischen Amtes ernannt und damit beauftragt, das Observatorium in Beijing mit neuen Instrumenten zu versehen; auf der Briefmarke von Macau sind diese im Durchmesser 2 m großen, aus Messing hergestellten Gerätschaften abgebildet (Altazimut, Himmelsglobus, Armillarsphären, Quadrant, Sextant).

Der Einfluss von Ferdinand Verbiest auf den neuen Mandschu-Kaiser war groß. Dieser beauftragte ihn nicht nur, die jährlichen Kalender mit besonderen astronomischen Ereignissen zu erstellen (Verbiest bestimmte sogar die Zeitpunkte der Sonnen- und Mondfinsternisse der kommenden 2000 Jahre), sondern er durfte ihn auch auf seinen Reisen durch das große Reich begleiten, u. a. war er an den in lateinischer Sprache geführten Grenzverhandlungen mit einer russischen Delegation beteiligt. Er unterrichtete den Herrscher in Geometrie, Trigonometrie, Philosophie sowie in Astronomie und erläuterte ihm die Lehren seines christlichen Glaubens.

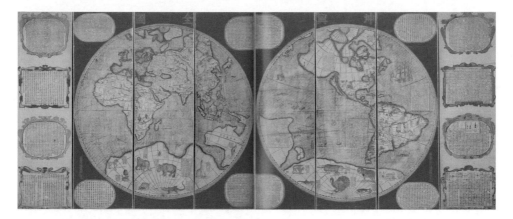

Abb. 2.1 Die Weltkarte von Ferdinand Verbiest

Kangzhi seinerseits gab den Missionaren die uneingeschränkte Erlaubnis, den christlichen Glauben im gesamten Land zu verkünden.

Der vielseitig begabte Wissenschaftler Verbiest erstellte eine Weltkarte mit zahlreichen Details, vgl. Abb. 2.1; er verfasste eine Grammatik für die Sprache Mandchu und eine Anleitung zum Bau von astronomischen Messinstrumenten. Er konstruierte einen (kleinen) Wagen, der mit Wasserdampf angetrieben wurde. Für die Armee des Kaisers ließ er Hunderte von leichten Kanonen gießen – so wie sie in dieser Zeit in Europa verwendet wurden.

1687 erlitt Verbiest einen Reitunfall, von dem er sich nicht mehr erholte. Wie Ricci wurde mit höchsten kaiserlichen Ehren an einer zentralen Stelle in Peking beigesetzt, vgl. die folgenden eigenen Fotos vom Zhalan-Friedhof.

Verbiests an den Papst gerichtete Bitte, Gottesdienste in chinesischer Sprache halten zu dürfen und auch chinesische Gläubige zu Priestern zu weihen, wurde zu seinen Lebzeiten nicht entsprochen. Im Ritenstreit übernahm schließlich Papst Clemens XI. im Jahr 1704 den Standpunkt der Dominikaner und verfügte eine strikte Beachtung (mit dem Schwur eines Gehorsamseids der Missionare), was Kaiser Kangzhi wiederum so sehr empörte, dass er die Tätigkeit westlicher Missionare verbot, wenn diese sich nicht an die *Regeln von Matteo Ricci* halten würden.

Unter Kangzhis Nachfolger Yongzheng wurde die Ausübung der christlichen Religion eingeschränkt; alle Missionare, außer denen, die direkt am Hof als Astronomen arbeiteten, wurden nach Macau verbannt.

Die Tätigkeit der Jesuiten hatte keine bleibenden Auswirkungen auf die Fortentwicklung der Mathematik in China. Der Versuch, Menschen zur Annahme einer kulturfremden Religion zu bewegen, indem man ihnen die Überlegenheit der astronomischen Methoden demonstrierte, zahlte sich letztlich nicht aus.

Der bedeutende chinesische Gelehrte **Mei Wending** (1633–1721) vertrat die Meinung, dass die *Neun Kapitel mathematischer Kunst* eigentlich alles Wesentliche enthalten. Die *Elemente* des Euklid beispielsweise bezeichnete er als „weitschweifig und mit zu vielen unnötigen Details überladen" und stellte die Frage „Warum erläutert Euklid die Konstruktion des goldenen Schnitts, ohne uns zu sagen, wofür man dies verwenden kann?" In einem Geometriebuch, das er verfasste, beschränkte er sich auf diejenigen Propositionen Euklids, die eine Gesetzmäßigkeit enthalten, mit der man Größen berechnen kann. Dass der Kaiser Gefallen an Verbiests Geometrie-Lektionen fand, tat er als unbedeutende Freizeitbeschäftigung ab.

2.4   Literaturhinweise

Eine wichtige Adresse zum Auffinden von Informationen über Mathematiker und deren wissenschaftliche Leistungen ist die Website der St. Andrews University.

Biografien der einzelnen Persönlichkeiten findet man über den Index

- https://mathshistory.st-andrews.ac.uk/Biographies/

Weitere Hinweise findet man in den Wikipedia-Beiträgen zu den einzelnen Mathematikern, insbesondere in den englischsprachigen Versionen.

Eine zusätzliche Quelle ist im Falle der drei Jesuiten die Online-Seite von *The Catholic Encyclopedia*

- https://www.newadvent.org/cathen/

Kalenderblätter über Matteo Ricci, Johann Adam Schall von Bell und Ferdinand Verbiest wurden bei *Spektrum online* veröffentlicht; das Gesamtverzeichnis findet man unter

- https://www.spektrum.de/mathematik/monatskalender/index/

Die englischsprachigen Übersetzungen dieser Beiträge sind erschienen unter

- https://mathshistory.st-andrews.ac.uk/Strick/

Die Abbildung der Weltkarte von Ferdinand Verbiest (Abb. 2.1) findet man bei Wikipedia:

- https://upload.wikimedia.org/wikipedia/commons/e/ed/Weltkarte_1674.jpg

Abdruck der Briefmarken des Vatikans mit freundlicher Genehmigung des *Governatorato dello Stato della Città del Vaticano.*

Abdruck der italienischen Briefmarken mit freundlicher Genehmigung des Ministero delle imprese e del Made in Italy.

Abdruck der niederländischen Briefmarken zu Mercator und Ortelius aus dem Jahr 2020 mit freundlicher Genehmigung der *Royal PostNL.*

Abdruck der Brahe- und Kepler-Briefmarken aus Tschechien aus den Jahren 1996 bzw. 2009 mit freundlicher Genehmigung von *Czech Post.*

Das europäische Erbe: Die ersten sechs Bücher der *Elemente* des Euklid

3

Inhaltsverzeichnis

▶ **Zusammenfassung** Dieses Kapitel beschäftigt sich mit dem Inhalt der ersten sechs Bücher der *Elemente* des Euklid, mit denen Matteo Ricci die Chinesen von der Überlegenheit der europäischen Wissenschaften im Vergleich zur chinesischen überzeugen wollte.

Die ersten Jesuiten-Missionare waren der Überzeugung, dass die *Elemente* des Euklid ihnen den Zugang zu den oberen, einflussreichen Schichten im chinesischen Reich öffnen würden – so, wie es ihnen selbst vermittelt worden war.

• *Es gibt keinen Königsweg zur Mathematik.*

Dies war – nach der Überlieferung – die Antwort Euklids auf die Frage des Pharaos Ptolemaios I., dem ehemaligen General Alexander des Großen, auf die Frage, ob es einen alternativen, weniger aufwendigen Weg zur Geometrie (zur Mathematik) gebe als

H. K. Strick, *Geschichten aus der Mathematik*,
https://doi.org/10.1007/978-3-662-66906-8_3

den über das Studium der *Elemente*, – also, ob man wirklich so viele Mühen auf sich nehmen müsse, um Mathematik (Geometrie) zu lernen.

Mit anderen Worten: Ohne das Studium der Euklid'schen *Elemente* kann man keinen Zugang zur Mathematik finden.

Die folgenden Briefmarken des Vatikans zeigen einen Ausschnitt aus Raffaels Gemälde *Die Schule von Athen* aus dem Jahre 1510/11, auf denen Pythagoras (links) und Euklid (rechts) dargestellt sind.

Zur Entstehung der *Elemente*

Über den griechischen Mathematiker Euklid ist nur wenig bekannt; in manchen Quellen wird das Jahr 325 v. Chr. als Erscheinungsjahr der *Elemente* (griechisch Στοιχεῖα) genannt. Es gilt als sicher, dass er während der Regierungszeit von Ptolemaios I. in Alexandria gelebt und gelehrt hat.

Mathematik wurde lange Zeit vor Euklid „erfunden". Erste mathematische Sätze über die Eigenschaften von geometrischen Figuren und von natürlichen Zahlen und deren Beweise findet man bereits bei **Thales** (624–547) und bei den Pythagoreern im 6. Jahrhundert v. Chr.

Möglicherweise hat Euklid nur wenige mathematische Sätze in das Werk eingebracht, die tatsächlich von ihm selbst stammen. Auch kann nicht mehr endgültig geklärt werden, ob nachträglich einzelne Passagen ergänzt oder aus der ursprünglichen Fassung gestrichen wurden.

Euklids besonderes Verdienst ist es, dass er es verstanden hat, die Erkenntnisse seiner Vorgänger (vor allem die der **Pythagoreer** sowie von **Archytas von Tarent** (428–350), **Eudoxos von Knidos** (408–355) und von **Theaitetos** (417–369)) systematisch zu ordnen und auf geniale Weise so zu einem Gesamtwerk zusammenzuführen, dass die nachfolgende mathematische Forschung und Lehre geprägt wurden.

Sein Hauptwerk, *Elemente* (Στοιχεῖα (griechisch), wörtliche Übersetzung: Anfangsgründe) wurde in Europa noch bis ins 19. Jahrhundert als Lehrwerk im Mathematikunterricht verwendet. Diese erste Enzyklopädie der Mathematik war das nach der Bibel am meisten verbreitete Buch der Weltliteratur – mit Sicherheit ist es das einflussreichste Werk der Mathematikgeschichte.

Dass dieses Kompendium des mathematischen Wissens der Antike erhalten wurde, verdanken wir den Übersetzungen aus dem Griechischen ins Arabische von Mathematikern des islamischen Kulturkreises, wie **al-Haddschadsch ibn Yusuf ibn Matar** (786–833), **Thabit ibn Qurra** (836–901) und **Nasir al-din al-Tusi** (1201–1274). Im ausgehenden Mittelalter wurden die Texte aus dem Arabischen ins Lateinische übersetzt, u. a. durch **Adelard von Bath** (1075–1160) und **Gerhard von Cremona** (1114–1187).

1482 veröffentlichte der deutsche Drucker **Erhard Ratdolt** in Venedig die erste gedruckte Fassung (in Latein). Von diesem Buch wurden mehr Exemplare gedruckt als in den Jahrhunderten zuvor durch Kopisten erstellt worden waren.

Danach erschienen Übersetzungen in vielen anderen Sprachen: u. a. **Niccolò Tartaglia** (1543, in Italienisch) und **Johann Scheubel** (1558, in Deutsch).

Die heutigen Ausgaben beziehen sich auf die textkritische Euklid-Übersetzung des dänischen Mathematikhistorikers **Johan Ludvig Heiberg** (1854–1928) aus den 1880er-Jahren. Heiberg stützte sein Werk u. a. auf ein griechisches Manuskript, das **François Peyrard** (1759–1822) in den vatikanischen Bibliotheken entdeckt hatte; dieses entsprach vermutlich einer sehr frühen, nicht bearbeiteten Fassung des euklidischen Texts.

Das Hauptwerk Euklids besteht aus 13 Büchern (Kapiteln); die ersten sechs beschäftigen sich mit der ebenen Geometrie. Die weiteren Bücher sind der Arithmetik und der Zahlentheorie zuzuordnen, eines ist der Lehre von den Proportionen gewidmet, die letzten Bücher den inkommensurablen Größen und der Raumgeometrie.

Ausgehend von Begriffsdefinitionen (wie beispielsweise in der Geometrie: „Ein Punkt ist, was keine Teile hat." oder „Eine Linie ist eine breitenlose Länge.") und logischen Axiomen (wie „Was demselben gleich ist, ist auch einander gleich.") werden in knappem Stil Hunderte von mathematischen Sätzen in streng logischer Folge aneinandergereiht.

Die Beweise der Sätze stützen sich nur auf die Definitionen und die logischen Axiome, in der Geometrie auch auf fünf Postulate (s. u.).

Typisch für die *Elemente* ist, dass die Auswahl der Sätze weder kommentiert noch – im Sinne einer Motivation – begründet wird.

Die Reihenfolge der Sätze ergibt sich aus den Beweisführungen: Wenn ein Satz sehr weit hinten in einem Kapitel steht, hat das den einfachen Grund, dass zu dessen Beweis eine Reihe von Vorüberlegungen notwendig sind, die vorher abgeschlossen, d. h. bewiesen sein müssen.

Allerdings besteht leicht die Gefahr, dass man sich bei den Schlüssen der Anschauung bedient oder stillschweigende Voraussetzungen macht – was bei einem streng geführten Beweis nicht sein darf. Ausführliche Hinweise auf solche Beweislücken und Scheinbeweise in den *Elementen* findet man u. a. in der Heath'schen Ausgabe der *Elemente* (vgl. Literaturverzeichnis).

Dennoch wurde die (zumindest angestrebte) Strenge der Vorgehensweise in Euklids Werk bis zum heutigen Tag zum Vorbild für Mathematiker und Naturwissenschaftler. Die Redewendung *more geometrico* (aus dem Lateinischen, deutsch: auf die Art und Weise wie die euklidische Geometrie) bezieht sich auf die konsequente Anwendung des *deduktiven Prinzips*.

Postulate

Die fünf Postulate des Euklid

Gefordert wird,

1. dass man von jedem Punkt zu jedem anderen Punkt eine gerade Strecke ziehen kann,
2. dass man eine begrenzte gerade Strecke beliebig verlängern kann,
3. dass man um jeden Punkt einen Kreis mit beliebigem Radius zeichnen kann,
4. dass alle rechten Winkel einander gleich sind,
5. dass, wenn eine gerade Linie von zwei geraden Linien so geschnitten wird, dass die innen auf derselben Seite entstehenden Winkel zusammen kleiner sind als zwei rechte Winkel, dann sich die beiden geraden Linien bei Verlängerung ins Unendliche auf derjenigen Seite schneiden, auf der die beiden Winkel liegen, die zusammen kleiner als zwei rechte sind.

Auch wenn man sich den Text nur oberflächlich anschaut, fällt auf, dass der Text des fünften Postulats erheblich umfangreicher und vom Satzbau komplizierter ist als der Text der ersten vier Postulate – Anlass für zahlreiche Mathematiker und über viele Jahrhunderte hinweg, alternative, besser verständliche Formulierungen zu finden oder sogar die im Postulat enthaltene Aussage mithilfe der anderen Postulate zu beweisen. Erst im 19. Jahrhundert wurde erkannt, dass auch Geometrien denkbar sind, in denen das 5. Postulat nicht gilt – dies sind die nicht – euklidischen Geometrien (hyperbolische und elliptische Geometrie).

Im Folgenden sollen die Inhalte der von Matteo Ricci und Xu Guangqi übersetzten ersten sechs Kapitel in knapper Form beschrieben und einzelne bemerkenswerte Sätze der Geometrie durch Abbildungen veranschaulicht werden.

Hinweis Bei der Auswahl der im folgenden aufgeführten Sätze wurde auch berücksichtigt, dass eine Reihe von Themen, die noch vor wenigen Jahrzehnten zum Unterrichtsstandard der weiterführenden Schulen gehörten, im heutigen Mathematikunterricht nicht mehr behandelt werden (oder höchstens nur noch oberflächlich). Insofern sollen die hier aufgeführten Sätze dazu anregen, sich mit den Ausführungen Euklids vertiefend auseinanderzusetzen. Erfreulicherweise gibt es zu nahezu allen diesen Themen brauchbare Wikipedia-Artikel mit zusätzlichen Literatur-Hinweisen.

3.1   Das Erste Buch der *Elemente* des Euklid

Das *Erste Buch* beginnt mit den Beweisen zur Durchführbarkeit von Konstruktionen wie die der Halbierung einer Strecke oder der Halbierung eines Winkels; dann folgen Sätze über Winkel (Gleichheit der Basiswinkel in gleichschenkligen Dreiecken, Gleichheit von

Scheitel- und Wechselwinkel, Winkelsumme im Dreieck), Kongruenzsätze für Dreiecke sowie Sätze über die Flächengleichheit von Dreiecken und Parallelogrammen mit übereinstimmender Grundseite und gleicher Höhe. Alle diese Themen sind heute noch Bestandteile des Geometrieunterrichts und werden daher hier nicht thematisiert.

Der folgende Satz enthält eine bemerkenswerte Aussage für Parallelogramme:

Satz I,43

Flächenanlegung (Umwandlung eines Parallelogramms in ein flächengleiches)

Durch Parallelen durch einen beliebigen Punkt der Diagonalen eines Parallelogramms wird die Fläche des Parallelogramms in vier kleinere Parallelogramme geteilt, von denen die beiden Parallelogramme, die auf verschiedenen Seiten der Diagonale liegen und diese in einem Punkt berühren, gleich groß sind.

Die Aussage des Satzes gilt offensichtlich, denn das Ausgangsparallelogramm wird durch die Diagonale halbiert ebenso wie die beiden nicht gefärbten Parallelogramme.

Dieser Satz kann genutzt werden, ein Parallelogramm in ein anderes flächengleiches umzuwandeln; diese Umwandlung wird als **parabolische Flächenanlegung** bezeichnet (παραβάλλειν (griechisch) = nebeneinanderstellen).

Den Abschluss bildet der Beweis des **Satzes von Pythagoras** und dessen Umkehrung (**Satz I,47** und **Satz I,48**). Der Beweis von **Satz I,47** erfolgt durch Anwendung des Satzes, den wir heute als *Kathetensatz des Euklid* bezeichnen.

Der Satz trägt mit Recht den Namen Euklids; denn *vor* Euklid war es üblich, den Satz mithilfe von Proportionen zu beweisen, hier aber wird die Kongruenz von Dreiecken sowie die Flächengleichheit von Dreiecken und halben Rechtecken verwendet.

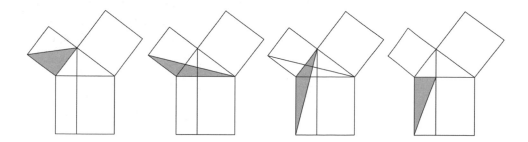

3.2   Das Zweite Buch der *Elemente* des Euklid

Das *Zweite Buch* der *Elemente* wird oft als *geometrische Algebra* bezeichnet; es beschäftigt sich mit Flächenbestimmungen, die sich – aus heutiger Sicht – auch so interpretieren lassen, dass mit ihnen Formeln begründet oder Gleichungen gelöst werden können.

Nacheinander werden Rechtecke und Quadrate auf unterschiedliche Weise kombiniert: Die folgende, zu **Satz II,2** gehörende erste Figur zeigt die Richtigkeit von $(a + b)^2 = a \cdot (a + b) + b \cdot (a + b)$, die zweite Figur (**Satz II,3**) von $a \cdot (a + b) = a^2 + ab$, die dritte (**Satz II,4**) von $(a + b)^2 = a^2 + b^2 + 2ab$, also die 1. binomische Formel.

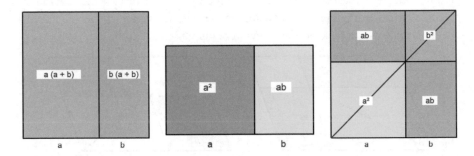

Der zu der letzten Figur gehörende Satz hat bei Euklid den folgenden Wortlaut:

Satz II,4
Geometrische Interpretation der 1. binomischen Formel
   Teilt man eine Strecke in zwei Abschnitte, so ist das Quadrat über der ganzen Strecke zusammen gleich den Quadraten über den Abschnitten und zweimal dem Rechteck aus den Abschnitten.

An späterer Stelle (**Satz II,12**) wendet Euklid diesen Satz an, um folgenden Satz zu beweisen:

- In einem stumpfwinkligen Dreieck ist das Quadrat über der Seite, die dem stumpfen Winkel gegenüber liegt, größer als die Summe der Quadrate über den beiden anderen Seiten, und zwar um das doppelte Rechteck, das gebildet wird aus einer dieser Seiten und der Verlängerung dieser Seite bis zum Fußpunkt der Höhe vom dritten Eckpunkt.

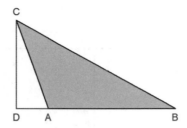

Im Beweis des Satzes wird **Satz II,4** angewandt:

$$BD^2 = AD^2 + AB^2 + 2 \cdot AB \cdot AD$$

Aus **Satz I,47** (**Satz des Pythagoras**) folgt für das ergänzte rechtwinklige Dreieck ACD: $AC^2 = AD^2 + CD^2$

und weiter für das Gesamtdreieck DBC:

$$BC^2 = BD^2 + CD^2 = \left(AD^2 + AB^2 + 2 \cdot AB \cdot AD\right) + \left(AC^2 - AD^2\right)$$
$$= AB^2 + AC^2 + 2 \cdot AB \cdot AD > AB^2 + AC^2$$

Geometrische Konstruktionen zur Lösung bestimmter quadratischer Gleichungen
Im Folgenden werden wir uns mit zwei Figuren beschäftigen, deren Stellenwert insbesondere erst an späterer Stelle deutlich wird: Euklid verwendet die hier bewiesenen Sätze am Ende des *Dritten Buches* zum Beweis zweier Sätze über Sehnen im Kreis bzw. Sekanten und Tangenten am Kreis (s. u.). Darüber hinaus werden diese Sätze noch einmal im *Sechsten Buch* (**Satz VI,28** und **Satz VI,29**) aufgegriffen, dort aber für Parallelogramme formuliert.

Satz II,5

Teilung einer Strecke in gleiche und ungleiche Abschnitte
   Wird eine Strecke an einem Punkt in zwei gleiche Teile geteilt und in einem anderen Punkt in zwei ungleiche Teile, dann sind das Rechteck, das sich aus den ungleichen Abschnitten ergibt, und das Quadrat über der Strecke zwischen den teilenden Punkten zusammen genauso groß wie das Quadrat über der halben Strecke.

(Fortsetzung)

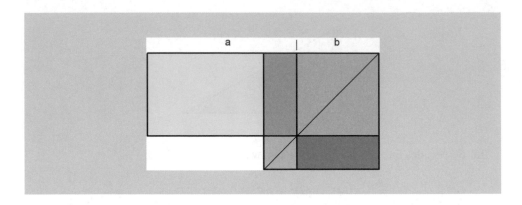

Die geometrische Figur wird auch als **elliptische Flächenanlegung** bezeichnet (ἐλλε-ιπειν (griechisch) = fehlen, kürzen), da die zwei Hälften der Gesamtstrecke um b „gekürzt" wird.

Die zu **Satz II,5** gehörende Figur bedarf einer genaueren Analyse:

Die obere Seite der Figur setzt sich aus den Strecken der Längen a und b zusammen. Die Gesamtstrecke ist in der Mitte geteilt.

Das gelb gefärbte Rechteck hat daher die Seitenlängen $\frac{a+b}{2}$ und b; es ist genauso groß wie das rosa und das grün gefärbte Rechteck zusammengenommen.

Da das rosa- und das salmonfarbige Rechteck gleich groß sind (s. o.), ist das gelb gefärbte Rechteck auch ebenso groß wie das salmonfarbige und das grün gefärbte Rechteck zusammen:

$$gelb = grün + salmon$$

Die beiden gleich großen schmalen Rechtecke (rosa bzw. salmonfarbig) haben die Seiten-längen $\frac{a+b}{2} - b = \frac{a-b}{2}$ und b, das hellblau gefärbte Quadrat die Seitenlänge $\frac{a-b}{2}$, das grün gefärbte Quadrat die Seitenlänge b.

Die beiden gelb bzw. rosa gefärbten Rechtecksflächen zusammen haben den Flächen-inhalt $a \cdot b$, also

$$gelb + rosa = a \cdot b.$$

Das große Quadrat rechts von der Mitte der Strecke $a + b$, bestehend aus den vier Teilflächen (rosa, grün, hellblau, salmon), hat den Flächeninhalt $\left(\frac{a+b}{2}\right)^2$; zieht man das hellblau gefärbte Quadrat ab, dann bleibt für das L-förmige *Gnomon* (rosa, grün, salmon) der Flächeninhalt $\left(\frac{a+b}{2}\right)^2 - \left(\frac{a-b}{2}\right)^2$, also

$$grün + salmon + rosa = \left(\frac{a+b}{2}\right)^2 - \left(\frac{a-b}{2}\right)^2.$$

Und somit ergibt sich schließlich

$$a \cdot b = gelb + rosa = grün + salmon + rosa = \left(\frac{a+b}{2}\right)^2 - \left(\frac{a-b}{2}\right)^2,$$

$$\text{also}: gelb + rosa + hellblau = grün + salmon + rosa + hellblau.$$

Hieraus ergibt sich:

gelb + *rosa* + *hellblau* = Rechteck, das sich aus den ungleichen Abschnitten ergibt, und das Quadrat über der Strecke zwischen den teilenden Punkten

grün + *salmon* + *rosa* + *hellblau* = Quadrat über der halben Strecke

Damit ist der Satz II,5 bewiesen.

Wegen $\left(\frac{a+b}{2}\right) + \left(\frac{a-b}{2}\right) = a$ und $\left(\frac{a+b}{2}\right) - \left(\frac{a-b}{2}\right) = b$ lässt sich der Satz II,5 auch wie folgt formulieren:

$$\left(\frac{a+b}{2} + \frac{a-b}{2}\right) \cdot \left(\frac{a+b}{2} - \frac{a-b}{2}\right) = \left(\frac{a+b}{2}\right)^2 - \left(\frac{a-b}{2}\right)^2.$$

Setzt man $\alpha = \frac{a+b}{2}$ und $\beta = \frac{a-b}{2}$, dann besagt die zuletzt erhaltene Gleichung nichts anderes als die 3. binomische Formel:

- $(\alpha + \beta) \cdot (\alpha - \beta) = \alpha^2 - \beta^2.$

Der Zusammenhang $a \cdot b = \left(\frac{a+b}{2}\right)^2 - \left(\frac{a-b}{2}\right)^2$ kann auch benutzt werden, um quadratische Gleichungen vom Typ $x \cdot (c - x) = d^2$, also $cx - x^2 = d^2$ zu lösen (mit c, d 0).

Beispiel:

$x \cdot (10 - x) = 21$

Mit den Bezeichnungen der oben stehenden Figur ist hier $b = x$ und $a = 10 - x$, also $a + b = 10$; hieraus ergibt sich der erste Schritt der Konstruktion, nämlich die Strecke der Länge 10 und das rechts anliegende Quadrat mit der Seitenlänge $\frac{a+b}{2} = 5$, also mit Flächeninhalt $\left(\frac{a+b}{2}\right)^2 = 25$, vgl. folgende Abb. links.

Gesucht ist dann die Größe $b = x$ derart, dass

(Fortsetzung)

$$\left(\frac{a+b}{2}\right)^2 - \left(\frac{a-b}{2}\right)^2$$

$$= 21 \quad (= \text{grau gefärbte Gnomonfläche in der folgenden Abb.rechts}).$$

Diese Bedingung ist erfüllt, wenn $\left(\frac{a-b}{2}\right)^2 = 4$, also wenn das hellblau gefärbte Quadrat die Seitenlänge $\frac{a-b}{2} = 2$ hat. Hieraus ergibt sich unmittelbar, dass $x = 3$.

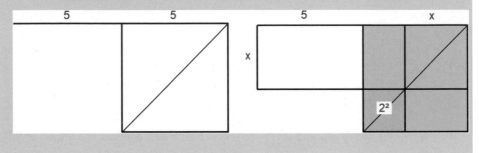

Die o. a. quadratische Gleichung ergibt sich beispielsweise aus der folgenden Aufgabenstellung:

Aufgabe

Gesucht sind die Seitenlängen eines Rechtecks, dessen Umfang $u = 20$ LE ist und dessen Flächeninhalt $A = 21$ FE beträgt.

Aus $u = 2 \cdot (a + b) = 20$, also $a + b = 10$, folgt $a = 10 - b$, und mit $A = b \cdot (10 - b) = 21$ liegt genau die o. a. quadratische Gleichung vor.

Satz II,6

Teilung einer verlängerten Strecke

Wird eine Strecke verlängert, dann ist das Rechteck, das sich aus dem Abschnitt der Verlängerung und der gesamten verlängerten Strecke ergibt, zusammen mit dem Quadrat über der halben Strecke flächengleich zum Quadrat, das über der halben Strecke zusammen mit der Verlängerung errichtet ist.

(Fortsetzung)

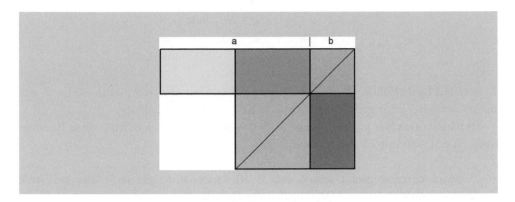

Die geometrische Figur wird auch als **hyperbolische Flächenanlegung** bezeichnet (ὑπερβάλλειν (griechisch) = überschießen, darüber hinausgehen), da die zwei Hälften der Strecke a um b verlängert wird.

Die im Satz enthaltene Gleichung ist die leicht nachvollziehbare Beziehung $(a + b) \cdot b = \left(\frac{a}{2} + b\right)^2 - \left(\frac{a}{2}\right)^2$.

Dieser Satz kann zur Lösung von quadratischen Gleichungen vom Typ $x \cdot (c + x) = d^2$, also von $x^2 + cx = d^2$ genutzt werden.

Beispiel:

$x \cdot (10 + x) = 39$

Aus $x \cdot (10 + x) = gelb + rosa + grün = rosa + grün + salmon = (5 + x)^2 - 5^2 = 39$ folgt $(5 + x)^2 = 64$ und somit $x = 3$.

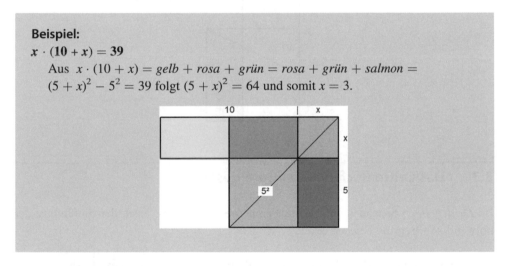

Die nächsten Sätze enthalten weitere geometrische Darstellungen von algebraischen Gleichungen, u. a. die folgenden:

$$a^2 + b^2 = 2ab + (a - b)^2 \text{ (\textbf{Satz II, 7})}$$

$$4ab + (a - b)^2 = (a + b)^2 \; (\textbf{Satz II}, 8)$$

$$(a + b)^2 + (a - b)^2 = 2 \cdot \left(a^2 + b^2\right) \; (\textbf{Satz II}, 9)$$

In **Satz II,11** geht Euklid auf die Lösung der quadratischen Gleichung $a \cdot (a - x) = x^2$ ein; diese Gleichung kann auch in der Form $x^2 + ax = a^2$ notiert werden.

Es handelt sich hier um die *Teilung einer Strecke im Goldenen Schnitt* (diese Bezeichnung ist erst seit dem 19. Jahrhundert üblich):

- Eine Strecke soll so geteilt werden, dass das Rechteck aus der ganzen Strecke und einem der Abschnitte gleich dem Quadrat über der restlichen Strecke ist.

Die zu dieser sog. **stetigen Teilung** gehörende quadratische Gleichung ergibt sich aus der Verhältnisgleichung $a : x = x : (a - x)$.

Die Konstruktion der Streckenteilung kann man der folgenden Abbildung entnehmen.

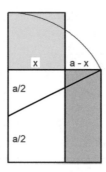

3.3   Das Dritte Buch der *Elemente* des Euklid

Im *Dritten Buch* behandelt Euklid die Geometrie des Kreises. Nach der Einführung der notwendigen Begriffe beweist er u. a.:

- Zwei Kreise können sich in höchstens zwei Punkten schneiden. (**Satz III,10**)
- Gleich lange Sehnen in einem Kreis haben auch den gleichen Abstand zum Mittelpunkt und umgekehrt. (**Satz III,14**)

In **Satz III,17** geht er auf die Konstruktion einer Tangente von einem Punkt P an den Kreis mit Mittelpunkt M ein. Im Geometrieunterricht wird der gesuchte Berührpunkt T üblicherweise mithilfe eines Thales-Halbkreises um den Mittelpunkt C der Strecke MP konstruiert (vgl. Abb. links).

Euklid wählte in den *Elementen* eine Konstruktion, bei der ein Kreis um *M* durch den Punkt *P* gezeichnet wird; dann ergibt sich eine wunderbare symmetrische Figur mit Hilfspunkten *A* und *B* sowie dem gesuchten Berührpunkt *T* (vgl. Abb. rechts).

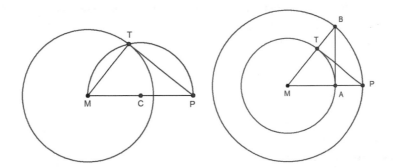

In den *Elementen* folgen dann die Sätze über Mittelpunkts- und Umfangswinkel sowie über Winkelsummen in Sehnenvierecken:

- In einem Kreis ist der Winkel am Mittelpunkt (Mittelpunktswinkel) doppelt so groß wie ein Winkel an der Umfangslinie (Peripheriewinkel), wenn beide Winkel über demselben Kreisbogen liegen. (**Satz III,20**, vgl. folgende Abb. links)

und

- In einem Kreis sind alle Peripheriewinkel gleich, die im selben Kreisabschnitt liegen. (**Satz III,21**, vgl. mittlere Abb.)

sowie

- In einem Sehnenviereck sind jeweils die beiden einander gegenüberliegenden Winkel so groß wie zwei rechte Winkel. (**Satz III,22**, vgl. Abb. rechts)

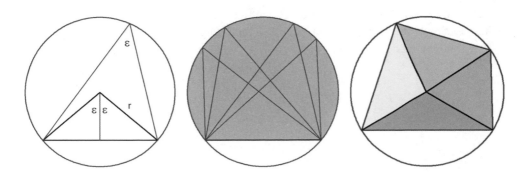

Die folgenden Sätze beschäftigen sich mit der Eindeutigkeit von Konstruktionen, mit Winkeln zwischen Tangenten und Sehnen sowie der Konstruktion von Kreisen zu gegebenen Peripheriewinkeln.

In **Satz III,31** wird besonders herausgestellt, dass die Peripheriewinkel über einem Durchmesser rechte Winkel sind (in der Schulgeometrie wird dieser Sachverhalt üblicherweise als **Satz des Thales** bezeichnet) und dass die Peripheriewinkel in Kreisabschnitten, die kleiner bzw. größer als ein Halbkreis sind, größer bzw. kleiner sind als rechte Winkel.

Den „krönenden" Abschluss des *Dritten Buches* bilden zwei Sätze über Strecken auf Geraden, die einen Kreis schneiden bzw. diesen berühren:

Satz III,35

Sehnen-Satz

Schneiden sich zwei Sehnen in einem Kreis, dann ist das Rechteck aus den Abschnitten der einen Sehne flächengleich zum Rechteck aus den Abschnitten der anderen Sehne.

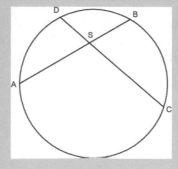

Satz III,36

Sekanten-Tangenten-Satz

Zeichnet man von einem Punkt außerhalb eines Kreises eine Tangente an den Kreis sowie eine beliebige Sekante, die den Kreis in zwei Punkte schneidet, dann ist das Quadrat über dem Tangentenabschnitt flächengleich zum Rechteck aus den Abschnitten auf der Sekante.

(Fortsetzung)

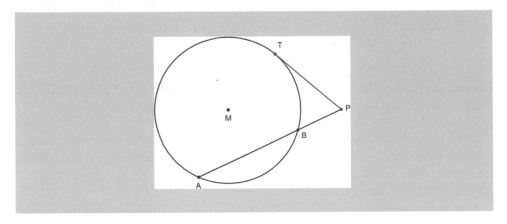

Den Beweis des *Sehnen-Satzes* führt Euklid mithilfe von **Satz II,5** für die Strecke *AB*, die durch den Schnittpunkt *S* geteilt wird, vgl. die folgende Abb. links.

Mit $a = AS$ und $b = SB$ ist hier $\frac{a+b}{2} = AE = EB$ und $\frac{a-b}{2} = ES$, also gemäß Satz II,5:

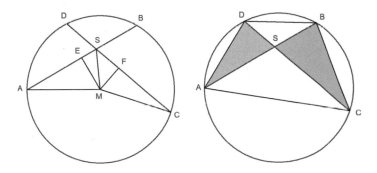

$$AS \cdot SB = a \cdot b = \left(\frac{a+b}{2}\right)^2 - \left(\frac{a-b}{2}\right)^2 = EB^2 - ES^2 \text{ und hieraus } AS \cdot SB + ES^2 = EB^2.$$

Andererseits gilt gemäß dem Satz von Pythagoras für die beiden rechtwinkligen Dreiecke *AME* und *MSE*:

$$SM^2 - ES^2 = AM^2 - AE^2, \text{ also } AM^2 - SM^2 = r^2 - SM^2 = AE^2 - ES^2 =$$

$$\left(\frac{a+b}{2}\right)^2 - \left(\frac{a-b}{2}\right)^2 = a \cdot b.$$

Analog folgt für die Abschnitte $c = CS$ und $d = SD$:

$$r^2 - SM^2 = \left(\frac{c+d}{2}\right)^2 - \left(\frac{c-d}{2}\right)^2 = c \cdot d \text{ und somit die Gleichung } a \cdot b = c \cdot d.$$

Hinweis Der Beweis kann auch mithilfe der Seitenverhältnisse in ähnlichen Dreiecken geführt werden (vgl. Abb. oben rechts):

Die Dreiecke ASD und SCD sind zueinander ähnlich, da die Winkel übereinstimmen (Scheitelwinkel bei S, Peripheriewinkel bei B und D über der Sehne AC sowie die Peripheriewinkel bei A und C über der Sehne BD). Daher gilt die Proportionalität: $AS : SD = CS : SB$ und also $AS \cdot SB = CS \cdot SD$.

Den Beweis des *Sekanten-Tangenten-Satzes* führt Euklid mithilfe von **Satz II,6**, vgl. die folgende Abb. links.

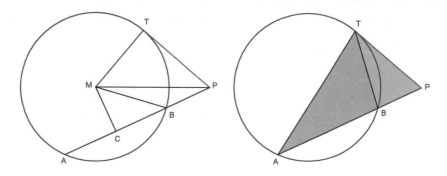

Mit $a = AB$ und $b = BP$ ergibt sich aus Satz II,6: $(a + b) \cdot b = AP \cdot BP = CP^2 - CB^2$. Für die rechtwinkligen Dreiecke CBM und CPM gilt

$$CM^2 = MB^2 - CB^2 = MP^2 - CP^2, \text{ also } CP^2 - CB^2 = MP^2 - MB^2 = MP^2 - r^2.$$

Im rechtwinkligen Dreieck MPT gilt: $PT^2 = MP^2 - MT^2 = MP^2 - r^2$,
zusammengefasst gilt also: $AP \cdot BP = CP^2 - CB^2 = MP^2 - r^2 = PT^2$.

Hinweis Auch dieser Satz lässt sich mithilfe einer Verhältnisgleichung der beiden zueinander ähnlichen Dreiecke APT und BPT beweisen, vgl. Abb. oben rechts. Aus $PT : PA = PB : PT$ folgt $PT^2 = PA \cdot PB$.

3.4   Das Vierte Buch der *Elemente* des Euklid

Im *Vierten Buch* werden die Konstruktionen des Inkreises und des Umkreises von (beliebigen) Dreiecken erläutert sowie die Konstruktion bei regelmäßigen 4-Ecken, 5-Ecken und
6-Ecken sowie deren In- und Umkreise.

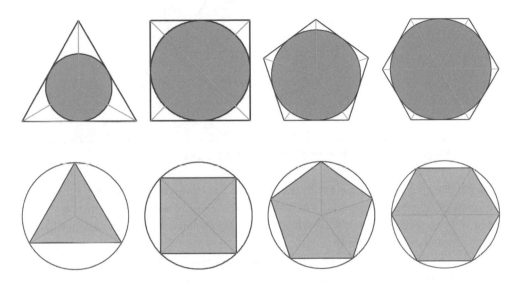

Bei der Konstruktion des regelmäßigen 5-Ecks wird **Satz II,11** angewandt.

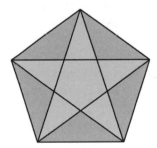

Durch Kombination der Konstruktion von regelmäßigen 3- und 5-Ecken ergeben sich
regelmäßige 15-Ecke, vgl. die folgende Abb.

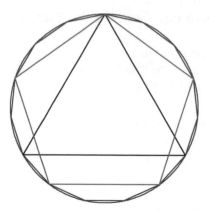

3.5   Das Fünfte Buch der *Elemente* des Euklid

Das *Fünfte Buch*, das auf die **Proportionenlehre** des **Eudoxos von Knidos** zurückgeht, beschäftigt sich mit Größen und Verhältnissen von Größen, wobei damit nicht nur Strecken, sondern auch Winkel oder Flächen gemeint sein können. Das Kapitel ist unabhängig von den vorangehenden Büchern.

Dass die Proportionen in der griechischen Mathematik eine so große Rolle gespielt haben, hängt damit zusammen, dass bei ihnen mit *Zahlen* immer *natürliche* Zahlen gemeint sind. Brüche, also rationale Zahlen, existierten nur in dem Sinne, dass sie sich durch Verhältnisse von Streckenlängen beschreiben lassen.

Die im *Fünften Buch* gehandelten Gesetzmäßigkeiten wurden daher mithilfe von Strecken dargestellt. Beispielsweise wird gezeigt:

- Aus $a : c = b : c$ folgt $a = c$.
- Aus $a : b = c : d$ folgt $a : c = b : d$ und umgekehrt.
- Mit $a : b = c : d$ gilt auch $a : b = (a + c) : (b + d)$ und umgekehrt.
- Aus $a : b = d : e$ und $b : c = e : f$ folgt $a : c = d : f$.
- Aus $a : b = e : f$ und $b : c = d : e$ folgt $a : c = d : f$.

3.6   Das Sechste Buch der *Elemente* des Euklid

In diesem Buch stellt Euklid Eigenschaften von zueinander ähnlichen Figuren zusammen (sog. **Ähnlichkeitslehre**). Der systematische Aufbau der Theorie beginnt mit der Feststellung

- Flächeninhalte von Dreiecken und Parallelogrammen mit gleicher Höhe verhalten sich so wie die Grundseiten. (**Satz VI,1**)

Hieraus folgt, dass Dreiecke und Parallelogramme mit gleicher Grundseite und gleicher Höhe auch gleiche Flächeninhalte haben. In der griechischen Mathematik ging es nicht um eine Formel für den Flächeninhalt, sondern um die Bedingungen, die für zwei flächengleiche Dreiecke bzw. Parallelogramm erfüllt sein müssen.

Die im ersten Satz bewiesene Eigenschaft ist wesentlich für den Beweis des folgenden Satzes, der in der Schulgeometrie als 1. Strahlensatz bezeichnet wird.

- Wird eine Gerade parallel zu einer Seite eines Dreiecks gezeichnet, dann werden die anderen beiden Seiten im gleichen Verhältnis geteilt, und teilt umgekehrt eine Gerade zwei Seiten eines Dreiecks im gleichen Verhältnis, dann verläuft diese Gerade parallel zur dritten Seite des Dreiecks. (**Satz VI,2**)

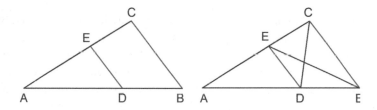

Die Flächeninhalte der Dreiecke ADE und DBE verhalten sich wie die Längen der Grundseiten AD und DB, da beide Dreiecke die gleiche Höhe haben:

$$\Delta\ ADE : \Delta\ DBE = AD : DB.$$

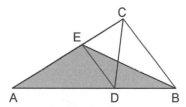

Die Flächeninhalte der Dreiecke ADE und EDC verhalten sich wie die Längen der Grundseiten AE und EC, da beide Dreiecke die gleiche Höhe haben:

$$\Delta\ ADE : \Delta\ EDC = AE : EC.$$

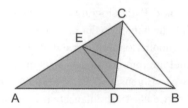

Andererseits sind die Dreiecke DBE und EDC flächengleich, da sie die Grundseite ED gemeinsam haben und die Eckpunkte B bzw. C auf der Parallelen zu dieser Grundseite liegen, d. h., auch die beiden Dreieckshöhen stimmen überein.

Somit folgt: $AD : DB = \triangle\ ADE : \triangle\ DBE = \triangle\ ADE : \triangle\ EDC = AE : EB.$

Beim Beweis der Umkehrung des Satzes ergibt sich die Parallelität von ED und BC aus der Gleichheit der Höhen der Dreiecke DBE und EDC.

Die in den letzten beiden Abbildungen gefärbten Dreiecksflächen sind gleich groß und stimmen im Winkel bei A überein. Aus den o. a. Überlegungen ergibt sich eine Verhältnisgleichung für die Seitenlängen auf den Schenkeln des Winkels, die Euklid an späterer Stelle noch einmal aufgreift (aber von uns hier vorgezogen betrachtet wird):

• In gleich großen Dreiecken mit einem gleichen Winkel stehen die Seiten, die diesen Winkel einschließen, in umgekehrten Verhältnissen, und Dreiecke mit einem gleichen Winkel sind gleich groß, wenn die Seiten, die diesen Winkel einschließen, in umgekehrten Verhältnissen stehen. (**Satz VI,15**)

Man beachte, dass es Euklid nicht um die Herleitung einer Flächeninhaltsformel geht (das wäre so etwas wie rechnerische Geometrie), sondern um Gesetzmäßigkeiten, die in Form von Proportionen ausgedrückt werden können, wie beispielsweise in den Grafiken oben: $AE : AC = AD : AB.$

Die in **Satz VI,2** enthaltene Aussage ist wesentlich für den Beweis des nächsten Satzes:

• Die Winkelhalbierende eines Winkels im Dreieck schneidet die gegenüberliegende Seite im Verhältnis der beiden anderen Seiten, und umgekehrt. (**Satz VI,3**)

Beispiele:
Aus $AC = 0{,}5 \cdot AB$ folgt, dass die Seite BC im Verhältnis $1 : \frac{1}{2} = 2 : 1$ geteilt wird (vgl. Abb. links). Aus $AC = \frac{2}{3} \cdot AB$ ergibt sich die Teilung der gegenüberliegenden Seite im Verhältnis $1 : \frac{2}{3} = 3 : 2$ (vgl. Abb. rechts).

(Fortsetzung)

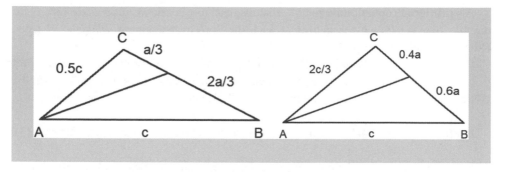

Zum Beweis betrachten wir im Dreieck ABC die Winkelhalbierende AD des Winkels α. Die Parallele zur Winkelhalbierenden durch den Punkt C schneidet die Verlängerung von AC im Punkt E.

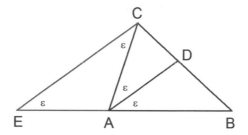

Das entstehende Dreieck ACE ist gleichschenklig mit $AC = AE$, denn der Winkel bei C ist als Wechselwinkel an der zu AD parallelen Strecke EC genauso groß wie der halbe Winkel bei A und der Winkel bei E ist als Stufenwinkel an der Parallelen so groß wie der halbe Winkel bei A. Gemäß Satz VI,2 gilt daher $BA : AE = BD : DC$.

Wegen $AC = AE$ folgt hieraus der erste Teil des Satzes: $BA : AC = BD : DC$.

Der Beweis der Umkehrung ergibt sich dann aus der Umkehrung in **Satz VI,2**.

Die nachfolgenden Sätze des *Sechsten Buches* beschäftigen sich mit ähnlichen Dreiecken; eine besondere Situation liegt vor, wenn das betrachtete Dreieck rechtwinklig ist:

- In einem rechtwinkligen Dreieck teilt die durch den rechten Winkel verlaufende Höhe das Dreieck in zwei zueinander ähnliche Teildreiecke, die beide auch ähnlich zum Ausgangsdreieck sind. (**Satz VI,8**)

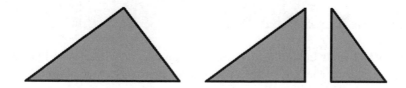

Als **mittlere Proportionale** einer Verhältnisgleichung bezeichnet man eine Größe b, für die gilt, dass $a : b = b : c$; hierfür ist auch die Sprechweise einer *fortlaufend gleichen Proportion* üblich.

Die Höhe h im rechtwinkligen Dreieck mit den Hypotenusenabschnitten q und p erfüllt genau diese Bedingung. Zu zwei gegebenen Streckenlängen q und p konstruiert man die Höhe h mithilfe eines Thales-Halbkreises (Satz III,31) über einer Strecke der Länge $p + q$.

Euklid widmet diesem besonderen Aspekt von Satz VI,8 einen eigenen Satz (**Satz VI,13**).

In der Schulgeometrie ist der Zusammenhang zwischen dem Rechteck aus den Hypotenusenabschnitten eines rechtwinkligen Dreiecks und dem Quadrat über der Höhe als **Höhensatz des Euklid** bekannt:

- Aus der Verhältnisgleichung $q : h = h : p$ ergibt sich eine Aussage über die Flächengleichheit des Quadrats und des Rechtecks: $h^2 = p \cdot q$.

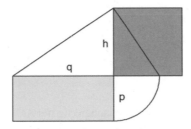

- Zueinander ähnliche Dreiecke verhalten sich wie die Quadrate über entsprechenden Seiten. (VI,19)

In **Satz VI,19** und **Satz VI,20** wird bewiesen, dass sich die Flächen von zueinander ähnlichen Dreiecken und Polygonen wie die Quadrate einander entsprechender Seiten verhalten.

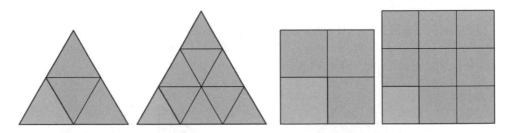

In **Satz VI,31** stellt Euklid heraus, dass die Aussage des Satzes von Pythagoras allgemein für zueinander ähnliche Figuren über den Seiten eines rechtwinkligen Dreiecks gilt, vgl. die folgenden Abbildungen.

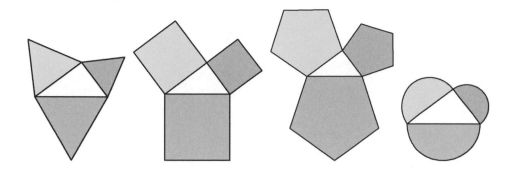

3.7   Literaturhinweise

Euklid: *Elemente*, aus dem Mathematischen Anhang der Platon'schen Werke (Opera Platonis)

- http://opera-platonis.de/euklid/index.html

Artmann, Benno (1999): *Euclid – The Creation of Mathematics*, Springer, New York
   Heath, Thomas (1956): *The Thirteen Books of Euclid's Elements*, Dover Publications, New York

- https://archive.org/details/euclid_heath_2nd_ed/1_euclid_heath_2nd_ed
- https://archive.org/details/euclid_heath_2nd_ed/2_euclid_heath_2nd_ed

Wardhaugh, Benjamin (2022): *Begegnungen mit Euklid*, HarperCollins, Hamburg

Die Entwicklung der Mathematik in China vor dem Eindringen der Europäer

4

Inhaltsverzeichnis

► **Zusammenfassung** In diesem Kapitel werden einige der Persönlichkeiten der Mathematikgeschichte Chinas vorgestellt und beschrieben, welche Beiträge diese zur Entwicklung der Mathematik geleistet haben.

Marco Polo hatte in seiner Reisebeschreibung über wundersame Dinge im sagenhaften Reich *Cathay* berichtet; viele der Erzählungen wurden von den Zeitgenossen jedoch als wenig glaubwürdig angesehen. Matteo Ricci war es wohl, der als Erster die Vermutung aufstellte, dass es sich bei Cathay und China um dasselbe Land handelt.

Bei allem Respekt, den er gegenüber der Kultur des unbekannten Landes zeigte, konnte aber auch er sich nicht vorstellen, dass die über die Jahrhunderte im Reich der Mitte entwickelten mathematischen Methoden mit denen in Europa vergleichbar sein könnten. In seinen Vorstellungen wurde er durch die euphorischen Äußerungen Xu Guangqis bestärkt (vgl. Abschn. 2.1).

© Der/die Autor(en), exklusiv lizenziert an Springer-Verlag GmbH, DE, ein Teil von
Springer Nature 2023
H. K. Strick, *Geschichten aus der Mathematik*,
https://doi.org/10.1007/978-3-662-66906-8_4

Im folgenden Kapitel soll erläutert werden, welches erstaunliche mathematische Niveau in den Jahrhunderten vor dem Eindringen der Europäer erreicht worden war.

Nur wenige gesicherte Informationen gibt es über den Stand und die Entwicklung der Mathematik in China in den Jahrhunderten *vor* unserer Zeitenwende.

Man kann aber davon ausgehen, dass mindestens die folgenden drei Schriften vor der Zeitenwende entstanden und verbreitet waren:

- *Zhoubi Suanjing* (Arithmetik und Astronomie – einschließlich des Gougu-Theorems, vgl. Abschn. 4.1), möglicherweise entstanden um 400 v. Chr. oder früher,
- *Jiuzhang suanshu* (Aufgabensammlung), möglicherweise entstanden um 300 v. Chr. oder früher, siehe auch weiter unten,
- *Suan shu shu* (Buch über die Zahlen und das Rechnen), möglicherweise entstanden um 200 v. Chr. oder früher.

Da keine Autorennamen bekannt sind, wurden diese Titel in der Zeitleiste (vgl. Anhang) eingetragen.

Aus der Tatsache, dass in dem riesigen Reich Straßen und Kanäle (um 600) gebaut wurden, die die verschiedenen Regionen miteinander verbanden und immer noch verbinden, nicht zu vergessen die erste *Chinesische Mauer* aus dem 3. Jahrhundert vor unserer Zeitrechnung, die das Reich gegen Angreifer aus dem Norden abschirmte, lässt sich jedoch erahnen, dass offenbar umfangreiche Berechnungen von Längen, Flächen und Volumina aller Art, von Steuern und sonstigen Abgaben zu bewältigen waren und bewältigt wurden.

Eine wichtige Rolle im Hinblick auf die Entwicklung der Mathematik spielten auch im chinesischen Reich die Astronomen, durch deren Beobachtungsdaten Berechnungen für den Jahresablauf möglich wurden. Ein Beispiel für die hohe Präzision der Messungen war die Bestimmung der Umlaufzeit des Saturn: Hier wurde im 1. Jahrhundert n. Chr. eine Periode von 29,51 Jahren ermittelt, eine Dauer, die nur um 0,05 Jahre vom tatsächlichen Wert abweicht.

Der bedeutende Astronom, Ingenieur, Mathematiker und Philosoph **Zhang Heng** (78–139) war von der Kugelgestalt der Erde überzeugt; für das Verhältnis von Umfang zu Durchmesser eines Kreises vermutete er $\pi = \sqrt{10} \approx 3,162$.

Die ersten beiden Briefmarken zeigen ein Porträt dieses Wissenschaftlers, die zweite und dritte Briefmarke ein von ihm erfundenes Seismoskop: Je nachdem, in welcher Himmelsrichtung das Epizentrum eines Erdbebens lag, trat eine Kugel aus der entsprechenden Öffnung heraus. Nicht mehr geklärt werden kann, ob Zhang Heng auch das Hodometer erfunden hat (Aufzeichnungstrommelwagen zur Messung von Streckenlängen), vgl. die letzte Briefmarke.

Gerechnet wurde seit dem 2. Jahrtausend v. Chr. im Dezimalsystem; entsprechend waren Längen- und Gewichtsmaße gegliedert. Um Zahlen zu notieren, wurden eigene Hieroglyphenziffern verwendet. Zum Rechnen benutzte man im Alltag ein tabellarisch gegliedertes Rechenbrett, auf dem die Zahlen – vermutlich seit dem 5. Jahrhundert vor unserer Zeitrechnung – mithilfe von Ziffernstäbchen dargestellt wurden, vgl. die folgende Wikipedia-Abbildung (*Counting rods*).

	0	1	2	3	4	5	6	7	8	9
Vertical		I	II	III	IIII	IIIII	T	ТТ	Ш	Ш
Horizontal		—	=	≡	≣	≣	⊥	⊥	⊥	⊥

Die Ziffern 1 bis 5 entsprechen der Anzahl der Stäbchen, bei den Ziffern 6 bis 9 steht der querliegende Stab für fünf. Um Verwechslungen zu vermeiden, wurden im dezimalen Stellensystem abwechselnd vertikale und horizontale Formen verwendet, also die vertikalen Stabzahlen für Einer, Hunderter, Zehntausender usw., die horizontalen für die Zehner, Tausender, Hunderttausender usw. Für Rechnungen mit negativen Zahlen (beispielsweise bei elementaren Zeilenumformungen zur Lösung von linearen Gleichungssystemen) wurden Stäbchen mit zwei unterschiedlichen Farben benutzt.

In der folgenden Abbildung sind die Zahlen 231 und 5089 dargestellt; wenn die Ziffer Null auftrat, wurde das Feld leer gelassen.

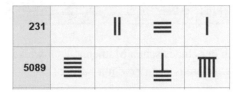

In der technologischen Entwicklung war China im Vergleich zu anderen Kulturen zumindest in vier Bereichen um Jahrhunderte voraus:

Bereits im 4. Jahrhundert vor unserer Zeitrechnung benutzte man den magnetischen Kompass, Papier wurde um die Zeitenwende erfunden, Schwarzpulver im 9. Jahrhundert n. Chr. Der Buchdruck entstand im 7. Jahrhundert und wurde im 11. Jahrhundert zu einem Druck mit beweglichen Lettern weiterentwickelt, vgl. die folgenden Briefmarken. Der Briefmarkenblock aus Haiti über die vier großen Erfindungen (*The Four Great Inventions*)

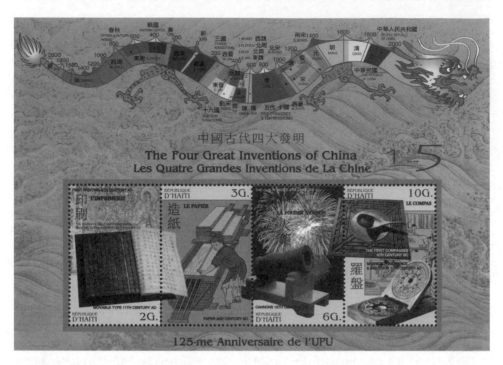

Abb. 4.1 The Four Great Inventions

gibt außerdem einen Überblick über die verschiedenen in China herrschenden Dynastien
(Abb. 4.1).

Das bedeutendste Buch der chinesischen Mathematik entwickelte sich aus einer Sammlung von Aufgaben, die wir bereits oben erwähnt haben:

Jiuzhang suanshu (Neun Kapitel mathematischer Kunst).

Diese Sammlung enthielt 246 nach Themen (nicht nach Methoden) geordnete Aufgaben
– ohne Begriffsdefinitionen und Begründungen.

Dieses Werk gehört zu einer Reihe von Büchern, die nach und nach in den folgenden
Jahrhunderten entstanden und als *zehn klassische Bücher der Mathematik* bezeichnet
werden (obwohl in den meisten Quellen *zwölf* Bücher dazugezählt werden, wurde diese
Bezeichnung beibehalten).

Die jeweils Regierenden stützten ihre Herrschaft auf einen funktionierenden Beamten-apparat. Wer Beamter werden wollte, musste Prüfungen in sechs Disziplinen absolvieren, eine davon war die Mathematik. Grundlage für das siebenjährige Studium waren die *zehn klassischen Bücher*, insbesondere das Buch *Jiuzhang suanshu*.

Nachfolgende Mathematiker setzten sich mit den Aufgaben aus *Jiuzhang suanshu* auseinander und verfassten Kommentare, insbesondere waren dies

Liu Hui (220–280), **Zu Chongzhi** (429–500), **Qin Jiushao** (1202–1261) und **Zhu Shijie** (1260–1320).

Auf diese werden wir in den Abschn. 4.2, 4.3, 4.5 und 4.6 eingehen.

4.1   Das Gougu-Theorem – die chinesische Variante des Satzes von Pythagoras

Das erste der zehn klassischen Bücher (*Zhoubi suanjing*) beschäftigte sich mit dem sog. *Gougu*-Theorem, das wir üblicherweise als **Satz des Pythagoras** bezeichnen.

Zur Begründung des Satzes betrachte man die folgende Figur.

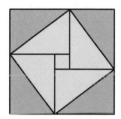

Bezeichnet man die Katheten der in der Figur auftretenden rechtwinkligen Dreiecke mit a und b, dann gilt für den Flächeninhalt A des (großen) Quadrats $A = (a + b)^2$. Vermindert man diese Fläche um die vier äußeren grün gefärbten rechtwinkligen Dreiecke, so hat man $A_{gelb} = (a + b)^2 - 2ab$, also $A_{gelb} = a^2 + b^2$, d. h., für die Seitenlänge c des gelb gefärbten Quadrats, also für die Hypotenuse der rechtwinkligen Dreiecke, gilt: $c^2 = a^2 + b^2$.

Alternativ findet man in der Literatur auch den folgenden Puzzle-Beweis: Die innerhalb des Quadrats über der Hypotenuse c liegenden Teilflächen ergeben sich, wenn man die grün, gelb oder blau gefärbten Puzzle-Stücke verschiebt.

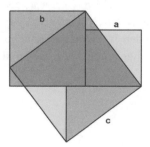

Die im Zusammenhang mit dem Gougu-Theorem gestellten Aufgaben ergaben sich durch unterschiedliche Kombinationen von gegebenen Größen, wie z. B.:

Gegeben sind: a, b bzw. a, c bzw. a, c $-$ a bzw. c, b $-$ a bzw. a, $b + c$

oder auch die folgende Aufgabenstellung:

Beispiel:

In einem rechtwinkligen Dreieck mit den Katheten a, b und der Hypotenuse c sind die beiden Differenzen $x = c - a$ und $y = c - b$ gegeben. Bestimme a, b, c.

Es gilt $z = \sqrt{2xy} = \sqrt{2 \cdot (c - a) \cdot (c - b)} = a + b - c$.

Hieraus ergibt sich dann:

$$z + x = (a + b - c) + (c - a) = b,$$

$$z + y = (a + b - c) + (c - b) = a \text{ sowie}$$

$$z + x + y = (a + b - c) + (c - a) + (c - b) = c.$$

4.2   Liu Hui (220–280)

Die chinesische Briefmarke aus dem Jahr 2002 zeigt das Porträt des Mathematikers Liu Hui. Über ihn ist nur bekannt, dass er zurzeit der drei Königreiche gelebt hat – diese Epoche der chinesischen Geschichte währte die sechzig Jahre von 220 bis 280 n. Chr., die allgemein als Lebenszeit Liu Huis angesetzt werden.

Auch weiß man, dass es im Jahr 263 n. Chr. war, als Liu Hui einen Kommentar zur Aufgabensammlung *Jiuzhang suanshu* veröffentlichte. Im Unterschied zum Vorgehen der griechischen Mathematiker wurden in diesem Kommentar die zur Lösung verwendeten Regeln nur als Rechenanweisungen und ohne Begründung angegeben. Die von den

Schülern zu lernenden Methoden ergaben sich – mehr oder weniger systematisch – durch eine entsprechend geeignete Auswahl der Beispiele.

Liu Hui verfasste noch eine weitere Schrift: *Haidao suanjing* (Mathematische Insel-sammlung), die ebenfalls zu den o. a. *zehn Klassikern* gezählt wird. Es handelt sich hier um neun konkrete Vermessungsprobleme, die das letzte Kapitel von *Jiuzhang suanshu* ergän-zen.

Die beiden Werke Liu Huis sind nicht im Original erhalten – die älteste noch erhaltene Abschrift stammt aus dem 13. Jahrhundert. Daher ist man nicht sicher, ob das Werk nicht irgendwann von irgendeinem der Nachfolger geändert oder ergänzt wurde.

Die neun Kapitel von *Jiuzhang suanshu* tragen die folgenden Überschriften:

- Vermessung der Felder
- Beziehungen zwischen den verschiedenen Arten von Feldfrüchten
- Stufenweise Aufteilung
- Kleinere und größere Breiten
- Einschätzung der Arbeiten
- Proportionale Aufteilungen
- Überschuss und Mangel
- Tabellenrechnung (*fang-cheng*)
- Das rechtwinklige Dreieck (*gou-gu*)

Im **ersten Kapitel** werden die Berechnungen von Flächeninhalten behandelt: gleich-schenklige Dreiecke, Trapeze, kreisförmige Figuren (Kreis, Kreisausschnitt, Kreisring).

Den chinesischen Mathematikern des 3. Jahrhunderts war die exakte Formel für den Flächeninhalt eines Kreises $A = \frac{1}{2}u \cdot \frac{1}{2}d$ bekannt (halber Durchmesser mal halber Umfang, vgl. die folgende Grafik).

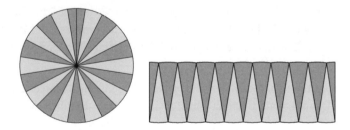

In der Aufgabensammlung wird jedoch auch $A = \frac{3}{4} \cdot d^2$ als Näherungsformel angegeben, wobei also mit $\pi = 3$ gerechnet wird, was für die Praxis meistens ausreichend genau ist. Auf Liu Huis Methode der Bestimmung eines geeigneten Näherungswerts für π kommen wir weiter unten zurück.

Im ersten Kapitel sind auch 14 Aufgaben enthalten, in denen das Rechnen mit Brüchen vermittelt wird (Addition, Subtraktion, Multiplikation, Division, Kürzen, Vergleich von

Brüchen), außerdem ein Algorithmus zur Bestimmung des größten gemeinsamen Teilers zweier natürlicher Zahlen durch fortgesetzte Subtraktion (der in unserem Kulturkreis üblicherweise als euklidischer Algorithmus bezeichnet wird). Allgemein fehlen jedoch in diesem Kapitel generell irgendwelche Hinweise zu den Grundrechenarten oder zum zugrunde liegenden Dezimalsystem.

Die Überschrift des **zweiten Kapitels** bezieht sich auf Aufgaben, bei denen der Tauschwert von Feldfrüchten berechnet werden soll. Vorgegeben ist eine Tabelle, die den Tauschwert von 50 Einheiten Hirse angibt. Mithilfe des Dreisatzes wird dann berechnet, welche Mengen einer Sorte Getreide, Bohnen, Samen, Bambus, Seide, Stoffe usw. (also nicht nur Feldfrüchte) in welche Mengen einer weiteren Handelsware getauscht werden können.

In einem zweiten Teil des Kapitels werden Aufgaben behandelt, in denen Bedingungen gegeben sind, die auf unterbestimmte Gleichungssysteme führen.

Beispiel:
78 kurze und lange Bambusstäbe kosten 576 *qian*. Der Preisunterschied zwischen beiden Sorten beträgt 1 *qian*.

Lösung: Die Aufgabenstellung kann durch ein Gleichungssystem mit drei Gleichungen und vier Variablen beschrieben werden:

$$x + y = 78 \ ; \ u \cdot x + v \cdot y = 576 \ ; \ v = u + 1.$$

Ergebnis: Es geht um 48 kurze und 30 lange Bambusstäbe, die 7 bzw. 8 *qian* kosten.

Im **dritten Kapitel** werden Aufgaben bearbeitet, bei denen es um gerechte Aufteilung von Gemeinschaftsarbeiten geht.

Beispiel: Der Nordbezirk hat 8758 Einwohner, der Westbezirk 7236 und der Südbezirk 8356 Einwohner. Die drei Bezirke sollen zusammen 378 Mann für eine Schanzarbeit abstellen, und zwar entsprechend der Anzahl der Einwohner.

Das **vierte Kapitel** enthält das Berechnen von Längen von Rechtecken, deren Fläche vorgegeben ist. Das folgende Beispiel ist offensichtlich zum Einüben der Bruchrechnung vorgesehen.

Beispiel: Angenommen, ein rechteckiges Feld hat eine Breite von $1 + \frac{1}{2} + \frac{1}{3} + \ldots + \frac{1}{n}$ (n = 3, 4, …, 12). Welche Länge muss es haben, damit sich der Flächeninhalt 1 ergibt?

In weiteren Aufgaben geht es darum, die Seitenlänge eines Quadrats oder eines Würfels sowie den Durchmesser eines Kreises oder einer Kugel zu bestimmen, von denen Flächeninhalt bzw. Volumen vorgegeben sind; dies führt auf die Berechnung von Quadrat- und Kubikwurzeln.

Diese Wurzeln werden durch ein Rechenschema bestimmt, das sich aus den Binomischen Formeln ergibt.

Beispiel:

Bestimmen der Quadratwurzel aus 321489

Gesucht ist ein Tripel $(x;y;z)$, das die folgende Bedingung erfüllt:

$$321489 = (100x + 10y + z)^2 = 10000x^2 + \left(1000xy + 100y^2 + 1000xy\right)$$
$$+(100xz + 10yz + z^2 + 100xz + 10yz),$$

also

$$(100x + 10y + z)^2 = 10000x^2 + (200x + 10y) \cdot 10y + (200x + 20y + z) \cdot z = 321489$$

(in der folgenden Grafik: gelbes Quadrat + rotes Gnomon + blaues Gnomon).

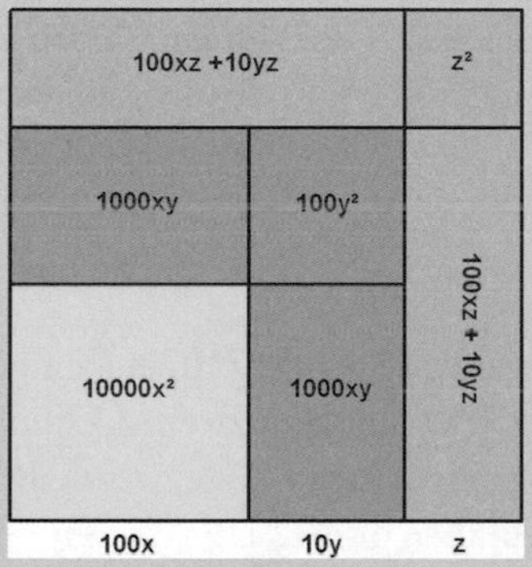

100xz +10yz		z²
1000xy	100y²	100xz + 10yz
10000x²	1000xy	
100x	10y	z

Für x kommt offensichtlich nur der Wert 5 in Frage, denn für $x = 6$ ergibt sich auf jeden Fall ein insgesamt zu großes Ergebnis: $(100x + 10y + z)^2 \geq 360000 > 321489$.

Für den zweiten und den dritten Summand gilt daher insgesamt:

$$(1000 + 10y) \cdot 10y + (1000 + 20y + z) \cdot z = 321489 - 250000 = 71489.$$

Gesucht ist jetzt die größte Zahl y, sodass $(1000 + 10y) \cdot 10y < 71489$. Diese Bedingung erfüllt die Zahl 6.

Für den dritten Summand $(1000 + 120 + z) \cdot z$ bleibt ein Rest von $71489 - 63600 = 7889$. Die Gleichung $(1000 + 120 + z) \cdot z = 7889$ ist für $z = 7$ erfüllt.

Die gesuchte Quadratwurzel ist demnach 567.

Im **fünften Kapitel** geht es um den Bau von Kanälen und Deichen, also um die Volumina von Prismen, Pyramiden, Kegel, Zylinder sowie Pyramiden- und Kegelstümpfen. Liu Hui zerlegt bei der Herleitung der Formel für den Pyramidenstumpf den betrachteten Körper in immer kleinere Teilkörper und nimmt somit einen Grenzprozess vor; bei der Herleitung der Volumenformel für den Zylinder wendet er bereits die gleiche Idee an wie 1400 Jahre später Bonaventura Cavalieri (1598–1647).

Liu Hui erkennt übrigens, dass die von seinen Vorgängern benutzte angegebene Formel zur Berechnung des Kugelvolumens falsch ist, findet jedoch selbst auch nicht den richtigen Term – seine Anmerkung *„Das Problem möge von jemand gelöst werden, der die Wahrheit kennt."* ist von bemerkenswerter Offenheit.

Das **sechste Kapitel** beschäftigt sich – im weitesten Sinne – mit dem Transport von Gütern (Personalaufwand, Wagenmiete, Streckenlängen). Auch spielen arithmetische und geometrische Reihen eine Rolle. Etliche dieser Problemstellungen findet man heute noch in Mathematikschulbüchern.

Beispiel 1:
Ein schneller Läufer läuft 100 Schritte in derselben Zeit, in der ein langsamer Läufer 60 Schritte macht. Der langsame Läufer erhält 100 Schritte Vorsprung. Nach wie vielen Schritten holt der schnelle Läufer den langsamen ein?
Lösung: Der schnelle Läufer überholt den langsamen nach 250 Schritten.

Beispiel 2:
Eine Zisterne wird durch 5 Zuflüsse gefüllt. Öffnet man nur den ersten Zufluss, dann ist die Zisterne in 1/3 Tag gefüllt; mit dem zweiten Zufluss benötigt man 1 Tag, mit dem dritten 2 ½ Tage, mit dem vierten 3 Tage, mit dem fünften 5 Tage. Wie lange dauert es, wenn man alle Zuflüsse öffnet?
Lösung: Die Zuflüsse müssen 15/74 eines Tages geöffnet werden.

Im **siebten Kapitel** wird die Methode des sog. *doppelt falschen Ansatzes* eingeführt, zunächst an Beispielen, bei denen der erste Ansatz einen zu kleinen und der zweite einen zu großen Wert liefert. Bei weiteren Beispielen können auch beide Ansätze unterhalb oder beide oberhalb eines gewünschten Werts liegen.

Beispiel 1:
Bestimmte Gegenstände werden gemeinsam gekauft. Wenn jede Person 8 Münzen gibt, beträgt der Überschuss 3 Münzen, und wenn jede Person 7 Münzen gibt, beträgt der Fehlbetrag 4 Münzen. Ermittle die Anzahl der Personen und die Gesamtkosten der Gegenstände.
Lösung: Es handelt sich um 7 Personen und 53 Münzen.

Beispiel 2:

Ein Stapel von 9 Goldmünzen wiegt so viel wie ein Stapel von 11 Silbermünzen. Wenn man von jedem der beiden Stapel 1 Münze wegnimmt und auf den anderen legt, dann wiegt der Stapel, der überwiegend aus Goldmünzen besteht, 13 Unzen weniger als der andere Stapel.

Lösung: Eine Silbermünze wiegt 29 ¼ Unzen, eine Goldmünze 35 ¾ Unzen.

Beispiel 3:

An einer 9 Fuß hohen Wand wächst ein Melonentrieb nach oben, täglich um 7 Zoll; ein Kürbistrieb wächst an der Wand nach unten, täglich um 1 Fuß (= 10 Zoll). Nach wie vielen Tagen treffen sie zusammen? Wie lang sind die Triebe?

Lösung: Setzt man die Zahlen 6 bzw. 5 ein, dann liegt im Vergleich zur Wandhöhe von 90 Zoll ein *Überschuss* von 12 Zoll bzw. ein *Fehlbetrag* von 5 Zoll beim Wachstum vor. Am Rechenbrett lässt sich die Lösung $\frac{6 \cdot 5 + 5 \cdot 12}{5 + 12} = \frac{90}{17} = 5\frac{5}{17}$ Tage ablesen.

Beispiel 4:

Ein Traber und eine alte Mähre beginnen ihren Weg am gleichen Punkt. Der Traber durchläuft am ersten Tag 193 Li und an jedem weiteren Tag jeweils 13 Li mehr. Die Mähre läuft am ersten Tag 97 Li und an jedem weiteren Tag jeweils ½ Li weniger. Nach einer Wegstrecke von 3000 Li kehrt der Traber um und trifft auf dem Rückweg wieder auf die Mähre.

Lösung: Für 15 Tage ergibt sich für den von beiden Pferden insgesamt zurückgelegten Weg 5662 ½ Li, für 16 Tage 6140 Li; hieraus folgt für den Zeitpunkt des Treffens $\frac{15 \cdot 140 + 16 \cdot 337\frac{1}{2}}{140 + 337\frac{1}{2}} = 15\frac{135}{191}$ Tage.

Das **achte Kapitel** beschäftigt sich mit Problemen, die durch ein lineares Gleichungssystem beschrieben werden können (mit bis zu sechs Variablen). Die Lösung erfolgt mithilfe der sog. *fang-cheng*-**Methode**, dies ist der Algorithmus, der – 1600 Jahre später – in der westlichen Mathematik als Gauß'sches Eliminationsverfahren bezeichnet wird. Die auftretenden Koeffizienten können mithilfe der o. a. Rechenstäbchen in Tabellenform aus- und umgelegt werden; dabei werden rote Stäbchen für positive Koeffizienten und schwarze Stäbchen für negative Koeffizienten verwendet. Das Rechnen mit negativen Zahlen bereitet offensichtlich keine Probleme; allerdings treten keine Aufgaben mit negativen Lösungen auf.

Beispiel 1:

Fünf Ochsen und zwei Schafe kosten 10 liang, zwei Ochsen und fünf Schafe 8 liang.

Lösung: Die folgende Tabelle zeigt die notwendigen elementaren Zeilenumformungen, die zu den gesuchten Preisen führen: $\frac{34}{21}$ liang für einen Ochsen, $\frac{20}{21}$ für ein Schaf.

2	5	10	10		10		210		210		1
5	2	25	4	21	4	84	84	84		1	
8	10	40	20	20	20	80	420	80	340	$\frac{20}{21}$	$\frac{34}{21}$

Beispiel 2:

Wenn man zwei Büffel und einen Hammel verkauft und 13 Schweine kauft, dann hat man 1000 qian übrig. Verkauft man drei Büffel und drei Schweine, dann könnte man genau neun Hammel kaufen. Würde man sechs Hammel und acht Schweine verkaufen und fünf Büffel kaufen, dann würden 600 qian fehlen.

Lösung: Aus der Aufgabenstellung ergibt sich die Tabelle (Koeffizientenmatrix):

-5	3	2
6	-9	5
8	3	-13
-600		1000

Nach der Durchführung elementarer Zeilenumformungen ergeben sich die folgenden Preise: Büffel 1200 qian, Hammel 500 qian und Schweine 300 qian.

Beispiel 3:

Fünf Familien teilen sich einen Brunnen. Um an das Wasser zu gelangen, werden

- *zwei* Seile der Familie A und *ein* Seil der Familie B benötigt oder
- *drei* Seile der Familie B und *ein* Seil der Familie C oder
- *vier* Seile der Familie C und *ein* Seil der Familie D oder
- *fünf* Seile der Familie D und *ein* Seil der Familie E oder
- *sechs* Seile der Familie E und *ein* Seil der Familie A.

(Fortsetzung)

Wie lang sind die Seile der einzelnen Familien? Wie tief ist der Brunnen?

Lösung: Die Aufgabe hat unendlich viele Lösungen ($265k$; $191k$; $148k$; $129k$; $76k$) für die Seillängen der Familien; der Brunnen hat die Tiefe $721k$.

Im **neunten Kapitel** werden Aufgaben gestellt, die mithilfe des *Gougu-Theorems* gelöst werden können (vgl. Abschn. 4.1).

Beispiel 1:

Zwei Fußgänger gehen von einem Punkt aus mit den Geschwindigkeiten 7 Li/h und 3 Li/h. Der Erste geht in südlicher Richtung und legt eine Wegstrecke von 10 Li zurück. Danach ändert er seine Richtung derart, dass er mit dem anderen Fußgänger, der stets in östlicher Richtung geht, in einem Punkt zusammentrifft.

Lösung: Das zugrunde liegende rechtwinklige Dreieck hat die Seitenlängen 10 ½, 10 und 14 ½ Li.

Beispiel 2:

Ein Bambus von 10 Fuß Länge wird in einer gewissen Höhe abgeknickt. Jetzt berührt die Spitze des Bambus den Boden drei Fuß vom Stamm entfernt.

Lösung: Der Bambus wird in einer Höhe von 4,55 Fuß abgeknickt.

Hinweis Diese Aufgabe findet man auch bei Aryabatha, vgl. Abschn. 5.2.

Beispiel 3:

Bei einer Stadt mit quadratischem Grundriss steht in einer Entfernung von 20 bu vom Nordtor ein Baum. Geht man vom südlichen Stadttor 14 bu nach Süden und dann um 1775 bu nach Westen, dann sieht man den Baum hinter der nordwestlichen Ecke der Stadtmauer.

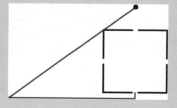

(Fortsetzung)

Lösung: Bezeichnen wir mit x die halbe Länge der Stadtmauer, dann ergibt sich durch Überlegungen an ähnlichen Dreiecken die Verhältnisgleichung

$$x : 20 = 1775 : (34 + 2x).$$

Die sich hieraus ergebende quadratische Gleichung hat für die Seitenlänge des Quadrats die Lösung 250 bu.

In *Haidao suanjing* bearbeitet Liu Hui neun Problemstellungen, bei denen unzugängliche Objekte vermessen werden sollen; es geht um die Bestimmung

- der Höhe eines Bergs auf einer Insel,
- die Höhe eines Baums auf einem Hügel,
- die Höhe einer entfernten Stadt, die von einer Mauer umgeben ist,
- die Tiefe einer Schlucht,
- die Höhe eines Turms auf einem Feld, von einem Hügel aus betrachtet,
- die Breite einer Flussmündung,
- die Tiefe eines durchsichtigen Teichs,
- die Breite eines Flusses, von einem Hügel aus betrachtet,
- die Höhe einer Stadt, von einem Berg aus betrachtet.

Die Lösung erfolgt jeweils durch Untersuchung ähnlicher Dreiecke; für die Messungen wurden Messlatten senkrecht in einem festen Abstand aufgestellt.

Beispiel
(zum ersten Problem): Zwei Messlatten von 5 pu Länge werden im Abstand von 1000 pu voneinander aufgestellt. Geht man von der Messlatte, die näher zur Insel steht, um 123 pu zurück, dann liegen die Spitze der Messlatte und die Spitze des Berges auf der Insel – vom Boden aus gesehen – auf einer Linie. Um die Spitze der anderen Messlatte und die Spitze des Berges auf einer Linie zu sehen, muss man 127 pu zurückgehen.

Lösung: Der Berg auf der Insel ist 1255 pu hoch, der Abstand zur näher aufgestellten Messlatte beträgt 30750 pu.

(Fortsetzung)

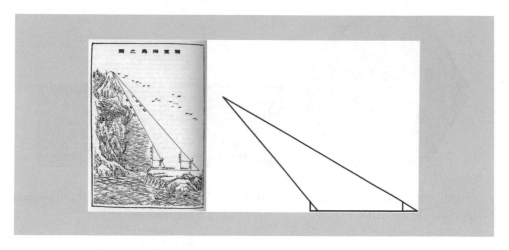

Bestimmung der Kreiszahl π durch Liu Hui

Zu den bedeutendsten Leistungen Liu Huis gehört die Bestimmung eines verbesserten Näherungswerts für die Kreiszahl π. Hieran erinnert die Millennium-Briefmarke von Mikronesien.

In seinem Kommentar zu *Jiuzhang suanshu* merkt Liu Hui an, dass das Verhältnis zwischen dem Umfang und dem Durchmesser eines eingeschriebenen Sechsecks drei beträgt, weshalb die Kreiszahl π auf jeden Fall größer als drei sein muss.

Dann vergleicht er die Flächeninhalte eines regelmäßigen einbeschriebenen 6-Ecks und eines 12-Ecks miteinander. Aus der abgebildeten Figur links kann man ablesen:

$D_{12} = A_{rot} = A_{orange} = A_{12-Eck} - A_{6-Eck}$ und weiter

$A_{12-Eck} < A_{Kreis} < A_{6-Eck} + 2 \cdot D_{12}$,

allgemein $A_{2n} < A_{Kreis} < A_n + 2 \cdot (A_{2n} - A_n)$.

Außerdem gilt: $A_{12} = 3 \cdot s_6 \cdot r$ (vgl. Abb. rechts),

allgemein: $A_{2n} = \frac{n}{2} \cdot s_n \cdot r$.

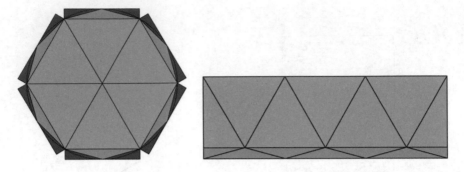

Gemäß dem Gougu-Theorem gilt für den Radius r, für die Höhe h_6 des regelmäßigen 6-Ecks und für die Seiten s_6 bzw. s_{12} des regelmäßigen 6-Ecks bzw. 12-Ecks:

$$h_6{}^2 + \left(\frac{1}{2}s_6\right)^2 = r^2, \text{also} \ \ h_6 = \sqrt{r^2 - \left(\frac{1}{2}s_6\right)^2},$$

$$\text{weiter} \left(\frac{1}{2}s_6\right)^2 + (r - h_6)^2 = s_{12}{}^2, \text{also}$$

$$s_{12} = \sqrt{\left(\frac{1}{2}s_6\right)^2 + \left(r - \sqrt{r^2 - \left(\frac{1}{2}s_6\right)^2}\right)^2}.$$

Da ein entsprechender Zusammenhang allgemein zwischen einem regelmäßigen n-Eck und einem regelmäßigen $2n$-Eck gilt, kann man nacheinander schrittweise die Seitenlängen des regelmäßigen 12-Ecks, 24-Ecks, 48-Ecks, ... berechnen:

$$s_{2n} = \sqrt{\left(\frac{1}{2}s_n\right)^2 + \left(r - \sqrt{r^2 - \left(\frac{1}{2}s_n\right)^2}\right)^2}.$$

Diese Rekursionsformel kann vereinfacht werden zu $s_{2n} = \sqrt{2r^2 - r \cdot \sqrt{4r^2 - s_n{}^2}}$.

Hiermit kann dann wegen $A_{2n} = \frac{n}{2} \cdot s_n \cdot r$ iterativ der Flächeninhalt von regelmäßigen $2n$-Ecken bestimmt werden. Liu Hui ermittelte auf diese Weise für den Radius $r = 10$ die Flächeninhalte

$$A_{96} = 313\frac{584}{625} \ \ \text{und} \ \ A_{192} = 314\frac{64}{625}, \ \ \text{also} \ \ D_{192} = 314\frac{64}{625} - 313\frac{584}{625} = \frac{105}{625}.$$

Hieraus ergibt sich (analog zu oben) die Abschätzung:

$$314\frac{64}{625} < A_{Kreis} < 314\frac{169}{625}, \text{ also } 3{,}141024 < \pi < 3{,}142704.$$

Liu Hui gab an, dass es i. Allg. genügt, den Faktor $3{,}14 = \frac{157}{50}$ als Verhältnis des Kreisumfangs zum Durchmesser zu verwenden.

Bei einer weiteren Untersuchung stellte Liu Hui dann fest, dass mit großer Genauigkeit gilt:

$D_{96} \approx \frac{1}{4} \cdot D_{48}, \ D_{192} \approx \frac{1}{4} \cdot D_{96}, \ D_{384} \approx \frac{1}{4} \cdot D_{192}, \ \ldots$, wodurch er die Rechnung bis zum regelmäßigen 1536-Eck fortsetzen konnte.

4.3   Zu Chongzhi (429–500)

Als besondere Leistung des chinesischen Mathematikers Zu Chongzhi gilt die Bestimmung der Kreiszahl π mit einer Genauigkeit von sieben Dezimalstellen; hieran erinnert die Briefmarke aus Hong Kong des Jahres 2015.

Diese Genauigkeit wurde erst im 15. Jahrhundert, also fast 1000 Jahre später, durch den letzten großen Mathematiker des islamischen Mittelalters, **al-Kashi** (1390–1450), übertroffen, der eine 16-stellige Genauigkeit erreichte (vgl. *Mathematik – einfach genial*, Kap. 7). Im Jahr 1596 berechnete **Ludolph van Ceulen** (1540–1610) die Kreiszahl auf 35 Dezimalstellen. Ab 1670 dann standen dann mit der Entwicklung der Differenzialrechnung durch Newton und Leibniz völlig andere Berechnungsmethoden zur Verfügung.

Geboren wurde Zu Chongzhi in Jiankang, dem heutigen Nanjing, der Hauptstadt des damaligen Teilreichs im Südosten Chinas. Sowohl sein Großvater als auch sein Vater waren am Hof tätig; beide genossen hohes Ansehen aufgrund ihrer Gelehrsamkeit und der erfolgreichen Ausübung ihrer Tätigkeiten im Staatsdienst. Großvater und Vater gaben ihr astronomisches Wissen und ihre mathematischen Kenntnisse und Fertigkeiten an ihren Enkel bzw. Sohn weiter. Bereits in frühen Jahren erhielt dieser die Möglichkeit zum Studium und trat danach ebenfalls in den Staatsdienst ein.

Im chinesischen Reich war man der Ansicht, dass der Herrschaftsanspruch eines Kaisers vom Himmel gegeben sein muss – als Beweis für die himmlische Beauftragung galt es, wenn ein Herrscher eine neue Kalenderrechnung durchführen ließ.

In seiner Funktion als hoher Regierungsbeamter bemühte sich Zu Chongzhi in diesem Sinne darum, einen Kalender zu entwickeln, der eine bessere Anpassung an den Sonnen- und Mondzyklus hatte als der bisher verwendete Kalender. Der zu dieser Zeit gültige Kalender hatte einen 19-Jahres-Zyklus mit 235 Monaten (die Monate hatten 29 oder 30 Tage; ein chinesischer Monat umfasste die Zeit von Neumond zu Neumond) – 12 Jahre mit zwölf Monaten und 7 Jahre mit einem dreizehnten Monat. Aufgrund seiner präzisen astronomischen Beobachtungen kam Zu Chongzhi zum Ergebnis, dass ein Kalender mit einem Zyklus von 391 Jahren mit insgesamt 4836 Monaten, davon 144 Jahre mit 13 Monaten, besser den „himmlischen" Gegebenheiten entsprach – die durchschnittliche Jahreslänge wäre bei dem von ihm vorgeschlagenen Zyklus nur mit einem Fehler von 50 s gegenüber der wahren Länge eines tropischen Jahres behaftet gewesen.

Es wird vermutet, dass Zu Chongzhi durch Messungen für die Länge eines Jahres den Wert $365 \frac{9589}{39491}$ Tage fand und für den Mond-Monat $\frac{116321}{3939}$ Tage. Ein Jahr besteht demnach aus $12 \frac{1691772624}{4593632611}$ Monaten; der Bruch lässt sich kürzen und man erhält $12 \frac{144}{391}$, d. h., in 144 von 391 Jahren ist ein zusätzlicher Mond-Monat erforderlich.

Trotz aller Widerstände und Intrigen am Hof gelang es Zu Chongzhi, seinen Herrscher davon zu überzeugen, dass dieser kompliziert erscheinende Kalenderzyklus eingeführt werden sollte. Da der Kaiser jedoch im Jahre 464 starb, bevor die Änderung umgesetzt werden konnte, und der nachfolgende Herrscher sich nicht der Meinung seines Vorgängers anschloss, wurde der sog. *Daming-Kalender* nicht eingeführt.

Zu Chongzhi zog sich vom kaiserlichen Hofe zurück und widmete sich nur noch der Mathematik und der Astronomie. Unter anderem bestimmte er die Länge eines Jupiterjahrs auf 11,858 Erdjahre, was dem heute geltenden Wert von 11,862 Jahren sehr nahekommt.

Zusammen mit seinem Sohn Zu Geng verfasste er ein Mathematikbuch mit dem Titel *Zhui shu* (Methode der Interpolation), das große Anerkennung fand und das ebenfalls zu den *zehn klassischen Büchern der Mathematik* gezählt wird.

Wegen seines hohen Anspruchs wurde es jedoch bald wieder aus dem Pflichtkanon der kaiserlichen Akademie herausgenommen. Im Jahr 1084 noch einmal nachgedruckt, verlor sich im 12. Jahrhundert jede Spur von diesem Buch.

Zu Chongzhi ermittelte für die Kreiszahl π den Näherungsbruch $\frac{355}{113}$; die zugehörige Dezimalzahl stimmt in sechs Stellen mit der Dezimalzahlentwicklung von π überein.

Hinweis Dies ist der beste Näherungsbruch unter allen rationalen Näherungswerten für π mit höchstens 4-stelligem Nenner. Diese besondere Eigenschaft kann man an der Ketten-bruch-Entwicklung von $\pi = [3; 7, 15, 1, 292, \ldots]$ ablesen. Bedingt durch den großen Wert 292 hat das Abbrechen an der vorangehenden Stelle zur Folge, dass diese Zahl nur im geringen Maße von π abweicht: $[3; 7, 15, 1] = [3; 7, 16] = 3 + \frac{1}{7 + \frac{1}{16}} = 3 + \frac{16}{113} = \frac{355}{113}$. Lässt man eine weitere Stelle des Kettenbruchs weg, ergibt sich $3 \frac{1}{7} = \frac{22}{7}$, der Näherungs-wert, der bereits von Archimedes ermittelt wurde.

Der Näherungsbruch $\frac{355}{113}$ wurde erst im 16. Jahrhundert erneut gefunden (durch den niederländischen Mathematiker Valentin Otho).

Zu Chongzhi beließ es aber nicht bei der Bestimmung eines Näherungswerts für π. In einer Quelle aus dem 7. Jahrhundert wurde über den von ihm berechneten genaueren Wert berichtet:

- *Wenn man einen Kreis mit Durchmesser 10.000.000 chang betrachtet, dann weiß man seit den Berechnungen von Zu Chongzhi, dass der Umfang dieses Kreises mehr als 31.415.926 chang beträgt und weniger als 31.415.927 chang (1 chang ≈ 3,58 m).*

Es wird vermutet, dass Zu Chongzhi bei seinen Berechnungen wie Liu Hui vom regelmäßigen 6-Eck ausging und dann jeweils die Anzahl der Ecken schrittweise verdoppelte.

Mit $r = 1$ erhält man durch Einsetzen in die o. a. Rekursionsformel

$$s_{2n} = \sqrt{2r^2 - r \cdot \sqrt{4r^2 - s_n^2}} \quad \text{schrittweise :}$$

$$s_{12} = \sqrt{2 - \sqrt{4 - 1^2}} = \sqrt{2 - \sqrt{3}}, \quad s_{24} = \sqrt{2 - \sqrt{4 - \left(\sqrt{2 - \sqrt{3}}\right)^2}}$$

$$= \sqrt{2 - \sqrt{2 + \sqrt{3}}}, \cdots$$

n	Seitenlänge s_n	$\frac{n}{2} \cdot s_n$
6	1	3
12	$\sqrt{2 - \sqrt{3}} \approx 0,517638...$	3,1058285...
24	$\sqrt{2 - \sqrt{2 + \sqrt{3}}} \approx 0,2610523...$	3,13262861...
48	$\sqrt{2 - \sqrt{2 + \sqrt{2 + \sqrt{3}}}} \approx 0,13080625...$	3,13935020...
96	$\sqrt{2 - \sqrt{2 + \sqrt{2 + \sqrt{2 + \sqrt{3}}}}} \approx 0,0654381...$	3,14103195...
192	$\sqrt{2 - \sqrt{2 + \sqrt{2 + \sqrt{2 + \sqrt{2 + \sqrt{3}}}}}} \approx 0,03272346...$	3,141452472...

Um die Genauigkeit von 7 Dezimalstellen zu erreichen, muss Zu Chongzhi – ohne die Hilfsmittel, die uns heute zur Verfügung stehen – die Seitenlänge eines regelmäßigen 12.288-Ecks berechnet haben – eine aus heutiger Sicht unglaubliche Rechenleistung!

Zu den besonderen Leistungen von Zu Chongzhi und dessen Sohn Zu Geng zählt auch die Herleitung einer exakten Volumenformel für die Kugel: $V = \frac{11}{21} \cdot d^3$ (wobei also mit $\pi = \frac{22}{7}$ gerechnet wird). Für die Herleitung benutzten sie den Grundsatz:

- *Die Volumina zweier Körper der gleichen Höhe stehen in einem festen Zahlenverhältnis, wenn die Größen der Schnittflächen beider Körper in gleicher Höhe in diesem Zahlenverhältnis stehen.*

Dies ist eine Verallgemeinerung eines Prinzips, das in Europa erst 1000 Jahre später von **Bonaventura Cavalieri** (1598–1647) beschrieben wird.

Konkret zerlegten sie einen Würfel zunächst in acht kleinere, gleich große Würfel, die kleineren Würfel wiederum durch mehrere zylinderförmige Schnitte in vier kleinere Stücke, die sie nach dem o. a. Prinzip mit Teilen einer Kugel verglichen, und bestimmten so deren Volumen. Bedeutsam erscheint vor allem, dass Zu Chongzhi und Zu Geng den Zusammenhang zwischen der Bestimmung der Fläche beim Kreis und des Volumens bei der Kugel erkannt haben.

4.4 Li Zhi (1192–1279) und Yang Hui (1238–1298)

Während der wechselhaften Geschichte Chinas unter der Herrschaft verschiedener Dynastien blieben die Anforderungen der *Neun Kapitel mathematischer Kunst* weiterhin der Maßstab für die mathematischen Anforderungen der Beamtenprüfungen. Nach der Tang-Dynastie (618–907), in der das chinesische Reich seine größte Ausdehnung erlangt hatte (vom Stillen Ozean bis nach Tibet, von der Großen Mauer bis nach Vietnam), folgte – nach einer Übergangsphase – die Song-Dynastie (960–1279), die Herrschaft im verkleinerten südlichen Teil Chinas. Der Norden des Landes wurde von mandschurischen Heeren besetzt, bis dann im 13. Jahrhundert die Mongolenheere unter **Kublai Khan**, dem Enkel Dschingis Khans, das gesamte Land eroberten.

Die Mathematik in China erlebte im 13. Jahrhundert eine neue, letzte Blütezeit. Insbesondere waren es vier Gelehrte, deren Beiträge herausragen:

Im Norden schrieb **Li Zhi** (1192–1279) die Bücher *Ceyuan haijing* (See-Spiegel der Kreismessungen*, 1248) und *Yigu yanduan* (Neue Rechenschritte, 1259).

Im Süden des Landes veröffentlichte **Qin Jiushao** (1202–1261) im Jahr 1247 sein Meisterwerk *Shushu jiuzhang* (Mathematische Abhandlung in neun Kapiteln).

Dann folgte im Süden **Yang Hui** (1238–1298) mit einer Ergänzung der neun Kapitel *Xiangjie jiuzhang suanfa* (Detaillierte Analyse der mathematischen Methoden in den neun Kapiteln, 1261), *Riyong suanfa* (Rechenmethoden für den täglichen Gebrauch, 1262) sowie *Yang Hui suanfa* (Yang Huis Rechenmethoden, 1274/75).

Den Abschluss bildete schließlich **Zhu Shijie** (1260–1320) mit *Suanxue qimeng* (Einführung in mathematische Studien, 1299) und *Siyuan yujian* (Kostbarer Spiegel der vier Elemente, 1303).

Nicht unerwähnt bleiben sollte hier auch der Ingenieur und Astronom **Guo Shoujing** (1231–1316), an den die beiden folgenden Briefmarken erinnern, der zur selben Zeit wie die o. a. genialen Wissenschaftler im Norden Chinas lebte und im Dienst der mongolischen Herrscher für die Restaurierung und den Neubau von Wasserstraßen und Bewässerungssystemen sorgte. Bereits als Jugendlicher hatte er eine äußerst präzise Wasseruhr entworfen, die er zur Messung astronomischer Daten verwendete.

In Zusammenarbeit mit dem aus der westlichen Provinz des Mongolenreichs stammenden persischen Astronomen **Jamal ad-Din Bukhari** (benannt nach Buchara, heute Usbekistan) entwickelte er verschiedene astronomische Messinstrumente und baute 27 astronomische Stationen im Großreich Kublai Khans auf. Aufgrund ihrer Messungen ermittelten sie 365,2425 Tage als Länge eines Jahres, das ist derselbe Wert, der 300 Jahre später Grundlage für die gregorianische Kalenderreform wurde. Bei seinen Berechnungen wandte Guo Shoujing ein kubisches Interpolationsverfahren an (wie Isaac Newton und James Stirling 400 Jahre nach ihm).

Anmerkungen zu Li Zhi

Li Zhi wurde in Ta-hsing, der Hauptstadt des mandschurischen Jurchen-Reichs im Norden Chinas, geboren (heutiger Name der Stadt: Beijing). Nach erfolgreich absolvierter Prüfung trat er in den Dienst des Herrschers ein, wurde Gouverneur einer Provinz, die jedoch bald von den mongolischen Truppen eingenommen wurde. In den folgenden 15 Jahren lebte er in Armut in einer benachbarten Provinz, wo er das erste der beiden Meisterwerke verfasste.

Als Kublai Khan, Enkel Dschingis Khans und von 1560 dessen Nachfolger als Herrscher des Mongolenreichs, ihm eine Stelle als Berater anbot, lehnte Li Zhi diese mit Hinweis auf sein Alter und seinen Gesundheitszustand ab. 1564 wurde er dennoch von diesem gezwungen, das Amt als Leiter der Staatlichen Akademie zu übernehmen; bald jedoch durfte sich der 72-Jährige von diesem Amt zurückziehen. Bis zu seinem Lebensende lebte er zurückgezogen in den Bergen; dort wurde er von lernwilligen Studenten besucht. Sein Sohn sollte eigentlich nach Li Zhis Tod alle Schriften mit Ausnahme von *Ceyuan haijing* vernichten, was dieser jedoch (erfreulicherweise) nicht konsequent befolgte.

Bemerkenswert an Li Zhis *Ceyuan haijing* (1248) ist, dass in diesem Buch nur eine einzige Zeichnung enthalten ist, auf die sich ein großer Teil der 170 Aufgaben beziehen: Es geht dabei um eine kreisförmige Stadt, von der aus eine oder zwei Personen losgehen, bis sie z. B. einen Baum oder einander wieder sehen können. Zu bestimmen ist jeweils der Durchmesser der Stadt.

Beispiel 1: 135 pu südlich des Südtors steht ein Baum. Wenn man vom Nordtor 15 pu nach Norden und dann 208 pu in Richtung Osten geht, dann kann man diesen Baum wieder sehen (vgl. Abb. links).

Beispiel 2:
Die beiden Personen treffen sich am Westtor. B geht 256 pu nach Osten, A 480 pu nach Süden, bis sie einander wieder sehen können (vgl. Abb. rechts).
Lösung: In beiden Beispielen ergibt sich $d = 240\ pu$.

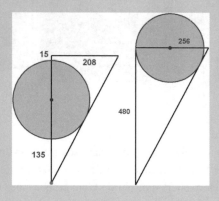

Die erste Aufgabe von *Yigu yanduan* lautet:

Aufgabe

In der Mitte eines quadratischen Farmgeländes mit dem Flächeninhalt 13,75 mou ($= 3300$ pu^2) befindet sich ein kreisförmiger Teich. Der Teich hat einen Abstand von jeweils 20 pu von den Seiten des Farmgeländes. Bestimme die Länge der Quadratseiten und den Durchmesser des Teichs.

Lösung: Die Seitenlänge des Quadrats beträgt 60 pu, der Teich-Durchmesser 20 pu.

Hinweis: Die Fläche des Teichs wird nicht zur Fläche des Farmgeländes gezählt; für π wird der Wert 3 angenommen.

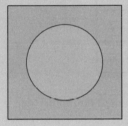

Anmerkungen zu Yang Hui

Über Yang Huis Leben ist nur wenig bekannt. Als Lehrer war er sehr darum bemüht, dass seine Schüler die Lösungen zu den klassischen Aufgaben nicht nur beherrschen (weil sie die Methoden auswendig gelernt haben), sondern die jeweils benötigte Vorgehensweise nachvollziehen können. Er verfasste mehrere Bücher – das berühmteste ist *Xiangjie jiuzhang suanfa* (*Analyse der Neun Kapitel*); es enthält ausführliche Kommentare zu einer Auswahl von 80 Aufgaben der insgesamt 246 Probleme aus dem Standardwerk. Das Buch enthält noch drei zusätzliche Kapitel, darunter eines über das rechtwinklige Dreieck.

In seiner *Analyse* berechnet Yang Hui u. a. Potenzen von binomischen Termen bis zum Grad 6 – mithilfe des Schemas, das wir als **Pascal'sches Dreieck** bezeichnen. In der chinesischen Literatur wird das Schema – auch heute noch – als **Yang-Hui-Dreieck** bezeichnet. Er selbst schreibt, dass er das Verfahren aus einem Werk des Mathematikers **Jia Xian** (1010–1070) übernommen habe. Wenn Jia Xian also tatsächlich der Entdecker des berühmten Zahlendreiecks war, dann geschah dies ca. 600 Jahre vor dem Erscheinen des Pascal'schen Buchs *Traité du triangle arithmétique*, das im Jahr 1654 verfasst wurde.

In anderen Büchern geht Yang Hui ausführlich auf das Ausnutzen von Rechenvorteilen ein, beispielsweise, dass man bei der Division durch 25 zunächst zwei Dezimalstellen abstreicht und dann die Zahl mit 4 multipliziert oder dass man einen der Faktoren eines Produkts in seine Teiler zerlegt und dann das Produkt schrittweise durchführt.

Yang Hui gilt auch als einer der ersten chinesischen Mathematiker, die sich systematisch mit magischen Quadraten beschäftigten. Das sog. **Lo-Shu-Quadrat**, vgl. die folgende Abbildung links, war seit 650 v. Chr. im chinesischen Reich bekannt – auf der Briefmarke rechts ist es auf dem Panzer einer Schildkröte abgebildet.

Der Sage nach soll es zu Zeiten des Kaisers Yu (um 2200 v. Chr.) eine gewaltige Flut gegeben haben, aus der eine Schildkröte kroch, auf deren Panzer das Muster mit der Darstellung der ersten neun natürlichen Zahlen eingetragen war. Mithilfe dieses Musters soll es dann den Menschen gelungen sein, den Fluss zu zähmen und sich zukünftig vor Überschwemmungen zu schützen.

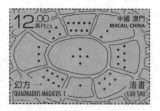

Gemäß Yang Hui erhält man die Anordnung der neun ersten natürlichen Zahlen in diesem Schema, wenn man in einem auf die Spitze gestellten Quadrat zunächst zeilenweise die natürlichen Zahlen von 1 bis 9 einträgt, dann jeweils die außenstehenden Zahlen oben/unten bzw. rechts/links miteinander vertauscht und schließlich diese Zahlen nach innen wandern lässt.

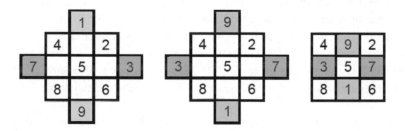

Das magische 3×3-Quadrat hat die magische Zahl 15, d. h., die Summe der in einer Zeile bzw. in einer Spalte stehenden Zahlen sowie die Summe der Zahlen in den Diagonalen beträgt 15 (= dem 3-fachen Mittelwert der neun Zahlen 1, 2, 3, . . ., 9).

Beim magischen 4×4-Quadrat mit der magischen Zahl 34 kann man gemäß Yang Hui wie folgt vorgehen: Zunächst trägt man die natürlichen Zahlen von 1 bis 16 (zeilenweise von links nach rechts und von oben nach unten) in das 4×4-Schema ein. Dann vertauscht man die in den Ecken des äußeren Quadrats stehenden (grün unterlegten) Zahlen, anschließend die Zahlen in den Ecken des inneren Quadrats (blau unterlegt).

1	2	3	4
5	6	7	8
9	10	11	12
13	14	15	16

16	2	3	13
5	6	7	8
9	10	11	12
4	14	15	1

16	2	3	13
5	11	10	8
9	7	6	12
4	14	15	1

Analog kann man die natürlichen Zahlen von 1 bis 16 spaltenweise (von oben nach unten und von links nach rechts) eintragen:

1	5	9	13
2	6	10	14
3	7	11	15
4	8	12	16

16	5	9	4
2	6	10	14
3	7	11	15
13	8	12	1

16	5	9	4
2	10	6	14
3	11	7	15
13	8	12	1

Die Eintragung der Folge der natürlichen Zahlen kann genauso gut zeilenweise von unten nach oben bzw. spaltenweise von rechts nach links erfolgen und umgekehrt.

Um ein magisches 5×5-Quadrat (mit magischer Zahl 65) zu erhalten, kann man zunächst wieder die Folge der natürlichen Zahlen von 1 bis 25 eintragen (beispielsweise zeilenweise von unten nach oben und spaltenweise von rechts nach links), dann im zweiten Schritt aber nur die inneren neun Zahlen betrachten, die entsprechend der Methode beim 3×3-Quadrat vertauscht werden. Die Anordnung der äußeren Zahlen wird nicht weiter beachtet.

25	24	23	22	21
20	19	18	17	16
15	14	13	12	11
10	9	8	7	6
5	4	3	2	1

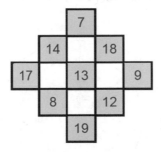

1	23	16	4	21
15	14	7	18	11
24	17	13	9	2
20	8	19	12	6
5	3	10	22	25

Das innere 3×3-Quadrat ist ein magisches Quadrat mit der magischen Zahl 39; daher müssen zwei einander gegenüberliegende Zahlen des äußeren Rings jeweils die Summe 26 ergeben, also $26 = 1 + 25 = 2 + 24 = 3 + 23 = \ldots$

Durch geschicktes Ausprobieren findet man unter den in Frage kommenden außen stehenden Zahlen jeweils fünf geeignete Zahlen, deren Summe 65 ergibt, die dann die obere und die untere Zeile bzw. die linke und die rechte Spalte bilden, wie beispielsweise in dem rechts stehenden magischen Quadrat zu sehen ist.

Yang Hui präsentierte in dem Buch weitere magische Quadrate bis zur Ordnung 10, die sich nach ähnlichen Prinzipien konstruieren lassen.

Darüber hinaus zeigte er auch verschiedene besondere Formen, beispielsweise ein System von neun magischen „Kreisen", in deren Zellen natürliche Zahlen mit der magischen Summe 292 stehen (in der folgenden Abbildung links gelb bzw. grün unterlegt). Aber auch die in den Zwischenräumen liegenden vier „Kreise" (vgl. Abb. rechts, pink bzw. blau unterlegt) haben diese Eigenschaft.

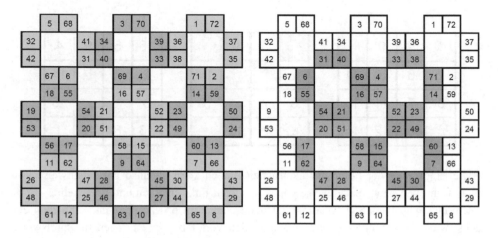

Auch das folgende Schema von Kreisen (Quelle: Wikipedia-Abb. von *cmglee*) und nach außen verlaufenden Strahlen hat magische Eigenschaften: In der Mitte bzw. auf den Strahlen stehen die natürlichen Zahlen von 1 bis 33. Die Summe der Zahlen auf den Strahlen (ohne die in der Mitte stehende Zahl 9) ergibt jeweils 69; die Summe der auf den Kreisen stehenden Zahlen ergibt das Doppelte, also 138.

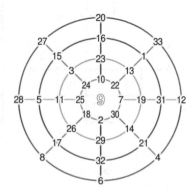

4.5   Qin Jiushao (1202–1261)

Qin Jiushao wurde 1202 als Sohn eines höheren Beamten in der Provinz Sichuan im Südwesten Chinas geboren. Mit 17 Jahren meldete er sich freiwillig zur Armee und war an einem Einsatz beteiligt, durch den ein Aufstand niedergeschlagen wurde. Nach der Versetzung des Vaters nach Hangzhou, der im Westen Chinas gelegenen Hauptstadt des Reichs der Song-Dynastie, nahm der Sohn die Möglichkeiten wahr, Mathematik und Astronomie zu studieren. 1226 kehrte Qin Jiushao mit seinem Vater wieder zurück in die Heimat, wo er seine Studien vollenden konnte.

Im Unterschied zu seinen Mitstudenten, die die ihnen vermittelten Methoden auswendig lernten, um die Prüfungen zu bestehen, durchschaute Qin Jiushao die mathematischen Methoden. Seine Begabung zeigte sich nicht nur in der Mathematik, sondern gleichermaßen auch in der Dichtkunst, in der Musik und in der Architektur. Und gleichzeitig galt der unbeherrschte und unbrechenbare junge Mann als hervorragender Reiter, Fechter und Bogenschütze. Als die mongolischen Heere des Dschingis Khan die Provinz Sichuan bedrohten, wurde er Befehlshaber einer Einheit zur Verteidigung des Landes.

Qin Jiushao wurde in verschiedenen Provinzen mit Verwaltungsaufgaben betraut, die er ohne jegliche Rücksichtnahme wahrnahm, sodass es sogar zu einem Aufstand gegen ihn kam. Dass er durch illegalen Verkauf von Salzvorräten zu großem Reichtum gelangte, tat seiner Karriere im Staatsdienst keinen Abbruch. Kurz nachdem er 1244 einen wichtigen Posten am kaiserlichen Hof in der Hauptstadt Nanjing angetreten hatte, erreichte ihn die Nachricht vom Tod seiner Mutter.

Während der traditionellen dreijährigen Trauerzeit verfasste er das Meisterwerk *Shushu jiuzhang* (Mathematische Abhandlung in neun Kapiteln), das 1247 erschien. Es war sicherlich kein Zufall, dass es genau neun Kapitel waren (außerdem in jedem Kapitel neun ausgewählte Aufgaben), entsprach dies doch dem Werk seines großen Vorbilds Liu Hui. Die Reihenfolge der Themen in den beiden Büchern stimmte allerdings nicht überein.

1254 kehrte er für einige Monate wieder in den Staatsdienst zurück. Sein Einsatz als Gouverneur in einer südlichen Provinz im Jahr 1259 wurde nach 100 Tagen wegen Amtsmissbrauchs beendet; das durch Bestechung erworbene neue Vermögen sicherte ihm weitere finanziell unbeschwerte Jahre. Bereits im folgenden Jahr gelang es ihm erneut, mit einem Verwaltungsposten betraut zu werden – als Mitarbeiter seines Freundes Wu Qian, der als Marineoffizier tätig war. Nach der Entlassung Wu Qians aus dem Staatsdienst wurde Qin Jiushao nach Meixian in der südchinesischen Provinz Guangtong versetzt, wo er 1261 starb.

Warum Qin Jiushaos Werk – im Unterschied zu vielen anderen Büchern dieser Zeit – nicht gedruckt wurde, lässt sich nicht mehr klären. Es wurde jedoch oft vervielfältigt und verbreitete sich auch in Japan und Korea. Die heute vorliegende Fassung entstand 1842 – rekonstruiert aus einer koreanischen Kopie.

Im **ersten Kapitel** des *Shushu jiuzhang* beschäftigt sich Qin Jiushao mit einer Klasse von Problemen, die zum ersten Mal vom chinesischen Mathematiker Sun Zi (400–460) im vierten Buch der *zehn klassischen Bücher* beschrieben wurden:

> Eine unbekannte Anzahl von Objekten ist gegeben. Bei einer 3er-Zählung bleiben 2 übrig, bei 5er-Zählung 3 und bei 7er-Zählung 2. Wie viele Objekte sind es?

In moderner Schreibweise: Gesucht ist die kleinste natürliche Zahl n mit $n \equiv 2 \pmod{3}$ $\wedge\ n \equiv 3 \pmod{5} \wedge n \equiv 2 \pmod{7}$.

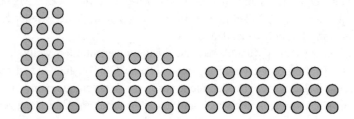

Sun Zi gab zur Bestimmung der gesuchten Zahl das folgende Verfahren an:

- Multipliziere die Anzahl der übrig gebliebenen Objekte bei der 3er-Zählung mit 70, addiere dazu das Produkt der Anzahl der übrig gebliebenen Objekte bei der 5er-Zählung mit 21 und addiere dann noch das Produkt der Anzahl der übrig gebliebenen Objekte bei der 7er-Zählung mit 15.

Die kleinste in Frage kommende Anzahl an Objekten ergibt sich, indem man von dem Ergebnis ein möglichst großes Vielfaches von $105 = 3 \cdot 5 \cdot 7$ subtrahiert. Hier also:

$$n = 2 \cdot 70 + 3 \cdot 21 + 2 \cdot 15 - 2 \cdot 105 = 23.$$

Die Faktoren 70, 21, 105 ergeben sich dabei aus den folgenden Bedingungen:

$$70 \equiv 1 \pmod{3} \ \wedge\ 70 \equiv 0 \pmod{5} \ \wedge\ 70 \equiv 0 \pmod{7},$$

$$21 \equiv 1 \pmod{5} \ \wedge\ 21 \equiv 0 \pmod{3} \ \wedge\ 21 \equiv 0 \pmod{7},$$

$$15 \equiv 1 \pmod{7} \ \wedge\ 15 \equiv 0 \pmod{3} \ \wedge\ 15 \equiv 0 \pmod{5}.$$

Dieses hier im Beispiel beschriebene Verfahren ist allgemein anwendbar, wenn die betrachteten Moduln *paarweise zueinander teilerfremd* sind. Aufgaben dieses Typs finden wir 100 Jahre später dann auch bei Brahmagupta (vgl. Abschn. 5.2) und 750 Jahre danach bei Leonardo von Pisa (vgl. Kap. 6).

Qin Jiushao gilt als der erste Mathematiker, der Aufgaben auch für den Fall löste, dass die Moduln *nicht* paarweise zueinander teilerfremd sind. Das von ihm entwickelte Verfahren wird in der Fachliteratur als *Chinesischer Restsatz* bezeichnet. 500 Jahre später wird die Methode Qin Jiushaos von **Leonhard Euler** wiederentdeckt und 1801 von **Carl Friedrich Gauß** in seinen *Disquisitiones* abschließend behandelt.

Qin Jiushao gibt an, dass er diese Methode des *Ta-yen lei* im Rahmen seines Astronomie-Studiums gelernt habe – es existieren jedoch keinerlei Hinweise, die eine Entdeckung zu einem früheren Zeitpunkt bestätigen. Daher wird allgemein Qin Jiushao als der Entdecker des Verfahrens angesehen.

Es erscheint durchaus plausibel, dass die ersten Aufgaben dieses Typs im Zusammenhang mit astronomischen Kalenderrechnungen entstanden waren, beispielsweise bei der Frage:

In wie vielen Jahren wiederholt es sich, dass Vollmond (Zykluslänge $29\frac{499}{4940}$ Tage) auf die Wintersonnenwende (Zykluslänge $365\frac{1}{4}$ Tage) fällt?

Eine der Aufgaben des Kapitels lautet wie folgt:

Qin Jiushaos Problem I,5
Drei Bauern (A, B, C) ernten auf ihren Feldern jeweils die gleichen Mengen an Reis. Diesen bieten sie an verschiedenen Orten zum Kauf an; dort gelten jeweils unterschiedliche Volumeneinheiten.

(Fortsetzung)

A verkauft seinen Reis auf dem offiziellen Markt seiner eigenen Präfektur, wo in Einheiten von 1 hu = 83 sheng gemessen wird; ihm blieben 32 sheng übrig.

B bietet seinen Reis den Dorfbewohner von Anji an; dort wird in Einheiten von 1 hu = 110 sheng gerechnet. Er hat danach noch 7 tou (= 70 sheng) übrig.

C verkauft seinen Reis an einen Zwischenhändler aus Pingjiang, wo eine Einheit 1 hu = 135 sheng entspricht; er hat noch 3 tou (= 30 sheng) übrig.

Wie viel Reis hatte jeder Bauer ursprünglich und wie viel hat jeder verkauft?

Lösung: Die Aufgabenstellung kann wie folgt notiert werden:

Gesucht ist eine natürliche Zahl n, für die gilt: $n \equiv 32 \pmod{83}$ $\wedge$ $n \equiv 70 \pmod{110}$ $\wedge$ $n \equiv 30 \pmod{135}$.

Antwort: Jeder der drei Bauern hatte 2460 *tou* (= 24600 *sheng*) Reis geerntet. A konnte 296 *hu* von jeweils 83 *sheng* verkaufen, also 24568 *sheng*, und hatte 32 *sheng* übrig. B verkaufte 223 *hu* von jeweils 110 *sheng*, also 24530 *sheng*, und es blieben ihm 70 *sheng*. C verkaufte 182 *hu* von jeweils 135 *sheng*, also 24570 *sheng*, und hatte 30 *sheng* übrig.

Das **zweite Kapitel** enthält Aufgaben über „Himmelserscheinungen", das sind Probleme, die mit astronomischen Rechnungen zu tun haben wie beispielsweise Bestimmung von Schattenlängen an bestimmten Orten oder Sichtbarkeitsphasen des Jupiter, aber auch mit Niederschlagsmessungen.

Im **dritten Kapitel** beschäftigt sich Qin Jiushao mit Flächenbestimmungen. Für die Lösung der ersten Aufgabe, der Flächenbestimmung eines Drachenvierecks, gibt er eine bemerkenswerte Beziehung an.

Qin Jiushaos Problem II,1

Für den Flächeninhalt $X = \sqrt{A} + \sqrt{B}$ der abgebildeten Figur gilt eine Gleichung 4. Grades $-X^4 + 2 \cdot (A + B) \cdot X^2 - (A - B)^2 = 0$, wobei durch $A = \left(a^2 - \left(\frac{c}{2}\right)^2\right) \cdot \left(\frac{c}{2}\right)^2$ und $B = \left(b^2 - \left(\frac{c}{2}\right)^2\right) \cdot \left(\frac{c}{2}\right)^2$ jeweils das Quadrat des Flächeninhalts der beiden Teilflächen angegeben wird.

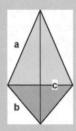

Diese biquadratische Gleichung gilt übrigens auch für den Flächeninhalt X eines Kreisrings, wobei mit A, B die Quadrate der Flächeninhalte des äußeren bzw. des inneren Kreises bezeichnet sind.

Für den Flächeninhalt S eines Dreiecks mit den Seiten a, b, c gibt Qin Jiushao die folgende Formel an:

- Flächeninhalt eines Dreiecks: $S = \sqrt{\frac{1}{4} \cdot \left[c^2 \cdot a^2 - \left(\frac{c^2 + a^2 - b^2}{2} \right)^2 \right]}$ (Problem II,2)

Dies ist nichts anderes als die **Heron'sche Formel** (nach Heron von Alexandria, 10–75 n. Chr.). Auch entwickelt er eine Formel, mit der man den Flächeninhalt eines Vierecks aus den Längen der vier Seiten und einer der Höhen ermitteln kann.

Im **vierten Kapitel** beschäftigt sich Qin Jiushao – teilweise sehr trickreich – mit der Bestimmung von Entfernungen von unzugänglichen Punkten. In diesem Zusammenhang betrachtet er eine Aufgabe, zu der er vermutlich durch ein Problem aus *Jiuzhang suanshu* angeregt wurde (s. o.).

Qin Jiushaos Problem IV,5

Eine kreisförmig ummauerte Stadt mit unbekanntem Durchmesser hat Tore in den vier Himmelsrichtungen. Drei Li nördlich des Nordtors steht ein Baum. Wenn man sich umdreht und unmittelbar nach dem Verlassen des südlichen Tors neun Li in Richtung Osten geht, kommt der Baum gerade in Sicht. Bestimme den Umfang und den Durchmesser der Stadtmauer.

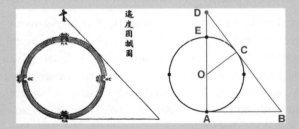

Lösung: Qin Jiushao gibt – ohne weitere Kommentare und Hinweise – an, dass das Problem auf die Gleichung $x^{10} + 15x^8 + 72x^6 - 864x^4 - 11664x^2 - 34992 = 0$ führt, also eine Gleichung 10. Grades, wobei er den Durchmesser mit x^2 bezeichnet. Hier ergibt sich $x^2 = 9$.

Aus der Skizze rechts kann abgelesen werden, dass ein einfacherer Ansatz möglich ist:

Mit $a = DE = 3$, $b = AB = 9$ und $r = OE = OA = OC$ ergibt sich die Beziehung $\frac{OC}{CD} = \frac{AB}{AD}$, also $\frac{r}{\sqrt{(r+a)^2 - r^2}} = \frac{b}{a+2r}$, aus der nach Quadrieren und Umformen eine Gleichung 4. Grades mit der Variablen r entwickelt werden kann.

Der gesuchte Radius ist $r = 4{,}5$.

Die Kap. 5, 6, 7 und 8 enthalten ähnliche Aufgaben, wie sie in den *Neun Kapiteln mathematischer Kunst* (*Jiuzhang suanshu*) enthalten sind, beispielsweise

- zum Thema *Steuern*: Berechnung der Steuerlast;
- zum Thema *Geld*: Bestimmung des Umtauschkurses von **Papiergeld**
  (Papiergeld wurde in China erfunden, ausgegeben wurde es zum ersten Mal im Jahr 1024, als das Münzgeld knapp wurde), Kosten für den Transport von Getreide;
- zum Thema *Festungsbau und Gebäude*: Materialaufwand für den Bau einer Festung, Aushub für den Bau eines Kanals, Anlegen eines Deichs;
- zum Thema *Militär*: Planung von Armeelagern und Schlachtformationen.

Am Ende des achten Kapitels findet man die folgende Aufgabe:

Qin Jiushaos Problem VIII,9

In einem Warenlager ist eine gewisse Anzahl von Baumwoll-Ballen gelagert, aus denen eine bestimmte Anzahl von Armeeuniformen hergestellt werden soll. Nimmt man jeweils 8 Ballen, um Kleidung für 6 Soldaten herzustellen, dann fehlen 160 Ballen. Nimmt man jeweils 9 Ballen, um Kleidung für 7 Soldaten herzustellen, dann bleiben 560 Ballen übrig. Gesucht ist die Anzahl der Baumwoll-Ballen und die Anzahl der Soldaten, die eingekleidet werden sollen.

Lösung: Bezeichnet man mit der Variablen x die Anzahl der Ballen und mit y die Anzahl der Soldaten, dann ergeben sich die beiden Gleichungen $x = \frac{y}{6} \cdot 8 - 160$ $\wedge x = \frac{y}{7} \cdot 9 + 560$. Diese führen zu der Lösung $x = 20000$ und $y = 15120$.

Qin Jiushao löst die Aufgabe, die als lineares Gleichungssystem mit *zwei* Gleichungen und *zwei* Variablen notiert werden kann, in einer allgemeinen Form, die an die **Cramer'sche Regel** erinnert (benannt nach Gabriel Cramer, 1704–1752). Sein Ansatz zu einem allgemeinen Lösungsverfahren wurde danach erst wieder durch den japanischen Mathematiker **Seki Kowa** (1642–1708, siehe auch Abschn. 4.7) veröffentlicht, der zehn Jahre vor **Gottfried Wilhelm Leibniz** (1646–1716) die Determinantenmethode entwickelte.

Im **neunten Kapitel** werden Probleme untersucht, die mit dem Handel von Waren zu tun haben. Diese führen auf lineare Gleichungssysteme.

Qin Jiushaos Problem IX,1

Ein Händler schließt drei Geschäfte ab, die jeweils einen Betrag von 1.470.000 kuan umfassen.

Beim ersten kauft er 3500 Bündel Wolle, 2200 chin (Pfund) Schildpatt und 375 Kisten Weihrauch, beim zweiten 2970 Bündel Wolle, 2130 chin Schildpatt und 3056 ¼ Kisten Weihrauch, beim dritten 3200 Bündel Wolle, 1500 chin Schildpatt und 3750 Kisten Weihrauch.

Welchen Wert hat jeweils ein Bündel Wolle, ein chin Schildpatt und eine Kiste Weihrauch?

Lösung: Das Problem lässt sich als lineares Gleichungssystem mit drei Gleichungen und drei Variablen darstellen:

$$3500x + 2200y + 375z = 1470000$$
$$2970x + 2130y + 3056\tfrac{1}{4}z = 1470000$$
$$3200x + 1500y + 3750z = 1470000$$

Qin Jiushao notiert die Koeffizienten des Glcichungssystems in Tabellenform

1470000	1470000	1470000
3200	2970	3500
1500	2130	2200
3750	3056 ¼	375

und löst das System durch elementare Spaltenumformungen – so wie wir es vom Gauß'schen Eliminationsverfahren kennen.

Die Rechnungen mit den Koeffizienten wurden mithilfe von Ziffernstäbchen oder des in China üblichen Abakus, des sog. *suanpan,* durchgeführt.

Bemerkenswert ist die Tatsache, dass Qin Jiushao in den Tabellen zum ersten Mal einen kleinen Kreis als Symbol für die Null notiert, während bis dahin solche Stellen frei gelassen wurden.

Suanpan und Saropan

Die auf den Briefmarken dargestellten *suanpan* bestehen aus nebeneinander angebrachten Stangen mit *zwei* Perlen oberhalb und *fünf* Perlen unterhalb eines Zwischenstegs. Die unteren Perlen haben einen Wert von 1, die oberen von 5.

Zur Durchführung von Rechenoperationen werden die Perlen entsprechend verschoben (hinzufügen: zum Steg hin; wegnehmen: vom Steg weg).

Es werden nur die Perlen gezählt, die sich am Steg befinden – auf der dritten Briefmarke (aus dem südafrikanischen Bantu-Staat Venda) ist die Zahl 1.532.786 dargestellt (auf den ersten beiden Briefmarken ist ein Zwischenzustand während einer Rechenoperation zu sehen).

Eigentlich genügen zur Darstellung von Zahlen *vier* Perlen unterhalb und *eine* Perle oberhalb des Stegs, wie dies auch bis zum Ende der Song-Dynastie üblich war und noch heute beim japanischen *soropan* üblich ist (vgl. Briefmarke rechts). Für das Rechnen mit Überträgen hat sich die Erweiterung auf zwei bzw. fünf Perlen als günstiger (schneller) herausgestellt.

Der *suanpan* wird auch beim Lösen von Gleichungen höheren Grades verwendet, selbst bei quadratischen Gleichungen. Das hierfür verwendete Verfahren wird in unserem Kulturraum nach dem Vorschlag von **Augustus de Morgan** (1806–1871) üblicherweise als **Horner-Schema** bezeichnet – benannt nach dem englischen Mathematiker **William George Horner** (1786–1837), der diese Methode im Jahr 1819 der *Royal Society* vorlegte (zehn Jahre zuvor hatte sie bereits der italienische Mathematiker **Paolo Ruffini**, 1765–1822, veröffentlicht).

> **Beispiel:**
> Die Gleichung $1x^3 + 3x^2 - 5x - 12 = 0$ ist zu lösen.
>
> Durch Ausprobieren findet man heraus, dass eine Lösung der Gleichung zwischen 2 und 3 liegt.
>
> Daher liegt es nahe, den Ansatz $1 \cdot (2 + y)^3 + 3 \cdot (2 + y)^2 - 5 \cdot (2 + y) - 12 = 0$ zu machen.

(Fortsetzung)

Den links stehenden Term kann man mithilfe binomischer Formeln ausrechnen und gelangt dann zu $1y^3 + 9y^2 + 19y - 2 = 0$. Diese Gleichung hat eine Lösung, die im Intervall [1 ; 2] liegt. Wenn man Dezimalzahlen vermeiden will, kann man y durch $10y'$ ersetzen, also die Gleichung $1000y'^3 + 900y'^2 + 190y' - 2 = 0$ untersuchen, und findet heraus, dass diese eine Lösung hat, die im Intervall [1 ; 2] liegt, d. h., die Ausgangsgleichung hat eine Lösung im Intervall [2,1 ; 2,2] usw.

Die Ausgangsgleichung kann aber auch in der Form $(1 \cdot (x + 3) \cdot x - 5) \cdot x - 12 = 0$ notiert werden. Um Werte des links stehenden Terms zu bestimmen, müssen keine Potenzen, sondern nur abwechselnd Summen und Produkte gebildet werden. Auch das Ersetzen der Variablen x durch $y + 2$ ist weniger aufwendig:

$$(1 \cdot ((y + 2) + 3) \cdot (y + 2) \quad 5) \cdot (y + 2) - 12 = 0.$$

Die Umformungen lassen sich mithilfe des rechts abgebildeten Schemas schnell durchführen:

4.6   Zhu Shijie (1260–1320)

Nachdem der Mongolenherrscher Kublai Khan auch den Süden Chinas erobert und im Jahr 1279 das chinesische Reich wiedervereinigt hatte, ließ er die Hauptstadt Dadu (heute Peking/Beijing) mit einer Stadtmauer umgeben. Die unsicheren Zeiten waren vorüber und so konnte auch Zhu Shijie, der in Yan-shan, in der Nähe von Dadu geboren wurde, durch das Land reisen – mehr als zwanzig Jahre lang. Der Ruhm des Gelehrten verbreitete sich im gesamten Reich und viele kamen zu ihm, um von ihm zu lernen.

Das für Anfänger gedachte Buch *Suanxue qimeng* (Einführung in mathematische Studien, 1299) ging an manchen Stellen über die Inhalte der *Neun Kapitel mathematischer Kunst* hinaus, beispielsweise indem das Rechnen mit Brüchen und Dezimalbrüchen behandelt wurde. Zur Lösung von linearen Gleichungssystemen gab er Empfehlungen für die Auswahl einer geeigneten Zeile, die festgehalten werden sollte (sog. *Pivotisierung*).

Weit über die klassische Aufgabensammlung hinaus war die Behandlung von Polynomialgleichungen, die zu Beginn des 13. Jahrhunderts von Vorgängern im nördlichen

Abb. 4.2 Das Yang-Hui-
Dreieck aus einer Schrift von
1303

Landesteil entwickelt worden war und durch Zhu Shijie nun auch im Süden verbreitet
werden konnte.

Das Originalwerk ging verloren, es konnte aber im 19. Jahrhundert aus einem gedruckten koreanischen Exemplar aus dem 15. Jahrhundert rekonstruiert werden.

Siyuan yujian (Kostbarer Spiegel der vier Elemente) stellt den Höhepunkt der mathematischen Entwicklung in China dar. Auch von diesem Buch existiert keine Originalfas-
sung – die heute vorliegende Fassung enthält sieben Vorworte, sodass man nicht mehr
weiß, was von Zhu Shijie selbst im Jahr 1303 veröffentlicht wurde (Abb. 4.2).

Auf einer der ersten Seiten findet man die Abbildung des Dreiecks, das heute als
Pascal'sches Dreieck bezeichnet wird. Die im Diagramm eingetragenen Binomialkoeffizienten entsprechen (teilweise) der üblichen Darstellung von Zahlen durch Rechenstäbchen.

Mithilfe der Koeffizienten der letzten Zeile der abgebildeten Figur kann man die achte
Potenz einer Summe wie folgt notieren:

$$(a+b)^8 = 1\,a^8 + 8\,a^7b + 28\,a^6b^2 + 56\,a^5b^3 + 70\,a^4b^4 + 56\,a^3b^5 + 28\,a^2b^6 + 8\,ab^7 + 1\,b^8.$$

Zhu Shijie verweist darauf, dass nicht er dieses Schema erfunden hat, sondern dass dies
eine *altbekannte* Methode sei, womit er vermutlich das Buch von **Jia Xian** (1010–1070)
meint, vgl. auch die oben stehenden Anmerkungen zu Yang Hui.

Dann geht er auf die Behandlung von Aufgaben ein, für die bis zu vier Variablen
benötigt werden (*tian* = Himmel, *di* = Erde, *ren* = Mensch, *wu* = Materie) – wir werden
im Folgenden die bei uns üblichen Variablen x, y, z, u verwenden. Die in den Rechnungen
auftretenden Koeffizienten werden in Tabellenform angeordnet, beispielsweise wird der
Term

$$2y^3 - 8y^2 + 28y - xy^2 + 6xy - 2x - x^2 \text{ in der folgenden Form notiert:}$$

	y^3	y^2	y	
	2	-8	28	
x	0	-1	6	-2
x^2	0	0	0	-1

Am Beispiel der folgenden Aufgabe wird deutlich, wie Zhu Shijie seine (algebraische) **Methode der himmlischen Elemente** entfaltet:

Aufgabe

Ein rechtwinkliges Dreieck hat den Flächeninhalt 30. Die Summe der Längen der beiden Katheten beträgt 17. Wie groß ist die Summe der Längen der Basis (= kürzere Kathete) und der Hypotenuse?

Lösung: Bezeichnet man die Katheten mit x und y, die Hypotenuse mit z, dann ist gegeben:

$\frac{1}{2} \cdot x \cdot y = 30 \wedge x + y = 17$. Hieraus ergibt sich $x \cdot (17 - x) = 60$, also $x^2 - 17x = -60$. Lösen der quadratischen Gleichung liefert $x = 5 \vee x = 12$. Die kürzere Kathete hat also die Länge 5. Die Länge der Hypotenuse ist daher

$z = \sqrt{x^2 + y^2} = \sqrt{5^2 + 12^2} = 13$, für die gesuchte Summe gilt damit $x + z = 5 + 13 = 18$.

Zhu Shijie begnügt sich jedoch nicht damit, eine quadratische Gleichung zu lösen; vielmehr zeigt er, wie man das konkrete Problem in einem allgemeineren Zusammenhang untersuchen kann:

Aufgabe

Für x, y, z gilt (gemäß dem Gougu-Theorem/Satz des Pythagoras): $x^2 + y^2 - z^2 = 0$.

Setzt man für die gesuchte Größe $x + z = t$, dann folgt wegen $z = t - x$ und $y = 17 - x$:

$$x^2 + (17 - x)^2 - (x - t)^2 = 0, \quad \text{also}$$

$$x^2 + 289 - 34x + 2xt - t^2 = 0.$$

Wegen $x^2 - 17x = -60$, also $x^2 = 17x - 60$, ergibt sich eine lineare Gleichung mit der Variablen x, nämlich

---

(Fortsetzung)

$$17x - 60 + 289 - 34x + 2xt - t^2 = 0, \text{ also } 229 - 17x + 2xt - t^2 = 0,$$

d. h., x erfüllt die Bedingung $x = \frac{229 - t^2}{17 - 2t}$.

Setzt man dies in die quadratische Gleichung ein, so erhält man

$$\left(\frac{229 - t^2}{17 - 2t}\right)^2 + 289 - 34 \cdot \frac{229 - t^2}{17 - 2t} + 2 \cdot \frac{229 - t^2}{17 - 2t} \cdot t - t^2 = 0 \text{ und hieraus}$$

$$\left(229 - t^2\right)^2 + 289 \cdot (17 - 2t)^2 - 34 \cdot \left(229 - t^2\right) \cdot (17 - 2t)$$
$$+ 2t \cdot \left(229 - t^2\right) \cdot (17 - 2t) - t^2 \cdot (17 - 2t)^2 = 0$$

und somit schließlich eine Gleichung 4. Grades:

$$t^4 - 34t^3 + 71t^2 + 3706t + 3600 = 0$$

Diese Gleichung besitzt vier Lösungen, nämlich -8, -1, 18 und 25, darunter die eigentlich gesuchte Summe $t = x + z = 5 + 13 = 18$. (Die übrigen Lösungen ergeben sich im Sachzusammenhang wie folgt: -8 ergibt sich als Lösung für t, wenn man $x = 5$ und $z = -13$ einsetzt; -1 für $x = 12$ und $z = -13$; 25 für $x = 12$ und $z = 13$.)

In einer weiteren Aufgabe heißt es:

Aufgabe
Die drei Seiten x, y, z eines rechtwinkligen Dreiecks erfüllen die Bedingungen

$$2y \cdot z = z^2 + x \cdot z \quad \wedge \quad 2x + 4y + 4z = x \cdot \left(y^2 - z + x\right).$$

Gesucht ist $u = x + y + z + d = 2x + 2y$.
  Lösung: Die Variable d steht für den Durchmesser des Inkreises; hierfür gilt: $d = 2r = x + y - z$, wie bereits in *Jiuzhang suanshu* angegeben wurde. Als Ergebnis gibt Zhu Shijie an: $x = 3$, $y = 4$, $z = 5$ und $u = 14$.

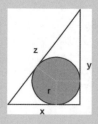

Das folgende Problem führt Zhu Shijie auf eine Gleichung 5. Grades zurück:

Aufgabe

Für drei Seiten x, y, z eines rechtwinkligen Dreiecks und den Durchmesser d des Inkreises gilt:

$d \cdot x \cdot y = 24 \quad \wedge \quad x + z = 9$. Gesucht ist y.

Lösung: Die gesuchte Seitenlänge ist y = 3.

Zhu Shijie beherrscht verschiedene algebraische Methoden, wie er an zahlreichen Beispielen – auch bei Polynomen höheren Grades – demonstriert:

Beispiele

- $-8x^2 + 578x - 3419 = 0$

Um diese quadratische Gleichung zu lösen, wird zunächst die Variable substituiert: $x = \frac{y}{8}$. Hiermit erhält man $-8 \cdot \left(\frac{y}{8}\right)^2 + 578 \cdot \frac{y}{8} - 3419 = 0$, also

$-\frac{1}{8}y^2 + \frac{578}{8} \cdot y - 3419 = 0$ und weiter $-y^2 + 578 \cdot y - 27352 = 0$.

Eine Lösung dieser Gleichung ist $y = 526$ und so ergibt sich $x = \frac{526}{8} = 65\frac{3}{4}$.

- $63x^2 - 740x - 432000 = 0$

Bei dieser Gleichung findet Zhu Shijie heraus, dass $x \approx 88$.

Verschiebung um 88 (gemäß der sog. *fan fa*-Methode, die wir als Horner-Methode bezeichnen), also $63 \cdot (y + 88)^2 - 740 \cdot (y + 88) - 432000 = 0$, führt zur Gleichung $63y^2 + 10348y - 9248 = 0$, dann Substitution mit $y = \frac{z}{63}$ ergibt die Gleichung $z^2 + 10348z - 582624 = 0$. Diese hat die Lösung $z = 56$, also ist $y = \frac{56}{63} = \frac{8}{9}$ und somit $x = 88\frac{8}{9}$.

Bereits früh wandten chinesische Astronomen Näherungsmethoden an, um Gesetzmäßigkeiten für Planetenbewegungen herauszufinden. Mithilfe der sog. *chao ch'a*-Methode der fortgesetzten Differenzenbildung lassen sich geeignete Polynome gewinnen.

Beispiel:

Bildet man die Summenfolge der Quadratzahlen, dann erhält man die Folge der Pyramidalzahlen. Deren Glieder lauten also: 0, 1, 5, 14, 30, 55 usw.

(Fortsetzung)

Bildet man die Differenzenfolge (1. Ordnung) der Folge der Pyramidalzahlen, d. i. die Folge aus der Differenz benachbarter Folgenglieder, dann ergibt sich die Folge der Quadratzahlen selbst.

(Quelle: Square pyramidal number (English Wikipedia/public domain/Autor: David Eppstein))

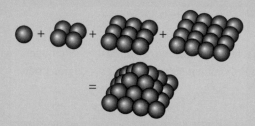

Bildet man dann weitere Differenzenfolgen, so gelangt man nach der dritten Differenzbildung zu einer konstanten Folge.

n	0	1	2	3	4	5
$a(n)$	0	1	4	9	16	25
$s(n)$	0	1	5	14	30	55
Δ		1	4	9	16	25
Δ^2			3	5	7	9
Δ^3				2	2	2

Die betrachtete Summenfolge $s(n)$ kann daher mithilfe eines Polynoms 3. Grades beschrieben werden: $s(n) = an^3 + bn^2 + cn + d$, wobei offensichtlich $d = 0$.

Durch Differenzbildung übereinanderstehender Gleichungen lassen sich die Koeffizienten leicht ermitteln:

$$\begin{vmatrix} a + b + c + d = 1 \\ 8a + 4b + 2c + d = 5 \\ 27a + 9b + 3c + d = 14 \\ 64a + 16b + 4c + d = 30 \end{vmatrix} \Rightarrow \begin{vmatrix} 7a + 3b + c = 4 \\ 19a + 5b + c = 9 \\ 37a + 7b + c = 16 \end{vmatrix} \Rightarrow \begin{vmatrix} 12a + 2b = 5 \\ 18a + 2b = 7 \end{vmatrix}$$

$$\Rightarrow |6a = 2|.$$

Und hiermit (rückwärts gehend) $a = \frac{1}{3}$, $b = \frac{1}{2}$, $c = \frac{1}{6}$, d. h., es gilt:

$$1^2 + 2^2 + 3^2 + \ldots + n^2 = \frac{1}{3}n^3 + \frac{1}{2}n^2 + \frac{1}{6}n = \frac{1}{6} \cdot n \cdot (n + 1) \cdot (2n + 1).$$

Entsprechend kann man die Formel für deren zugehörige Summenfolge gewinnen, also zur Folge 1, 6, 20, 50, ... Hier ergibt sich

$$1 + 5 + 14 + 30 + \ldots + \frac{1}{6} \cdot n \cdot (n + 1) \cdot (2n + 1) = \frac{1}{24} \cdot n \cdot (n + 1) \cdot (n + 2) \cdot (2n + 2)$$

und weiter

$$1 + 6 + 20 + 50 + \ldots + \frac{1}{24} \cdot n \cdot (n+1) \cdot (n+2) \cdot (2n+2)$$

$$= \frac{1}{120} \cdot n \cdot (n+1) \cdot (n+2) \cdot (n+3) \cdot (2n+3).$$

Eine besondere Rolle nehmen die Summenfolgen ein, die sich aus der Folge der natürlichen Zahlen, der Folge D_n der Dreieckszahlen (= Summenfolge der Folge der natürlichen Zahlen), der Folge T_n der Tetraederzahlen (= Summenfolge der Folge der Dreieckszahlen) usw. ergeben:

Bildet man nämlich die Summenfolge zur Folge $D_n = \frac{1}{2} \cdot n \cdot (n+1)$ der Dreieckszahlen, so ergibt sich die Folge der Tetraederzahlen 1, 4, 10, 20, 35, …, allgemein eine Folge mit der Folgenvorschrift $T_n = \frac{1}{6} \cdot n \cdot (n+1) \cdot (n+2)$.

Diese Folgenvorschrift entdeckte Zhu Shijie vermutlich auch in dem Zahlendreieck, das wir heute Pascal'sches Dreieck nennen. 350 Jahre nach Zhu Shijie beschrieb Pascal in seinem Buch über das *triangle arithmétique* u. a. diese Eigenschaft, die – als Beispiel – in der folgenden Abbildung farbig hervorgehoben ist:

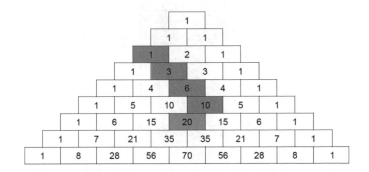

$$1 + 3 + 6 + 10 = \binom{2}{0} + \binom{3}{1} + \binom{4}{2} + \binom{5}{3} = \binom{6}{3} = \frac{6 \cdot 5 \cdot 4}{3 \cdot 2 \cdot 1} = 20,$$

d. h., die Summe der ersten vier Dreieckszahlen ist 20.

Allgemein gilt:

$$1 + 3 + 6 + 10 + \ \dots \ + \frac{1}{2!} \cdot n \cdot (n+1) = \binom{2}{0} + \binom{3}{1} + \binom{4}{2} + \ \dots \ +$$

$$\binom{n+1}{n-1} = \binom{n+2}{n-1} = \frac{(n+2)!}{(n-1)! \ \cdot 3!} = \frac{1}{3!} \cdot n \cdot (n+1) \cdot (n+2)$$

Entsprechend findet man die zugehörige Summenfolge hierzu, also die Summenfolge mit den Gliedern 1, 5, 15, 35, 70, ... indem man die nächste Parallele im Pascal'schen Dreieck betrachtet:

$$1 + 4 + 10 + 20 + \ \dots \ + \tfrac{1}{3!} \cdot n \cdot (n+1) \cdot (n+2) = \tfrac{1}{4!} \cdot n \cdot (n+1) \cdot (n+2) \cdot (n+3)$$

und weiter

$$1 + 5 + 15 + 35 + \dots + \frac{1}{4!} \cdot n \cdot (n+1) \cdot (n+2) \cdot (n+3)$$

$$= \frac{1}{5!} \cdot n \cdot (n+1) \cdot (n+2) \cdot (n+3) \cdot (n+4),$$

$$1 + 6 + 21 + 56 + \dots + \frac{1}{5!} \cdot n \cdot (n+1) \cdot (n+2) \cdot (n+3) \cdot (n+4)$$

$$= \frac{1}{6!} \cdot n \cdot (n+1) \cdot (n+2) \cdot (n+3) \cdot (n+4) \cdot (n+5).$$

4.7   Chinesisches Erbe: Seki Kowa (1642–1708)

Wie berichtet, wären einige der bedeutendsten chinesischen Mathematikbücher vermutlich verloren gegangen, wenn nicht Kopien dieser Bücher im 15. Jahrhundert den Weg nach Japan und Korea gefunden hätten. Die Bücher wurden zunächst ohne Veränderungen nachgedruckt, dann mit Kommentaren versehen, später durch eigene Überlegungen der jeweiligen Herausgeber ergänzt. Diese Bücher enthielten Probleme aus verschiedenen Gebieten der Mathematik in Form von Aufgabensammlungen mit Lösungen; dabei erläuterten die Autoren die Lösungsmethoden mit einer durchaus vielfältigen Auswahl an Themen, jedoch ohne einen „theoretischen Überbau" zu schaffen.

Auch erschienen Bücher, die den Gebrauch des japanischen Abakus lehrten (*Soroban*), vgl. Abschn. 4.5.

Aber auch in diesen Ländern stagnierte die Entwicklung der Mathematik – mit einer Ausnahme: Der japanische Mathematiker Seki Kowa (auch Seki Takakazu genannt) nahm die Traditionen chinesischer Mathematik auf und entwickelte sie teilweise weiter.

Der Zeitpunkt der Geburt von Seki Kowa fiel in eine dramatische Phase der japanischen Geschichte: In der Mitte des 16. Jahrhunderts befand sich das Land noch in einem Machtkampf rivalisierender Fürsten, die gewaltsam versuchten, die Oberherrschaft über das Land (*Shogunat*) zu erringen. Eine kriegsentscheidende Rolle spielten schließlich die von europäischen Händlern nach Japan importierten Schusswaffen.

Von 1543 an hatten zunächst Kaufleute aus Portugal, später auch aus anderen Ländern den Handel aufgenommen. Den Kaufleuten folgten – wie in China – Missionare, die Hunderttausende zum Christentum bekehrten. Unter den Missionaren waren auch Jesuiten, welche die japanischen Wissenschaftler über den Stand der mathematischen Entwicklung in Europa informierten. Die europäischen Kaufleute und Missionare versuchten, politischen Einfluss zu nehmen.

Im Jahr 1598 gelang es dann Tokugawa Ieyasu, einem der militärischen Führer, alle Rivalen zu besiegen und so Japan gewaltsam zu einigen. Um einen möglichen Einfluss des Kaisers (*Tenno*) zu reduzieren, verlegte er den Regierungssitz von Kyoto in sein bisheriges Hauptquartier, ein kleines Fischerdorf namens Edo, das später den Namen Tokyo (wörtlich: Ost-Hauptstadt) erhielt. Er verwies die fremden Kaufleute und Missionare des Landes, verbot den christlichen Glauben und ließ die christlichen Kirchen zerstören.

Nur einige holländische Kaufleute, die jeden Missionierungsgedanken von sich wiesen, durften ihren Handel fortsetzen – für sie wurde am Hafen von Nagasaki eine künstliche, ummauerte Insel geschaffen; nur einmal im Jahr durfte dort ein Handelsschiff anlegen. – Über 200 Jahre lang war dies die einzige Verbindung Japans zur Außenwelt, denn die Herrscher verboten auch, dass japanische Schiffe in fremde Länder ausfuhren. Erst 1854 brachen amerikanische Kriegsschiffe gewaltsam die einseitig vorgenommene Isolation.

In der langen Phase der Isolation erlebte Japan kulturell eine Renaissance; Malerei und Gartenarchitektur entwickelten sich, die berühmte Tee-Zeremonie entstand ebenso wie die besondere Art, Blumen zu arrangieren (Ikebana).

Auch die Mathematik erlebte eine neue Blüte . . .

Seki Kowa gilt als der wichtigste Vertreter des *Wasan*, der japanischen Mathematik der Edo-Epoche – auf seinem Grabstein wird er als „arithmetischer Weiser" bezeichnet. Er wurde Ende des Jahres 1642 (wenige Monate vor Isaac Newton) als zweiter Sohn eines

Samurai-Kriegers geboren; im Kindesalter wurde er von einer adligen Familie adoptiert. Bereits in frühen Jahren erkannte man seine besondere mathematische Begabung; er unterstützte seinen Adoptivvater bei der Abrechnung und Überprüfung der Steuerabgaben des Bezirks. Da er ein besonderes Interesse an mathematischen Fragestellungen hatte, richtete er sich eine eigene Bibliothek mit japanischen und chinesischen Mathematikbüchern ein und beschäftigte sich intensiv mit deren Inhalt.

Besonderen Einfluss auf Seki Kowa haben dabei die beiden Bücher des chinesischen Mathematikers Zhu Shijie: *Einführung in mathematische Studien* und *Der kostbare Spiegel der vier Elemente*, vgl. Abschn. 4.6.

Das Buch *Jinko-ki* (Abhandlung über Zahlen) von **Mitsuyoshi** (1598–1672) aus dem Jahr 1627 enthielt u. a. Ansätze zur Integralrechnung.

Mit diesem Buch entstand aber auch eine neue Tradition: Es wurden zusätzlich Aufgabenstellungen angegeben, für die der Autor keine Lösung angeben konnte. Durch das Stellen von ungelösten Problemen entstand später ein Wettstreit zwischen Sekis Schule und den Schulen in Kyoto und Osaka.

Charakteristisch für die Zeit des *Wasan* sind auch die mathematischen Tafeln der „Tempelgeometrie" (*Sangaku*), auf denen geometrische Probleme mit ein- oder umbeschriebenen Kreisen, Ellipsen, Quadraten, Rauten und Dreiecken notiert wurden; auch räumliche Probleme kamen vor. Diese kunstvoll erstellten Tafeln wurden an buddhistischen Tempeln oder Shinto-Schreinen als Opfergaben aufgehängt – als Dank an die Götter für die Erleuchtung, dieses Problem entdeckt und gelöst zu haben; auch dienten sie den Besuchern als intellektuelle Herausforderung.

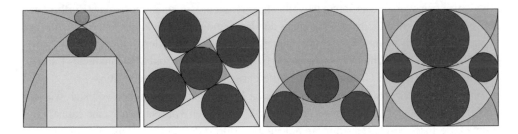

1670 erschien in Osaka ein Buch von **Sawaguchi Kazuyuki**, das sich u. a. mit 150 Problemen beschäftigte, für die Mitsuyoshi keine Lösung angeben konnte. Es gelang ihm, 135 der 150 Probleme zu lösen; die restlichen 15 Probleme bezeichnet er als „tatsächlich unlösbar".

Eine der „unlösbaren" Aufgaben lautete:

Aufgabe

In einen Kreis sind drei andere Kreise einbeschrieben; die übrig bleibende Fläche hat 120 FE. Der gemeinsame Durchmesser der beiden kleinen Kreise ist um 5 LE. kleiner als der Durchmesser des dritten Kreises. Welchen Durchmesser haben die Kreise in der Figur?

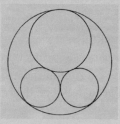

Seine Berühmtheit erlangte Seki Kowa nicht zuletzt durch das Buch *Hatsubi Sampo*, das er vier Jahre später veröffentlichte; dieses enthielt u. a. die Lösungen aller 15 Probleme. Im Buch präsentierte er algebraische Terme in neuen, selbst erfundenen Schreibweisen für Potenzen. Bei seinen Lösungen versuchte Seki – so wie dies zu dieser Zeit durchaus auch in Europa üblich war –, die eigentlichen Lösungsmethoden (oder gar die Wege zu ihrer Findung) vor den Konkurrenten verborgen zu halten. Wichtig war nur, *dass* man ein Problem mit einer selbst entwickelten, neuen Methode lösen konnte – nicht, *warum* diese Methode geeignet war, das Problem zu lösen. So wurden die von ihm tatsächlich eingeschlagenen Lösungswege erst Jahrzehnte nach seinem Tod bekannt.

In der wissenschaftlichen Literatur wird Seki – von seiner Bedeutung her – oft mit Newton verglichen. Die von ihm (möglicherweise auch erst von seinem Schüler **Katahiro Takebe**, 1664–1739) entwickelten Methoden gingen weit über das hinaus, was man bei Zhu Shijie findet:

Seine Bücher enthielten verallgemeinerte Schemata zur (numerischen) Lösung beliebiger algebraischer Gleichungen.

Um lineare Gleichungssysteme mit drei Variablen zu lösen, benutzte er ein Verfahren, durch das aus Tabellen mit den Koeffizienten der Gleichungen die Lösungen gewonnen wurden – vergleichbar der Determinantenmethode, die **Gottfried Wilhelm Leibniz** (1646–1716) zehn Jahre später entdeckte; Seki zeigte auch die für Determinanten geltenden Vertauschungsgesetze.

Auch konnte er Formeln für die Summe der ersten k Potenzen der natürlichen Zahlen angeben, d. h., er entdeckte die sog. Bernoulli-Zahlen vor **Jakob Bernoulli** (1655–1705).

Seki und Takebe berechneten die Kreiszahl π nach der *Enri-Methode* (Kreisprinzip), ein eigenartiges, ungewöhnliches Verfahren: Betrachtet wurden dabei infinitesimale Bogenstücke über Sehnen, die schrittweise mit zunehmender Genauigkeit berechnet wurden – die Bestimmung von π auf 10 Stellen genau geschah dabei durch Reihenentwicklung (!).

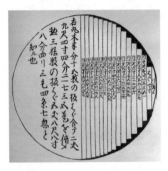

Schließlich findet man in den Büchern Sekis auch eine Fülle von Aufgaben zur Unterhaltungsmathematik, z. B. Verfahren, wie magische Quadrate oder magische Zirkel erzeugt werden können.

12	11	10	45	46	49	2
47	20	19	35	37	14	3
44	34	24	29	22	16	6
7	17	23	25	27	33	43
8	18	28	21	26	32	42
9	36	31	15	13	30	41
48	39	40	5	4	1	38

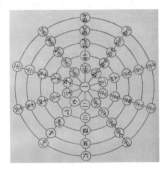

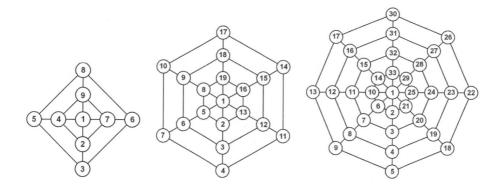

Aufbau der magischen Zirkel (hier dargestellt als magische 2n-Ecke)

Zu einem regelmäßigen $2n$-Eck gehören n Diagonalen mit jeweils $2n + 1$ Zahlen sowie n Kreise mit jeweils $2n$ Zahlen. Zu den Zahlen in den Kreisen gehört auch jeweils die Zahl 1 in der Mitte, die auch allen Diagonalen gemeinsam ist. Im magischen $2n$-Eck stehen also die natürlichen Zahlen von 1 bis $n \cdot (2n + 1) - n + 1 = 2n^2 + 1$.

$n = 2$: Das regelmäßige 4-Eck bzw. der magische Zirkel der Ordnung 4 enthält 2 Diagonalen und 2 Kreise, die mit den natürlichen Zahlen von 1 (in der Mitte) bis 9 ausgefüllt werden.

$n = 3$: Das regelmäßige 6-Eck bzw. der magische Zirkel der Ordnung 6 enthält 3 Diagonalen und 3 Kreise, die mit den natürlichen Zahlen von 1 (in der Mitte) bis 19 ausgefüllt werden.

$n = 4$: Das regelmäßige 8-Eck bzw. der magische Zirkel der Ordnung 8 enthält 4 Diagonalen und 4 Kreise, die mit den natürlichen Zahlen von 1 (in der Mitte) bis 33 ausgefüllt werden.

Verfahren: Die Felder des nach unten verlaufenden Halbstrahls werden mit 1, 2, 3, $\ldots$, $n+1$ nummeriert. Diese Nummerierung wird auf dem nächsten Halbstrahl im Uhrzeigersinn fortgesetzt (jeweils von innen nach außen).

Nachdem die Hälfte der Halbstrahlen beschriftet ist, erfolgt die Beschriftung des gegenüberliegenden Halbstrahls, diesmal von außen nach innen. Diese Nummerierung wird auf dem nächsten Halbstrahl im Gegenuhrzeigersinn fortgesetzt (jeweils von außen nach innen).

Die Zahlen auf dem ersten, von der Mitte aus nach unten gehenden Halbstrahl lauten also 1, 2, 3, $\ldots$, $n+1$. Wenn man dann schließlich beim gegenüberliegenden Halbstrahl angekommen ist, trägt man die n Zahlen bis $2n^2 + 1$ ein, also

$(2n^2 + 1) - n + 1, (2n^2 + 1) - n + 2, \ldots, (2n^2 + 1)$.

Die Summe der ersten $n+1$ natürlichen Zahlen beträgt allgemein

(Fortsetzung)

$\frac{1}{2} \cdot (n+1) \cdot (1+n+1) = \frac{1}{2} \cdot (n+1) \cdot (n+2) = \frac{1}{2} \cdot (n^2 + 3n + 2)$,

die Summe der letzten n Zahlen bis $2n^2 + 1$ beträgt

$\frac{1}{2} \cdot n \cdot ((2n^2 + 1 - n + 1) + (2n^2 + 1)) = \frac{1}{2} \cdot (4n^3 - n^2 + 3n)$,

insgesamt also

$\frac{1}{2} \cdot (n^2 + 3n + 2) + \frac{1}{2} \cdot (4n^3 - n^2 + 3n) = \frac{1}{2} \cdot (4n^3 + 6n + 2) = 2n^3 + 3n + 1.$

Somit ergibt sich als Term zur Berechnung der magischen Zahl: $2n^3 + 3n + 1$.

Im Fall $n = 2$ bedeutet dies: Die Summe der ersten 3 natürlichen Zahlen beträgt 6, die der letzten beiden 17. Die magische Zahl ist $2n^3 + 3n + 1 = 2 \cdot 8 + 3 \cdot 2 + 1 = 23$.

Im Fall $n = 3$ bedeutet dies: Die Summe der ersten 4 natürlichen Zahlen beträgt 10, die der letzten 3 Zahlen ergibt $17 + 18 + 19 = 54$. Die magische Zahl ist $2n^3 + 3n + 1 = 2 \cdot 27 + 3 \cdot 3 + 1 = 64$.

Im Fall $n = 4$ ergibt sich die magische Zahl

$2n^3 + 3n + 1 = 2 \cdot 64 + 3 \cdot 4 + 1 = 141.$

Erst 1868 wurden die *Wasan*-Bücher in Japan durch Bücher im westlichen Stil abgelöst – also mit dem (seit Euklid) in Europa üblichen Definition-Satz-Beweis-Schema.

4.8   Literaturhinweise

Eine wichtige Adresse zum Auffinden von Informationen über Mathematiker und deren wissenschaftliche Leistungen ist die Website der St. Andrews University.

Biografien der einzelnen Persönlichkeiten findet man über den Index

- https://mathshistory.st-andrews.ac.uk/Biographies/

Unter den *History topics* findet man u. a. *Ancient Chinese mathematics*

- https://mathshistory.st-andrews.ac.uk/HistTopics/category-chinese/

mit weiteren Unterpunkten.

Weitere Hinweise findet man in den Wikipedia-Beiträgen zu den einzelnen Mathematikern, insbesondere den englischsprachigen Versionen.

Kalenderblätter über Liu Hui, Zu Chongzhi, Qin Jiushao, Zhu Shijie und Seki Kowa wurden bei Spektrum online veröffentlicht; das Gesamtverzeichnis findet man unter

- https://www.spektrum.de/mathematik/monatskalender/index/

Die englischsprachigen Übersetzungen dieser Beiträge sind erschienen unter

- https://mathshistory.st-andrews.ac.uk/Strick/

Darüber hinaus wurden folgende Bücher als Quellen verwendet und werden zur Vertiefung empfohlen:

- Libbrecht, Ulrich (1973): *Chinese Mathematics in the Thirteens Century – The Shi-Shu chiu-chang of Ch'in Chiu-shao*, MIT Press, Cambridge (Mass.)
- Martzloff, Jean-Claude (2006): *A History of Chinese Mathematics*, Springer, Berlin
- Joseph, George Gheverghese (2011): *The crest of the peacock: Non-European roots of mathematics*, 3rd edition, Princeton University Press, Princeton (NJ)
- Smith, David Eugene, Mikami, Yoshio (1814): A History of Japanese Mathematics, Chicago
- Vogel, Kurt (1968): *Neun Bücher arithmetischer Technik*, Vieweg, Braunschweig (Ostwalds Klassiker der exakten Wissenschaften, Band 4)

Die im Text abgebildeten Original-Grafiken wurden folgenden Quellen entnommen:

- Messung eines Berges (Liu Hui):
  https://en.wikipedia.org/wiki/Liu_Hui#/media/File:Sea_island_survey.jpg
- Entfernungsberechnung an einer runden Stadt (Qin Jiushao) aus dem Buch von Ulrich Libbrecht (1973)
- Sangaku, Kreismessung, magische Zirkel von Seki Kowa aus dem Buch von David Eugene Smith und Yoshio Mikami, (1814)

Die Gestaltung der Leibniz-Briefmarke erfolgte durch Elisabeth von Janota-Bzowski.

Mathematik auf dem indischen Subkontinent

5

Inhaltsverzeichnis

▶ **Zusammenfassung** In diesem Kapitel werden Höhepunkte der Entwicklung der Mathematik auf dem indischen Subkontinent beschrieben. Einige der bahnbrechenden Ideen wie die Verwendung des Dezimalsystems gelangten über den islamischen Kulturraum bereits im Mittelalter nach Europa. Bei anderen wurde der Vorsprung indischer Mathematiker erst im 19. und im 20. Jahrhundert entdeckt.

Im 16. und 17. Jahrhundert hatten sich europäische Missionare darum bemüht, Informationen über den Stand der Wissenschaften in den neu entdeckten Ländern an ihre Heimatländer weiterzugeben. Das Interesse der Wissenschaftler in Europa an diesen Berichten verblasste aber sehr schnell – möglicherweise, weil sich die Wissenschaften in Europa selbst rasant entwickelten, aber sicherlich auch, weil man von der Überlegenheit der eigenen Kultur überzeugt war.

© Der/die Autor(en), exklusiv lizenziert an Springer-Verlag GmbH, DE, ein Teil von
Springer Nature 2023
H. K. Strick, *Geschichten aus der Mathematik*,
https://doi.org/10.1007/978-3-662-66906-8_5

Dies galt auch für die Informationen aus dem fernen Indien. Nachdem in der zweiten Hälfte des 18. Jahrhunderts Truppen der *East India Company* den gesamten indischen Subkontinent erobert hatten und die Gebiete zwischen Belutschistan und Burma zu britischen Kronkolonien erklärt wurden, war unter den Besatzern vor Ort kaum ein Interesse vorhanden, etwas mehr über die kulturelle Vielfalt des Landes, über die wissenschaftlichen Errungenschaften sowie über deren Sprachen kennenzulernen.

Vielmehr hielten es die Verantwortlichen der britischen Behörden für notwendig, bereits in den 1820er-Jahren in den Lehrplänen für die indischen Schulen im Sinne ihrer „kolonialen Mission" die Behandlung der ersten sechs Bücher der *Elemente* des Euklid als Inhalte des Mathematikunterrichts vorzuschreiben, da nur diese den Ansprüchen einer zivilisierten Kultur entsprachen.

Der Zivilangestellte **Charles Matthew Whish** (1794–1833) war der Erste, der in einem Beitrag die europäischen Wissenschaftler auf die im Abschn. 5.6 beschriebenen Errungenschaften der Kerala-Mathematiker hinwies. Seine These, dass die Grundlagen der Differenzialrechnung bereits indischen Mathematikern bekannt waren („sie legten den Grundstein für ein vollständiges System von Fluxionen"), wurde allerdings von seinen Zeitgenossen als unbegründet angesehen und mit dem Hinweis auf die Kontakte zu europäischen Missionaren zurückgewiesen – man war der Überzeugung, dass die Übermittlung der wissenschaftlichen Erkenntnisse höchstens in umgekehrter Richtung geflossen sein konnte . . .

Heute lässt sich aus der Vielzahl der Veröffentlichungen der letzten Jahrzehnte entnehmen, dass die Entwicklung der Mathematik auf dem indischen Subkontinent unabhängig von europäischen Einflüssen abgelaufen ist und dass viele Einsichten der „indischen" Mathematik mit großem zeitlichem Vorsprung vor denen in Europa erfolgten.

In den folgenden Abschnitten werden wesentliche Etappen der Entwicklungen im Bereich der Mathematik auf dem indischen Subkontinent vorgestellt, vor allem die Leistungen der besonders herausragenden Mathematiker **Āryabhata** (476–550), **Brahmagupta** (598–670), **Bhaskaracharya** (1114–1185), **Narayana** (1325–1400) und **Madhava** (1340–1425).

Ergänzt wird dieser Blick in die Geschichte durch ein Kurzporträt eines der größten mathematischen Genies aller Zeiten, dem aus Indien stammenden Mathematiker **Srinivasa Ramanujan** (1887–1920), dessen Herangehensweise an mathematische Probleme der Tradition entspricht, die für Indien typisch war.

5.1 Die Epoche der Sulbasutras

Etliche Fragen zur Entwicklung der Mathematik auf dem indischen Subkontinent konnten – trotz der zahlreichen und umfangreichen Untersuchungen der letzten Jahrzehnte – bis heute nicht geklärt werden; dazu gehört auch die Erforschung überhaupt der Frage nach dem Beginn der Mathematikkultur in dieser Region.

Erst Anfang des 20. Jahrhunderts wurde bei Ausgrabungen entdeckt, dass in der Zeit zwischen 2500 und 1700 v. Chr. im Indus-Tal im Westen des indischen Subkontinents eine Hochkultur existierte. Nach einem der Haupt-Ausgrabungsorte in der Nähe des Dorfs Harappa, heute zu Pakistan gehörend, wird sie als **Harappa-Kultur** bezeichnet.

Die Leistungen dieser Hochkultur sind durchaus mit der in Ägypten und Mesopotamien vergleichbar, auch wenn keine spektakulären Bauwerke wie in Ägypten hinterlassen wurden.

Beim Bau der Häuser wurden gebrannte Lehmziegel verwendet, deren Kantenlängen im Verhältnis 4 : 2 : 1 standen – das erste Mal in der Geschichte der Menschheit. Auch konnten von den Bewohnern dieses Kulturraums erstaunlich exakte Längen- und Gewichtsmessungen durchgeführt werden – bei Ausgrabungen wurden u. a. Gewichtsstücke gefunden, die sich aus einer Folge von Zehnerpotenzen und dem jeweils Doppelten bzw. der Hälfte dieser Einheiten ergeben:

$$0,05; 0,1; 0,2; 0,5; 1; 2; 5; 10; 20; 50; 100; 200; 500.$$

Wir wissen sehr viel über die kulturellen Leistungen der Babylonier und Ägypter, weil es bereits vor vielen Jahren gelungen ist, deren Schrift zu entschlüsseln. Wenn es irgendwann einmal auch gelingen sollte, die in der Harappa-Kultur verwendete Schrift zu entziffern, werden wir mehr über den Stand der Wissenschaften in dieser Region erfahren – insbesondere auch über die Mathematik.

Nach dem Niedergang dieser Kultur um das Jahr 1200 v. Chr. entwickelte sich die sog. **vedische Kultur**. Vermutlich wurde sie durch dramatische klimatische Veränderungen verursacht; die früher als Grund angenommene Invasion indo-arischer Völker spielte für den Niedergang wohl keine entscheidende Rolle.

Der **Veda** ist eine Sammlung religiöser Schriften, die im Laufe der Jahrhunderte nach und nach entstanden ist. Die in diesem Zusammenhang verfassten Ergänzungen, sog. **Sulbasutras**, waren Texte, die von den Schülern auswendig gelernt und deren Bedeutung durch Lehrer erläutert wurden.

Über das Leben und einzelne Tätigkeiten der Autoren dieser Abhandlungen liegen keine näheren Informationen vor; bekannt sind nur deren Namen: **Baudhayana** (800–740 v. Chr.), **Manava** (750–690 v. Chr.), **Apastamba** (600–540 v. Chr.) und **Katyayana** (200–140 v. Chr.).

Inhalte dieser Sulbasutras (wörtlich: Schnur-Regeln) waren Anleitungen zur Konstruktion von geometrischen Figuren mithilfe von Schnüren.

Für den Bau der Feuer-Altäre (offene gemauerte Feuerstellen, die nach dem Abbrennen der Feuer wieder zerstört wurden) gab es in der vedischen Religion umfangreiche Vorschriften, die genau einzuhalten waren, wenn bestimmte Ziele erreicht werden sollten. Wollte man beispielsweise die Götter darum bitten, vorhandene und zukünftige Feinde zu vernichten, dann musste der Altar die Form einer Raute haben.

Besondere Bedeutung hatte ein Altar in Form eines Falken, der aus fünf Lagen mit jeweils genau 200 Ziegeln bestand und exakt an den Himmelsrichtungen ausgerichtet werden musste, weil er andernfalls seine Wirkung verfehlen würde.

Dies galt auch für einen trapezförmigen Altar, der als *Mahavedi* bezeichnet wurde. An den angegebenen Seitenlängen ist ablesbar, dass ein Vielfaches des pythagoreischen Zahlentripels (5; 12; 13) eine Rolle spielt.

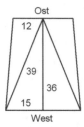

Es waren also Kenntnisse gewisser geometrischer Konstruktionen erforderlich und oft wurde durch die religiösen Vorschriften verlangt, zu einem bestehenden Altar einen weiteren Altar zu errichten, wobei zwischen deren Eigenschaften bestimmte Beziehungen bestehen sollten.

Beispielsweise findet man in einer Schrift, die um 800 v. Chr. entstanden ist, eine Anleitung zur Verdopplung der quadratischen Grundfläche eines Altars (vgl. folgende Abb. links):

- Die Schnur, die entlang der Länge der Diagonale eines Quadrats gespannt ist, erzeugt eine Quadratfläche, die doppelt so groß ist wie die des ursprünglichen Quadrats.

Dies erinnert uns ebenso an den *Satz des Pythagoras* wie die Anleitung zur Konstruktion eines Quadrats, dessen Fläche so groß ist wie die Gesamtfläche *zweier* Quadrate (vgl. folgende Abb. rechts) – diese ist in einer Schrift enthalten, die um 200 v. Chr. verfasst wurde:

- Die Schnur, die entlang der Länge der Diagonale eines Rechtecks gespannt ist, erzeugt eine Quadratfläche, die die Quadrate seiner vertikalen und horizontalen Seiten zusammen bilden.

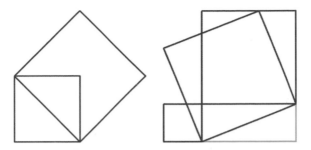

Ein bemerkenswerter Unterschied zur griechischen Geometrie:

Die Anleitungen zu geometrischen Konstruktionen enthalten jeweils nur eine *Beschreibung* der Vorgehensweise, jedoch keine *Begründung*, warum so vorzugehen ist. Auch wird aus den Vorschriften meistens nicht klar, ob die angegebene Vorschrift zu einer *genauen* oder nur zu einer *näherungsweisen* Lösung des Problems führt.

Beispielsweise findet man für die **Umwandlung eines Rechtecks in ein flächengleiches Quadrat** eine Anleitung, die – zum besseren Verständnis – hier in verschiedene Schritte unterteilt ist:

In das gegebene (links abgebildete) Rechteck wird ein Quadrat (grün) eingezeichnet, dann das darüberliegende Rechteck (hellgelb) halbiert, davon die obere Rechteckhälfte gedreht und nach rechts unten verschoben (orange). Durch Verlängerung der Halbierungslinie ergibt sich eine quadratische Figur (grau). Mit der Seitenlänge dieses Quadrats schlägt man dann einen Bogen (pink). Der Schnittpunkt mit der rechten Seite des ursprünglich gegebenen Rechtecks bestimmt die Seitenlänge des gesuchten Quadrats (rosa).

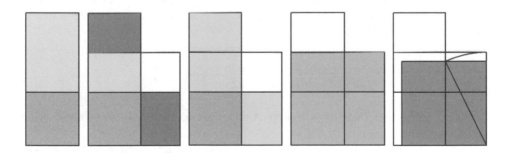

Die Richtigkeit der Konstruktion kann mithilfe des Satzes über die Quadrate über den Seiten eines rechtwinkligen Dreiecks nachgewiesen werden, der üblicherweise als *Satz des Pythagoras* bezeichnet wird und der auch im vedischen Kulturraum lange Zeit vor Pythagoras bekannt war:

Bezeichnet man die Breite des gegebenen Rechtecks mit a und die Höhe mit b sowie die Seite des gesuchten flächengleichen Quadrats mit c, dann ergibt sich aus den Zwischenschritten, dass das graue Quadrat die Seitenlänge $\frac{1}{2} \cdot (a + b)$ hat. Diese Seite wird in der

letzten Figur zur Hypotenuse des rechtwinkligen Dreiecks (pink); die Katheten haben die
Seitenlängen c und $\frac{1}{2} \cdot (a + b) - a = \frac{1}{2} \cdot (b - a)$.

Es gilt also:

$$c^2 = \left(\frac{1}{2} \cdot (a + b)\right)^2 - \left(\frac{1}{2} \cdot (b - a)\right)^2 = \frac{1}{4} \cdot \left(a^2 + 2ab + b^2 - a^2 + 2ab - b^2\right) = a \cdot b.$$

In den Sulbasultras findet man auch verschiedene Faustregeln zur Konstruktion eines
Kreises, der flächengleich sein soll zu einem Quadrat (und umgekehrt).

Eine dieser Anleitungen, zu einem gegebenen Kreis ein flächengleiches Quadrat zu
konstruieren, lautet wie folgt:

- Teile den Durchmesser in 15 Teile und nimm zwei davon weg.

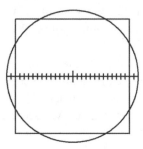

Diese Anleitung liefert allerdings einen ziemlich ungenauen Wert für die Kreiszahl π.

Betrachtet man einen Kreis mit Radius 1, also mit Flächeninhalt π, dann ergibt sich für
den Flächeninhalt des Quadrats:

$$A = \left(2 \cdot \frac{13}{15}\right)^2 = \frac{676}{225} \approx 3{,}004.$$

In anderen Sulbasutras findet man weitere Anleitungen, die teilweise zu besseren Näherungswerten für π führen.

Für die umgekehrte Aufgabenstellung, also zu einem gegebenen Quadrat einen flächengleichen Kreis zu konstruieren, wird Folgendes vorgeschlagen (Text nach Plofker (2009)
mit den von ihm hinzugefügten Ergänzungen, vgl. Literaturhinweise):

- Will man ein Quadrat in einen Kreis verwandeln, so spannt man eine Schnur von der
  Länge der halben Diagonale des Quadrats von der Mitte nach Osten – ein Teil davon
  liegt außerhalb der östlichen Seite des Quadrats; mit einem Drittel des außerhalb
  liegenden Teils, das man zum Rest der halben Diagonale hinzufügt, zeichnet man den
  erforderlichen Kreis.

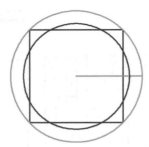

Für den rot eingezeichneten Kreis gilt also: $r = \frac{a}{2} + \frac{1}{3} \cdot \left(\frac{a}{2} \cdot \sqrt{2} - \frac{a}{2} \right) = a \cdot \left(\frac{1}{6} \cdot \sqrt{2} + \frac{1}{3} \right)$, d. h.
$a^2 = \frac{1}{\left(\frac{1}{6} \cdot \sqrt{2} + \frac{1}{3} \right)^2} \cdot r^2 \approx 3{,}088 \cdot r^2$.

Erstaunlich ist dagegen die Genauigkeit, mit der **Baudhayana** die Länge der Diagonale im Einheitsquadrat, also der Bestimmung der Quadratwurzel aus 2, in einem seiner Sulbasutras beschrieben hat:

* Vergrößere eine Einheit um ein Drittel und dieses Drittel um ein Viertel und vermindere dies um den 34. Teil von diesem Viertel, d. h. $\sqrt{2} \approx 1 + \frac{1}{3} + \frac{1}{4} \cdot \frac{1}{3} - \frac{1}{34} \cdot \frac{1}{4} \cdot \frac{1}{3}$

Die rechts stehende Summe weicht erst in der sechsten Dezimalstelle vom tatsächlichen Wert von $\sqrt{2}$ ab.

Da auch hier keine Begründungen für die Berechnung angegeben sind, wurden im Laufe der letzten Jahrhunderte verschiedene Theorien entwickelt, wie Mathematiker vor 2800 Jahren diese numerische Näherung gefunden haben könnten.

Heute wird die folgende, vom indischen Wissenschaftler **Bibhutibhushan Datta** (*The science of the sulbas,* Kalkutta University Press, 1932) veröffentlichte Erläuterung allgemein als Erklärung akzeptiert:

Betrachtet man ein Rechteck mit den Seitenlängen 1 LE und 2 LE und verwandelt dieses in ein flächengleiches Quadrat, dann hat dieses die Seitenlänge $\sqrt{2}$.

In der folgenden Abbildung links ist ein solches Rechteck dargestellt und wie folgt zerlegt worden:

Links liegt ein Quadrat mit Seitenlänge 1, daneben zwei Rechtecke mit den Seitenlängen 1 und $\frac{1}{3}$ und rechts übereinander drei Quadrate mit der Seitenlänge $\frac{1}{3}$. Die oberen beiden Quadrate sind dann noch einmal in Rechtecke der Breite $\frac{1}{4} \cdot \frac{1}{3} = \frac{1}{12}$ unterteilt.

Die einzelnen Flächenstücke werden nun anders angeordnet, vgl. die folgende Abb. rechts. Dabei bleibt ganz oben rechts eine kleine quadratische Lücke mit dem Flächeninhalt $\left(\frac{1}{12} \right)^2 = \frac{1}{144}$.

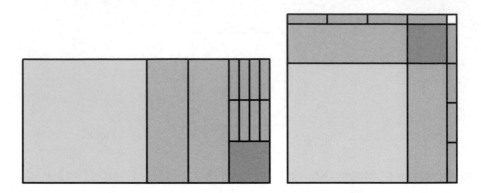

Das ganze Quadrat (einschließlich der kleinen quadratischen Lücke rechts oben) hat den Flächeninhalt

$$\left(1 + \frac{1}{3} + \frac{1}{12}\right)^2 = \left(\frac{17}{12}\right)^2 = \frac{289}{144};$$

dies ist also etwas größer als 2 FE, d. h., die Seitenlänge dieses Quadrats ist etwas größer als $\sqrt{2}$.

Nun schneidet man an diesem Quadrat der Seitenlänge $\frac{17}{12}$ auf der linken und der unteren Seite jeweils einen passenden Streifen der Breite x ab, um damit die quadratische Lücke rechts oben zu füllen:

$$2 \cdot \left(\frac{17}{12} \cdot x\right) \approx \frac{1}{144} \quad \text{, also} \quad x \approx \frac{1}{3} \cdot \frac{1}{4} \cdot \frac{1}{34}.$$

Da sich die beiden abgeschnittenen Streifen überlappen, ist dieser Wert

$$1 + \frac{1}{3} + \frac{1}{4} \cdot \frac{1}{3} - \frac{1}{34} \cdot \frac{1}{4} \cdot \frac{1}{3} = \frac{577}{408} = 1{,}41421568\ldots$$

für die Seitenlänge des Quadrats immer noch etwas zu groß; es gilt:
$\left(\frac{577}{408}\right)^2 = 2{,}00000600\ldots$

(Die exakte Breite der Streifen könnte man durch Lösen der quadratischen Gleichung $2 \cdot \left(\frac{17}{12} \cdot x\right) - x^2 = \frac{1}{144}$ ermitteln.)

Analog kann ein Näherungswert für $\sqrt{3}$ ermittelt werden:

Ein Rechteck mit den Seitenlängen 3 bzw. 1 wird in eine quadratähnliche Figur mit den Seitenlängen $1 + \frac{2}{3} + \frac{1}{3} \cdot \frac{1}{5}$ umgewandelt. Um die quadratische Lücke rechts oben zu füllen, müssen links und unten Streifen der Breite x abgeschnitten werden, wobei $2 \cdot \left(\frac{26}{15} \cdot x\right) \approx \frac{1}{225}$. Hieraus folgt:

$$\sqrt{3} \approx 1 + \frac{2}{3} + \frac{1}{3} \cdot \frac{1}{5} - \frac{1}{52} \cdot \frac{1}{5} \cdot \frac{1}{3} = \frac{1351}{780} = 1{,}73205164\ldots \quad \text{mit}$$

$$\left(\frac{1351}{780}\right)^2 = 3{,}00000164\ldots$$

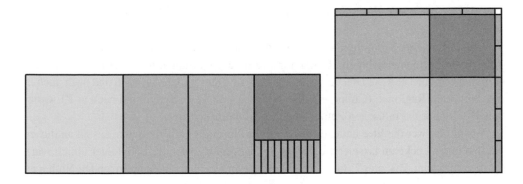

Hinweis Der o. a. Näherungswert für $\sqrt{2}$ unterscheidet sich nur geringfügig von dem Wert, der von babylonischen Mathematikern ermittelt worden war, wie wir von Keilschrifttafeln aus dem Zeitraum 1800–1600 v. Chr. wissen:

Für den im Sexagesimalsystem dargestellten Wert gilt: $(1; 24,51, 10)_{60} = 1,41421296\ldots$, (vgl. *Mathematik ist wunderwunderschön*, Kap. 7).

Vieles spricht dafür, dass diese aus dem Zweistromland stammende Methode zur Bestimmung des Näherungswerts von $\sqrt{2}$ auf dem „benachbarten" indischen Subkontinent *nicht* bekannt war.

Die Erfindung des dezimalen Stellenwertsystems

Wenn wir auf die Entwicklung der Mathematik auf dem indischen Subkontinent schauen, dann könnte es durchaus geschehen, dass wir – eurozentrisch geblendet durch die Leistungen griechischer Mathematiker in Geometrie und Arithmetik – eine der wichtigsten Erfindungen der Menschheit nicht angemessen würdigen: die Entwicklung des Dezimalsystems.

Dem französischen Mathematiker **Pierre-Simon Laplace** (1749–1827) war dies bewusst; er schrieb:

Die geniale Methode, jede mögliche Zahl durch einen Satz von zehn Symbolen auszudrücken (jedes Symbol hat einen Stellenwert und einen Absolutwert), entstand in Indien. Die Idee erscheint heute so einfach, dass ihre Bedeutung und tiefe Wichtigkeit nicht mehr geschätzt wird. Ihre Einfachheit liegt in der Art und Weise, wie sie das Rechnen erleichterte und die Arithmetik an die Spitze der nützlichen Erfindungen stellte.

Nachweislich waren bereits im 8. Jahrhundert v. Chr. Zahlwörter für die Zahlen von 1 bis 9 im Gebrauch, ebenso für die Vielfachen von 10, also für die 10er-Zahlen von 20 bis 90, sowie für Zehnerpotenzen zunächst bis 10^{12}.

In den rituellen Schriften wird übrigens diese Faszination großer Zahlen als Symbol für das Unendliche immer wieder deutlich; in einer Schrift, die um 100 v. Chr. entstand, findet man das Zahlwort *asamkheya* (wörtlich: unzählbar) für die Potenz 10^{420} – es steht für die Anzahl der Regentropfen, die in zehntausend Jahren auf die Erde fallen.

In den Merkversen wurden die Zahlwörter meistens durch andere Wörter ersetzt, beispielsweise wurde für die Zahl 1 das entsprechende Wort für Mond oder für Erde verwendet, für die Zahl 2 das Wort für Augen, für die Zahl 3 das Wort für Zeit (Vergangenheit, Gegenwart, Zukunft) usw.

Gegen Ende des 3. Jahrhunderts v. Chr. beginnen die neun Zahlzeichen der Ziffern von 1 bis 9 die Form anzunehmen, die dann im Laufe der Jahrhunderte immer mehr den heute üblichen Zeichen ähneln. Die Verwendung dieser Ziffern findet man nach und nach auch in benachbarten Regionen (China und Kambodscha im Osten, Syrien und nach al-Khwarizmis Buch über die indischen Zahlen auch im Mittelmeerraum).

Wann und wer die Idee hatte, ein Symbol für die Ziffer Null zu setzen, anstatt an diesen Stellen einer Lücke zu lassen (wie das im Sexagesimalsystem der Babylonier üblich war), ist nicht bekannt. Bis zum 7. Jahrhundert sind die in Dezimalzahlen auftretenden Nullen an den Lücken in der Ziffernfolge erkennbar (*sūnya* (Sanskrit) = Leere, arabisch: *sifr*); erst danach werden die Lücken durch einen dicken Punkt oder einen kleinen Kreis ersetzt, den Vorläufern der Ziffer „0".

Die ersten Mathematiker, die den Begriff *sūnya* verwendeten, gehörten dem **Jainismus** an – eine der drei religiösen Bewegungen, die neben dem Buddhismus und dem Hinduismus nach dem 6. Jahrhundert v. Chr. auf dem indischen Subkontinent entstanden.

Hinweis Es ist bis heute noch nicht gelungen, das tatsächliche Alter eines Birkenrinde-Manuskripts zu bestimmen, auf dem das Zeichen für die Null enthalten ist. Es wird nach seinem Fundort im heutigen Pakistan als *Bakhshali-Manuskript* bezeichnet. Die Untersuchungen mithilfe der Radiokarbon-Methode kamen zu sehr unterschiedlichen Ergebnissen (möglicher Zeitpunkt des Entstehens zwischen 200 und 1000 n. Chr.).

Die klassische Epoche der Mathematik auf dem indischen Subkontinent setzte mit Āryabhata und Brahmagupta ein, auf deren besondere Leistungen im Folgenden eingegangen wird.

5.2   Āryabhata (476–550)

Āryabhata ist der erste Mathematiker und Astronom des indischen Subkontinents, der alle seine Vorgänger übertrifft. Um ihn von einem anderen Astronomen gleichen Namens zu unterscheiden, der im 10. oder 11. Jahrhundert lebte, wird er oft auch als Āryabhata I. oder Āryabhata der Ältere bezeichnet.

Es gibt Hinweise darauf, dass Āryabhata in Kusumapura geboren wurde, in der Nähe des heutigen Patna (Bundesstaat Bihar), der Hauptstadt des einst mächtigen Gupta-Reichs, das sich vom Punjab (heute Pakistan) bis zum Golf von Bengalen erstreckte, und dass er dort als Leiter der Universität und als Lehrer tätig war. Andere Quellen geben Ashmaka (Assaka) in Südindien als Geburtsregion an.

Welche Bedeutung Āryabhata innerhalb der Wissenschaftsgeschichte Indiens einnimmt, wird aus der Tatsache deutlich, dass der erste indische Erdsatellit, der 1975 mithilfe einer sowjetischen Trägerrakete ins All transportiert wurde, den Namen des berühmten Wissenschaftlers trug.

Āryabhata schrieb mindestens zwei Bücher, wobei die Existenz des einen der beiden Bücher nur durch Zitate später lebender Autoren gesichert ist. Das andere Werk, von der Nachwelt *Āryabhatīya* genannt, wurde im Jahr 499 verfasst, wie man aus im Werk enthaltenen Kalenderrechnungen schließen kann. Es gehörte mit zu den Schriften, die um 820 im *Haus der Weisheit* in Bagdad ins Arabische übersetzt wurden. Einer der Übersetzer, Muhammed al-Khwarizmi (780–850), nahm in seiner *Algebra* Bezug auf dieses Buch.

Āryabhatīya ist in *Sanskrit* verfasst, der altindischen Sprache der Gelehrten und Ritualsprache der Schriften des Hinduismus, Buddhismus und Jainismus (vergleichbar der früheren Rolle des Lateinischen in Europa), für die **Pānini** im 4. Jahrhundert v. Chr. eine Grammatik erstellte, der ersten bekannten Grammatik in der Geschichte der Menschheit.

Āryabhatīya besteht aus 118 Versen, die sich mit Themen aus der Mathematik, der Astronomie und der Zeitrechnung beschäftigen. Die Schrift beginnt mit einer Lobpreisung

Brahmas, dem Schöpfer der Erde und des Weltalls. Dann folgt eine Beschreibung des astronomischen Systems.

Āryabhata ging davon aus, dass sich die Erde täglich um sich selbst dreht und erklärte so die Bewegung des Sternenhimmels. Allerdings vertrat er ein geozentrisches Weltbild: Sonne, Mond und Planeten bewegen sich um die Erde; Abweichungen von der gleichförmigen Bewegung begründete er mit unterschiedlich großen Epizykeln. Er bestimmte die Umlaufzeiten von Sonne, Mond und Planeten und berechnete hieraus, dass sich die gemeinsame Konjunktion dieser Himmelskörper alle 4,32 *Mio.* Jahre wiederholt. Hieraus schloss er, dass ein Tag für Brahma 4,32 *Mrd.* Jahre für Menschen dauert.

Seine Erklärung von Mond- und Sonnenfinsternissen als natürliche Vorgänge ersetzte die überlieferten Vorstellungen, dass diese Finsternisse durch Dämonen verursacht werden.

Der letzte Vers des ersten Teils enthält eine Liste mit 24 Zahlen. Es heißt dort:

Die 24 Werte des „Sinus" lauten: 225, 224, 222, 219, 215, 210, 205, 199, 191, 183, 174, 164, 154, 143, 131, 119, 106, 93, 79, 65, 51, 37, 22, 7.

An späterer Stelle erklärte Āryabhata diese **Sinus-Tabelle** wie folgt:

- Unterteilt man einen Viertelkreis mit Radius 3438 in 24 gleich große Sektoren, dann gehören dazu Winkel von 3° 45′; 7° 30′; 11° 15′; 15°; ...; 86° 15′; 90°. Die gegenüberliegenden Höhen haben dann die Längen 225; 225 + 224 = 449; 449 + 222 = 671; 671 + 219 = 890; 1105; ...; 3431; 3438.

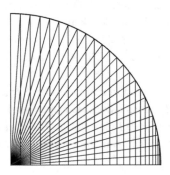

Der ungewöhnlich erscheinende Wert für den Radius erklärt sich so: Ein Vollwinkel umfasst 360° = 360 · 60′ = 21600′; der Umfang eines Kreises mit Radius 3438 LE beträgt ziemlich genau 21600 LE, sodass jeder Bogenminute ein Bogen der Länge 1 LE zugeordnet werden kann. (*Hinweis:* $\pi = \frac{u}{2r} \approx \frac{21600}{2\cdot 3438} = \frac{1800}{573} \approx 3{,}14136$)

Im Unterschied zu den antiken griechischen Mathematikern tabellierte Āryabhata nicht die Länge der Sehnen, die einem Winkel gegenüberliegen, sondern als Erster die Längen der *halben* Sehnen.

Er bezeichnete sie als *ardha-jya*, kurz: *jya*, woraus in der arabischen Übersetzung *jiba* wurde, ein Wort ohne Bedeutung. Die sog. *Toledodaner Tabellen* des islamischen Gelehrten **al-Zarqali** (1029–1087, vgl. die spanische Briefmarke aus dem Jahr 1966) – die also eigentlich indischen Ursprungs sind – wurden ins Lateinische übersetzt, dabei verwechselte der Übersetzer **Gerhard von Cremona** (1114–1187) das Wort *jiba* mit dem tatsächlich existierenden arabischen Wort *jaib*, was übersetzt dem Lateinischen *sinus* entspricht.

Die Berechnung der einzelnen Tabellenwerte erfolgte ausgehend von

$$|AD| = \sin(30°) = \frac{1}{2} \text{ und } |MD| = \cos(30°) = \sqrt{1^2 - \sin^2(30°)} = \frac{1}{2} \cdot \sqrt{3}.$$

Hieraus ergibt sich dann der sog. *Sinus versus* des Winkels:

$$|BD| = vers(30°) = 1 - \cos(30°) = 2 \cdot \sin^2(15°)$$

und dies führt zu: $\sin(15°) = \frac{1}{2} \cdot \sqrt{2 - \sqrt{3}}$.

Hinweis Der Zusammenhang $1 - \cos(30°) = 2 \cdot \sin^2(15°)$ ergibt sich aus dem Additionstheorem $\cos(2x) = 1 - 2 \cdot \sin^2(x)$.

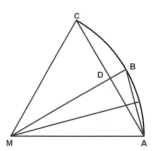

Der zweite Teil der *Āryabhatīya* enthält Abhandlungen (*siddhānta*) über Mathematik (*ganita,* von *gana* = zählen).

Für die Darstellung von Zahlen verwendet Āryabhata Kunstwörter, die er durch eine von ihm erfundene Verschlüsselung erhält: Für die Zahlen $1, 2, 3, \ldots, 25$ und $30, 40, 50, \ldots, 100$ verwendet er die $25 + 8 = 33$ Konsonanten des Sanskrit-Alphabets, ergänzt um die neun Vokale, durch die sich ergibt, mit welchen Zehnerpotenzen die Zahlen multipliziert sind.

Die Abfolge der Silben dieser Kunstwörter spielt in den Merkversen (*sūtras*) eine wichtige Rolle.

Wie oben beschrieben, wurden mathematische Methoden und Lehrsätze traditionell in dieser Form vermittelt. Die *sūtras* dienen als Gedankenstütze für das anzuwendende Verfahren und sollen von den Schülern auswendig gelernt werden.

Für unbedarfte Leserinnen und Leser erscheint daher der in **Vers 4** und **Vers 5** beschriebene Algorithmus zum Ziehen der Quadratwurzel bzw. der Kubikwurzel aus einer Zahl im 10er-System zunächst unverständlich – erst durch ein Beispiel wird er nachvollziehbar:

- Dividiere immer die Nicht-Quadrat-Stelle durch zweimal die Quadratwurzel. Wenn dann das Quadrat von der Quadrat-Stelle subtrahiert ist, trage den Quotienten an der nächsten Stelle ein.

Offensichtlich beherrscht Āryabhata die zugrunde liegende Formel

$$(100a + 10b + 1c)^2 = (100a)^2 + 2 \cdot (100a) \cdot (10b) + (10b)^2 + 2 \cdot (100a + 10b) \cdot (1c) + (1c)^2$$

3	**2**	**9**	**4**	**7**	**6**	$= (574)^2$
2	5	↓				subtrahiere 5^2
	7	9				Wie oft passt $(2 \cdot 5)$ hinein? Antwort: 7
	7	0	↓			$= 2 \cdot 5 \cdot 7$
		9	4			
		4	9	↓		subtrahiere 7^2
		4	5	7		Wie oft passt $(2 \cdot 57)$ hinein? Antwort: 4
		4	5	6	↓	$= 2 \cdot 57 \cdot 4$
				1	6	
				1	6	subtrahiere 4^2
					0	

Das Verfahren zum Ziehen der Kubikwurzel ergibt sich aus:

$$(10a + 1b)^3 = (10a)^3 + 3 \cdot (10a)^2 \cdot (1b) + 3 \cdot (10a) \cdot (1b)^2 + (1b)^3$$

```
4   3   8 | 9   7   6        = (76)³
3   4   3   ↓                 subtrahiere 7³
    9   5   9                 Wie oft passt (3 · 7²) hinein? Antwort: 6
    8   8   2   ↓             = 3 · 7² · 6
        7   7   7
        7   5   6   ↓         = 3 · 7 · 6²
            2   1   6
            2   1   6         subtrahiere 6³
                0
```

- Dividiere die zweite Nicht-Kubik-Stelle durch das Dreifache des Quadrats der Kubik-wurzel. Das Quadrat multipliziert mit drei und dem vorher Erhaltenen muss von der ersten Nicht-Kubik-Stelle und die dritte Potenz von der Kubik-Stelle subtrahiert werden.

In **Vers 6** wird der Flächeninhalt eines Dreiecks als Produkt der halben Basis mit der Höhe angegeben und das Volumen eines Tetraeders (im Indischen als „Sechskant" bezeichnet) mit einer analog gebildeten Formel, aber fälschlicherweise als *halbe* (statt ein Drittel mal) Grundfläche mal Höhe.

Vers 7 enthält die korrekte Formel für die Kreisfläche (*halber Umfang mal Radius*) und eine (recht ungenaue) Näherungsformel für das Kugelvolumen (*Flächeninhalt eines Kreises mal Quadratwurzel aus dem Flächeninhalt*, d. h. $V \approx 1,77 \cdot \pi \cdot r^3$ statt $V = \frac{4}{3} \cdot \pi \cdot r^3$).

Wie in den Sulbasutras spielen auch bei Āryabhata die symmetrischen Trapeze eine besondere Rolle. **Vers 8** widmet sich einer Trapezfigur mit Diagonalen. Diese unterteilen die Höhe (rot) in die Abschnitte h_1 und h_2.

In den zueinander ähnlichen rechtwinkligen Dreiecken gilt:

$$h_1 : \frac{1}{2} a = h : \frac{1}{2}(a + b) = h_2 : \frac{1}{2} b.$$

Hiermit lassen sich Längen der Abschnitte berechnen:

$$h_1 = \frac{h \cdot a}{a + b} \quad \text{und} \quad h_2 = \frac{h \cdot b}{a + b}.$$

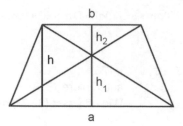

In **Vers 9** gibt Āryabhata ohne Begründung an, wie die Kreiszahl π berechnet werden kann:

- Addiere 4 zu 100, multipliziere mit 8 und addiere dann 62000. Das Ergebnis ist ungefähr der Umfang eines Kreises mit Durchmesser 20000.

Tatsächlich ist $\frac{62832}{20000} \approx 3{,}1416$ ein besserer Näherungswert für π als der vor Āryabhata gewöhnlich benutzte Wert von $\sqrt{10} \approx 3{,}1623$, der auch in China bis zum 5. Jahrhundert verwendet wurde (z. B. von Zhang Heng, vgl. Kap. 4), bis Zu Chongzhi aus Berechnungen an einem regulären 24576-Eck die Kreiszahl π auf sieben Dezimalstellen genau bestimmte (vgl. Abschn. 4.3) – zur gleichen Zeit wie Āryabhata, der „nur" ein reguläres 384-Eck betrachtete.

Archimedes hatte um 250 v. Chr. an einem regelmäßigen 96-Eck gezeigt, dass für die Kreiszahl π gilt: $3\frac{1}{7} < \pi < 3\frac{10}{71}$.

Vers 14 bis 16 beschäftigen sich mit Schattenlängen von Gnomonen (senkrecht in den Boden eingelassenen Stäben) und der Möglichkeit, mithilfe zweier gleich langer, hintereinanderstehender Stäbe der Länge g die Entfernungen e_1 und e_2 und die Höhe h einer Lichtquelle zu bestimmen.

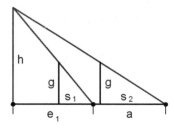

Gemessen werden also – außer der Länge g der beiden Stäbe – die Schattenlängen s_1 und s_2 der beiden Stäbe sowie der Abstand a der Schattenspitzen, wobei $a = e_2 - e_1$.
Gemäß zweitem Strahlensatz gilt:

$$\frac{s_1}{e_1} = \frac{g}{h} = \frac{s_2}{e_2}, \text{ also } s_1 = e_1 \cdot \frac{g}{h}, s_2 = e_2 \cdot \frac{g}{h}, s_2 - s_1 = a \cdot \frac{g}{h}.$$

Hieraus ergeben sich die gesuchten Größen:

$$e_1 = a \cdot \frac{s_1}{s_2 - s_1}, \; e_2 = a \cdot \frac{s_2}{s_2 - s_1}, \; h = e_1 \cdot \frac{g}{s_1} = e_2 \cdot \frac{g}{s_2}.$$

In den **Versen 17 und 18** wird erläutert, wie man Streckenlängen bei zwei sich schneidenden Kreisen bestimmen kann. Zunächst wird aufgrund der Ähnlichkeit der beiden entstehenden Dreiecke (vgl. die folgende Abb. links) eine Verhältnisgleichung aufgestellt:

$$\frac{2r - a}{s} = \frac{s}{a}.$$

Hieraus ergeben sich dann für die Strecken a, a_1, a_2 mit $a = a_1 + a_2$ die folgenden Beziehungen:

$$a_1 = \frac{(2r_2 - a) \cdot a}{(2r_1 - a) + (2r_2 - a)} \text{ und } a_2 = \frac{(2r_1 - a) \cdot a}{(2r_1 - a) + (2r_2 - a)}$$

(vgl. die folgende Abb. rechts).

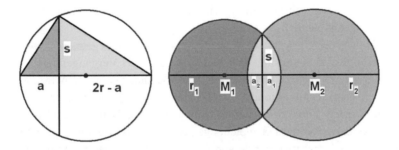

Die **Verse 19 und 20** enthalten verschiedene Regeln zu arithmetischen Folgen, darunter auch eine Vorschrift, wie man aus den Angaben über das Anfangsglied a, der konstanten Differenz d und der Summe S der ersten n Glieder der Folge die Anzahl n ermitteln kann. Die angegebene Rechenvorschrift – Lösung einer quadratischen Gleichung – entspricht der folgenden Formel (in heutiger Schreibweise):

$$n = \frac{1}{2} \cdot \left[\frac{\sqrt{8 \cdot d \cdot S + (2a - d)^2} - 2a}{d} + 1. \right]$$

Dann schließen sich in den **Versen 21 und 22** Formeln für die Summe der ersten n natürlichen Zahlen, der ersten n Quadratzahlen und der ersten n Kubikzahlen an, die wohl bereits seit etlichen Jahrhunderten zum Standardwissen gehörten.

Auch für die Summe der ersten n Dreieckszahlen ist eine Formel bekannt:

$$(1) + (1+2) + (1+2+3) + \ldots + (1+2+3+\ldots+n)$$

$$\cdot \quad = \frac{1}{6} \cdot n \cdot (n+1) \cdot (n+2) = \frac{1}{6} \cdot \left[(n+1)^3 - (n+1) \right] \quad \cdot$$

Die **Verse 23 und 24** geben Regeln für Summen, Differenzen und Produkte von Zahlen an, die sich aus binomischen Formeln ergeben:

- Das Produkt zweier Zahlen ist gleich der halben Differenz aus dem Quadrat der Summe und der Summe der Quadrate der beiden Zahlen:

$$a \cdot b = \frac{1}{2} \cdot \left[(a+b)^2 - \left(a^2 + b^2 \right) \right].$$

- Kennt man das Produkt a · b und die Differenz a − b zweier Zahlen, dann kann man die Zahlen a, b wie folgt bestimmen:

$$a = \tfrac{1}{2} \cdot \left(\sqrt{4ab + (a-b)^2} + (a-b) \right) \text{ und } b = \tfrac{1}{2} \cdot \left(\sqrt{4ab + (a-b)^2} - (a-b) \right).$$

In den nächsten Versen wird erläutert, wie man mit Brüchen rechnet und wie Verhältnisgleichungen gelöst werden.

In **Vers 31** untersucht Āryabhata, wann sich zwei Objekte begegnen werden, deren Ort und Geschwindigkeit bekannt sind, bzw. wann sie sich in der Vergangenheit begegnet sind, wenn sie sich zurzeit voneinander entfernen. Diese Methode ist in der Astronomie wichtig, wenn es darum geht, Konjunktionen von Himmelskörpern zu bestimmen.

Die letzten beiden Verse des Abschnitts über mathematische Methoden widmet Āryabhata dem Lösen von Kongruenzgleichungen, von ihm als *kuttaka* bezeichnet (wörtlich: Schleifmaschine, mit der etwas zerkleinert wird); ähnlich wie beim euklidischen Algorithmus werden schrittweise die auftretenden Koeffizienten verkleinert.

Beispiele: Lösen von Kongruenzgleichungen nach der *kuttaka*-Methode
- Gesucht ist die kleinste natürliche Zahl n, die bei Division durch 13 den Rest 4 lässt und bei Division durch 19 den Rest 7.

Es gilt also: $n = 13a + 4 = 19b + 7$.

Nach a aufgelöst ergibt sich: $a = \frac{19b+3}{13} = 1b + \frac{6b+3}{13} = 1b + c$,

hieraus dann weiter $b = \frac{13c-3}{6} = 2c + \frac{1c-3}{6} = 2c + d$, $c = 6d + 3$.

Setzt man für d die kleinstmögliche natürliche Zahl, also $d = 1$, ein, dann erhält man rückwärtsgehend nacheinander:

$c = 9$, $b = 2 \cdot 9 + 1 = 19$ und $a = 1 \cdot 19 + 9 = 28$ und somit

$$n = 13 \cdot 28 + 4 = 368 = 19 \cdot 28 + 7.$$

Hinweis Setzt man $d = 0$, dann ergibt sich $c = 3$, $b = 6$, $a = 9$, also $n = 13 \cdot 9 + 4 = 121 = 19 \cdot 6 + 7$.

Aufgabe
- Gesucht ist die kleinste natürliche Zahl n, die bei Division durch 17 den Rest 3 lässt und bei Division durch 23 den Rest 7.

Es gilt also: $n = 17a + 3 = 23b + 7$.
   Nach a aufgelöst ergibt sich:

$$a = \frac{23b + 4}{17} = 1b + \frac{6b + 4}{17} = 1b + c,$$

hieraus dann weiter

$$b = \frac{17c - 4}{6} = 2c + \frac{5c - 4}{6} = 2c + d,$$

$$c = \frac{6d + 4}{5} = 1d + \frac{d + 4}{5} = 1d + e, d = 5e - 4.$$

Setzt man für e die kleinstmögliche natürliche Zahl, also $e = 1$, ein, dann erhält man rückwärtsgehend nacheinander:
   $d = 1$, $c = 2$, $b = 5$ und $a = 7$ und somit $n = 17 \cdot 7 + 3 = 122 = 23 \cdot 5 + 7$.

Hinweis Setzt man $e = 0$, dann ergibt sich $d = -4$, $c = -4$, $b = -12$, $a - -16$, also $n = 17 \cdot (-16) + 3 = -269 = 23 \cdot (-12) + 7$.

Āryabhatas Werk hatte erheblichen Einfluss auf die Entwicklung der Mathematik, nicht nur in Indien. Um 630 verfasste **Bhaskara I.** (600–680) hierzu einen umfangreichen Kommentar; außerdem ergänzte er einige Aufgaben zur Anwendung des Satzes von Pythagoras und des Höhensatzes:

Beispiel: Falke und Ratte
Ein Falke, der auf einer Mauer der Höhe 12 Hastas sitzt, sieht eine Ratte, die 24 Hastas von der Mauer entfernt ist. Als die Ratte zu einem Loch in der Wand rennt, stürzt sich der Falke auf die Ratte und tötet sie. (Dabei wird angenommen, dass der Falke und die Ratte mit der gleichen Geschwindigkeit unterwegs sind.)
   Wie weit ist die Ratte von ihrem Loch entfernt und wie groß ist die Entfernung, die der Falke vor der Tötung zurückgelegt hat?

(Fortsetzung)

Lösung: Aus der Aufgabenstellung ergeben sich die Angaben Abstand (Loch, Ratte) = |LR| = 24 und Höhe der Mauer = Abstand (Loch, Falke) = |LF| = 12 (vgl. Abb. links).

Da Falke und Ratte gleich schnell sein sollen, muss gelten |FX| = |XR|, d. h., F und R liegen auf derselben Kreislinie.

Aus dem Höhensatz ergibt sich zunächst die Länge der Strecke AL:

$$|FL|^2 = |AL| \cdot |LR|, \text{ also } |AL| = \frac{|FL|^2}{|LR|} = \frac{12^2}{24} = 6,$$

und hieraus dann weiter

$$|FX| = |XR| = |AX| = \tfrac{1}{2} \cdot (|AL| + |LR|) = 15 \text{ und somit } |LX| = 9.$$

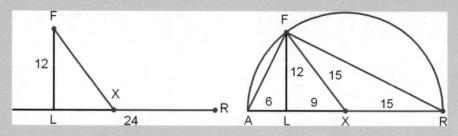

Beispiel: Kranich und Fisch

In einem Wasserbecken mit den Abmessungen 6 × 12 schwimmt ein Fisch in der nordöstlichen Ecke des Beckens und in der nordwestlichen Ecke sitzt ein Kranich. Der Fisch erschrickt vor dem Kranich und durchquert das Becken, so schnell er kann, in Richtung des südlichen Beckenrands. Er wird aber von dem Kranich getötet, der am Beckenrand entlanggelaufen ist.

Ermitteln Sie die Entfernungen, die die beiden Tiere zurückgelegt haben; dabei werde angenommen, dass ihre Geschwindigkeiten gleich waren.

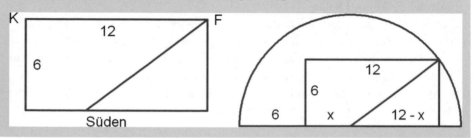

(Fortsetzung)

Lösung: Die südliche Seite des Beckenrandes wird nach links um die westliche Seite verlängert (6 LE), sodass die gesuchte Bedingung wie folgt lautet:

$$(6 + x)^2 = (12 - x)^2 + 6^2.$$

Hieraus ergibt sich $x = 4$. Die beiden Tiere legen also eine Strecke von 10 LE zurück.

Auch die folgenden beiden Aufgaben findet man seitdem immer wieder in Aufgabensammlungen.

Beispiel: Der abgeknickte Bambus

Ein Bambus von 16 Hastas wurde durch den Wind abgeknickt. Er fiel auf den Boden, wobei seine Spitze 8 Hastas von seiner Wurzel entfernt aufschlug.

In welcher Höhe wurde abgeknickt?

Lösung:

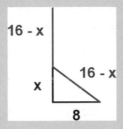

Aus der Anwendung des Satzes von Pythagoras ergibt sich die Gleichung $8^2 + x^2 = (16 - x)^2$ und durch Umformung $64 + x^2 = 256 - 32x + x^2$, also $32x = 192$ und somit $x = 6$, d. h., der Bambus ist 6 Hastas vom Boden entfernt abgeknickt.

Hinweis Diese Aufgabe findet man auch in der Aufgabensammlung *Jiuzhang suanshu*, zu der Liu Hui einen Kommentar verfasste, vgl. Abschn. 4.2.

Beispiel: Das Lotus-Problem

Ein im Wasser stehender blühender Lotus ragt 8 Angulas aus dem Wasser heraus. Vom Wind umgeweht, kippt er um, sodass seine Spitze 24 Angulas von der Stelle entfernt ist, an der bisher der Lotus stand.

Sag mir schnell, wie hoch der Lotus war und wie tief das Wasser ist.

(Fortsetzung)

Lösung:

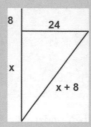

Aus der Anwendung des Satzes von Pythagoras ergibt sich die Gleichung $24^2 + x^2 = (x + 8)^2$ und durch Umformung $576 + x^2 = x^2 + 16x + 64$, also $16x = 512$ und somit $x = 32$, d. h., die Höhe des Lotus betrug 40 Angulas und das Wasser ist 32 Angulas tief.

Hinweis Eine ähnliche Aufgabe findet man auch in *Jiuzhang suanshu*.

Bhaskara I. verfasste darüber hinaus noch eine weitere Schrift (*Mahabhaskariya*), in der er eine erstaunlich exakte Näherungsformel zur Bestimmung von Sinus-Werten angab; diese lautet in heutiger Schreibweise:
Berechnung im Winkelmaß:

$$\sin(\alpha) = \frac{4\alpha \cdot (180 - \alpha)}{40500 - \alpha \cdot (180 - \alpha)}.$$

Berechnung im Bogenmaß:

$$\sin(x) = \frac{16x \cdot (\pi - x)}{5\pi^2 - 4x \cdot (\pi - x)} \text{ oder auch } \sin\left(\frac{\pi}{n}\right) = \frac{16 \cdot (n - 1)}{5n^2 - 4n + 4}.$$

In der grafischen Darstellung ist der Unterschied zwischen dem Graphen der Sinus-Funktion und der angegebenen Näherungsfunktion nicht zu erkennen, vgl. auch die nachfolgende Tabelle.

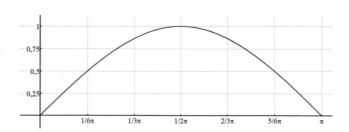

Winkel	Sinus	Näherung	Winkel	Sinus	Näherung
0°	0,00000	0,00000	50°	0,76604	0,76471
10°	0,17365	0,17526	60°	0,86603	0,86486
20°	0,34202	0,34316	70°	0,93969	0,93902
30°	0,50000	0,50000	80°	0,98481	0,98462
40°	0,64279	0,64183	90°	1,00000	1,00000

Es gibt verschiedene Vermutungen, durch welche Überlegungen Bhaskara I. zu seinen Approximationsformeln gelangt ist. Am naheliegendsten erscheint der Ansatz einer Quotientenfunktion $q(x) = \frac{x \cdot (180 - x)}{ax^2 + bx + c}$ – die Form des Zählers ergibt sich aus den Nullstellen der Funktion; die Koeffizienten der quadratischen Nennerfunktion können dann mithilfe von bekannten Werten der Sinus-Funktion ermittelt werden.

Hinweis: Nähere Ausführungen zu dieser Approximation findet man unter https://en.wikipedia.org/wiki/Bhaskara_I%27s_sine_approximation_formula und den dort angegebenen Quellen.

Zur selben Zeit wie Bhaskara I lebte Brahmagupta; dieser setzte Āryabhatas Arbeit fort.

5.3   Brahmagupta (598–670)

Zu Beginn des 9. Jahrhunderts führte **al-Khwarizmi** (790–850) das dezimale Stellenwertsystem unter Verwendung der *indischen Ziffern* in die islamische Welt ein. In seinem Werk *Al Kitāb al-muhtasar fi hisāb al-ğabr w-al-muqābala* gab er für die Lösung der verschiedenen Typen quadratischer Gleichungen unterschiedliche Verfahren an, da er als Koeffizienten nur positive Zahlen zuließ: $ax^2 + bx = c$, $ax^2 + c = bx$, $ax^2 = bx + c$ (vgl. auch *Mathematik – einfach genial*, Kap. 3).

Dies war ein für die Entwicklung der Mathematik folgenreicher „Rückschritt", denn bereits 200 Jahre zuvor hatte der indische Mathematiker Brahmagupta eine Lösungsformel für Gleichungen des Typs $ax^2 + bx = c$ (also nicht: $ax^2 + bx + c = 0$) mit *beliebigen* Koeffizienten angegeben:

$$x = \frac{\sqrt{b^2 + 4ac} - b}{2a}.$$

Brahmagupta wurde im Jahr 598 in Bhinmal geboren, einer Stadt im Nordwesten Indiens (heute: Bundesstaat Rajasthan).

Im Alter von 30 Jahren verfasste er ein Werk, das unter dem Namen *Brāhmasphuta-siddhānta* (Vervollkommnung der Lehre Brahmas, *siddhānta* = Abhandlung) überliefert ist.

Brahmagupta war inzwischen als Leiter der astronomischen Beobachtungsstation in Ujjain tätig. Diese im heutigen Bundesstaat Madhya Pradesh gelegene Stadt gehört zu den sieben heiligen Städten Indiens.

Nur zwei der insgesamt 25 Kapitel von *Brāhmasphutasiddhānta* beschäftigten sich mit mathematischen Fragestellungen, nämlich Kap. 12 (*Ganitādhyāya*, von *gana* = zählen) und Kap. 18 (*Kuttakādhyāya*, von *kuttaka* = zerkleinern).

Trotz etlicher zum Teil sehr kritischer Anmerkungen zum 130 Jahre zuvor erschienenen Werk seines Vorgängers Āryabhata war es wohl kein Zufall, sondern eher ein Zeichen der Verehrung, dass das 12. Kapitel genau doppelt so viele Verse enthält wie das entsprechende *ganita*-Kapitel der *Āryabhatīya*.

Hinsichtlich der Rechenverfahren und der Lösung verschiedener Anwendungsaufgaben findet man bei Brahmagupta allerdings zunächst kaum mehr als das, was Āryabhata zusammengestellt hatte.

Erst in den **Versen 10 bis 13** des 12. Kapitels ging Brahmagupta über die Behandlung einfacher proportionaler Beziehungen hinaus. Anhand von zwei Beispielen erläutert er die folgende

Regel der fünf Größen:
- Man trage die Größen in die Spalten einer Tabelle ein. Die Lösung findet man, indem man zwei der Eintragungen vertauscht (hier rot hervorgehoben); dann stehen die Faktoren des Zählers und des Nenners eines Bruchs übereinander.

Beispiele zur Regel der fünf Größen

Wenn eine Stoffbahn der Länge a_1 und der Breite b_1 zum Preis von p_1 Geldeinheiten verkauft wird, welche Breite x sollte eine Stoffbahn der Länge a_2 haben, die p_2 Geldeinheiten kostet?

a_1	a_2
b_1	x
p_1	p_2

$\rightarrow$

a_1	a_2
b_1	
p_2	p_1

$\rightarrow \quad x = \dfrac{a_1 \cdot b_1 \cdot p_2}{a_2 \cdot p_1}$

Wenn n_1 Stück einer bestimmten Ware insgesamt p_1 Geldeinheiten kosten und n_2 Stück einer zweiten Ware insgesamt p_2 Geldeinheiten, wie viele Stück y der zweiten Ware kann man eintauschen, wenn q_1 Stück der ersten Ware zum Tausch vorhanden sind?

p_1	p_2
n_1	n_2
q_1	y

$\rightarrow$

p_1	p_2
n_2	n_1
q_1	

$\rightarrow \quad y = \dfrac{p_1 \cdot n_2 \cdot q_1}{p_2 \cdot n_1}$

Die **Verse 21 bis 32** des *Brāhmasphutasiddhānta* beschäftigen sich mit Berechnungen von Flächeninhalten und Seitenlängen.

Hier findet sich eine (grobe) Näherungsformel zur Bestimmung des Flächeninhalts von Vierecken

$$A \approx \frac{a+c}{2} \cdot \frac{b+d}{2},$$

außerdem die berühmte Formel des Brahmagupta für Sehnenvierecke (s. u.).

Auch diese Formel wird nicht bewiesen, sondern nur als Rechenvorschrift (Merkregel in Versform) angegeben.

Im Falle von $d = 0$ handelt es sich um die auch von **Heron** (ca. 10–75 n. Chr.) hergeleitete Formel zur Berechnung des Flächeninhalts eines Dreiecks. Daher wird die o. a. Formel auch als *Brahmaguptas Verallgemeinerung der Heron'schen Formel* bezeichnet.

Brahmagupta gab keine Einschränkung für die Gültigkeit der Formel an; sie gilt aber nicht für beliebige Vierecke, sondern nur für Sehnenvierecke. Doch die weiteren Ausführungen des Kapitels beziehen sich nur auf Vierecke, deren Eckpunkte auf einem Kreis liegen – man kann also davon ausgehen, dass Brahmagupta nur solche Vierecke gemeint hat.

Eigenschaften von Sehnenvierecken

Bezeichnet man mit s den halben Umfang eines Vierecks, also $s = \frac{1}{2} \cdot (a + b + c + d)$, dann gilt für beliebige Sehnenvierecke:

Der Flächeninhalt kann mithilfe folgender Formel berechnet werden (sog. **Formel des Brahmagupta**):

$$A = \sqrt{(s-a) \cdot (s-b) \cdot (s-c) \cdot (s-d)}.$$

Für die Länge der Diagonalen e, f gelten die Beziehungen:

$$e = \sqrt{\frac{(ad + bc) \cdot (ac + bd)}{ab + cd}} \quad \text{und} \quad f = \sqrt{\frac{(ab + cd) \cdot (ac + bd)}{ad + bc}} \quad \text{sowie} \quad \frac{e}{f} = \frac{ad + bc}{ab + cd}.$$

Wenn die Diagonalen zueinander orthogonal sind (sog. Brahmagupta-Vierecke), dann ist die folgende Eigenschaft erfüllt:

Eine Gerade, die durch den Schnittpunkt S der beiden Diagonalen verläuft und eine der Seiten (Seite AB in der folgenden Abb. rechts) senkrecht schneidet, halbiert die gegenüberliegende Viereckseite (Seite CD in der Abb.).

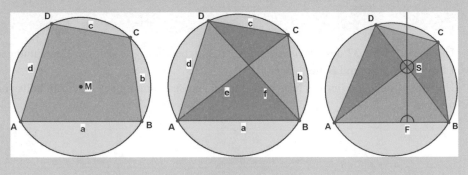

Bemerkenswert sind auch die Formeln, mit denen Streckenlängen in Dreiecken und in symmetrischen Trapezen berechnet werden können:

Berechnung von Größen in Dreiecken und symmetrischen Trapezen

In einem beliebigen Dreieck (vgl. folgende Abb. links) gilt für die Höhe h_c sowie die durch die Höhe festgelegten Abschnitte c_1 und c_2 der Seite c (und analog für die anderen Höhen und Seiten im Dreieck):

$$c_1 = \frac{1}{2} \cdot \left(c + \frac{b^2 - a^2}{c} \right); c_2 = \frac{1}{2} \cdot \left(c - \frac{b^2 - a^2}{c} \right); h_c = \sqrt{a^2 - c_2{}^2} = \sqrt{b^2 - c_1{}^2}.$$

In gleichschenkligen Trapezen (vgl. folgende Abb. rechts) gelten für die Diagonale e, für die Höhe h und für den Umkreisradius r die folgenden Beziehungen:

$$e = \sqrt{a \cdot c + b \cdot d}, h = \sqrt{e^2 - \frac{1}{4}(a + c)^2} \text{ und } r = \frac{b \cdot e}{2h}.$$

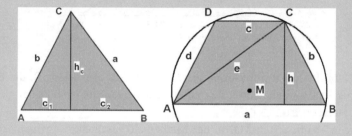

In den **Versen 33 bis 39** beschäftigt sich Brahmagupta mit dem Problem, Dreiecke, symmetrische Trapeze und Sehnenvierecke zu finden, deren Seitenlängen und Flächeninhalte *rational* sind.

Sucht man beispielsweise ein geeignetes Beispiel eines Dreiecks, bei dem keine Wurzelterme für die Seitenlängen und den Flächeninhalt auftreten sollen, dann genügt es, den folgenden Ansatz zu machen:

- Für beliebige natürliche Zahlen u, v, w mit v, $w < u$ erhält man ein Dreieck, bei dem die Seiten a, b, c rationale Seitenlängen haben und auch der Flächeninhalt rational ist:

$$a = \frac{1}{2} \cdot \frac{u^2 + v^2}{v}; \; b = \frac{1}{2} \cdot \frac{u^2 + w^2}{w}; \; c = \frac{1}{2} \cdot \left(\frac{u^2 - v^2}{v} + \frac{u^2 - w^2}{w} \right).$$

Beispiel: Dreieck mit rationalen Seitenlängen

Für $v = 1$, $w = 2$, $u = 3$ ergibt sich $a = \frac{1}{2} \cdot \frac{3^2 + 1^2}{1} = 5$, $b = \frac{1}{2} \cdot \frac{3^2 + 2^2}{2} = \frac{13}{4}$,

$c = \frac{1}{2} \cdot \left(\frac{3^2 - 1^2}{1} + \frac{3^2 - 2^2}{2} \right) = \frac{1}{2} \cdot \left(8 + \frac{5}{2} \right) = \frac{21}{4}$, also $s = \frac{1}{2} \cdot \left(5 + \frac{13}{4} + \frac{21}{4} \right) = \frac{27}{4}$, und hieraus mithilfe der sog. Heron'schen Formel

$$A = \sqrt{\frac{27}{4} \cdot \left(\frac{27}{4} - 5 \right) \cdot \left(\frac{27}{4} - \frac{13}{4} \right) \cdot \left(\frac{27}{4} - \frac{21}{4} \right)} = \sqrt{\frac{27}{4} \cdot \frac{7}{4} \cdot \frac{7}{2} \cdot \frac{3}{2}} = \frac{63}{8}.$$

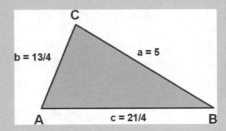

Das 18. Kapitel beginnt mit astronomischen Berechnungen wie z. B. die Bestimmung der Anzahl der Tage zwischen zwei Zeitpunkten, an denen ein Planet an der gleichen Stelle am Himmel zu sehen ist.

Dann folgen – zum ersten Mal in der Mathematikgeschichte – gemeinsame Rechenregeln für positive *und* negative Zahlen sowie für die *Null*. Null wird also als Zahl angesehen, ist nicht nur Platzhalter für eine leere Stelle.

Brahmagupta bezeichnet positive Zahlen als *Vermögen*, negative Zahlen als *Schuld*. Beispielsweise findet man:

- Eine Schuld minus null ist eine Schuld; ein Vermögen minus null ist ein Vermögen.
- Null minus null ist null. Null minus eine Schuld ist ein Vermögen. Null minus ein Vermögen ist eine Schuld.
- Das Produkt (der Quotient) aus einer Schuld und einem Vermögen ist eine Schuld, von zwei Schuldbeträgen oder von zwei Vermögen ein Vermögen.
- Das Produkt von null mit einem Vermögen, einer Schuld oder mit null ist null.

Zwar gibt er auch die falsche Regel *Null dividiert durch null ist null* an und er notiert für die Division durch null, dass man null in den Nenner eines Bruches schreiben darf – allerdings ohne Erläuterung, was das bedeuten soll.

Weitere Verse beschäftigen sich mit der o. a. Lösungsformel für quadratische Gleichungen mit *einer* Variablen.

Danach geht Brahmagupta auf Gleichungen des Typs $N \cdot x^2 + 1 = y^2$ ein, die später von Leonhard Euler (irrtümlich) als Pell'sche Gleichungen bezeichnet werden:

Brahmaguptas Verfahren zur Lösung einer Pell'schen Gleichung

Wähle irgendeine Quadratzahl a^2, multipliziere sie mit N und addiere eine geeignete ganze Zahl k, sodass die Zahl $b^2 = N \cdot a^2 + k$ eine Quadratzahl ist.

Dann ist

$$(x; y) = \left(\frac{2 \cdot a \cdot b}{k} ; \frac{N \cdot a^2 + b^2}{k} \right)$$

eine Lösung der Gleichung $N \cdot x^2 + 1 = y^2$.

Der Nachweis, dass Brahmaguptas Ansatz tatsächlich zu einer Lösung führt, kann durch Einsetzen von $x = \frac{2 \cdot a \cdot b}{k}$, $y = \frac{N \cdot a^2 + b^2}{k}$ mit $k = b^2 - N \cdot a^2$ in die Gleichung erfolgen.

Beispiele

- $2 \cdot x^2 + 1 = y^2$, also $N = 2$: Für $a = 1$ ist $2 \cdot a^2 + 2 = 4 = b^2$ eine Quadratzahl, wobei $k = 2$ und $b = 2$.

  Dann ist $(x; y) = \left(\frac{2 \cdot 1 \cdot 2}{2} ; \frac{2 \cdot 1^2 + 2^2}{2} \right) = (2; 3)$ eine *ganzzahlige* Lösung von $2 \cdot x^2 + 1 = y^2$.

- $5 \cdot x^2 + 1 = y^2$, also $N = 5$: Für $a = 1$ ist $5 \cdot a^2 + 4 = 9 = b^2$ eine Quadratzahl, wobei $k = 4$ und $b = 3$.

  Dann ist $(x; y) = \left(\frac{2 \cdot 1 \cdot 3}{4} ; \frac{5 \cdot 1^2 + 3^2}{4} \right) = (1,5 \; ; 3,5)$ eine Lösung von $5 \cdot x^2 + 1 = y^2$; diese ist allerdings *nicht* ganzzahlig.

  Wählt man $a = 2$, dann ist $5 \cdot a^2 + 5 = 25 = b^2$ eine Quadratzahl, wobei $k = 5$ und $b = 5$. Dann ist $(x; y) = \left(\frac{2 \cdot 2 \cdot 5}{5} ; \frac{5 \cdot 2^2 + 5^2}{5} \right) = (4 \; ; 9)$ eine *ganzzahlige* Lösung von $5 \cdot x^2 + 1 = y^2$.

Der griechische Mathematiker **Diophant** (um 250 n. Chr.) hatte in seiner *Arithmetica* einige bemerkenswerte Gleichungen veröffentlicht; u. a. hatte er gezeigt, dass man ein Produkt der Differenz von zwei Quadratzahlen als Differenz von Quadratzahlen darstellen kann (entsprechende Gleichungen gelten auch für Summen):

- $(b^2 - a^2) \cdot (d^2 - c^2) = (bd + ac)^2 - (bc + ad)^2 = (bd - ac)^2 - (bc - ad)^2$;

Brahmagupta konnte diese Gleichung verallgemeinern; dieser Zusammenhang zwischen quadratischen Termen wird heute als **Brahmagupta-Identität** bezeichnet:

- $(b^2 - n \cdot a^2) \cdot (d^2 - n \cdot c^2) = (bd + n \cdot ac)^2 - n \cdot (bc + ad)^2$ und
- $(b^2 - n \cdot a^2) \cdot (d^2 - n \cdot c^2) = (bd - n \cdot ac)^2 - n \cdot (bc - ad)^2$.

Diese Beziehungen haben im Hinblick auf die Lösung von Pell'schen Gleichungen eine besondere Bedeutung:

- Wenn man zwei Lösungen $(a; b)$, $(c; d)$ der Gleichung $N \cdot x^2 + 1 = y^2$, also der Gleichung $y^2 - N \cdot x^2 = 1$, gefunden hat, dann sind auch $(bc + ad; bd + N \cdot ac)$ und $(bc - ad; bd - N \cdot ac)$ Lösungen dieser Gleichung.
- Im Spezialfall $a = c$ und $b = d$ ergibt sich aus $(bc + ad; bd + N \cdot ac)$, dass mit $(a; b)$ auch $(2ab; b^2 + N \cdot a^2)$ eine Lösung ist usw.

Auf diese Weise lassen sich also beliebig viele Lösungen finden.

Beispiele
- Im Beispiel oben wurde $(x; y) = (4\ ; 9)$ als Lösung von $5 \cdot x^2 + 1 = y^2$ gefunden; daher ist auch $(2ab; b^2 + n \cdot a^2) = (2 \cdot 4 \cdot 9;\ 9^2 + 5 \cdot 4^2) = (72;\ 161)$ Lösung der Gleichung; im nächsten Schritt ergibt sich die Lösung $(23.184; 51.841)$ usw.
- Brahmagupta untersuchte u. a. die Gleichung $83 \cdot x^2 + 1 = y^2$.
  Für $a = 1$ ist $83 \cdot a^2 - 2 = 81 = b^2$ eine Quadratzahl, wobei $k = -2$ und $b = 9$.
  Dann ist $(x; y) - \left(\frac{2 \cdot 1 \cdot 9}{-2}; \frac{83 \cdot 1^2 + 9^2}{-2}\right) = (-9\ ; -82)$, wegen des Quadrierens der Variablen x, y ist auch $(x; y) = (+9; +82)$ eine ganzzahlige Lösung von
  $83 \cdot x^2 + 1 = y^2$ und folglich auch
  $(2ab; b^2 + n \cdot a^2) = (2 \cdot 9 \cdot 82;\ 82^2 + 83 \cdot 9^2) = (1476; 13447)$. Brahmagupta rechnete   weiter   bis   zur   (siebten)   Lösung $(175.075.291.425.879;$
  $1.595.011.813.884.802)$.

Brahmaguptas Untersuchungen führten noch zu weiteren Erkenntnissen, insbesondere wie man von Lösungen einer Gleichung des Typs $N \cdot x^2 - 1 = y^2$, $N \cdot x^2 - 2 = y^2$, $N \cdot x^2 + 2 = y^2$, $N \cdot x^2 - 4 = y^2$, $N \cdot x^2 + 4 = y^2$ auf eine Lösung von $N \cdot x^2 + 1 = y^2$ schließen kann.

- Erfüllen zwei natürliche Zahlen a, b die Gleichung $N \cdot a^2 + 4 = b^2$, dann gilt für diese Zahlen die Gleichung $N \cdot \left(\frac{1}{2} a \cdot \left(b^2 - 1\right)\right)^2 + 1 = \left(\frac{1}{2} b \cdot \left(b^2 - 3\right)\right)^2$.

Beispiel
Für das Zahlenpaar $(3\ ; 7)$ gilt $5 \cdot 3^2 + 4 = 7^2$; daher gilt auch
$5 \cdot \left(\frac{1}{2} \cdot 3 \cdot \left(7^2 - 1\right)\right)^2 + 1 = \left(\frac{1}{2} \cdot 7 \cdot \left(7^2 - 3\right)\right)^2$, also $5 \cdot 72^2 + 1 = 161^2$, d. h., das Zahlenpaar $(72\ ; 161)$ ist Lösung der Gleichung $5 \cdot x^2 + 1 = y^2$.

- Erfüllen zwei natürliche Zahlen a, b die Gleichung $N \cdot a^2 - 4 = b^2$, dann gilt für diese Zahlen die Gleichung

$$N \cdot \left[\tfrac{1}{2} a \cdot b \cdot (b^2 + 1) \cdot (b^2 + 3) \right]^2 + 1 = \left[(b^2 + 2) \cdot (\tfrac{1}{2} \cdot (b^2 + 1) \cdot (b^2 + 3) - 1) \right]^2.$$

Beispiel

Für das Zahlenpaar $(5 ; 11)$ gilt $5 \cdot 5^2 - 4 = 11^2$; daher gilt auch

$5 \cdot \left[\tfrac{1}{2} \cdot 5 \cdot 11 \cdot (11^2 + 1) \cdot (11^2 + 3) \right]^2 + 1 =$

$\left[(11^2 + 2) \cdot (\tfrac{1}{2} \cdot (11^2 + 1) \cdot (11^2 + 3) - 1) \right]^2$,

   also $5 \cdot 416.020^2 + 1 = 930.249^2$, d. h., das Zahlenpaar $(416.020 ; 930.249)$ ist eine Lösung der Gleichung $5 \cdot x^2 + 1 = y^2$.

Man beachte, dass dies alles bereits im Jahr 628 veröffentlicht wurde, allerdings ohne die formale Schreibweise, die erst im 16. und 17. Jahrhundert entwickelt wurde!

In Europa war **Pierre de Fermat** (1607–1665) der Erste, der sich – mehr als 1000 Jahre nach Brahmagupta – mit Problemen dieser Art auseinandersetzte und andere zeitgenössische Mathematiker zum Wettstreit herausforderte (vgl. *Mathematik – einfach genial*, Kap. 11); und es vergingen noch einmal 100 Jahre, bis **Joseph-Louis Lagrange** (1736–1813) beweisen konnte, dass die von Brahmagupta entwickelten Verfahren stets zum Ziel führen.

Abschließend gibt Brahmagupta noch zwei Verfahren an, mit denen man Quadratzahlen mit besonderen Eigenschaften konstruieren kann:

Quadratzahlen als Summe oder Differenz von Zahlen

Wähle beliebige Zahlen a und b mit $a > b$ und berechne $x = \left(a^2 + b^2 \right) \cdot \frac{2a^2}{b^4}$ und $y = \left(a^2 - b^2 \right) \cdot \frac{2a^2}{b^4}$.

   Dann sind sowohl $x + y$ und $x - y$ als auch $x \cdot y + 1$ rationale Quadratzahlen.

   Für beliebige Zahlen a, b und m hat die Zahl $x = \frac{1}{4} \cdot \left(\frac{a+b}{m} - m \right)^2 + b$ die Eigenschaft, dass sowohl $x + a$ als auch $x - b$ rationale Quadratzahlen sind.

Beispiel: Konstruktion von Quadratzahlen

- Für $a = 2$ und $b = 1$ ergibt sich:

Für $x = \left(2^2 + 1^2 \right) \cdot \frac{2 \cdot 2^2}{1^4} = 40$ und $y = \left(2^2 - 1^2 \right) \cdot \frac{2 \cdot 2^2}{1^4} = 24$ gilt: Die Zahlen $x + y = 64 = 8^2$, $x - y = 16 = 4^2$ und $x \cdot y + 1 = 40 \cdot 24 + 1 = 961 = 31^2$ sind Quadratzahlen.

(Fortsetzung)

Mit $m = 1$ hat die Zahl $x = \frac{1}{4} \cdot \left(\frac{2+1}{1} - 1\right)^2 + 1 = 2$ die Eigenschaft, dass $x + a = 2 + 2 = 4 = 2^2$ und $x - b = 2 - 1 = 1 = 1^2$ Quadratzahlen sind. Mit $m = 2$ hat die Zahl $x = \frac{1}{4} \cdot \left(\frac{2+1}{2} - 2\right)^2 + 1 = \frac{1}{4} \cdot \left(-\frac{1}{2}\right)^2 + 1 = \frac{17}{16}$ die Eigenschaft, dass $x + a = \frac{17}{16} + 2 = \frac{49}{16} = \left(\frac{7}{4}\right)^2$ und $x - b = \frac{17}{16} - 1 = \frac{1}{16} = \left(\frac{1}{4}\right)^2$ rationale Quadratzahlen sind.

- Für $a = 3$ und $b = 2$ ergibt sich:

Für $x = \left(3^2 + 2^2\right) \cdot \frac{2 \cdot 3^2}{2^4} = 13 \cdot \frac{18}{16} = \frac{117}{8}$ und $y = \left(3^2 - 2^2\right) \cdot \frac{2 \cdot 3^2}{2^4} = 5 \cdot \frac{18}{16} = \frac{45}{8}$ gilt: Die Zahlen $x + y = \frac{162}{8} = \frac{81}{4} = \left(\frac{9}{2}\right)^2$, $x - y = \frac{72}{8} = \frac{36}{4} = \left(\frac{6}{2}\right)^2 = 3^2$ und $x \cdot y + 1 = \frac{117}{8} \cdot \frac{45}{8} + 1 = \frac{5265}{64} + 1 = \frac{5329}{64} = \left(\frac{73}{8}\right)^2$ sind rationale Quadratzahlen.

Mit $m = 1$ hat die Zahl $x = \frac{1}{4} \cdot \left(\frac{3+2}{1} - 1\right)^2 + 2 = 6$ die Eigenschaft, dass $x + a = 6 + 3 = 9 = 3^2$ und $x - b = 6 - 2 = 4 = 2^2$ Quadratzahlen sind. Mit $m = 2$ hat die Zahl $x = \frac{1}{4} \cdot \left(\frac{3+2}{2} - 2\right)^2 + 2 = \frac{1}{4} \cdot \left(\frac{1}{2}\right)^2 + 2 = \frac{33}{16}$ die Eigenschaft, dass $x + a = \frac{33}{16} + 3 = \frac{81}{16} = \left(\frac{9}{4}\right)^2$ und $x - b = \frac{33}{16} - 2 = \frac{1}{16} = \left(\frac{1}{4}\right)^2$ rationale Quadratzahlen sind.

Im Jahr 665, drei Jahre vor seinem Tod, veröffentlichte Brahmagupta *Khandakhādyaka*, eine Abhandlung, die sich vor allem mit astronomischen Rechnungen beschäftigte. Besonders hervorzuheben ist, dass er in diesem Werk ein Verfahren entwickelte, mit dem er genauere Zwischenwerte für seine Sinus-Tabellen erhalten konnte:

Statt einer linearen Interpolation, bei der ein proportionales Wachstum zwischen zwei benachbarten Werten zugrunde gelegt wird (vgl. Grafik links), wendete er – als erster Mathematiker überhaupt – eine **quadratische Interpolation** an, d. h., er berücksichtigte im Prinzip abschnittsweise quadratische Parabeln, die durch drei benachbarte Tabellenwerte bestimmt sind (vgl. Grafik rechts). Damit entwickelte er eine Formel, die erst 1000 Jahre später von **Isaac Newton** (1643–1727) und **James Stirling** (1692–1770) wiederentdeckt wurde.

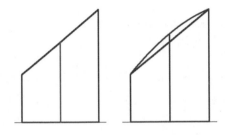

Nach dem Tod von Brahmagupta dauerte es fast 200 Jahre, bis ein Werk veröffentlicht wurde, das die Bücher Brahmaguptas übertraf:

Um das Jahr 850 erschien das Buch *Ganitasarasangraha* (Vollständige Sammlung über Mathematik) des jainistischen Gelehrten **Mahāvīra** (800–870).

Es war das erste Buch, das ausschließlich der Mathematik gewidmet war und keine astronomischen Themen beinhaltete. Über den Verfasser selbst liegen kaum Informationen vor.

Das Werk enthält zusammenfassend – und an vielen Stellen weniger kompliziert als bei den Vorgängern – alle Regeln zum Rechnen mit positiven und negativen Zahlen sowie der Null, darunter auch den Hinweis, dass man keine Wurzel aus einer negativen Zahl ziehen kann, Lösung linearer und quadratischer Gleichungen (einschließlich einfacher Wurzelgleichungen) sowie diophantischer Gleichungen (s. o.), systematische Untersuchungen von Permutationen und Kombinationen, außerdem die von den Vorgängern untersuchten geometrischen Probleme, einschließlich der Bestimmung von Höhen mithilfe von Schattenlängen und Volumina von einfachen Körpern.

Mahāvīra war der Erste, der Näherungsformeln für den Umfang und den Flächeninhalt von Ellipsen angibt; außerdem untersuchte er verschiedene Formen, die sich aus Kreisfiguren ergeben, vgl. die folgenden Abbildungen.

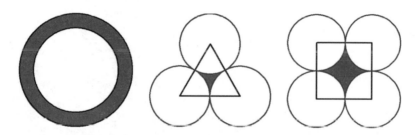

Eine Besonderheit stellt ein Kapitel dar, das sich mit der Darstellbarkeit von Brüchen als **Summe von Stammbrüchen** beschäftigt (also von Brüchen mit Zähler 1) – ein Thema, das ansonsten nur in der Mathematik des alten Ägyptens eine Rolle spielte (ca. 1800– 1600 v. Chr.), vgl. hierzu u. a. *Mathematik ist wunderwunderschön*, Kap. 6.

Mahāvīra gab ein geeignetes Verfahren an, wie ein (echter) Bruch der Form $\frac{p}{q}$ schrittweise zerlegt werden kann:

Mahāvīras Algorithmus zur Darstellung von Brüchen als Summe von Stammbrüchen

Zu einem Bruch $\frac{p}{q}$ sucht man eine geeignete natürliche Zahl i derart, dass $q + i$ durch p teilbar ist; das Ergebnis der Division ist dann eine natürliche Zahl r.

Dann gilt: $\frac{p}{q} = \frac{1}{r} + \frac{i}{r \cdot q}$.

Beispiele

Zum Bruch $\frac{4}{5}$ kann man $i = 3$ wählen, denn $q + i = 5 + 3 = 8$ ist teilbar durch 4 mit $\frac{q+i}{p} = \frac{8}{4} = 2 = r$. Hieraus ergibt sich die Zerlegung $\frac{4}{5} = \frac{1}{2} + \frac{3}{2 \cdot 5} = \frac{1}{2} + \frac{3}{10}$.

Wählt man $i = 7$ mit $q + i = 5 + 7 = 12$, also $\frac{q+i}{p} = \frac{12}{4} = 3 = r$, dann ergibt sich die Zerlegung $\frac{4}{5} = \frac{1}{3} + \frac{7}{3 \cdot 5} = \frac{1}{3} + \frac{7}{15}$.

Wählt man $i = 11$ mit $q + i = 5 + 11 = 16$, also $\frac{q+i}{p} = \frac{16}{4} = 4 = r$, dann ergibt sich die Zerlegung $\frac{4}{5} = \frac{1}{4} + \frac{11}{4 \cdot 5} = \frac{1}{3} + \frac{11}{20}$ usw.

Wählt man grundsätzlich die kleinstmögliche natürliche Zahl i, so wird dieser Algorithmus üblicherweise als **Fibonaccis gieriger Algorithmus** bezeichnet (siehe Kap. 6).

Die Vorgehensweise kann auch wie folgt beschrieben werden:

- Um einen Bruch in zwei Stammbrüche zu zerlegen, sucht man einen möglichst großen Stammbruch, der kleiner ist als der gegebene Bruch. Zu diesem wird dann (durch Differenzbildung) der zweite fehlende Summand gebildet, der dann – bei Bedarf – wiederum mithilfe dieses Verfahrens zerlegt werden kann.

Beispiele

$$\frac{5}{12} = \frac{1}{3} + \left(\frac{5}{12} - \frac{1}{3}\right) = \frac{1}{3} + \frac{1}{12}$$

$$\frac{4}{5} = \frac{1}{2} + \left(\frac{4}{5} - \frac{1}{2}\right) = \frac{1}{2} + \frac{3}{10} = \frac{1}{2} + \frac{1}{4} + \left(\frac{3}{10} - \frac{1}{4}\right) = \frac{1}{2} + \frac{1}{4} + \frac{1}{20}$$

$$\frac{3}{7} = \frac{1}{3} + \left(\frac{3}{7} - \frac{1}{3}\right) = \frac{1}{3} + \frac{2}{21} = \frac{1}{3} + \frac{1}{11} + \left(\frac{2}{21} - \frac{1}{11}\right) = \frac{1}{3} + \frac{1}{11} + \frac{1}{231}$$

Mahāvīra beschäftigte sich auch mit der Darstellung als Summen von Stammbrüchen, die nach einer bestimmten Vorschrift gebildet werden.

Beispielsweise zeigte er, dass man die Zahl 1 als Summe von Stammbrüchen darstellen kann, wobei die mittleren Summanden Glieder einer geometrischen Folge sind:

$$1 = \frac{1}{2} + \left(\frac{1}{3}\right) + \frac{1}{6} = \frac{1}{2} + \left(\frac{1}{3}\right) + \frac{1}{2 \cdot 3}, 1 = \frac{1}{2} + \left(\frac{1}{3} + \frac{1}{9}\right) + \frac{1}{18} = \frac{1}{2} + \left(\frac{1}{3} + \frac{1}{3^2}\right) + \frac{1}{2 \cdot 3^2},$$

$$1 = \frac{1}{2} + \left(\frac{1}{3} + \frac{1}{9} + \frac{1}{27}\right) + \frac{1}{54} = \frac{1}{2} + \left(\frac{1}{3} + \frac{1}{3^2} + \frac{1}{3^3}\right) + \frac{1}{2 \cdot 3^3} \cdots$$

Allgemein:

$$1 = \frac{1}{2} + \left(\frac{1}{3^1} + \frac{1}{3^2} + \ldots + \frac{1}{3^n} \right) + \frac{1}{2 \cdot 3^n}.$$

Auch fand er heraus, dass die Nenner der Stammbrüche Produkte aufeinanderfolgender natürlicher Zahlen sein können (mit Ausnahme des letzten Summanden):

$$1 = \left(\frac{1}{1 \cdot 2} + \frac{1}{2 \cdot 3} + \frac{1}{3 \cdot 4} \right) + \frac{1}{4}, \text{ also } 1 = \frac{1}{2} + \frac{1}{6} + \frac{1}{12} + \frac{1}{4}.$$

$$1 = \left(\frac{1}{1 \cdot 2} + \frac{1}{2 \cdot 3} + \frac{1}{3 \cdot 4} + \frac{1}{4 \cdot 5} + \frac{1}{5 \cdot 6} \right) + \frac{1}{6}, \text{ also } 1 = \frac{1}{2} + \frac{1}{6} + \frac{1}{12} + \frac{1}{20} + \frac{1}{30} + \frac{1}{6},$$

wobei der doppelt auftretende Summand $\frac{1}{6}$ noch durch $\frac{1}{3}$ ersetzt werden kann.

$$1 = \left(\frac{1}{1 \cdot 2} + \frac{1}{2 \cdot 3} + \frac{1}{3 \cdot 4} + \frac{1}{4 \cdot 5} + \frac{1}{5 \cdot 6} + \frac{1}{6 \cdot 7} + \frac{1}{7 \cdot 8} \right) + \frac{1}{8}, \text{ also}$$

$$1 = \frac{1}{2} + \frac{1}{6} + \frac{1}{12} + \frac{1}{20} + \frac{1}{30} + \frac{1}{42} + \frac{1}{56} + \frac{1}{8}, \ldots$$

allgemein:

$$1 = \left(\frac{1}{1 \cdot 2} + \frac{1}{2 \cdot 3} + \frac{1}{3 \cdot 4} + \ldots + \frac{1}{(2n-1) \cdot 2n} \right) + \frac{1}{2n}.$$

5.4   Bhaskaracharya (1114–1185)

Bhaskaracharya (ursprünglich: Bhaskara) gilt als der bedeutendste Mathematiker des indischen Mittelalters. Oft wird er als Bhaskara II. zitiert – um ihn von dem gleichnamigen Mathematiker und Astronomen des 7. Jahrhunderts zu unterscheiden, der in Abschn. 5.2 erwähnt wurde.

Nachfolgende Mathematiker sprechen ehrfurchtsvoll von ihm als **Bhaskaracharya**, was so viel wie „Bhaskara, der Lehrer" oder „Bhaskara, der Gelehrte" bedeutet.

Der aus der südindischen Stadt Vijayapura (heute: Bundesstaat Karnataka) stammende Sohn eines Astrologen verbrachte viele Jahre seines Lebens in Ujjain (Madhya Pradesh). Dort arbeitete er als Leiter der dortigen astronomischen Beobachtungsstation – wie bereits Brahmagupta, der Berühmteste seiner Vorgänger. Er verfasste (mindestens) sechs Bücher mit Merkregeln in Versform. Nach diesen Regeln wurden noch viele nachfolgende Generationen von Studenten unterrichtet.

Das bekannteste Buch *Līlāvatī* (Die Schöne) umfasst 277 Verse in 13 Kapiteln.

Im Folgenden werden einige der Methoden und Beispiel-Aufgaben aus diesem Werk vorgestellt.

Zu Beginn erläutert Bhaskara, welche Einheiten für Geldbeträge, Gewicht, Längen, Flächen, Volumina und Zeitintervalle im Alltag verwendet werden.

Dann folgen Erklärungen zu den Rechenoperationen für positive wie negative Zahlen, für Brüche und für die Zahl Null: Addition, Subtraktion, Multiplikation, Division, Quadrieren und Quadratwurzelziehen, Kubikzahlen und dritte Wurzel.

Dabei folgt nach dem Nennen der Regel jeweils eine zu lösende Aufgabe (*Mein Freund, sage mir schnell, was das Quadrat von 3½ ist und was die Wurzel aus dem Quadrat ist . . .*).

Wie Brahmagupta hält er die Division durch null für zulässig, gibt aber – im Unterschied zu seinen Vorgängern – als Erster *unendlich* als Ergebnis der Division an, mit der Ergänzung, dass $\frac{a}{0} \cdot 0 = a$.

Die nächsten Verse beschäftigen sich mit der **Methode des Rückwärtsrechnens**.

Beispiel

Oh Jungfrau mit den gefälligen Augen, sage mir, da du die Methode des Rückwärtsrechnens kennst, welche Zahl, die mit 3 multipliziert, dann um drei Viertel des Produkts vergrößert, dann durch 7 geteilt, dann um ein Drittel des Ergebnisses verkleinert, dann mit sich selbst multipliziert, dann um 52 vermindert, deren Quadratwurzel gezogen wird, bevor man 8 addiert und dann durch 10 teilt, ergibt als Endergebnis 2?

Lösung: Um die gesuchte Zahl zu bestimmen, wird angegeben, dass – bei der letzten Anweisung beginnend und rückwärtsgehend – jeweils die umgekehrte Operation angewandt werden soll.

Hier in heutiger Schreibweise, also als Term notiert:

$$\frac{\left(\left(\sqrt{(2 \cdot 10 - 8)^2 + 52} \cdot \frac{3}{2}\right) \cdot 7\right) \cdot \frac{4}{7}}{3} = \ldots = 28.$$

Anschließend werden Aufgaben erläutert, die mithilfe der sog. **Methode des falschen Ansatzes** gelöst werden können.

Beispiel

Ein Pilger gab die Hälfte seines Geldes in Prayaga aus, zwei Neuntel des Restbetrages in Kashi, ein Viertel des übrig gebliebenen Geldes für Gebühren und sechs Zehntel des Rests in Gaya. 63 Goldmünzen waren übrig, als er nach Hause zurückkehrte. Welchen Betrag hatte er ursprünglich mitgenommen?

Lösung: Angenommen, der Pilger hatte anfangs 1 Goldmünze, dann blieben ihm nach dem Aufenthalt in Prayaga $\frac{1}{2}$ Goldmünze übrig. In Kashi gab er davon $\frac{2}{9}$ aus; daher blieben dann noch $\frac{1}{2} - \frac{1}{2} \cdot \frac{2}{9} = \frac{7}{18}$. Nach dem Bezahlen der Gebühren blieben noch $\frac{7}{18} - \frac{7}{18} \cdot \frac{1}{4} = \frac{21}{72} = \frac{7}{24}$. Von dem Rest gab er $\frac{6}{10}$ in Gaya aus, also blieb noch $\frac{7}{24} - \frac{7}{24} \cdot \frac{6}{10} = \frac{14}{120} = \frac{7}{60}$ der ursprünglich vorhandenen Goldmünze. Da dem Pilger noch 63 Goldmünzen blieben, hatte er ursprünglich $\frac{63}{\frac{7}{60}} = 540$ Goldmünzen mitgenommen.

Hinweis Diese *Methode des falschen Ansatzes* findet man bereits im altägyptischen *Ahmes Papyrus*, der um 1650 v. Chr. verfasst wurde. Die Vorgehensweise war bis zu Beginn des 20. Jahrhunderts auch bei uns üblich – als Erster hatte sie Fibonacci in Europa eingeführt (vgl. Kap. 6).

Bei den folgenden Aufgaben des Buches treten Quadratwurzeln aus unbekannten Größen auf; durch Umformen und Quadrieren führt dies zu quadratischen Gleichungen. Dabei ist nur eine der Lösungen im Sachzusammenhang brauchbar.

Beispiel

Oh Mädchen, zu Beginn der Regenzeit flog das Zehnfache der Wurzel aus einer Anzahl von Schwänen, die auf einem See schwammen, weg zum Ufer des heiligen Sees Manasa Sarovar im Himalaya, und ein Achtel flog zu einem Wald namens Sthala Padmini. Drei Paare blieben im See und vergnügten sich, indem sie von einem Ende zum anderen schwammen. Sag mir, wie viele Schwäne es im See gibt.

Lösung: Die Gleichung $10 \cdot \sqrt{x} + \frac{x}{8}3 \cdot 2 = x$ wird umgeformt zu $10\sqrt{x} = \frac{7}{8}x - 6$ und weiter zu $80\sqrt{x} = 7x - 48$. Nach Quadrieren beider Seiten der Gleichung ergibt sich $6400x = 49x^2 - 672x + 2304$, also $49x^2 - 7072x + 2304 = 0$ mit den Lösungen $x = 144$ und $x = \frac{16}{49}$, wovon wegen der Ganzzahligkeit nur die erste Lösung brauchbar ist.

Die o. a. Aufgabe mit dem abgeknickten Bambus kommt auch in *Līlāvatī* vor, außerdem eine Aufgabe mit bemerkenswertem Ergebnis:

Problem der sich überkreuzenden Seile

Zwei Bambuspflanzen der Länge 15 und 10 stehen auf einer ebenen Fläche. Zwischen dem oberen Ende jeder Pflanze und dem unteren Ende der jeweils anderen Pflanze wird ein Seil straff gespannt. In welchem Punkt kreuzen sich die beiden Seile?

Lösung: Aus der Anwendung der Strahlensätze ergeben sich folgende Beziehungen:

$$\frac{y}{h} = \frac{x+y}{a} \text{ und } \frac{x}{h} = \frac{x+y}{b}.$$

Addiert man jeweils die links und die rechts stehenden Terme, so folgt hieraus

$$\frac{x+y}{h} = \frac{x+y}{a} + \frac{x+y}{b}, \text{ also } \frac{x+y}{h} = (x+y) \cdot \frac{a+b}{a \cdot b}.$$

Wegen $d = x + y$ bedeutet dies: $\dfrac{d}{h} = d \cdot \dfrac{a+b}{a \cdot b}$.

Löst man diese Gleichung nach h auf, dann erhalten wir die bemerkenswerte Beziehung $h = \dfrac{a \cdot b}{a+b}$, d. h.,

die Höhe des Schnittpunkts ist nur von der Höhe der beiden Bambuspflanzen abhängig, aber nicht von deren Abstand, vgl. auch die folgenden beiden Abbildungen!

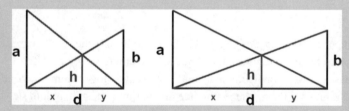

Der horizontale Abstand des Kreuzungspunkts der beiden Seile kann dann wie folgt berechnet werden:

$$x = \frac{h \cdot d}{b} = \frac{a \cdot b \cdot d}{(a+b) \cdot b} = \frac{a \cdot d}{a+b} \text{ und entsprechend } y = \frac{b \cdot d}{a+b}.$$

Anschließend behandelt Bhaskara die üblichen Dreisatzaufgaben (die sogar durch zusätzliche Variablen zu Fünfsatz-, Siebensatz- und Neunsatz-Problemen erweitert werden), danach folgen Aufgaben zu den typischen Anwendungsbereichen wie Zins- und Mischungsaufgaben (wie beispielsweise die Bestimmung des Goldgehalts einer Legierung).

Beispiel

Ein Betrag von insgesamt 94 Niskas wird zu drei verschiedenen Zinssätzen von 5 %, 3 % bzw. 4 % verliehen, und zwar 7, 10 bzw. 5 Monate lang. Der Gewinn aus den drei Teilbeträgen ist jeweils gleich groß. Nenne mir, oh Mathematiker, die Höhe der einzelnen Anteile.

Lösung: Bhaskara rechnet wie folgt:

Aus den Prozentsätzen $p_1 = 5$, $p_2 = 3$, $p_3 = 4$ und den Zeitintervallen $t_1 = 7$, $t_2 = 10$, $t_3 = 5$ ergeben sich die Zinsanteile $p_1 \cdot t_1 = 35$, $p_2 \cdot t_2 = 30$, $p_3 \cdot t_3 = 20$. Wegen $\frac{100}{35} + \frac{100}{30} + \frac{100}{20} = \frac{235}{21}$ folgt dann für die einzelnen Teilbeträge:

$\frac{100}{35} \cdot \frac{21}{235} \cdot 94 = 24$, $\frac{100}{30} \cdot \frac{21}{235} \cdot 94 = 28$ bzw. $\frac{100}{20} \cdot \frac{21}{235} \cdot 94 = 42$ Niskas.

In den Versen 118 bis 120 beschäftigt sich Brahmagupta mit der Berechnung der **Anzahl von Kombinationen**.

Beispiel

Wie viele Möglichkeiten hat ein König, dessen Palast acht Türen besitzt, diesen durch Öffnen von Türen zu belüften?

Lösung: Wenn eine Tür geöffnet wird, gibt es $\frac{8}{1} = 8$ Möglichkeiten, wenn zwei Türen geöffnet werden, sind dies $\frac{8 \cdot 7}{1 \cdot 2} = 28$ Möglichkeiten, drei Türen $\frac{8 \cdot 7 \cdot 6}{1 \cdot 2 \cdot 3} = 56$ usw.; insgesamt gibt es $2^8 - 1 = 255$ Möglichkeiten.

In einem Kapitel über Folgen und Reihen werden die Summenformeln für die ersten n natürlichen Zahlen, Quadrat- und Kubikzahlen angewandt, außerdem allgemein arithmetische und geometrische Folgen und Reihen untersucht.

Beispiel

Bei einer Expedition, bei der ein König versucht, sich der Elefanten seines Feindes zu bemächtigen, marschiert er am ersten Tag 2 yojanas. Sage, kluger Rechner, um welchen Betrag muss er die Tag für Tag zurückgelegte Strecke vergrößern, damit er nach einer Woche sein Ziel, die feindliche Stadt, erreicht, die 80 yojanas entfernt ist?

Lösung: Aus der Summenformel für arithmetische Folgen

$$S_n = a_1 + (a_1 + d) + (a_1 + 2d) + \ldots + (a_1 + (n-1) \cdot d) = \tfrac{1}{2} n \cdot (2a_1 + (n-1) \cdot d)$$

ergibt sich durch Auflösen nach dem linearen Zuwachs d, dass die zurückgelegte Strecke täglich jeweils um $d = \dfrac{\frac{S_n}{n} - a_1}{\frac{n-1}{2}} = \dfrac{\frac{80}{7} - 2}{\frac{7-1}{2}} = \dfrac{22}{7} = 3\frac{1}{7}$ vergrößert werden muss.

Zum Satz über die Quadrate über den Seiten eines rechtwinkligen Dreiecks, den wir als **Satz des Pythagoras** bezeichnen, liefert Bhaskara einen Beweis (fast) ohne Worte:

Sein einziger Kommentar ist *Siehe!*, und damit sollte der Beweis – durch bloßes Hinsehen – klar sein.

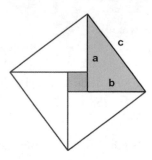

Hier dennoch ein kurzer Kommentar: Das Quadrat über der Hypotenuse c setzt sich zusammen aus vier zueinander kongruenten Dreiecken mit Flächeninhalt $4 \cdot \frac{1}{2} \cdot a \cdot b = 2 \cdot a \cdot b$ und dem Quadrat mit Seitenlänge $a - b$; somit gilt:

$$c^2 = 2 \cdot a \cdot b + (a - b)^2 = a^2 + b^2.$$

Für das Auffinden von rechtwinkligen Dreiecken mit ganzzahligen Seitenlängen gibt Bhaskara eine bemerkenswerte Regel an (man beachte auch hier, dass in seinem Buch keine Terme angegeben sind, sondern alle Vorschriften in Worten wiedergegeben werden).

Bhaskaras Regel zum Auffinden von ganzzahligen Katheten

Zu einer gegebenen Hypotenuse c wähle eine geeignete natürliche Zahl m derart, dass

$$m^2 + 1 \text{ ein Teiler von } c \text{ ist; dann ist } a = \frac{2 \cdot c \cdot m}{m^2 + 1} \text{ und } b = \frac{c \cdot (m^2 - 1)}{m^2 + 1}.$$

Beispiel

Die Hypotenuse eines rechtwinkligen Dreiecks hat die Seitenlänge 85. Finde ganzzahlige Katheten.

Lösung: 85 hat die Teiler 5 und 17. Daher sind $m = 2$ und $m = 4$ geeignete natürliche Zahlen. Hieraus ergeben sich $a = \frac{2 \cdot 85 \cdot 2}{2^2 + 1} = \frac{2 \cdot 85 \cdot 2}{5} = 68$ und $b = \frac{85 \cdot (2^2 - 1)}{2^2 + 1} = \frac{85 \cdot 3}{5} = 51$ sowie $a = \frac{2 \cdot 85 \cdot 4}{4^2 + 1} = \frac{2 \cdot 85 \cdot 4}{17} = 40$ und $b = \frac{85 \cdot (4^2 - 1)}{4^2 + 1} = \frac{85 \cdot 15}{17} = 75$.

Wenn man sich die folgende Aufgabe anschaut, dann erkennt man, dass Bhaskara bei seinen Lesern offensichtlich voraussetzt, dass sie keine Probleme im Umgang mit algebraischen Umformungen haben, insbesondere nicht im Umgang mit binomischen Formeln.

- Wie kann man die Längen der Katheten eines rechtwinkligen Dreiecks bestimmen, wenn die Hypotenuse c und die Summe s der Längen der Katheten gegeben sind? (Vers 164)

Eine allgemeine Lösung findet man wie folgt:

$$c^2 = a^2 + b^2 = (a+b)^2 - 2ab = s^2 - 2ab, \text{ also } -2ab = c^2 - (a+b)^2 = c^2 - s^2,$$

$$(a-b)^2 = (a+b)^2 - 4ab = s^2 - 4ab = s^2 + 2 \cdot (c^2 - s^2) = 2 \cdot c^2 - s^2, \text{ also für } a > b$$
$$a - b = \sqrt{2 \cdot c^2 - s^2}.$$

Wegen $a = \frac{1}{2} \cdot ((a+b) + (a-b)) = \frac{1}{2} \cdot (s + (a-b))$ ergibt sich hieraus

- $a = \frac{1}{2} \cdot \left(s + \sqrt{2 \cdot c^2 - s^2} \right)$

und entsprechend $b = \frac{1}{2} \cdot ((a+b) - (a-b)) = \frac{1}{2} \cdot (s - (a-b))$, also

- $b = \frac{1}{2} \cdot \left(s - \sqrt{2c^2 - s^2} \right)$.

Beispiel

Die Hypotenuse hat die Länge 17, die Summe der Längen der Katheten ist 23. Dann ist $a = \frac{1}{2} \cdot \left(s + \sqrt{2 \cdot c^2 - s^2} \right)$
$= \frac{1}{2} \cdot \left(23 + \sqrt{2 \cdot 17^2 - 23^2} \right) = \frac{1}{2} \cdot (23 + \sqrt{578 - 529}) = \frac{1}{2} \cdot (23 + 7) = 15$
und $b = \frac{1}{2} \cdot \left(s - \sqrt{2 \cdot c^2 - s^2} \right) = \frac{1}{2} \cdot (23 - 7) = 8$.

Negative Ergebnisse

Wie in Abschn. 5.3 dargestellt, hatte Brahmagupta die Formeln $c_1 = \frac{1}{2} \cdot \left(c + \frac{b^2 - a^2}{c} \right)$ und $c_2 = \frac{1}{2} \cdot \left(c - \frac{b^2 - a^2}{c} \right)$ für beliebige Dreiecke angegeben.

In Vers 174 untersucht Bhaskara den Fall $a = 17$, $b = 10$, $c = 9$.
Bei Anwendung der Formel ergibt sich

$$c_1 = \frac{1}{2} \cdot \left(9 + \frac{10^2 - 17^2}{9}\right) = \frac{1}{2} \cdot \left(9 + \frac{-189}{9}\right) = \frac{1}{2} \cdot (9 - 21) = -6 \text{ und}$$

$$c_2 = \frac{1}{2} \cdot \left(9 - \frac{10^2 - 17^2}{9}\right) = \frac{1}{2} \cdot \left(9 - \frac{-189}{9}\right) = \frac{1}{2} \cdot (9 + 21) = 15.$$

Bhaskara interpretiert das Ergebnis für c_1 richtig – sein Kommentar:

Dies ist negativ, d. h., es liegt in entgegengesetzter Richtung.

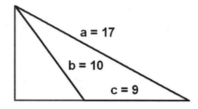

Bhaskara geht auf die Berechnung des Flächeninhalts von Vierecken ein und bestätigt, dass die von Brahmagupta angegebenen Formeln nur für Sehnenvierecke gelten.

In Vers 198 erläutert er dann eine Methode, wie man **Sehnenvierecke** mit ganzzahligen Seitenlängen finden kann:

Bhaskaras Regel zur Konstruktion von orthodiagonalen Sehnenvierecken

Sind $(a_1;\ b_1;\ c_1)$ und $(a_2;\ b_2;\ c_2)$ zwei pythagoreische Zahlentripel, dann ist das Viereck mit den Seitenlängen $a = a_2 \cdot c_1$, $b = a_1 \cdot c_2$, $c = b_2 \cdot c_1$, $d = b_1 \cdot c_2$ ein Sehnenviereck mit den zueinander orthogonalen Diagonalen $e = a_2 \cdot b_1 + a_1 \cdot b_2$, $f = a_1 \cdot a_2 + b_1 \cdot b_2$.

Beispiel

Aus $(a_1;\ b_1;\ c_1) = (3;\ 4;\ 5)$ und $(a_2;\ b_2;\ c_2) = (5;\ 12;\ 13)$ erhält man die vier Seitenlängen

$$a = a_2 \cdot c_1 = 5 \cdot 5 = 25, \quad b = a_1 \cdot c_2 = 3 \cdot 13 = 39,$$
$$c = b_2 \cdot c_1 = 12 \cdot 5 = 60, \quad d = b_1 \cdot c_2 = 4 \cdot 13 = 52$$

sowie die Diagonalen

$$e = a_2 \cdot b_1 + a_1 \cdot b_2 = 5 \cdot 4 + 3 \cdot 12 = 20 + 36 = 56,$$
$$f = a_1 \cdot a_2 + b_1 \cdot b_2 = 3 \cdot 5 + 4 \cdot 12 = 15 + 48 = 63,$$

vgl. die folgenden Abb.

(Fortsetzung)

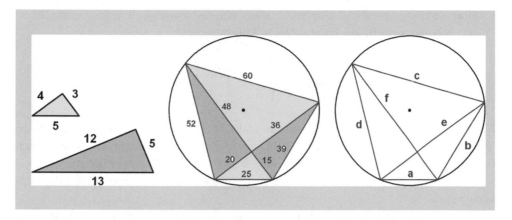

Hinweis Bei Vierecken, deren Seitenlängen – so wie oben dargestellt – durch die Kombination zweier pythagoreischer Zahlentripel festgelegt werden, handelt es sich tatsächlich stets um Sehnenvierecke, da die Voraussetzungen eines Satzes erfüllt sind, der bei uns als **Satz von Ptolemäus** (nach Ptolemäus von Alexandria, 85–165) bezeichnet wird:

- Ein Viereck ist genau dann ein Sehnenviereck, wenn das Produkt der Diagonalen genauso groß ist wie die Summe der Produkte einander gegenüberliegender Viereckseiten: $e \cdot f = a \cdot c + b \cdot d$.

Der Nachweis kann durch Einsetzen der o. a. Terme für die Längen der Seiten und Diagonalen erfolgen, wobei zu beachten ist, dass $a_1^2 + b_1^2 = c_1^2$ und $a_2^2 + b_2^2 = c_2^2$.

Von Vers 207 an beschäftigt sich Bhaskara mit Kreis- und Kugelberechnungen; dabei unterscheidet er „praktische" Rechnungen mit dem (archimedischen) Näherungswert $\frac{u}{d} = \pi \approx \frac{22}{7}$ und „genaue" Rechnungen mit $\frac{u}{d} = \pi = \frac{62832}{20000} = \frac{3927}{1250}$, wobei d = Durchmesser und u = Umfang eines Kreises.

Für die Berechnung des Flächeninhalts A eines Kreises verwendet er wie seine Vorgänger die korrekte Formel $A = \frac{1}{4} \cdot d \cdot u$.

Als erster Mathematiker seines Kulturkreises gibt er für die Oberfläche einer Kugel die richtige Formel $O = d \cdot u$ an und für das Volumen $V = \frac{1}{6} \cdot O \cdot d$.

Ohne Begründung verwendet Bhaskara dann eine (Näherungs-)Formel zur Berechnung der Länge s einer Sehne (Sehnenlänge):

- Sind Durchmesser d und Umfang u eines Kreises sowie die Länge b eines Kreisbogens gegeben, dann gilt für die Länge s der Sehne:

$$s = \frac{4 \cdot d \cdot (u-b) \cdot b}{\frac{5}{4} \cdot u^2 - (u-b) \cdot b}.$$

Auch hier erwartet er vom Leser des Buches, dass er die Umkehraufgabe lösen kann:

- Sind Durchmesser d und Umfang u eines Kreises sowie die Länge s einer Sehne gegeben, dann gilt für die Länge b eines Kreisbogens:

$$b = \frac{u}{2} \pm \sqrt{\frac{u^2}{4} - \frac{\frac{5}{4} \cdot u^2 \cdot s}{4 \cdot d + s}}.$$

Für Volumenberechnungen von Pyramiden und Kegeln sowie den zugehörigen Stümpfen werden in den Versen 224 bis 232 Formeln angegeben, die sich in der Praxis offensichtlich bewährt haben. Interessant ist, dass Bhaskara unterschiedliche Korrekturfaktoren angibt – je nachdem, ob die eingefüllten bzw. aufgeschütteten Materialien grobkörnig oder feinkörnig sind.

Den Abschluss des Buches bilden kombinatorische Überlegungen; u. a. wird die Frage untersucht, wie viele Arten von unterschiedlichen Versformen ein Gedicht haben kann.

Auch beschäftigt sich Bhaskara mit dem Problem, wie viele n-stellige Zahlen (im Dezimalsystem) mit von null verschiedenen Ziffern eine bestimmte Quersumme S haben. Und er bestimmt die Anzahl der Permutationen am Beispiel der Frage, wie viele verschiedene Statuen der Gottheit *Shiva* hergestellt werden könnten, die in ihren zehn Händen zehn verschiedene Gegenstände hält – es sind 3.628.800 ($= 10!$) Möglichkeiten.

Mit seinem nächsten Werk, *Bīja-ganita* (*bīja* = Samen; Grundlagen der Mathematik) genannt, wendet sich Bhaskara eher an Fortgeschrittene. Es enthält überwiegend algebraische Methoden, die mit der Reflexion der Lösungen verbunden sind.

Beispiel (quadratische Gleichung)
Der fünfte Teil einer Herde Affen, weniger drei, quadriert, ging in eine Höhle. Nur ein Affe war noch zu sehen. Wie viele Affen waren es?

Lösung: Der Aufgabentext kann in heutiger Schreibweise wie folgt notiert werden: $x = \left(\frac{1}{5} \cdot x - 3\right)^2 + 1$.

Umformung der Gleichung: $x = \frac{1}{25} \cdot x^2 - \frac{6}{5}x + 9 + 1 \Leftrightarrow x^2 - 55x + 250 = 0$ $\Leftrightarrow x = 50 \vee x = 5$.

Die Lösung $x = 5$ wird verworfen, denn bei Einsetzen der Lösung wäre der Term $\frac{1}{5} \cdot x - 3$ negativ.

Beispiel (Gleichung 4. Grades)
Nenne mir diejenigen Zahlen, die, wenn sie mit 200 multipliziert und zum Quadrat der Zahl addiert und dann mit 2 multipliziert und von der vierten Potenz der Zahl subtrahiert wird, gleich 10000 minus 1 ist.

(Fortsetzung)

Lösung: Die Gleichung $x^4 - (200x + x^2) \cdot 2 = 9999$, also $x^4 - 2x^2 - 400x = 9999$, wird mit einem Trick gelöst:

Addiert man auf beiden Seiten den Term $4x^2 + 400x + 1$, dann erhält man

$$x^4 + 2x^2 + 1 = 4x^2 + 400x + 10000, \text{ also } \left(x^2 + 1\right)^2 = (2x + 100)^2.$$

Von den beiden Möglichkeiten $x^2 + 1 = \pm (2x + 100)$ kommt nur die erste in Frage, da die zweite nur in der Menge der komplexen Zahlen lösbar wäre:

$$x^2 + 1 = 2x + 100 \Leftrightarrow (x - 1)^2 = 100 \Leftrightarrow x = -9 \vee x = 11 \text{ bzw.}$$

$$x^2 + 1 = -2x - 100 \Leftrightarrow (x + 1)^2 = -100$$

Das Buch enthält auch **lineare Gleichungssysteme mit unendlich vielen Lösungen**.

Beispiel

Vier Männer besitzen Tiere, die für jeden zusammen jeweils den gleichen Wert haben. Ihnen gehören 5 bzw. 3 bzw. 6 bzw. 8 Pferde, 2, 7, 4, 1 Kamele, 8, 2, 1, 3 Maultiere und 7, 1, 2, 1 Ochsen. Sage mir schnell, welchen Wert die Pferde, Kamele, Maultiere bzw. Ochsen jeweils haben.

Lösung: Bhaskara gibt für das Gleichungssystem

$$5a + 2b + 8c + 7d = 3a + 7b + 2c + 1d =$$
$$6a + 4b + 1c + 2d = 8a + 1b + 3c + 1d$$

die folgende (kleinste) Lösung an: $a = 85$ (Wert eines Pferdes $= 85$ Geldeinheiten), $b = 76$ (Kamel), $c = 31$ (Maultier) und $d = 4$ (Ochse).

Berühmt wurde das zweite Buch Bhaskaras dadurch, dass es ein optimiertes Verfahren zur Lösung von quadratischen diophantischen Gleichungen des Typs $Nx^2 + k = y^2$ enthielt.

Möglicherweise war die im Folgenden vorgestellte Idee des *chakravala* (*chakra* (Sanskrit) = *Rad*) von einem Mathematiker des 10. Jahrhunderts namens **Jayadeva** entdeckt worden, die dann von Bhaskara weiterentwickelt wurde.

Bhaskaras Chakravala-Algorithmus zur Lösung einer Pell'schen Gleichung

Um eine Lösung der Gleichung $Nx^2 + 1 = y^2$ zu finden, betrachte man zunächst die Hilfsgleichung $Nx^2 + k = y^2$. Ist $(a; b)$ eine Lösung dieser Gleichung, dann wähle

(Fortsetzung)

man eine ganze Zahl m derart, dass $am + b$ durch k teilbar ist und m^2 sich möglichst wenig von N unterscheidet. Durch Kombination mit der Gleichung

$N \cdot 1^2 + (m^2 - N) = m^2$ erhält man dann eine neue Gleichung:

$N \cdot (a \cdot m + b)^2 + k \cdot (m^2 - N) = (b \cdot m + N \cdot a)^2$, deren Summanden alle durch k teilbar sind.

Hieraus ergibt sich eine neue Hilfsgleichung $Nx^2 + k_1 = y^2$, wobei $k_1 = \frac{m^2 - N}{k}$. Diese hat die ganzzahlige Lösung

$$(a_1; \ b_1) = \left(\frac{a \cdot m + b}{k}; \ \frac{b \cdot m + N \cdot a}{k} \right).$$

Dieses Verfahren, eine neue Hilfsgleichung aufzustellen, wird so lange wiederholt, bis man auf einen der Sonderfälle stößt, für die Brahmagupta eine Lösung angegeben hatte:

$$(k_j = -1, \ \pm 2, \ \pm 4).$$

Beispiel

Um eine Lösung der Gleichung $61x^2 + 1 = y^2$ zu finden, betrachte man zunächst die Hilfsgleichung $61x^2 + 3 = y^2$ mit der Lösung $(1; 8)$.

Für $m = 7$ ist $am + b$ durch 3 teilbar und m^2 unterscheidet sich nicht sehr stark von N. Mit $k_1 = \frac{7^2 - 61}{3} = -4$ ergibt sich die neue Hilfsgleichung $61x^2 - 4 = y^2$, für die das Paar $(5; 39)$ eine Lösung ist, d. h. $61 \cdot 5^2 - 4 = 39^2$.

Dies ist einer der Sonderfälle, die Brahmagupta lösen konnte. Aus der von ihm aufgestellten Formel folgt, dass

$x = \frac{1}{2} \cdot 5 \cdot 39 \cdot (39^2 + 1) \cdot (39^2 + 3) = 226.153.980,$

$y = (39^2 + 2) \cdot (\frac{1}{2} \cdot (39^2 + 1) \cdot (39^2 + 3) - 1) = 1.766.319.049$ eine Lösung der Gleichung $61x^2 + 1 = y^2$ ist.

Weitere Einzelheiten zu diesem Thema können den Ausführungen auf den folgenden Internetseiten entnommen werden:

- https://en.wikipedia.org/wiki/Chakravala_method
- https://mathshistory.st-andrews.ac.uk/HistTopics/Pell/

Im Jahr 1150 verfasste Bhaskara das Werk *Siddhānta-śiromani* (Schönstes Juwel der Abhandlungen), das vor allem auf typisch astronomische Fragestellungen wie Planeten-konstellationen und Mond- und Sonnenfinsternisse sowie auf die Handhabung astrono-mischer Instrumente einging.

Im Rahmen der Untersuchung der Planetenbewegungen beschäftigte er sich mit der Frage, wie man die Momentangeschwindigkeit eines Planeten bestimmen kann. Seine Idee, dazu die Positionen für immer kleiner werdende Zeitintervalle zu vergleichen, wird von manchen Wissenschaftshistorikern als infinitesimale Betrachtungsweise angesehen. Insbesondere sehen sie dies durch seine Beschreibung bestätigt, dass die Planeten am höchsten Punkt ihres täglichen Umlaufs die Momentangeschwindigkeit null haben.

Im mathematischen Teil präsentiert er ein Verfahren zur Herleitung der Volumenformel der Kugel. Hierzu betrachtet er ein Koordinatennetz aus Längen- und Breitenkreisen. Die Kugeloberfläche wird durch 48 Großkreise in 96 Kugelzweiecke, durch 48 Breitenkreise in trapezförmige Flächenstücke unterteilt (vergleichbar der folgenden *Wikipedia*-Abb. Sphere Wireframe 10 deg6r.svg von Geek 3).

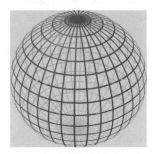

Die Flächeninhalte der Trapeze berechnen sich als arithmetisches Mittel aus der Länge der beiden Abschnitte auf den zueinander parallelen Breitenkreisen, die mit den Höhen (= die Bogenstücke des Großkreises) multipliziert werden. Die Länge der Abschnitte auf den Breitenkreisen lassen sich mithilfe des Sinus berechnen. Daher geht in die Berechnung der Oberfläche der Kugel eine Summe von Sinus-Werten ein.

Bhaskara führte dies mithilfe einer Sinus-Tabelle mit Schrittweite $90°/24 = 3° \, 45'$ durch und bestätigte so die Gültigkeit der Formel $O = d \cdot u$ für den Flächeninhalt der Oberfläche.

Dann stellte er sich die Oberfläche in winzige quadratische Flächenstücke zerlegt vor, deren Eckpunkte, mit dem Mittelpunkt der Kugel verbunden, eine pyramidenartige Zerlegung der Kugel ergaben. Das Volumen berechnet sich gemäß der Volumenformel für Pyramiden als $V = \frac{1}{3} \cdot O \cdot r$, wegen $d = \frac{1}{2} \cdot r$ also $V = \frac{1}{6} \cdot O \cdot d$.

In der Schrift *jyotpatti* erläutert Bhaskara, wie man möglichst genaue Sinus-Werte aus bekannten Grundwerten $\sin(30°) = \frac{1}{2} \, ; \sin(45°) = \frac{1}{\sqrt{2}} \, ; \sin(36°) = \sqrt{\frac{5-\sqrt{5}}{8}}$ berechnen kann. Hierfür gibt er Regeln wie Additionstheoreme, Mehrfach- und Halbwinkelsätze an, aber auch Beziehungen wie z. B.

$$\sin\left(\frac{90° \pm \alpha}{2}\right) = \sqrt{\frac{1 \pm \sin(\alpha)}{2}},$$

außerdem nützliche Näherungsformeln wie $\sin(\alpha \pm 3,75°) \approx \frac{466}{467} \cdot \sin(\alpha) \pm \frac{100}{1529} \cdot \cos(\alpha)$.

Während der übrige indische Subkontinent in den nachfolgenden Jahrhunderten unter der Besetzung durch islamische Invasoren und unter den Machtkämpfen zwischen rivalisierenden regionalen Herrschern litt, entwickelte sich im Südwesten Indiens, in einem Gebiet, das durch Gebirge vom restlichen Subkontinent getrennt ist, die mathematische Kultur zu neuer Blüte.

In der Literatur wird diese Epoche als Zeitalter der **Kerala-Mathematik** bezeichnet (da die tätigen Mathematiker auf dem Gebiet des heutigen Staats Kerala lebten). Viele der Beiträge der Kerala-Mathematiker wurden erst in den letzten Jahrzehnten erforscht und es ist zu vermuten, dass noch weitere Aufsehen erregende Entdeckungen gemacht werden.

5.5   Narayana Pandita (1325–1400)

Am Beginn der Kerala-Epoche steht Narayana Pandita, dessen Werk *Ganita Kaumudi* (wörtlich: Mondschein der Mathematik) unmittelbar an die Werke der klassischen Periode anschloss.

Das im Jahr 1356 erschienene Werk umfasst 14 Kapitel mit 495 Versen (Regeln), die anhand von 395 Beispielen erläutert werden – es ist jedoch mehr als nur ein Kommentar zu den Schriften Bhaskaras.

Die einzelnen Themen sowie einige der Besonderheiten des Buches werden im Folgenden vorgestellt.

In Kap. 1 gibt Narayana einen Überblick über die gebräuchlichen Gewichts-, Längen-, Flächen- und Raummaße, über die Rechenarten (bis einschließlich dem Verfahren zum Ziehen einer Kubikwurzel) sowie über Typen von Gleichungen. Um das Ergebnis einer Multiplikation zu überprüfen, empfiehlt er, die Reste der Faktoren (bzgl. der Division durch eine beliebige Zahl) mit dem entsprechenden Rest des Ergebnisses zu vergleichen – so, wie wir es von der Neunerprobe kennen.

Im Umgang mit Wurzeln zeigen sich erstaunliche Fertigkeiten, z. B.

$$\frac{\sqrt{175}+\sqrt{150}+\sqrt{105}+\sqrt{90}+\sqrt{70}+\sqrt{60}}{\sqrt{5}+\sqrt{3}+\sqrt{2}} = \ldots =$$

$$\frac{\sqrt{2100}+\sqrt{1800}+\sqrt{1260}+\sqrt{1080}}{\sqrt{60}+\sqrt{36}} = \ldots = \sqrt{35}+\sqrt{30}.$$

In Kap. 2 werden Aufgaben behandelt, die auf lineare Gleichungen führen, wie beispielsweise Mischungs- und Zinsaufgaben sowie Bewegungsaufgaben.

Beispiel einer Begegnungsaufgabe

Zwei Reisende gehen von zwei Orten A_1 bzw. A_2, die eine Entfernung d voneinander haben, zum selben Zeitpunkt mit den Geschwindigkeiten v_1 und v_2 aufeinander zu.

Zu welchem Zeitpunkt und an welcher Stelle treffen sie sich?

Von ihrem jeweiligen Ziel aus kehren sie sofort wieder an ihre Ausgangsorte zurück. Wann und wo begegnen sie einander ein zweites Mal?

Kap. 3 beschäftigt sich mit Folgen und Reihen. Außer den typischen Aufgaben für arithmetische und geometrische Folgen enthält es auch Summenformeln für natürliche Zahlen, für deren Quadrate und dritte Potenzen, außerdem wird die Summenfolge der Dreieckszahlen untersucht, also $(1) + (1 + 2) + (1 + 2 + 3) + (1 + 2 + 3 + 4) + \ldots$

Narayana gibt hierfür die bekannte Formel an:

$$\sum\sum r = \sum \frac{r \cdot (r+1)}{2} = \frac{n \cdot (n+1) \cdot (n+2)}{1 \cdot 2 \cdot 3}$$

und verallgemeinert dies zu

$$\sum \cdots \sum\sum r = \ldots = \frac{n \cdot (n+1) \cdot (n+2) \cdot \ldots \cdot (n+k)}{1 \cdot 2 \cdot 3 \cdot \ldots \cdot (k+1)}.$$

Kap. 4 ist das umfangreichste Kapitel des Buches; es umfasst 149 Regeln und 94 Beispiele zu geometrischen Problemen, darunter auch eine Reihe von Näherungsformeln für Kreisfiguren.

Bemerkenswert ist die folgende von Narayana entwickelte Formel:

Formel von Narayana: Berechnung des Flächeninhalts von Sehnenvierecken
Bezeichnet man mit a, b, c, d die Seiten eines Sehnenvierecks und mit e, f die beiden Diagonalen sowie mit g die *dritte Diagonale*, dann gilt für den Flächeninhalt

$$A_{ABCD} = A_{ABED} = \frac{g}{4R} \cdot (a \cdot c + b \cdot d) = \frac{e \cdot f \cdot g}{4R}.$$

Erläuterung: Die *dritte Diagonale* $g = AE$ ergibt sich wie folgt: Vertauscht man die Seiten b und c, dann ergibt sich ein Punkt E auf der Kreislinie, d. h., die Figur besteht aus zwei Sehnenvierecken:

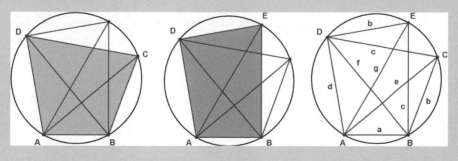

Zur Herleitung der Formel verwendet man die Flächeninhaltsformel $A = \frac{a \cdot b \cdot c}{4R}$ für Dreiecke, wobei mit a, b, c die Seitenlängen und mit R der Umkreisradius des Dreiecks bezeichnet sind.

Die Flächeninhalte des Sehnenvierecks ABCD und des Sehnenvierecks ABED stimmen überein, da der Flächeninhalt von Sehnenvierecken durch die Längen der vier Seiten a, b, c, d festgelegt ist (gemäß der Formel von Brahmagupta, vgl. Abschn. 5.3).

Der Flächeninhalt des Vierecks ABED kann berechnet werden als Summe der Flächeninhalte des Dreiecks ABE mit den Seiten a, c, g und des Dreiecks AED mit den Seiten b, d und g:

$$A_{ABED} = A_{ABE} + A_{AED} = \frac{a \cdot c \cdot g}{4R} + \frac{g \cdot b \cdot d}{4R} = \frac{g}{4R} \cdot (a \cdot c + b \cdot d).$$

Andererseits gilt nach dem **Satz des Ptolemäus**, dass das Produkt der Längen der Diagonalen eines Sehnenvierecks gleich der Summe der Produkte der einander gegenüberliegenden Seiten des Sehnenvierecks ist, also $a \cdot c + b \cdot d = e \cdot f$.

Daher folgt: $A_{ABCD} = A_{ABED} = \frac{g}{4R} \cdot (a \cdot c + b \cdot d) = \frac{e \cdot f \cdot g}{4R}$.

Eine der Aufgaben beschäftigt sich mit Dreiecken mit ganzzahligen Seitenlängen:

Aufgabe
Gesucht sind alle Dreiecke, deren Seitenlängen natürliche Zahlen sind und die sich nur um eine Einheit unterscheiden; außerdem soll auch die Länge der Höhe auf der Grundseite eine natürliche Zahl sein.

Lösung: Narayana erkennt, dass der linke Abschnitt der Grundseite die Länge $\frac{1}{2} \cdot x - 2$ haben muss, der rechte Abschnitt entsprechend $\frac{1}{2} \cdot x + 2$, denn gemäß dem Satz von Pythagoras gilt für die beiden Teildreiecke:

$(x-1)^2 - \left(\frac{1}{2} \cdot x - 2\right)^2 = y^2 = (x+1)^2 - \left(\frac{1}{2} \cdot x + 2\right)^2$, d. h., es gilt: $y^2 = \frac{3}{4} \cdot x^2 - 3$.

Diese Gleichung hat unendlich viele Lösungen: (4;3), (14;12), (52;45), (194;168), (724;627), …

In den nächsten Kapiteln werden Anwendungsaufgaben behandelt (Ausheben von Gruben, Aufschütten von Getreide, Berechnungen von Höhen und Entfernungen mithilfe von Schattenlängen u. Ä. m.).

In Kap. 9 wird ausführlich die von Aryabatha entwickelte *Kuttaka*-Methode zur Lösung diophantischer Gleichungen beschrieben und an Beispielen erläutert.

In Kap. 10 geht Narayana auch auf die Lösung von später sog. **Pell'schen Gleichungen** ein (gemäß der Methode von Bhaskaracharya); dabei spricht er ausdrücklich die Tatsache an, dass man die Lösungspaare $(a; b)$ von Gleichungen des Typs $Nx^2 + 1 = y^2$ dazu benutzen kann, um Näherungswerte für die Wurzel aus einer natürlichen Zahl zu bestimmen: $\sqrt{N} \approx \frac{b}{a}$.

Beispiel: Näherungswerte für Quadratwurzeln

Für die Gleichung $10x^2 + 1 = y^2$ findet man die Lösungspaare (6; 19), (228; 721), (8658; 27379) usw.

Daher gilt: $\sqrt{10} \approx \frac{19}{6} = 3,1\overline{6}$; $\sqrt{10} \approx \frac{721}{228} = 3,162280\ldots$; $\sqrt{10} \approx \frac{27379}{8658} = 3,162277\ldots$

Kap. 11 des Buchs beschäftigt sich mit der Zerlegbarkeit einer natürlichen Zahl (die keine Quadratzahl ist) in Faktoren.

Dabei entwickelte Narayana eine Methode, die auf der gleichen Idee beruht, die **Pierre de Fermat** im Jahr 1643 in einem Brief an **Marin Mersenne** (1588–1648) beschrieb.

Ziel der Untersuchung ist es, die betreffende Zahl n als Differenz von zwei Quadratzahlen x^2 und y^2 darzustellen: Aus $n = y^2 - x^2$ folgt $n = (y - x) \cdot (y + x)$, sodass dann die auf diese Weise entdeckten natürlichen Zahlen $y - x$ und $y + x$ ihrerseits auf Zerlegbarkeit überprüft werden können.

Fermats Idee war es, die nächstgrößere Quadratzahl zu suchen und zu prüfen, ob die Differenz zu n eine Quadratzahl ist; ansonsten gehe man zur nächstgrößeren Quadratzahl über (vgl. *Mathematik – einfach genial*, Kap. 11).

Narayana hatte 300 Jahre vor Fermat eine ähnliche Idee:

Narayanas Algorithmen zur Zerlegung großer Zahlen in Faktoren

Um zu prüfen, ob eine natürliche Zahl n als Produkt zweier natürlicher Zahlen dargestellt werden kann, macht man den Ansatz $n = a^2 + r$, wobei also a^2 die nächstkleinere Quadratzahl ist (und entsprechend $(a + 1)^2$ die nächstgrößere Quadratzahl).

1. **Methode:** Wenn die Zahl $(2a + 1) - r$ eine Quadratzahl b^2 ist, dann gilt
$$n + b^2 = (a^2 + r) + (2a + 1 - r) = (a + 1)^2 \text{ und somit}$$
$$n = (a + 1)^2 - b^2 = (a + b + 1) \cdot (a - b + 1).$$

Ist $2a + 1 - r$ keine Quadratzahl, dann geht man zur nächstgrößeren Quadratzahl über; dies macht man, indem man $2a + 3 = (a + 2)^2 - (a + 1)^2$ addiert, also die Differenz zur nächsten Quadratzahl) usw.

(Fortsetzung)

2. Methode: Man ergänzt den Term $n = a^2 + r$ zu $n = a^2 - b^2 + b^2 + r$, also

$n = (a - b) \cdot (a + b) + b^2 + r$ und weiter $\frac{n}{a-b} = (a + b) + \frac{b^2+r}{a-b}$.

Man sucht also eine geeignete natürliche Zahl b, sodass $\frac{b^2+r}{a-b}$ eine natürliche Zahl ist. Dann ist $a - b$ ein Teiler von n.

Beispiel: Darstellung von 527 als Produkt zweier natürlicher Zahlen

1. **Methode:** $n = 527 = 22^2 + 43$, also

$(2a + 1) - r = (2 \cdot 22 + 1) - 43 = 45 - 43 = 2$; dies ist keine Quadratzahl.

Beim zweiten Versuch ist man hier erfolgreich: $(2a + 3) + (2a + 1) - r = (2 \cdot 22 + 3) + (2 \cdot 22 + 1) - 43 = 47 + 45 - 43 = 49 = 7^2$.

Es gilt also $(2a + 3) + (2a + 1) - r = (4a + 4) - r = b^2$ und somit

$$n + b^2 = \left(a^2 + r\right) + (4a + 4) - r = (a + 2)^2, \text{also } n = (a + 2)^2 - b^2 =$$
$$(a + b + 2) \cdot (a - b + 2) = (22 + 7 + 2) \cdot (22 - 7 + 2) = 31 \cdot 17.$$

2. **Methode:**

$n = 527 = 22^2 + 43$: Gesucht wird eine geeignete Zahl b, sodass $b^2 + 43$ teilbar ist durch $22 - b$.

$$b = 1 : \frac{b^2 + 43}{22 - b} = \frac{44}{21}; \quad b = 2 : \frac{b^2 + 43}{22 - b} = \frac{47}{20}; \quad b = 3 : \frac{b^2 + 43}{22 - b} = \frac{52}{19};$$
$$b = 4 : \frac{b^2 + 43}{22 - b} = \frac{59}{18}; \quad b = 5 : \frac{b^2 + 43}{22 - b} = \frac{68}{17} = 4.$$

Somit gilt $\frac{527}{22-5} = (22 + 5) + 4$, also $527 = 31 \cdot 17$.

In Kap. 12 greift Narayana ein Thema auf, mit dem sich bereits Mahāvīra auseinandergesetzt hatte:

- Welche Möglichkeiten gibt es, die Zahl 1 als Summe von Stammbrüchen darzustellen?

Narayana erkannte, dass die von Mahāvīra entdeckte Beziehung (s. o.)

$$\left(\frac{1}{1 \cdot 2} + \frac{1}{2 \cdot 3} + \frac{1}{3 \cdot 4} + \dots + \frac{1}{(2n - 1) \cdot 2n}\right) + \frac{1}{2n} = 1$$

verallgemeinert werden kann:

$$\frac{(k_2 - k_1) \cdot k_1}{k_2 \cdot k_1} + \frac{(k_3 - k_2) \cdot k_1}{k_3 \cdot k_2} + \ldots + \frac{(k_n - k_{n-1}) \cdot k_1}{k_n \cdot k_{n-1}} + \frac{1 \cdot k_1}{k_n} = 1.$$

Beispiele

$$\left(\frac{2}{1 \cdot 3} + \frac{2}{3 \cdot 5} + \frac{2}{5 \cdot 7} + \ldots + \frac{2}{(2n-1) \cdot (2n+1)} \right) + \frac{1}{2n+1} = 1$$

$$\left(\frac{3}{1 \cdot 4} + \frac{3}{4 \cdot 7} + \frac{3}{7 \cdot 10} + \ldots + \frac{3}{(3n-2) \cdot (3n+1)} \right) + \frac{1}{3n+1} = 1$$

Das vorletzte, ebenfalls sehr umfangreiche Kap. 13 enthält 97 Regeln und 45 Beispiele zu vielfältigen kombinatorischen Fragestellungen, u. a. zur Anzahl der möglichen Permutationen; in diesem Zusammenhang entwickelte Narayana einen Algorithmus, mit dem man systematisch alle Permutationen von Objekten generieren kann.

Das Kapitel enthält u. a. das sog. **Kuh-Problem**, das eine ähnliche Struktur hat wie **Fibonaccis Kaninchen-Problem** (vgl. Abschn. 6.2):

Kuh-Problem

Eine Kuh bringt jedes Jahr ein Kalb zur Welt. Beginnend mit dem vierten Jahr bringt dann auch jedes Kalb zu Beginn eines jeden Jahres selbst ein Kalb zur Welt. Wie viele Kühe und Kälber gibt es insgesamt nach 20 Jahren?

Lösung: Das Problem lässt sich durch Anwenden der Rekursionsgleichung

$$a(n) = a(n-1) + a(n-3) \text{ lösen.}$$

Wenn wir den Text so interpretieren, dass im ersten Jahr (also $n = 1$) das erste Kalb geboren wird, dann müssen als Startwerte $a(-2) = a(-1) = a(0) = 1$ gesetzt werden.

n	-2	-1	0	1	2	3	4	5	6	7	8	9	10	11	12	13	14	15	16	17	18	19	20
$a(n)$	1	1	1	2	3	4	6	9	13	19	28	41	60	88	129	189	277	406	595	872	1278	1873	2745

Narayana berechnete die Anzahl 2745 mithilfe von Binomialkoeffizienten.

Hinweis Diese sog. **Narayana-Folge** findet man in der *Online-Encyclopedia of Integer Sequences* ® (OEIS) unter der Nummer A000930 (mit veränderter Nummerierung).

Das letzte, sehr umfangreiche Kap. 14 (75 Verse) trägt den Titel *Bhadraganita* und beschäftigt sich mit magischen Quadraten und Figuren. Diese spielten bis dahin nur in Büchern über Astrologie eine Rolle.

Der Zweck des Studiums magischer Figuren besteht laut Narayana darin, ein *Yantra* zu konstruieren (ein geometrisches Diagramm, das zur Meditation dienen soll), um *das Ego der schlechten Mathematiker zu zerstören und das Vergnügen der guten Mathematiker zu fördern.*

Eine von Narayana beschriebene Methode für magische Vierecke ungerader Ordnung wurde 1688 durch **Simon de la Loubère**, französischer Botschafter im Königreich Siam, auch in Europa bekannt gemacht.

Diese als „siamesisch" bezeichnete Methode lässt sich wie folgt beschreiben:

Erzeugung von magischen Vierecken ungerader Ordnung
- Trage die Zahl 1 in das mittlere Feld der oberen Reihe ein, dann von dort aus schräg nach rechts oben fortlaufend die nächsten natürlichen Zahlen.
- Sobald der obere Rand erreicht ist, schreibe die nächste Zahl in ein Feld der untersten Zeile in der nächsten Spalte.
- Gelangt man an den rechten Rand, trage die nächste Zahl in ein Feld der äußerst links liegenden Spalte in der nächsten Zeile ein.
- Kommt man auf ein Feld, das bereits belegt ist, oder in die rechte obere Ecke des Quadrats, dann setze das Verfahren im darunterliegenden Feld fort.

Die folgenden Abbildungen (aus *Mathematik ist wunderwunderschön,* Kap. 10) zeigen die Methode mit zusätzlich eingetragenen Hilfsfeldern oben und rechts.

Beim 3 × 3-Quadrat ergibt die Methode Narayanas:

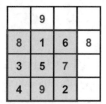

Und beim 5 × 5-Quadrat:

		2		
	1			
	5			
4				4
		3		
	2			

			9		
		1	8		
	5	7			
4	6				
			3	10	
		2	9		

				16
		1	8	15
	5	7	14	16
4	6	13		
10	12			3
11			2	9

	18				
17		1	8	15	17
	5	7	14	16	
4	6	13	20		
10	12	19		3	
11	18		2	9	

17		1	8	15	
	5	7	14	16	23
4	6	13	20	22	
10	12	19	21	3	
11	18		2	9	

		25			
17	24	1	8	15	
23	5	7	14	16	
4	6	13	20	22	
10	12	19	21	3	
11	18	25	2	9	

Dieses magische Quadrat 5. Ordnung findet man auch auf einer Briefmarke, die 2014 in Macau erschienen ist.

Eine weitere Methode, die Narayana beschreibt, ist die der *Überlagerung*. Dieses Verfahren wurde vom französischen Mathematiker **Philippe de La Hire** (1640–1718) im Jahr 1705 wiederentdeckt.

Wie die Methode der Überlagerung im Falle von 3×3-Quadraten funktioniert, soll an einem Beispiel erläutert werden.

Beispiel: Entwicklung eines magischen Quadrats durch Überlagerung

Zu Beginn wähle man zweimal drei Zahlen, die zu arithmetischen Folgen gehören, beispielsweise 1, 2, 3 und 0, 2, 4. Diese Zahlen trägt man jeweils – in dieser Reihenfolge – in die mittlere Zeile und in die mittlere Spalte eines 3×3-Quadrats ein; die übrigen Zahlen werden so in die leeren Felder eingefügt, dass in jeder Zeile und jeder Spalte stets die drei Zahlen der Folge stehen.

3	1	2		4	0	2
1	2	3		0	2	4
2	3	1		2	4	0

Wünscht man – wie üblich – als magische Zahl die Summe 15, dann müssen die Elemente der zweiten arithmetischen Folge mit einem geeigneten Faktor multipliziert werden. Diesen bestimmt man wie folgt:

(magische Zahl – Summe erste Folge) geteilt durch (Summe zweite Folge).

Im gewählten Beispiel ist dies $(15 - 6)/6$, also 1,5. So erhält man die beiden in der folgenden Abbildung links und in der Mitte stehenden Quadrate.

Nun addiert man die Zahlen, die in den spiegelbildlich zueinander liegenden Spalten dieser beiden Quadrate stehen, und erhält schließlich das gewünschte magische Quadrat (vgl. rechts).

3	1	2		6	0	3		6	1	8
1	2	3		0	3	6		7	5	3
2	3	1		3	6	0		2	9	4

Bei magischen Quadraten gerader Ordnung müssen zwei Fälle unterschieden werden – es kommt darauf an, ob die Ordnung bzgl. der Division durch 4 den Rest 0 oder den Rest 2 lässt. Für beide Fälle gibt Narayana jeweils verschiedene Methoden an (Überlagerung von Quadraten, Springer-Methode), auf die hier nicht näher eingegangen werden kann.

Auf die ausführlichen Erläuterungen im englischsprachigen Wikipedia-Artikel (https://en.wikipedia.org/wiki/Magic_square) wird verwiesen.

Abschließend präsentiert Narayana noch besondere geometrische Formen mit magischen Eigenschaften; dabei geht er von einem magischen 4×12-Rechteck aus, in dem die Zahlen von 1 bis 48 eingetragen sind. Hier ergeben je vier Zahlen einer Reihe (oder eines Teilquadrats) die Summe 98, acht Zahlen einer Reihe die Summe 196 und zwölf Zahlen einer Reihe die Summe 294.

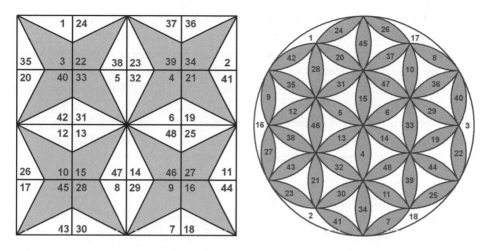

Abb. 5.1 Zwei der magischen Figuren Narayanas

1	24	37	36	2	23	38	35	3	22	39	34
42	31	6	19	41	32	5	20	40	33	4	21
12	13	48	25	11	14	47	26	10	15	46	27
43	30	7	18	44	29	8	17	45	28	9	16

Diese Form entwickelt er weiter zum *diamantenen Lotus* (vgl. Abb. 5.1 links), ferner zum *einbeschriebenen Lotus*, bei dem jede Blume ebenfalls die magische Summe 294 hat (vgl. Abb. 5.1 rechts).

5.6 Madhava von Sangamagramma (1340–1425)

Zur gleichen Zeit wie Narayana lebte in der Kerala-Region im Südwesten des indischen Subkontinents der Astronom Madhava, von dem zwar keine Originalschriften über Mathematik erhalten sind, über den es jedoch in allen Werken seiner Nachfolger heißt: „Wie Madhava bereits herausgefunden hatte, . . .".

Madhava wird daher als eigentliche Begründer der sog. **Kerala-Schule** angesehen, zu der u. a. auch die Astronomen und Mathematiker **Paramesvara** (1380–1460), **Nilakantha** (1444–1544) und **Jyesthadeva** (1500–1575) gezählt werden. Die Schriften wurden überwiegend in Sanskrit verfasst, teilweise in den Landessprachen Malayam und Tamil.

Madhavas Werke enthalten eine Fülle von astronomischen Untersuchungen und Berechnungen zu den Bewegungen des Mondes und der Planeten, über Sonnen- und Mondfinsternisse sowie über Planetenkonjunktionen. Ähnlich wie der dänische Astronom **Tycho**

Brahe (1546–1601) ging Nilakantha von einem Weltbild aus, bei dem Sonne und Mond um die Erde kreisen, die inneren Planeten Merkur und Venus um die Sonne.

Für die astronomischen Berechnungen wurden trigonometrische Funktionen benutzt und um Rechnungen abzukürzen, waren dabei Näherungsformeln von großer Bedeutung. So entwickelte sich das Interesse, diese Rechnungen ohne Verwendung von Tabellen mit den Werten der trigonometrischen Funktionen durchzuführen.

Bevor wir auf die von den Kerala-Mathematikern untersuchten unendlichen Reihen eingehen, beschäftigen wir zunächst mit Madhavas Bestimmung der Kreiszahl π:

Madhava berechnete π auf elf Dezimalstellen genau.

Madhavas Bestimmung der Kreiszahl π

Der Umfang u eines Kreises verhält sich zum Durchmesser d wie 2.827.433.388.233 zu 900.000.000.000, also $\frac{u}{d} \approx 3{,}14159265359$.

Zu diesem Wert gelangte er, indem er durch einfache geometrische Überlegungen sukzessive die Seitenlängen des regelmäßigen 8-Ecks, 16-Ecks, 32-Ecks usw. bestimmte (sog. Oktagon-Methode, im Unterschied zur archimedischen Hexagon-Methode).

Zu Beginn betrachtete er dazu einen Viertelkreis mit Mittelpunkt O und Radius 1 sowie das umgebende Quadrat.

Um die Seitenlängen des regelmäßigen 8-Ecks zu bestimmen (vgl. die folgende Abb. links), wird die Ähnlichkeit der rechtwinkligen Dreiecke ACE und BCD genutzt:

$\frac{|CD|}{|BC|} = \frac{|CE|}{|AC|}$, also $|CD| = |BC| \cdot \frac{|CE|}{|AC|} = (\sqrt{2} - 1) \cdot \frac{1}{\frac{1}{2}\sqrt{2}} = 2 - \sqrt{2}$ und so ergibt sich

$|ED| = 1 - (2 - \sqrt{2}) = \sqrt{2} - 1$ als halbe Seitenlänge des regelmäßigen 8-Ecks.

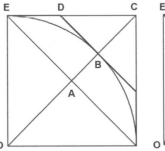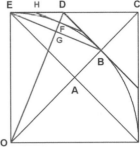

Im nächsten Schritt werden dann die zueinander ähnlichen rechtwinkligen Dreiecke GDE und FDH betrachtet (vgl. Abb. rechts). Hier gilt:

$$\frac{\mid DH \mid}{\mid DF \mid} = \frac{\mid DE \mid}{\mid DG \mid}, \text{ also } \mid DH \mid \ = \ \mid DF \mid \cdot \frac{\mid DE \mid}{\mid DG \mid}.$$

Die rechts noch fehlenden Seitenlängen können mithilfe des Satzes von Pythagoras erschlossen werden und es ergibt sich $|EH| = \mid ED \mid - \mid HD \mid$ als halbe Seitenlänge des regelmäßigen 16-Ecks.

Dieses Verfahren kann entsprechend beliebig fortgesetzt werden.

Nun zu anderen, ebenso höchst erstaunlichen Leistungen der Kerala-Mathematik (notiert in der *heute üblichen* Schreib- und Sprechweise):

Madhavas Untersuchung unendlicher Reihen

a. Für die unendliche geometrische Reihe gilt:
$$1 + x + x^2 + x^3 + \ldots = \tfrac{1}{1-x} \text{ für } |x| < 1.$$

b. Für großes n können Potenzsummen wie folgt abgeschätzt werden
$$1^k + 2^k + 3^k + \ldots + n^k \approx \tfrac{n^{k+1}}{k+1}.$$

c. Die Werte der Arctan-Funktion lassen sich mithilfe einer unendlichen Reihe berechnen: $\arctan(x) = x - \tfrac{x^3}{3} + \tfrac{x^5}{5} - \tfrac{x^7}{7} + - \ldots$ für $x \le 1$.

d. Die Werte der Sinus- und der Kosinus-Funktionen lassen sich mithilfe der folgenden Reihenentwicklungen ermitteln:
$$\sin(x) = x - \tfrac{x^3}{3!} + \tfrac{x^5}{5!} - \tfrac{x^7}{7!} + - \ldots, \quad \cos(x) = 1 - \tfrac{x^2}{2!} + \tfrac{x^4}{4!} - \tfrac{x^6}{6!} + - \ldots$$

e. Für die trigonometrischen Funktionen gelten die folgenden Näherungsgleichungen:
$$\sin(x + h) \approx \sin(x) + h \cdot \cos(x) - \frac{1}{2} \cdot h^2 \cdot \sin(x)$$
$$\cos(x + h) \approx \cos(x) - h \cdot \sin(x) - \frac{1}{2} \cdot h^2 \cdot \cos(x)$$

Zur Herleitung der Madhavas'schen Formeln

Zu a.: Im Prinzip war die geometrische Reihe bereits griechischen Mathematikern wie Euklid (ca. 300 v. Chr.) und Archimedes (287–212 v. Chr.) bekannt. Madhava und seine Nachfolger beschäftigten sich als Erste mit der Frage, wie man die Konvergenz begründen kann.

Dass beispielsweise die geometrische Reihe $a_n = \frac{1}{4} + \left(\frac{1}{4}\right)^2 + \left(\frac{1}{4}\right)^3 + \ldots + \left(\frac{1}{4}\right)^n$ gegen den Grenzwert $\frac{1}{3}$ konvergiert, begründete **Nilakantha** (1444–1544) wie folgt:

$$\frac{1}{3} - \frac{1}{4} = \frac{1}{12} = \frac{1}{3 \cdot 4}, \quad \frac{1}{3} - \left(\frac{1}{4} + \frac{1}{16}\right) = \frac{1}{48} = \frac{1}{3 \cdot 4^2},$$

$$\frac{1}{3} - \left(\frac{1}{4} + \frac{1}{16} + \frac{1}{64}\right) = \frac{1}{192} = \frac{1}{3 \cdot 4^3}, \quad \dots$$

d. h., bei größer werdendem n wird der Unterschied zum Grenzwert immer kleiner, kleiner als jede noch so kleine positive Zahl, kann aber schließlich vernachlässigt werden.

Zu b.: Mathematiker des islamischen Kulturkreises wie beispielsweise **al-Haytham** (965–1040) hatten Formeln für gewisse Potenzsummen hergeleitet (vgl. *Mathematik – einfach genial*, Kap. 4). In Europa war es der Rechenmeister **Johann Faulhaber** (1580–1635), also ca. 200 Jahre nach Madhava, der unabhängig von al Haytham diese Gesetzmäßigkeiten herleitete.

Diese Formeln für Potenzsummen wurden von europäischen Mathematikern des 17. Jahrhunderts wie **Gilles Personne de Roberval** (1602–1675) und **Pierre de Fermat** (1607–1665) angewandt, um den Flächeninhalt von Flächenstücken zu bestimmen, die unter den Graphen der Potenzfunktionen liegen. Dieser Weg wird gewöhnlich auch im heutigen Mathematikunterricht nachvollzogen, um erste Integrale zu berechnen, bevor sich – mit dem Hauptsatz der Differenzial- und Integralrechnung – eine solch aufwendige Herleitung erübrigt (weil es dann genügt, eine Stammfunktion der betrachteten Funktion zu ermitteln).

Zu c.: Die Arctan-Reihe, angewandt auf $x = 1$, wird in der europäisch orientierten Literatur oft als **Gregory-Leibniz-Reihe** bezeichnet:

$$\frac{\pi}{4} = \arctan(1) = 1 - \frac{1}{3} + \frac{1}{5} - \frac{1}{7} + - \dots$$

Der schottische **James Gregory** (1638–1675) hatte diese (langsam konvergierende) Reihe im Jahr 1668 entdeckt, **Gottfried Wilhelm Leibniz** (1646–1716) – unabhängig von Gregory – wenige Jahre später (1676).

Jyesthadeva machte bereits über 140 Jahre vor Gregory und Leibniz in seinem um 1530 erschienenen Werk *Yuktibhasa* einen Ansatz, das Konvergenzverhalten der Arctan-Reihe zu verbessern:

Die in der Gleichung $\frac{\pi}{4} = \arctan(1) = 1 - \frac{1}{3} + \frac{1}{5} - \frac{1}{7} + - \dots$ rechts stehende unendliche Summe kann auf zwei Arten umgeformt werden; dabei wird die binomische Formel $(n - 1) \cdot (n + 1) = n^2 - 1$ angewandt:

$$1 - \frac{1}{3} + \frac{1}{5} - \frac{1}{7} + \frac{1}{9} - \frac{1}{11} + - \dots$$

$$= \left(1 - \frac{1}{3}\right) + \left(\frac{1}{5} - \frac{1}{7}\right) + \left(\frac{1}{9} - \frac{1}{11}\right) + - \dots$$

$$= 2 \cdot \left(\frac{1}{1 \cdot 3} + \frac{1}{5 \cdot 7} + \frac{1}{9 \cdot 11} + \dots\right)$$

$$= 2 \cdot \left(\frac{1}{2^2 - 1} + \frac{1}{6^2 - 1} + \frac{1}{10^2 - 1} + \dots\right)$$

und

$$1 - \frac{1}{3} + \frac{1}{5} - \frac{1}{7} + \frac{1}{9} - \frac{1}{11} + - \ldots$$

$$= 1 - \left(\frac{1}{3} - \frac{1}{5}\right) - \left(\frac{1}{7} - \frac{1}{9}\right) - \left(\frac{1}{11} - \frac{1}{13}\right) - \ldots$$

$$= 1 - 2 \cdot \left(\frac{1}{3 \cdot 5} + \frac{1}{7 \cdot 9} + \frac{1}{11 \cdot 13} + \ldots\right)$$

$$= 1 - 2 \cdot \left(\frac{1}{4^2 - 1} + \frac{1}{8^2 - 1} + \frac{1}{12^2 - 1} + \ldots\right)$$

Bildet man nun den Mittelwert aus beiden Darstellungen, so ergibt sich

$$1 - \frac{1}{3} + \frac{1}{5} - \frac{1}{7} + \frac{1}{9} - \frac{1}{11} + - \ldots$$

$$= \frac{1}{2} + \frac{1}{2^2 - 1} - \frac{1}{4^2 - 1} + \frac{1}{6^2 - 1} - \frac{1}{8^2 - 1} + \frac{1}{10^2 - 1} - \frac{1}{12^2 - 1} + \ldots$$

$$= \frac{1}{2} + \frac{1}{3} - \frac{1}{15} + \frac{1}{35} - \frac{1}{63} + \frac{1}{99} - \frac{1}{143} + \ldots$$

und somit eine schneller konvergierende Reihe.

Auch fanden die Kerala-Mathematiker heraus, dass sich durch Einsetzen von $x = \frac{\pi}{6}$ eine Folge ergibt, die schneller konvergiert als die für $x = \frac{\pi}{4}$:

$$\frac{\pi}{6} = \arctan\left(\frac{1}{\sqrt{3}}\right) = \frac{1}{\sqrt{3}} - \frac{1}{3} \cdot \left(\frac{1}{\sqrt{3}}\right)^3 + \frac{1}{5} \cdot \left(\frac{1}{\sqrt{3}}\right)^5 - \frac{1}{7} \cdot \left(\frac{1}{\sqrt{3}}\right)^7 + - \ldots, \text{also}$$

$$\pi = 6 \cdot \arctan\left(\frac{1}{\sqrt{3}}\right) = 6 \cdot \frac{1}{\sqrt{3}} \cdot \left[1 - \frac{1}{3} \cdot \left(\frac{1}{\sqrt{3}}\right)^2 + \frac{1}{5} \cdot \left(\frac{1}{\sqrt{3}}\right)^4 - \frac{1}{7} \cdot \left(\frac{1}{\sqrt{3}}\right)^6 + - \ldots\right]$$

$$= \sqrt{12} \cdot \left[1 - \frac{1}{3} \cdot \left(\frac{1}{\sqrt{3}}\right)^2 + \frac{1}{5} \cdot \left(\frac{1}{\sqrt{3}}\right)^4 - \frac{1}{7} \cdot \left(\frac{1}{\sqrt{3}}\right)^6 + - \ldots\right]$$

und somit

$$\pi = \left(1 - \frac{1}{3 \cdot 3} + \frac{1}{5 \cdot 3^2} - \frac{1}{7 \cdot 3^3} + - \ldots\right) \cdot \sqrt{12}.$$

Noch unter einem weiteren Aspekt waren die Kerala-Mathematiker den europäischen um Längen voraus: Sie beließen es nicht dabei, endliche Teilsummen dieser Folgen zu betrachten, sondern versuchten auch abzuschätzen, wie groß der Fehler ist, den man begeht, wenn man eine Reihenentwicklung nach n Schritten abbricht.

Die im Folgenden beschriebene Herleitung der Beziehung $\frac{\pi}{4} = 1 - \frac{1}{3} + \frac{1}{5} - \frac{1}{7} + - \ldots$
zeigt den souveränen Umgang der Kerala-Mathematiker mit den geometrischen Zusammenhängen und den Näherungsverfahren.

Auch wenn die einzelnen Schritte der Herleitung nur angedeutet werden können, wird man aus dem Staunen kaum herauskommen. Auf die ausführlicheren Darstellungen, z. B. in Joseph (2), wird verwiesen, vgl. Abschn. 5.8.

Ausgangsfigur ist ein gleichschenkliges rechtwinkliges Dreieck OAB mit Kathetenlänge 1 und einbeschriebenem Achtelkreis. Die Strecke AB wird in n gleich große Abschnitte unterteilt – in den folgenden Grafiken ist $n = 4$ gewählt.

Als Beispiel untersuchen wir den Kreissektor OEF.

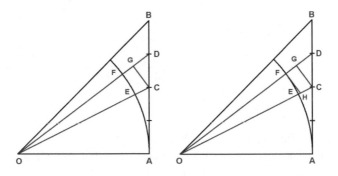

Aus der Ähnlichkeit der Dreiecke OAD und CDG folgt

$$\frac{|CG|}{|CD|} = \frac{|OA|}{|OD|}, \text{ also } |CG| = \frac{1}{4} \cdot \frac{1}{|OD|}.$$

Im nächsten Schritt wird vom Punkt F aus eine Tangente an den Kreis gezeichnet, die die Strecke OC im Punkt H schneidet, vgl. Abb. rechts.

Nun wird die Ähnlichkeit der Dreiecke OCG und OHF genutzt:

$$\frac{|FH|}{|CG|} = \frac{|OF|}{|OG|}, \text{ also } |FH| = |CG| \cdot \frac{1}{|OG|} = \frac{1}{4} \cdot \frac{1}{|OD|} \cdot \frac{1}{|OG|}.$$

Wenn die Anzahl der Unterteilungen von AB groß ist, kann man näherungsweise die Länge von OG durch die Länge von OD ersetzen und die Länge von FH durch die Länge des Bogens FE:

$$FE \approx |FH| = \frac{1}{4} \cdot \frac{1}{|OD|} \cdot \frac{1}{|OG|} \approx \frac{1}{4} \cdot \frac{1}{|OD|^2} = \frac{\frac{1}{4}}{1^2 + \left(\frac{3}{4}\right)^2}.$$

Analog ergeben sich die Terme für die anderen Bogenstücke, sodass der gesamte Achtelkreisbogen näherungsweise berechnet werden kann mithilfe von

$$\frac{\frac{1}{4}}{1^2+\left(\frac{1}{4}\right)^2}+\frac{\frac{1}{4}}{1^2+\left(\frac{2}{4}\right)^2}+\frac{\frac{1}{4}}{1^2+\left(\frac{3}{4}\right)^2}+\frac{\frac{1}{4}}{1^2+\left(\frac{4}{4}\right)^2}.$$

Im nächsten Schritt werden die ersten drei Brüche mithilfe von $\frac{1}{1+x}=1-x+x^2-x^3+-\ldots$ in eine unendliche Reihe entwickelt, beispielsweise

$$\frac{1}{1^2+\left(\frac{3}{4}\right)^2}=1-\left(\frac{3}{4}\right)^2+\left(\frac{3}{4}\right)^4-\left(\frac{3}{4}\right)^6+-\ldots$$

Der vierte der vier Summanden $\frac{\frac{1}{4}}{1^2+\left(\frac{4}{4}\right)^2}$ ist gleich $\frac{1}{8}$.

Die drei unendlichen Summen werden nach Potenzen geordnet und neu zusammengefasst:

$$\left[1-\left(\frac{1}{4}\right)^2+\left(\frac{1}{4}\right)^4-\left(\frac{1}{4}\right)^6+-\ldots\right]+\left[1-\left(\frac{2}{4}\right)^2+\left(\frac{2}{4}\right)^4-\left(\frac{2}{4}\right)^6+-\ldots\right]$$
$$+\left[1-\left(\frac{3}{4}\right)^2+\left(\frac{3}{4}\right)^4-\left(\frac{3}{4}\right)^6+-\ldots\right]+\left[\frac{1}{8}\right]=$$
$$[1+1+1]-\left(\frac{1}{4}\right)^2\cdot\left[1^2+2^2+3^2\right]+\left(\frac{1}{4}\right)^4\cdot\left[1^4+2^4+3^4\right]$$
$$-\left(\frac{1}{4}\right)^6\cdot\left[1^6+2^6+3^6\right]+-\ldots+\left[\frac{1}{8}\right].$$

Die hier für $n=4$ Unterteilungen der Strecke AB vorgenommenen Rechnungen und Umformungen lassen sich für beliebiges n durchführen, und die Potenzsummen können durch die jeweiligen Summenformeln ersetzt werden. Schließlich wird noch die o. a. Beziehung

$1^k+2^k+3^k+\ldots+n^k\approx\frac{n^{k+1}}{k+1}$ angewandt, und man erhält so die Reihe

$$\frac{\pi}{4}=1-\frac{1}{3}+\frac{1}{5}-\frac{1}{7}+-\ldots$$

Zu d.: Die Potenzreihen-Entwicklungen für die Sinus- und Kosinus-Funktionen wurden in Europa zum ersten Mal in einem Brief **Newtons** an den Sekretär der Royal Society erwähnt, ebenfalls im Jahr 1676.

Für die Herleitung der Potenzreihenentwicklung, die ähnlich aufwendig und unfassbar souverän erfolgte wie die unter c, wird auf die Fachliteratur verwiesen.

Hinweis Die Fakultäten-Schreibweise wurde erst zu Beginn des 19. Jahrhunderts „erfunden". Die Kerala-Mathematiker notierten diese Produkte von Zahlen übrigens auf die folgende Weise:

$$3! = \left(2^2 + 2\right) \; ; \; 5! = \left(2^2 + 2\right) \cdot \left(4^2 + 4\right) \; ; \; 7! = \left(2^2 + 2\right) \cdot \left(4^2 + 4\right) \cdot \left(6^2 + 6\right) \; ; \; \ldots$$

$$4! = 2 \cdot \left(4^2 - 4\right) \; ; \; 6! = 2 \cdot \left(4^2 - 4\right) \cdot \left(6^2 - 6\right) \; ; \; 8! = 2 \cdot \left(4^2 - 4\right) \cdot \left(6^2 - 6\right) \cdot \left(8^2 - 8\right) \; ; \; \ldots$$

Zu e.: Die Näherungsterme für Werte der Sinus- und Kosinus-Funktion entsprechen der Reihenentwicklung, die der englische Mathematiker **Brook Taylor** (1685–1731) im Jahr 1712 veröffentlichte.

Auch hier wird auf die u. a. Fachliteratur verwiesen.

Bevor wir die Epoche der Kerala-Mathematik verlassen, sollte noch erwähnt werden, dass auch in anderen Bereichen der Mathematik Fortschritte gemacht wurden, die in der europäischen Mathematik erst Jahrhunderte später erfolgten.

Beispielsweise untersuchte **Chitrabhanu** (ca. 1530), einer der Schüler Nilakanthas, alle 21 möglichen Kombinationen von je zwei Gleichungen aus den folgenden sieben Typen:

$$x + y = a; \; x - y = b; \; x \cdot y = c;$$
$$x^2 + y^2 = d; \; x^2 - y^2 = e; \; x^3 + y^3 = f; \; x^3 - y^3 = g$$

mit gegebenen ganzzahligen Koeffizienten a, b, c, d, e, f, g. Einige Kombinationen von Gleichungen konnte er nicht algebraisch lösen; hierfür fand er jedoch elegante Näherungsverfahren.

Von der Zeittafel her gesehen, passt der folgende Abschnitt nicht zu den vorangehenden. An der Begegnung S. Ramanujans mit dem englischen Mathematiker G. H. Hardy zeigen sich erneut die großen kulturellen Unterschiede zwischen europäischer und indischer Mathematik.

5.7   Indisches Erbe: Srinivasa Ramanujan (1887–1920)

„Sehr geehrter Herr, darf ich mich Ihnen vorstellen als Angestellter der Buchhaltung in der Hafenverwaltung von Madras mit einem Jahreseinkommen von £ 20. Ich bin jetzt 23 Jahre alt. Ich habe keine abgeschlossene Universitätsausbildung, habe aber den üblichen Unterricht absolviert.

Nachdem ich die Schule verlassen habe, habe ich mich in der mir zur Verfügung stehenden Freizeit mit Mathematik beschäftigt. Ich habe nicht den konventionellen geregelten Weg beschritten, . . . sondern ich gehe einen eigenen neuen Weg. . . . Ich bitte Sie, die beigefügten Papiere durchzusehen. Da ich arm bin, möchte ich gerne meine Sätze veröffentlichen, falls Sie überzeugt sind, dass sie einen Wert haben. . . . "

Empfänger dieses Briefes von Srinivasa Ramanujan (wird Ram*a*nadschan ausgesprochen) war u. a. der berühmte Zahlentheoretiker **Godfrey Harold Hardy** (1877–1947), Professor am Trinity College der Universität von Cambridge, an dem einst auch Isaac Newton lehrte. Als der Brief Ramanujans mit Formeln aus dessen Notizbuch mit dem Titel *Ordnung des Unendlichen* eintraf, zog er seinen Kollegen **John Endensor Littlewood** (1885–1977) zu Rate.

„Einige Formeln erschlugen mich regelrecht; ich hatte zuvor nichts auch nur im Entferntesten Ähnliches zu Gesicht bekommen. Ein einziger Blick darauf genügte, um zu erkennen, dass nur ein Mathematiker allerhöchsten Ranges sie niedergeschrieben haben musste. Sie mussten wahr sein, denn wären sie es nicht gewesen, so hätte kein Mensch die Fantasie besessen, sie zu erfinden. ", äußerte sich Hardy später in seinen Erinnerungen.

Und in einem Interview mit Paul Erdös (*„Der Mann, der die Zahlen liebte"*) antwortete er auf die Frage nach seinem wichtigsten Beitrag zur Mathematik – ohne zu zögern: *„Die Entdeckung Ramanujans!"*. An anderer Stelle sagt er: *„Man kann ihn nur noch mit Euler oder Jacobi vergleichen . . ."*

Srinivasa Ramanujan wuchs im Süden Indiens auf. Sein Vater arbeitete als Büroangestellter in einem Kleiderladen; er ging früh zur Arbeit und kehrte spät zurück. Allein die Mutter bestimmte das Leben des Jungen und seine religiöse Erziehung als Brahmane; sie führte ihn in die Lehre von den Gottheiten ein, die das Leben eines jeden Menschen bestimmen.

Nach dem Besuch einer Grundschule in Kumbakonan wechselte er auf eine höhere Schule und fiel dort durch hervorragende Leistungen in allen Fächern auf, für die er mehrfach ausgezeichnet wurde, bis ihm ein Buch aus dem Jahr 1856 in die Hände fiel, das sein Leben veränderte.

Das Werk *A Synopsis of Elementary Results in Pure and Applied Mathematics* von G. S. Carr, eine Zusammenstellung von mehreren Tausend mathematischen Formeln und Sätzen – die meisten ohne Begründung oder Beweis –, prägte seine mathematische Arbeitsweise entscheidend. Für Ramanujan schien dies typisch für Mathematik zu sein: Formeln und Sätze werden „entdeckt", beispielsweise aufgrund von Zahlenbeispielen; formale Herleitungen sind überflüssig.

Bereits früh hatte Ramanujan besonderes Interesse an mathematischen Problemen gezeigt; als 12-Jähriger beschäftigte er sich mit arithmetischen und geometrischen Folgen; als 15-Jähriger erfuhr er, wie man kubische Gleichungen löst, und entwickelte hieraus selbstständig das Verfahren für die Lösung von Gleichungen 4. Grades. Vergeblich bemühte er sich um ein entsprechendes allgemeines Lösungsverfahren für Gleichungen 5. Grades – niemand wies ihn darauf hin, dass 80 Jahre zuvor von **Evariste Galois** (1811–1832) und **Niels Henrik Abel** (1802–1829) bewiesen worden war, dass es ein solches Verfahren nicht geben kann.

Noch waren seine schulischen Leistungen überragend und er erhielt ein Stipendium für den Besuch einer höheren Schule. Es war das Ziel der englischen Kolonialverwaltung, auf Schulen dieser Art die zukünftigen Angestellten für Behörden auszubilden; daher erfolgte der Unterricht allgemeinbildend und ohne die Möglichkeit einer Spezialisierung.

Für Ramanujan, der über seine intensive Beschäftigung mit Mathematik jegliches Interesse an anderen Fächern verloren hatte, blieb dies nicht folgenlos: Er versagte im Examen und verlor sein Stipendium. Auch sein Versuch, an einer Schule in Madras einen Abschluss zu erreichen, der ihn berechtigt hätte, an der Universität zu studieren, misslang.

In der Zwischenzeit hatte Ramanujan ein Notizbuch angelegt (insgesamt füllte er vier solcher Bücher), in dem er – nach Themen geordnet – seine Entdeckungen festhielt.

Eine seiner ersten Eingebungen war die Gleichung: $\sqrt{1 + 2 \cdot \sqrt{1 + 3 \cdot \sqrt{1 + \ldots}}} = 3$.

Die von ihm notierten Gleichungen hatten – wie er später sagte – *an sich* keine Bedeutung, es sei denn, sie drücken einen Gedanken Gottes aus.

Auch Kettenbrüche, also Brüche, in deren Nenner wiederum Brüche stehen, die wiederum Brüche enthalten . . ., übten auf ihn eine besondere Faszination aus; beispielsweise fand er die Beziehungen:

$$\cfrac{1}{1 + \cfrac{e^{-2\pi}}{1 + \cfrac{e^{-4\pi}}{1 + \cfrac{e^{-6\pi}}{1 + \cfrac{e^{-8\pi}}{\ldots}}}}} = \left(\sqrt{\frac{5 + \sqrt{5}}{2}} - \frac{\sqrt{5} - 1}{2} \right) \cdot e^{\frac{2\pi}{5}}$$

und

$$1 + \frac{1}{1 \cdot 3} + \frac{1}{1 \cdot 3 \cdot 5} + \frac{1}{1 \cdot 3 \cdot 5 \cdot 7} + \ldots + \cfrac{1}{1 + \cfrac{1}{1 + \cfrac{2}{1 + \cfrac{3}{1 + \cfrac{4}{1 + \ldots}}}}} = \sqrt{\frac{\pi \cdot e}{2}}$$

1911 wurde eine erste Abhandlung *Einige Eigenschaften der Bernoulli-Zahlen* im *Journal of the Indian Mathematical Society* veröffentlicht (diese Zahlen hatte **Jakob Bernoulli** (1655–1705) bei der Reihenentwicklung der Tangensfunktion entdeckt).

Unter den Mathematikern im Umkreis von Madras verbreitete sich sein Ruf als mathematisches Genie. Vergeblich bemühte sich der Gründer der *Indian Mathematical Society* (IMS),

Ramachandra Rao, um ein Stipendium für ihn; auch blieben Empfehlungsschreiben indischer Mathematiker an Professoren englischer Universitäten ohne den gewünschten Erfolg.

Der mittellose Ramanujan lebte von den Almosen seiner Freunde. Als er erkrankte, konnte eine notwendige Operation nur durchgeführt werden, weil der Arzt auf die Bezahlung verzichtete. Um seinen Lebensunterhalt zu bestreiten, bewarb er sich um eine Stelle als Buchhalter in der Hafenverwaltung von Madras; dank der Fürsprache von Mitgliedern der *IMS* erhielt er diesen Posten.

Ramanujans Unzufriedenheit mit seinen Lebensbedingungen wuchs (*ich bin schon halb verhungert – um mein Denkvermögen zu erhalten, benötige ich Nahrung …*) und er selbst ergriff die Initiative und schrieb drei Mathematikprofessoren englischer Universitäten an; nur Godfrey Harold Hardy antwortete ihm.

Zu den etwa 100 Gleichungen, die er seinem Brief beifügte, gehören beispielsweise die folgenden:

$$1 - 5 \cdot \left(\frac{1}{2}\right)^3 + 9 \cdot \left(\frac{1 \cdot 3}{2 \cdot 4}\right)^3 - 13 \cdot \left(\frac{1 \cdot 3 \cdot 5}{2 \cdot 4 \cdot 6}\right)^3 + \ldots = \frac{2}{\pi}$$

und

$$1 + 9 \cdot \left(\frac{1}{4}\right)^4 + 17 \cdot \left(\frac{1 \cdot 5}{4 \cdot 8}\right)^4 + 25 \cdot \left(\frac{1 \cdot 5 \cdot 9}{4 \cdot 8 \cdot 12}\right)^4 + \ldots = \frac{\sqrt{8}}{\sqrt{\pi} \cdot \Gamma^2\left(\frac{3}{4}\right)}$$

wobei mit $\Gamma(x) = \int\limits_0^\infty t^{x-1} e^{-t} dt$ die von **Leonhard Euler** (1707–1783) im Jahr 1730 entdeckte Gammafunktion bezeichnet ist.

In seiner Antwort auf Ramanujans Brief bat Hardy nach „Beweisen" für seine Ergebnisse. Ramanujan antwortete daraufhin, dass er eine systematische Methode zur Herleitung all seiner Ergebnisse habe, diese aber nicht in Briefen mitteilen könne.

Hardy gelang es, ein Stipendium für einen zweijährigen Aufenthalt am Trinity College in Cambridge zu beschaffen; aber Ramanujan hatte große Bedenken, sein Land zu verlassen – u. a. fürchtete der orthodoxe Brahmane, die Zugehörigkeit zu seiner Kaste zu verlieren. Erst nach Einwirken indischer Mathematikprofessoren begab er sich auf die 4-wöchige Schiffsreise und erreichte sein Ziel im April 1914, wenige Monate vor Ausbruch des Ersten Weltkriegs.

Mit großer Behutsamkeit bemühten sich Hardy und Littlewood, Ramanujan die Grundlagen „moderner Mathematik" zu vermitteln, um so einen Weg zu finden, wie man die genialen Gedankengänge des indischen Mathematikers entsprechend den wissenschaftlichen Standards nachvollziehen könnte. In Zusammenarbeit vor allem mit Hardy entstanden zahlreiche Arbeiten, die in Fachzeitschriften veröffentlicht wurden.

Sieben dieser Beiträge über **hochzusammengesetzte Zahlen** bildeten die Grundlage für Ramanujans Dissertation im Jahr 1916.

Natürliche Zahlen, die keine Primzahlen sind, bezeichnet man als *zusammengesetzte Zahlen*. Konzentriert man sich auf diejenigen zusammengesetzten Zahlen, für welche die

Anzahl der Teiler größer ist als für alle vorangegangenen Zahlen, dann erhält man nacheinander die in der folgenden Tabelle aufgeführten Zahlen.

Anzahl k der Teiler	kleinste nat. Zahl mit k Teilern	zugehörige Teiler
4	6	1, 2, 3, 6
6	12	1, 2, 3, 4, 6, 12
8	24	1, 2, 3, 4, 6, 8, 12, 24
9	36	1, 2, 3, 4, 6, 9, 12, 18, 36
10	48	1, 2, 3, 4, 6, 8, 12, 16, 24, 48
12	60	1, 2, 3, 4, 5, 6, 10, 12, 15, 20, 30, 60

Ramanujan entdeckte, dass bei allen diesen sogenannten *hochzusammengesetzten Zahlen*, wenn man sie als Primzahlpotenzen schreibt, die Exponentenfolgen für die Primzahlen 2, 3, 5, ... monoton abnehmen:

$6 = 2^1 \cdot 3^1$, also mit der monoton fallenden Exponentenfolge 1, 1;

$12 = 2^2 \cdot 3^1$, also mit der monoton fallenden Exponentenfolge 2, 1;

$24 = 2^3 \cdot 3^1$, also mit der monoton fallenden Exponentenfolge 3, 1;

$36 = 2^2 \cdot 3^2$, also mit der monoton fallenden Exponentenfolge 2, 2;

$48 = 2^4 \cdot 3^1$, also mit der monoton fallenden Exponentenfolge 4, 1;

$60 = 2^2 \cdot 3^1 \cdot 5^1$, also mit der monoton fallenden Exponentenfolge 2, 1, 1

usw.

Zu den klassischen Fragen der Zahlentheorie gehört(e) das Problem, auf wie viele Arten sich eine natürliche Zahl n in Summanden zerlegen lässt (dabei wird die Zerlegung in *einen* Summanden, also die Zahl selbst, mitgezählt).

Beispielsweise gilt für die Anzahl $p(n)$ dieser sogenannten *Partitionen*:

$$p(3) = 3, \text{da } 3 = 2 + 1 = 1 + 1 + 1;$$

$$p(4) = 5, \text{da } 4 = 3 + 1 = 2 + 2 = 2 + 1 + 1 = 1 + 1 + 1 + 1;$$

$$p(5) = 7, \text{da } 5 = 4 + 1 = 3 + 2 = 3 + 1 + 1 = 2 + 2 + 1 = 2 + 1 + 1 + 1$$
$$= 1 + 1 + 1 + 1 + 1$$

Die Folge $p(n)$ wächst stark an; z. B. gilt: $p(50) = 204226$ und $p(100) = 190569292$.

Leonhard Euler war es gelungen, für die Berechnung von $p(n)$ eine Rekursionsformel aufzustellen. Ramanujan entwickelte zusammen mit Hardy eine Näherungsformel:

$$p(n) \approx \frac{1}{4n\sqrt{3}} \cdot e^{\pi\sqrt{2n/3}}.$$

Auch interessierte sich Ramanujan für Primzahlen und entdeckte „einfache" Beziehungen für gewisse unendliche Produkte:

$$\prod_{k=1}^{\infty} \frac{p_k^2 + 1}{p_k^2 - 1} = \frac{5}{3} \cdot \frac{10}{8} \cdot \frac{26}{24} \cdot \ldots = \frac{5}{2} \quad \text{und}$$

$$\prod_{k=1}^{\infty} \left(1 + \frac{1}{p_k^2}\right) = \left(1 + \frac{1}{4}\right) \cdot \left(1 + \frac{1}{9}\right) \cdot \left(1 + \frac{1}{25}\right) \cdot \ldots = \frac{15}{\pi^2}, \quad \text{wobei}$$

$p_1 = 2; \ p_2 = 3; \ p_3 = 5; \ p_4 = 7; \ \ldots$

Ramanujans Entdeckungen im Bereich der Zahlentheorie zeigen, dass er einen „Blick" für Eigenschaften von Zahlen hatte, die für andere verborgen sind.

Zwei Episoden mögen dies verdeutlichen:

Ramanujans Taxinummer-Problem

Hardy besuchte Ramanujan im Krankenhaus und berichtete dabei beiläufig, dass das von ihm benutzte Taxi die Nummer 1729 hatte – eine Zahl ohne besondere Eigenschaften, wie er (Hardy) vermutete.

Ramanujan entgegnete: 1729 ist eine sehr interessante Zahl:

1729 ist die kleinste natürliche Zahl, die sich auf zwei Arten als Summe von Kubikzahlen darstellen lässt: $1729 = 12^3 + 1^3 = 10^3 + 9^3$.

Ein andermal soll Ramanujan – ohne zu zögern – die folgende Knobelaufgabe gelöst haben (vgl. auch *Mathematik ist wunderwunderschön*, Kap. 7):

Ramanujans Hausnummer-Problem

In Leuven gibt es eine Straße, in der ein Freund in einem Haus mit einer bemerkenswerten Hausnummer wohnt: Die Summe aller Hausnummern vor dem Haus des Freundes ist gleich der Summe der Hausnummern hinter dem Haus des Freundes.

Wie viele Häuser hat das Dorf? Welche Hausnummer ist dies?

Durch Probieren findet man beispielsweise die unten grafisch veranschaulichte Lösung:

An der Straße gibt es insgesamt $n = 8$ Häuser; der Freund wohnt in Haus-Nr. 6.

Die Summe der Hausnummern vor dem Haus des Freundes ist $1 + 2 + 3 + 4 + 5 = 15$, die Summe der Hausnummern dahinter ist $7 + 8 = 15$.

(Fortsetzung)

Allgemeine Lösung: Bezeichnet man die Hausnummer des Freundes mit m und die Anzahl der Häuser an der Straße mit n, dann ergibt sich mithilfe der Summenformeln:

Summe der ersten Hausnummern: $1 + 2 + 3 + \ldots + (m-1) = \frac{1}{2} \cdot (m-1) \cdot m$,

Summe der letzten Hausnummern:

$(m+1) + (m+2) + \ldots + n = \frac{1}{2} \cdot n \cdot (n+1) - \frac{1}{2} \cdot m \cdot (m+1)$.

Die gesuchten natürlichen Zahlen m und n müssen also folgende Bedingung erfüllen:

$$\frac{1}{2} \cdot (m-1) \cdot m = \frac{1}{2} \cdot n \cdot (n+1) - \frac{1}{2} \cdot m \cdot (m+1), \text{also}$$

$$\frac{1}{2} \cdot \left(m^2 - m + m^2 + m\right) = \frac{1}{2} \cdot n \cdot (n+1) \text{ und somit } m^2 = \frac{1}{2} \cdot n \cdot (n+1).$$

Gesucht ist also eine Quadratzahl m^2, die gleichzeitig auch Dreieckszahl ist – vgl. auch die folgende Abbildung, in der das Beispiel von oben dargestellt ist.

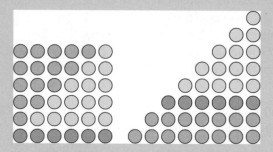

Die zuletzt erhaltene Gleichung kann man umformen:

$$m^2 = \frac{1}{2} \cdot \left(n^2 + n\right) \Leftrightarrow 8m^2 = 4n^2 + 4n \Leftrightarrow 8m^2 + 1 = 4n^2 + 4n + 1$$

$$\Leftrightarrow 2 \cdot (2m)^2 + 1 = (2n+1)^2 \Leftrightarrow (2n+1)^2 - 2 \cdot (2m)^2 = 1.$$

Ersetzt man die Variablen durch $x = 2n + 1$ und $y = 2m$, dann erhält man die Pell'sche Gleichung $x^2 - 2 \cdot y^2 = 1$, die sich nach verschiedenen Methoden lösen lässt (s. o.).

Der in den Tropen aufgewachsene Ramanujan konnte das Klima im kalten, regnerischen England kaum ertragen; in den Wintermonaten erkrankte er regelmäßig und war kaum in der Lage, wissenschaftlich zu arbeiten; auch hatte er große Schwierigkeiten, sich angemessen vegetarisch zu ernähren, gemäß seinen strengen religiösen Vorschriften.

Während der Kriegszeit war allerdings eine Rückkehr in die Heimat nicht möglich; in seiner Verzweiflung versuchte er, sich in London vor eine U-Bahn zu werfen. 1917 erkrankte Ramanujan lebensbedrohlich; fatalistisch sah er dies als das für ihn bestimmte Schicksal an.

Erst als ihm besondere Ehrungen zuteilwurden, wuchs sein Lebenswille wieder und er begann erneut wissenschaftlich zu arbeiten: 1918 wurde er zum Mitglied der *Cambridge Philosophical Society* sowie des *Trinity College* ernannt, wenige Wochen danach zum Mitglied der *Royal Society of London*.

Als der Krieg zu Ende war, reiste Ramanujan wieder in seine Heimat zurück, starb jedoch bereits ein halbes Jahr später vermutlich an Tuberkulose; möglicherweise spielte auch eine Ruhrepidemie eine Rolle, die zu dieser Zeit in Madras grassierte.

Ramanujans Aufzeichnungen galten lange Zeit als verschollen; erst 1976 wurden sie wieder entdeckt; sie enthielten ca. 600 Formeln ohne Beweis; für einige von ihnen ist bis heute kein Beweis gefunden worden.

In seinem Nachruf schrieb Hardy u. a.

Seine Vorstellungen darüber, was einen mathematischen Beweis ausmacht, waren von höchst schattenhafter Art. Alle seine Ergebnisse, ob neu oder alt, ob richtig oder falsch, waren durch eine Mischung aus Argumenten, Intuition und Induktion zustande gekommen, ohne dass er in der Lage gewesen wäre, eine schlüssige Darstellung anzugeben …

Er wäre wahrscheinlich ein größerer Mathematiker gewesen, wenn er in seiner Jugend ein wenig eingefangen und gezähmt worden wäre; er hätte mehr entdeckt, was neu war, und, ohne Zweifel, auch solches von größerer Bedeutung …

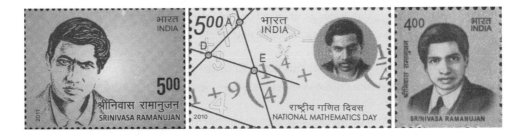

Zum Abschluss verweisen wir noch auf das von Ramanujan stammende magische Quadrat, in dem in der ersten Zeile sein Geburtsdatum eingetragen ist – ein Quadrat mit vielen magischen Eigenschaften (nicht nur gleiche Summe in Zeilen, Spalten und Diagonalen, sondern auch gleiche Summe in allen symmetrisch zueinander liegenden 2×2-Unterquadraten).

22	12	18	87
88	17	9	25
10	24	89	16
19	86	23	11

T	M	H	J
J+1	H-1	M-3	T+3
M-2	T+2	J+2	H-2
H+1	J-1	T+1	M-1

5.8   Literaturhinweise

Eine wichtige Adresse zum Auffinden von Informationen über Mathematiker und deren wissenschaftliche Leistungen ist die Homepage der **St. Andrews University**.
   Biografien der einzelnen Persönlichkeiten findet man über den Index:

- https://mathshistory.st-andrews.ac.uk/Biographies/

Unter den *History topics* findet man: *Ancient Indian mathematics*, https://mathshistory.st-andrews.ac.uk/HistTopics/category-indians/
   mit weiteren Unterpunkten, darunter

- Pearce, Ian G.: Indian Mathematics – Redressing the balance,
   https://mathshistory.st-andrews.ac.uk/HistTopics/Redressing_the_balance/
- https://mathshistory.st-andrews.ac.uk/HistTopics/Pell/

Kalenderblätter über Āryabhata, Brahmagupta, Bhaskara II, Narayana Pandita und Ramanujan wurden bei Spektrum online veröffentlicht; das Gesamtverzeichnis findet man unter

- https://www.spektrum.de/mathematik/monatskalender/index/

Die englischsprachigen Übersetzungen dieser Beiträge sind erschienen unter

- https://mathshistory.st-andrews.ac.uk/Strick/

Darüber hinaus wurden folgende Bücher als Quellen verwendet und werden zur Vertiefung empfohlen:

- Joseph, George Gheverghese (2011): *The crest of the peacock: Non-European roots of mathematics*, 3rd edition, Princeton University Press, Princeton (NJ)

- Joseph, George Gheverghese (2016): *Indian Mathematics*, World Scientific Publishing Europe Ltd., London
- Kamble, Bhaskar (2019): *Hindu Mathematics*, Autorenservices, Fulda
- Kamble, Bhaskar (2022): The Imperishable Seed, Garuda Books, Gurugram (India)
- Plofker, Kim (2009): *Mathematics in India*, Princeton University Press, Princeton (NJ)

Englischsprachige Wikipedia-Seiten zu den Einzelthemen

- https://en.wikipedia.org/wiki/Bakhshali_manuscript
- https://en.wikipedia.org/wiki/Chakravala_method
- https://en.wikipedia.org/wiki/Magic_square
- https://en.wikipedia.org/wiki/Kerala_school_of_astronomy_and_mathematics

Europa erwacht aus dem mittelalterlichen Schlaf: Leonardo von Pisa (1170–1250)

6

Inhaltsverzeichnis

▶   **Zusammenfassung** Dieses Kapitel ist vollständig dem Leben und dem Lebenswerk von Leonardo von Pisa gewidmet, der mit seinen Büchern wichtige Impulse für die Weiterentwicklung der Mathematik in Europa gab; diese wurden allerdings erst mit großer zeitlicher Verzögerung wirksam.

Das im Jahr 1202 erschienene Buch *Liber Abacci* (sinngemäß übersetzt: Rechenbuch) gilt heute als eines der wichtigsten Bücher der Mathematikgeschichte Europas.

Zu seinen Lebzeiten genoss **Leonardo Pisano**, der Autor des Buches, hohes Ansehen bei den Wissenschaftlern am Hofe Friedrichs II., dem Kaiser des Heiligen Römischen Reiches.

© Der/die Autor(en), exklusiv lizenziert an Springer-Verlag GmbH, DE, ein Teil von Springer Nature 2023
H. K. Strick, *Geschichten aus der Mathematik*,
https://doi.org/10.1007/978-3-662-66906-8_6

Der Mathematikhistoriker **Moritz Cantor** (1829–1920) schrieb im zweiten Band seiner *Vorlesungen über die Geschichte der Mathematik*:

Welch ein Werk! Wir kennen eine ziemliche Anzahl von Vorgängern desselben in den verschiedensten Sprachen, aber wo ist nur entfernt dessen Gleichen? Wir wissen kaum, was wir mehr bewundern sollen: die Möglichkeit, dass ein solches Werk am Anfange des XIII. Jahrhunderts geschrieben werden konnte oder die Verständnisfähigkeit dafür an dem Kaiserhofe,

Nach 1250 geriet Leonardos Werk in Vergessenheit; erst Ende des 18. Jahrhunderts beschäftigte man sich wieder intensiv mit seinen Werken, und dies kam so:

Der italienische Mathematiker **Pietro Cossali** (1748–1815) stieß bei seinen Recherchen über die Entwicklung der Mathematik in Italien in dem Buch *Summa de arithmetica, geometria, proportioni et proportionalita* des italienischen Mathematikers **Luca Pacioli** (1445–1517, siehe Abschn. 7.4), aus dem Jahr 1494 auf den Hinweis, dass er viele Anregungen aus dem o. a. Buch *Liber Abbaci* seines Landsmanns Leonardo Pisano übernommen habe.

Bei seinen Untersuchungen, die er 1797 und 1799 veröffentlichte, kam er zum Ergebnis, dass letztlich die gesamte Entwicklung der Arithmetik und der Algebra in Italien (und damit in Europa) auf Leonardos *Liber Abaci* zurückzuführen ist.

Dass die Bedeutung Leonardos so spät erkannt wurde, hatte insbesondere zwei Gründe:

Zum einen muss festgestellt werden, dass Leonardo seiner Zeit weit, sehr weit voraus war – es war die Zeit, in der in Europa gerade die ersten Universitäten als Zentren der Wissenschaft entstanden (Bologna, Paris, Oxford). Nur wenige Zeitgenossen waren überhaupt in der Lage, die Ausführungen seiner in lateinischer Sprache verfassten Schrift nachzuvollziehen.

Zum anderen hat es etwas damit zu tun, wie Bücher zur damaligen Zeit veröffentlicht wurden: Nachdem ein Autor das Manuskript eines Buches fertiggestellt hatte, übernahmen eigens ausgebildete Kopisten die mühevolle Arbeit des Abschreibens sowie die farbige Ausgestaltung der Überschriften und der Randspalten (meistens geschah dies durch Mönche in den Klöstern), und so entstanden in der Regel nur einige wenige Exemplare, die von Interessenten erworben werden konnten.

Dies änderte sich jedoch erst durch die Erfindung des Buchdrucks mit beweglichen Lettern durch **Johannes Gutenberg** im Jahr 1450, vgl. die folgenden deutschen Briefmarken.

Auch die Mathematik in Europa erfuhr jetzt eine Art *Wiedergeburt* (*Renaissance*), da nun auch mathematische Schriften eine schnelle Verbreitung finden konnten – mit im Prinzip beliebig großen Auflagen.

Man kann nur darüber spekulieren, wie sich die Mathematik im auslaufenden Mittelalter entwickelt hätte, wenn es die Möglichkeit des Buchdrucks – wie sie im fernen China genutzt wurde – auch in Europa bereits 250 Jahre früher gegeben hätte.

Leonardo von Pisa (1170–1240)

Die genauen Lebensdaten des aus Pisa stammenden Leonardo sind nicht bekannt; vermutlich wurde er um 1170 geboren und starb um das Jahr 1250. In seinem 1202 erschienenen Buch *Liber Abbaci* (Schreibweise auch: *Liber Abbaci*) nennt er sich gemäß seiner Herkunft *Leonardo Pisano*. Auch findet man später die Namensbezeichnung *Leonardo Bigollo* (was – möglicherweise – so viel wie *Vielgereister* bedeutet).

Der Mathematikhistoriker **Guillaume Libri** (1803–1869) prägte 1838 den seitdem überwiegend verwendeten Namen **Fibonacci** – dieser setzt sich aus „filius Bonacci" = „Sohn des Bonacci" zusammen, was eigentlich so nicht zutreffend ist, denn Bonacci war nicht der Name des Vaters; vielleicht war es der Name der Familie (benannt nach einem der Vorfahren Leonardos).

Leonardos Vater Guglielmo arbeitete als Beauftragter der Kaufleute der Republik Pisa in der Hafenstadt Bugia in Algerien (heutiger Name Bejaja). Dort war er verantwortlich für die ordnungsgemäße Abwicklung von Verträgen, die zwischen Händlern aus Pisa und aus dem Maghreb geschlossen wurden. Solche Niederlassungen gab es im gesamten Mittelmeerraum. Ähnlich wie Venedig und Genua war auch die Stadt Pisa durch diese Handelsbeziehungen reich geworden.

Leonardo war noch im jugendlichen Alter seinem Vater nachgereist, damit er vor Ort alles lernt, was ihn auf seine zukünftige Tätigkeit vorbereiten sollte. An den mühsamen Umgang mit den römischen Zahlzeichen gewöhnt, war es vor allem die erheblich leichtere Art, Zahlen zu notieren und Berechnungen durchzuführen, was Leonardo dazu brachte, sich intensiv mit dem Dezimalsystem zu beschäftigen.

Leonardo studierte die Schriften der Griechen, die vor allem dank der Übersetzung durch Wissenschaftler des islamischen Kulturraums nicht verloren gegangen waren, sowie die Abhandlungen von **al-Khwarizmi** (780–850), **Omar Khayyam** (1048–1131) und anderer Mathematiker des islamischen Kulturraums. Reisen im Auftrag der Handelsstation führten ihn nach Ägypten, Syrien, Konstantinopel, Griechenland und Sizilien sowie in die Provence, wo er jede Gelegenheit nutzte, mehr zu erfahren als nur über die Dinge, die für seine berufliche Tätigkeit wichtig waren.

Nachdem er wieder in seine Heimatstadt Pisa zurückgekehrt war, verfasste er im Jahr 1202 sein berühmtestes Werk, das *Liber Abbaci* (vgl. Abschn. 6.2).

Sehr schnell verbreitete sich in Gelehrtenkreisen die Kunde über dieses Werk und über dessen gelehrten Autor. Auch der Kaiser des Heiligen Römischen Reiches **Friedrich II.** (1194–1250) aus dem Hause der Hohenstaufen äußerte den Wunsch, Leonardo kennenzulernen.

Der für alle wissenschaftlichen Fragen aufgeschlossene Herrscher hatte keinen festen Regierungssitz; er zog mit dem gesamten Hofstaat durch sein großes Reich, das sich über das Gebiet von der Grafschaft Holstein im Norden bis nach Sizilien im Süden erstreckte (mit Ausnahme des Kirchenstaats).

Während seiner Regierungszeit hatte Friedrich II. fortwährend Auseinandersetzungen mit einzelnen Fürsten und den oberitalienischen Städten, vor allem auch mit den Päpsten, von denen er zweifach exkommuniziert wurde. Im Jahr 1224 gründete der selbstbewusste Herrscher in Neapel eine Universität – die erste in Europa, die ohne eine vorherige Zustimmung des Papstes entstand.

Durch seinen Hof-Mathematiker **Johannes von Palermo** ließ Friedrich II. drei Aufgaben an Leonardo übermitteln, damit dieser seine mathematischen Fähigkeiten in aller Öffentlichkeit unter Beweis stellen konnte. Auf diese drei Aufgaben gehen wir in Abschn. 6.1 näher ein.

Bereits 1223 hatte Leonardo ein Buch über Geometrie veröffentlicht, in dem er u. a. Fragestellungen von Euklid und Heron von Alexandria aufgriff, darüber hinaus aber auch auf Vermessungsprobleme einging (*Practica geometriae*, vgl. Abschn. 6.4). Außerdem schrieb Leonardo einen Kommentar zu Buch X der *Elemente* des Euklid (über die Geometrie der inkommensurablen Größen).

1228 erschien eine bearbeitete Ausgabe des *Liber Abbaci*, die Leonardo dem aus Schottland stammenden Gelehrten **Michael Scotus** (1175–1235) widmete. Dieser hatte, bevor er an den Hof des Staufenkaisers kam, in Toledo Texte islamischer Wissenschaftler aus dem Arabischen ins Lateinische übertragen.

Von 1228 an erhielt Fibonacci ein Jahresgehalt von der Stadt Pisa – für seine Verdienste als Rechenmeister und Steuerschätzer.

Von den Büchern Leonardos ist ein Werk mit dem Titel *Di minor guisa* zwar nicht erhalten; dennoch hat man eine Vorstellung entwickeln können, welche Themen in diesem Buch behandelt wurden. *Di minor guisa* stellte an seine Leser deutlich geringere Anforderungen und so wurde es zur Vorlage für Hunderte von Rechenbüchern, die in den folgenden Jahrhunderten in Italien veröffentlicht wurden. Diese Rechenbücher wurden von den *maestri d'abbaco* (Rechenmeistern) in den *scuole d'abbaco* (Rechenschulen) verwendet, aber keiner dieser Rechenmeister gab an, dass er seine Texte aus dem *Di minor guisa* abgeschrieben hatte.

6.1   Die drei Aufgaben des Johannes von Palermo

Problem 1: Gesucht ist eine Quadratzahl, die, wenn man 5 addiert bzw. 5 subtrahiert, wieder eine Quadratzahl ergibt.

Problem 2: Finde eine Zahl, für die das Folgende gilt: Bildet man die dritte Potenz davon, addiert man das Doppelte des Quadrats der Zahl und das Zehnfache der Zahl, dann erhält man zwanzig (... *ut inveniretur quidam cubus numerus, qui cum suis duobus quadratis et decem radicibus in unum collectis essent viginti*).

Problem 3: Drei Männer besaßen zusammen einen Geldbetrag; ihre jeweiligen Anteile betrugen $\frac{1}{2}$, $\frac{1}{3}$ bzw. $\frac{1}{6}$. Jeder nahm sich dann nach Belieben Geld davon weg, sodass nichts mehr übrig war. Dann gab der erste Mann $\frac{1}{2}$ von dem zurück, was er genommen hatte, der zweite $\frac{1}{3}$, der dritte $\frac{1}{6}$. Als der Geldbetrag, der nun zusammengelegt war, zu gleichen Teilen unter den Männern aufgeteilt wurde, besaß jeder das, worauf er Anspruch hatte. Wie viel Geld besaßen sie ursprünglich und wie viel hat sich jeder genommen?

Lösung von Problem 1: Leonardo veröffentlichte seine Lösung im *Liber Quadratorum* als Proposition 17, vgl. Abschn. 6.3.

Die Lösungen der beiden anderen Probleme sind der Schrift *Flos* (aus dem Lateinischen: Blume) enthalten. Beide Bücher veröffentlichte er 1225 – jeweils mit Widmungen an seinen Herrscher.

Lösung von Problem 2: Hier geht es um die Lösung der kubischen Gleichung $x^3 + 2x^2 + 10x = 20$ – in unserer heutigen Schreibweise notiert.

Algebraische Lösungen von kubischen Gleichungen gelangen erst im 16. Jahrhundert durch **Niccolò Tartaglia** (1500–1557) und **Girolamo Cardano** (1501–1576), vgl. *Mathematik – einfach genial*, Kap. 8.

Man kann davon ausgehen, dass der vielgereiste Leonardo die geometrische Methode von **Omar Khayyam** (1048–1131) kannte, dem persischen Dichter, Philosoph und Mathematiker.

Dieser hatte Folgendes gezeigt:

Um eine Glcichung vom Typ $x^3 + ax^2 + bx = c$ zu lösen, bestimmt man den Schnittpunkt eincr Hyperbel mit einem Kreis, und zwar der um 45° gedrehten, außerdem gestreckten und verschobenen Hyperbel mit $y = \frac{c}{\sqrt{b}} \cdot \frac{1}{x} - \sqrt{b}$ und dem Kreis mit Radius $r = \frac{1}{2} \cdot \left(a + \frac{c}{b}\right)$ um den Mittelpunkt $\left(-\frac{1}{2} \cdot \left(a - \frac{c}{b}\right) \mid 0\right)$, vgl. *Mathematik – einfach genial*, Kap. 6.

Zur Lösung von $x^3 + 2x^2 + 10x = 20$ betrachtet man also die Hyperbel mit $y = 2 \cdot \sqrt{10} \cdot \frac{1}{x} - \sqrt{10}$ und den Kreis mit Radius $r = 2$ um den Mittelpunkt $(0 \mid 0)$ – der in der folgenden Grafik erkennbare zweite Schnittpunkt bei $x = 2$ entfällt.

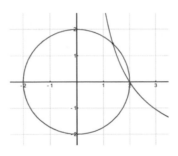

Leonardo zeigte durch eine einfache Umformung der Gleichung zu $x + \frac{x^2}{5} + \frac{x^3}{10} = 2$, dass die Lösung zwischen 1 und 2 liegt.

Dann bewies er, dass sich die Lösung nicht als Bruch darstellen lässt, denn: Angenommen, es gibt zwei zueinander teilerfremde natürliche Zahlen p, q mit $x = \frac{p}{q}$; dann gilt $\left(\frac{p}{q}\right)^3 + 2 \cdot \left(\frac{p}{q}\right)^2 + 10 \cdot \frac{p}{q} = 20$, also $p^3 + 2p^2q + 10pq^2 = 20q^3$.

Da der Term auf der rechten Seite und auch zwei der drei Terme auf der linken Seite durch q teilbar sind, muss auch der Summand p^3 durch q teilbar sein und wenn p^3 durch q teilbar ist, dann muss auch p selbst durch q teilbar sein – im Widerspruch zur Annahme.

Im nächsten Schritt schloss Leonardo dann aus, dass sich die Lösung als Quadratwurzel aus einer rationalen Zahl darstellen lässt: Angenommen, es gibt eine solche Darstellung mit $x = \sqrt{p}$ (wobei p keine Quadratzahl ist); dann gilt $p\sqrt{p} + 2p + 10\sqrt{p} = 20$, also $\sqrt{p} = \frac{20 - 2p}{p + 10}$. Auf der linken Seite dieser Gleichung steht eine irrationale Zahl, auf der rechten Seite eine rationale Zahl – im Widerspruch zur Annahme.

Mit etwas größerem Aufwand zeigte er außerdem, dass die Lösung auch nicht als geschachtelte Wurzel $x = \sqrt{p + \sqrt{q}}$ darstellbar ist.

Es ist nicht bekannt, durch welches Näherungsverfahren Leonardo dann die folgende, auf neun Dezimalstellen genaue Näherungslösung fand, dargestellt im Hexagesimalsystem: $x \approx 1 + \frac{22}{60} + \frac{7}{60^2} + \frac{42}{60^3} + \frac{33}{60^4} + \frac{4}{60^5} + \frac{40}{60^6} \approx 1{,}3688081079$.

Möglicherweise fand er sie durch eine Iteration mit der folgenden Vorschrift: $x_{n+1} = \frac{1}{2} \cdot \left(x_n + \frac{20}{x_n^2 + 2x_n + 10}\right)$.

Lösung von Problem 3: Hierzu führte Leonardo eine Variable *res* (x) für den Betrag ein, der sich im dritten Schritt (beim gleichmäßigen Aufteilen des zusammengelegten Betrags) ergab; den ursprünglich vorhandenen Geldbetrag s bezeichnete er als *tota comunis pecunia*.

Bezeichnet man die Beträge, die sich die drei Männer aus der ursprünglichen Summe s „nach Belieben" herausnahmen, mit a, b, c, dann behielten sie beim Zusammenlegen $\frac{1}{2}a$, $\frac{2}{3}b$, $\frac{5}{6}c$ jeweils für sich und legten $\frac{1}{2}a + \frac{1}{3}b + \frac{1}{6}c$ zusammen, was sie dann gleichmäßig aufteilten, sodass jeder $x = \frac{1}{3} \cdot (\frac{1}{2}a + \frac{1}{3}b + \frac{1}{6}c) = \frac{1}{6}a + \frac{1}{9}b + \frac{1}{18}c$ erhielt.

Daher hatten die drei Männer im Einzelnen danach die folgenden Beträge: $\frac{1}{2}a + \left(\frac{1}{6}a + \frac{1}{9}b + \frac{1}{18}c\right) = \frac{2}{3}a + \frac{1}{9}b + \frac{1}{18}c$, $\frac{2}{3}b + \left(\frac{1}{6}a + \frac{1}{9}b + \frac{1}{18}c\right) = \frac{1}{6}a + \frac{7}{9}b + \frac{1}{18}c$, $\frac{5}{6}c + \left(\frac{1}{6}a + \frac{1}{9}b + \frac{1}{18}c\right) = \frac{1}{6}a + \frac{1}{9}b + \frac{16}{18}c$.

Da sie nun wieder einen Betrag besaßen, der ihrem Anteil entspricht, hatten sie jeweils

$$\tfrac{1}{2} \cdot (a+b+c) = \tfrac{2}{3}a + \tfrac{1}{9}b + \tfrac{1}{18}c, \tfrac{1}{3} \cdot (a+b+c) = \tfrac{1}{6}a + \tfrac{7}{9}b + \tfrac{1}{18}c,$$
$$\tfrac{1}{6} \cdot (a+b+c) = \tfrac{1}{6}a + \tfrac{1}{9}b + \tfrac{16}{18}c.$$

Fasst man diese drei Gleichungen zusammen und multipliziert beide Seiten der umge-formten Gleichungen mit dem Hauptnenner 18, so ergibt sich ein homogenes lineares Gleichungssystem: $7b + 8c = 3a$, $3a + 5c = 8b$, $b = 13c$; dessen kleinstmögliches Lösungstripel ist (33; 13; 1).

Leonardo kam bei seiner Lösung mit weniger Variablen aus, nämlich mit s und x (*res*), und stellte fest:

Vorher hatten die drei Männer als Guthaben die Beträge $s - 2x$, $\tfrac{1}{2} \cdot (s - 3x)$, $\tfrac{1}{5} \cdot (s - 6x)$.

Aus $(s - 2x) + \tfrac{1}{2} \cdot (s - 3x) + \tfrac{1}{5} \cdot (s - 6x) = s$ ergibt sich dann die Bedingung $7s = 47x$ mit $s = 47$ und $x = 7$ als kleinster Lösung.

6.2   Leonardos *Liber Abbaci*

Wenn wir das Wort „abbaco" hören oder lesen, dann assoziieren wir dies vermutlich mit dem Rechenhilfsmittel Abakus. Das Wort *abbaco* wurde hier aber ausschließlich im Sinne von „Rechnen" verwendet – überspitzt könnte man sagen, dass das *Liber abbaci* vom Rechnen *ohne* Abakus handelt.

Das Original des *Liber Abbaci* ging verloren. Heute existieren noch drei fast voll-ständige Abschriften der erweiterten Fassung des Buches aus dem Jahr 1228. Diese wurden Ende des 13. bzw. Anfang des 14. Jahrhunderts angefertigt und befinden sich in der *Biblioteca Nazionale* von Florenz, in der *Biblioteca Comunale* von Siena und in der *Biblioteca Apostolica Vaticana* in Rom. Darüber hinaus sind Fragmente mit Texten aus einzelnen Kapiteln erhalten (in verschiedenen Bibliotheken in Mailand, Berlin, Neapel, Paris, Florenz und Perugia).

Die florentinische Ausgabe war Grundlage der Übersetzung ins Italienische durch **Baldassare Boncampagni** im Jahr 1857; sie enthielt allerdings noch zahlreiche Fehler, die sich vermutlich beim Abschreiben eingeschlichen hatten. 2002 veröffentlichte **Laurence Sigler** eine erste englischsprachige Übersetzung – sie liegt der Darstellung in diesem Buch zugrunde.

Der italienische Mathematiker **Enrico Giusti** unterzog sich der Mühe, alle existierenden Manuskripte und Fragmente vergleichend zu untersuchen; diese erste kritische Ausgabe des *Liber Abbaci* erschien 2020 (mit Kommentaren in italienischer und englischer Sprache).

Das 615 Seiten umfassende *Liber Abbaci* (die Seitenzahl bezieht sich auf Siglers Übersetzung) besteht aus fünfzehn Kapiteln, die vier Themenbereichen zugeordnet werden können.

Der erste Teil (Kap. 1 bis 7) beschäftigt sich mit der Schreibweise von Zahlen und den arithmetischen Regeln. Der zweite Teil (Kap. 8 bis 11) befasst sich mit Problemen, die im Zusammenhang mit Handelsgeschäften entstehen können. Der dritte Teil besteht nur aus Kap. 12 mit einer Fülle von „unterhaltsamen" Aufgaben; es wäre allerdings nicht angemessen, diese nur der Rubrik „Unterhaltungsmathematik" zuzuordnen, da die dargestellten Lösungswege auch viel „Theorie" enthalten. Im vierten Teil entwickelt Leonardo verschiedene mathematische Methoden: Verfahren des doppelt falschen Ansatzes, Rechnen mit Wurzeln, Lösung quadratischer Gleichungen und Proportionen.

6.2.1   Rechnen mit natürlichen Zahlen

In den ersten Kapiteln des *Liber Abbaci* führt Leonardo in die indischen Ziffern und die Grundrechenarten ein.

Kap. 1 dient der Einführung der „indischen" Ziffern und in das dezimale Stellenwertsystem. Leonardo beginnt mit den Worten:

• *Novem figure Indorum he sunt*

viiii	viii	vii	vi	v	iiii	iii	ii	i
9	8	7	6	5	4	3	2	1

• *Cum his itaque novem figuris et cum hoc signo 0, quod arabice zephirum appellatur, scribitur quilibet numerus, ut inferius demonstratur. Nam numerus est unitatum perfusa collectio sive congregatio unitatum, qui per suos In Infinitum ascendit gradus.*

Die neun indischen Zahlen sind: 9 8 7 6 5 4 3 2 1. Mit diesen neun Ziffern und dem Zeichen 0, das die Araber ‚zephir' nennen, kann jede beliebige Zahl geschrieben werden, wie unten gezeigt wird. Eine Zahl ist eine Summe von Einheiten oder eine Ansammlung von Einheiten, die (durch Addition der Einheiten) schrittweise ins Unendliche wachsen …

An zahlreichen Beispielen führt Leonardo aus, wie sich Zahlen beliebiger Größenordnung aus diesen neuen Ziffern und der Null zusammensetzen; vor allem macht er deutlich, wie die nahezu unleserlichen Zeichenfolgen in der Schreibweise der römischen Zahlzeichen schrumpfen und überschaubar werden. Im Unterschied zu Zahlen in römischer Schreibweise werden diese „neuen" Zahlen – wie im Arabischen – von rechts nach links notiert.

Im Hinblick auf die möglichen Nutzer folgt dann eine Erläuterung der sog. **Fingerzahlen**, d. i. die Darstellung der natürlichen Zahlen zwischen 1 und 9999 (!) – Einer und Zehner mithilfe der Finger der linken Hand, Hunderter und Tausender mithilfe der Finger der rechten Hand. Es wird vermutet, dass diese Fertigkeit sprachunabhängig von den Händlern im gesamten Mittelmeerraum verwendet wurde.

Am Ende des ersten Kapitels stehen Tabellen zum Addieren und Multiplizieren von Zahlen zwischen 2 und 10 (kleines Einspluseins und kleines Einmaleins), die auswendig gelernt werden sollen.

Kap. 2 beschäftigt sich mit der **Multiplikation** von beliebigen natürlichen Zahlen. Der Schwierigkeitsgrad der Rechenaufgaben wird schrittweise erhöht. Wenn man zwei Zahlen multipliziert, betrachtet man im Prinzip zwei Summen, die multipliziert werden, d. h., man wendet das Distributivgesetz an:

$$37 \cdot 49 = (30 + 7) \cdot (40 + 9) = 30 \cdot 40 + 30 \cdot 9 + 7 \cdot 40 + 7 \cdot 9.$$

Die Ergebnisse der einzelnen Produkte kann man sukzessive aufaddieren; Leonardo beschreibt, wie die Zwischenrechnungen mithilfe der zuvor eingeübten Fingertechniken durchgeführt werden können. Er scheut sich nicht, die Berechnung des Produkts der Zahlen 12345678 und 87654321 zu erläutern, also zweier 8-stelliger Zahlen, ohne dabei Zwischenergebnisse zu notieren.

Man könne aber auch das Ergebnis der Multiplikation des ersten Faktors mit den Ziffern des zweiten Faktors schrittweise notieren und in ein Schema eintragen und abschließend diese Zwischenergebnisse längs einer Diagonale addieren, wie Leonardo dann im dritten Kapitel ausführt.

Beispiel: 567 · 4321
(die Diagonalspalten sind hier farbig unterlegt).

2	4	5	0	0	0	7	
			4	3	2	1	
		3	0	2	4	7	7
		2	5	9	2	6	6
		2	1	6	0	5	5

Das eigentliche Thema von Kap. 3 ist die **Addition** von Zahlen. Um die Ergebnisse der Addition zu überprüfen, soll die **Neunerprobe** durchgeführt werden. Leonardo begründet dieses Verfahren anschaulich mithilfe von Strecken unter Beachtung der verschiedenen möglichen Fälle.

Zum Abschluss wird erläutert, wie Additionen von Größen in verschiedenen Einheiten durchgeführt werden, beispielsweise mit den Währungseinheiten *Libre* (hier gewählte Bezeichnung: £), *Soldi* und *Denare* (1 *Libra* = 20 *Soldi*, 1 *Soldo* = 12 *Denare*).

Das kurze Kap. 4 beschäftigt sich mit der **Subtraktion** von Zahlen; auch hier wird zur Kontrolle der Rechnung die Neunerprobe angewandt.

In Kap. 5 über das **Dividieren** von natürlichen Zahlen werden Brüche eingeführt, die Leonardo so schreibt, wie wir es gewohnt sind, also mit waagerechtem Bruchstrich. Ist das Ergebnis einer Division eine gemischte Zahl, so wird der Bruch *vor* den ganzzahligen Anteil geschrieben, beispielsweise $18456 : 17 = \frac{11}{17} 1085$.

Leonardo gibt zu jedem Schritt einen ausführlichen Kommentar, der bei einzelnen Aufgaben oft mehr als eine Seite in Anspruch nimmt; auf die Schreibweise, wie er die zwischendurch auftretenden Reste und Überträge notiert (sozusagen die Kurzfassung des Divisionsschemas), gehen wir hier nicht näher ein.

Auch beim Dividieren soll man eine Kontrollrechnung durchführen, beispielsweise mithilfe einer Neunerprobe: Zu kontrollieren ist also, ob $18456 = 11 + 17 \cdot 1085$; links erhält man den Rest 6, rechts $2 + 8 \cdot 5 = 42$, also ebenfalls den Rest 6. Er weist aber auch darauf hin, dass man ebenso gut die Reste bzgl. der Division durch eine beliebige Primzahl bestimmen kann, beispielsweise kann man eine Siebenerprobe oder eine Elferprobe durchführen.

Nach einer Fülle von Übungen, bei denen der Divisor jeweils eine 2-stellige Primzahl ist, bereitet Leonardo die Division durch 3- und 4-stellige Teiler vor. Dazu untersucht er zunächst, ob und wie sich diese Zahlen in Faktoren zerlegen lassen. Er weist darauf hin, dass man bei der Suche nach möglichen Faktoren (also Teilern der betrachteten Zahl) die Primzahlen durchgeht, bis man zu der Primzahl kommt, die mit sich selbst multipliziert die Ausgangszahl übersteigt – wenn man bis dahin keinen Primteiler gefunden hat, dann ist die Zahl eine Primzahl und also nicht zerlegbar.

Als Einstiegsbeispiel für das Divisionsverfahren wählt Leonardo die Zahl 805, die offensichtlich durch 5 teilbar ist; nach Division durch 5 ergibt sich die Zahl 161, die durch 7 teilbar ist, und nach Division von 161 durch 7 ergibt sich die Zahl 23, die als Primzahl nicht mehr in Faktoren zerlegt werden kann. Die Division durch 805 kann also auch so erfolgen, dass man erst durch 5, dann durch 7 und schließlich durch 23 teilt.

Nachdem das Zerlegen von natürlichen Zahlen in Faktoren an einigen Beispielen vorgeführt wird, folgt die Anwendung dieser Methode für die Division zweier natürlicher Zahlen:

Beispiel: Division von 749 durch 75

Da $75 = 3 \cdot 5 \cdot 5$, führt Leonardo zunächst die Division durch 3 durch – das ergibt 249 Rest 2; er notiert dies als $\frac{2}{3} 249$.

Dividiert man den ganzzahligen Anteil des Zwischenergebnisses durch 5, dann erhält man 49 mit Rest 4. Dass $\frac{2}{3} 249$ insgesamt durch 5 geteilt werden muss, macht er durch die Schreibweise $\frac{2}{3}\frac{4}{5} 49$ deutlich. Aus der Division 49 durch 5 ergibt sich 9 Rest 4 und somit das Endergebnis $\frac{2}{3}\frac{4}{5}\frac{4}{5} 9$. Dies ist wie folgt zu interpretieren:

(Fortsetzung)

$9 + \frac{2}{3 \cdot 5 \cdot 5} + \frac{4}{5 \cdot 5} + \frac{4}{5}$. Die Reste bei den einzelnen Divisionsschritten werden also nicht vergessen, sondern sind in der besonderen Schreibweise der vorangestellten „graduellen" Brüche enthalten.

Leonardos Schreibweise von gemischten Zahlen: Fractiones in gradibus

Leonardo notiert die gemischte Zahl

$a + \frac{b}{c} + \frac{d}{e \cdot c}$ in der Form $\frac{d\ b}{e\ c}\ a$,

$a + \frac{b}{c} + \frac{d}{e \cdot c} + \frac{f}{g \cdot e \cdot c}$ in der Form $\frac{f\ d\ b}{g\ e\ c}\ a$

usw.

Beispiel: Division von 67898 durch 1760

Hier betrachtet Leonardo die Zerlegung $1760 = 2 \cdot 8 \cdot 10 \cdot 11$; da die zu teilende Zahl (Dividend) eine gerade Zahl ist, wählt er als ersten Teiler die Zahl 2, dann in der Reihenfolge 8, 10, 11.

Man überprüfe das Ergebnis, das Leonardo in der Form $\frac{0\ 5\ 3\ 6}{2\ 8\ 10\ 11}\ 38$ notiert (also $38 + \frac{6}{11} + \frac{3}{10 \cdot 11} + \frac{5}{8 \cdot 10 \cdot 11} + \frac{0}{2 \cdot 8 \cdot 10 \cdot 11}$); auf die 13er-Probe, die Leonardo anschließend durchführt, verzichten wir hier.

6.2.2 Rechnen mit gemischten Zahlen

Zu Beginn von Kap. 6 beschäftigt sich Leonardo mit der Multiplikation gemischter Zahlen. Diese werden (wie es auch heute noch üblich ist) zunächst in unechte Brüche verwandelt, anschließend wird das Produkt der Zähler durch das Produkt der beiden Nenner dividiert (wie oben erläutert).

Leonardos Eingangsbeispiel lautet:

$$\left(\tfrac{2}{3}\ 13\right) \cdot \left(\tfrac{5}{7}\ 24\right) = \tfrac{41}{3} \cdot \tfrac{173}{7} = \tfrac{7093}{3 \cdot 7} = \tfrac{1\ 5}{3\ 7}\ 337\ \left(= 337 + \tfrac{5}{7} + \tfrac{1}{3 \cdot 7}\right).$$

Bzgl. der hier verwendeten Schreibweisen sei darauf hingewiesen, dass in Leonardos Büchern nur die gemischten Zahlen am Anfang und am Ende notiert sind, die Aufgabenstellung und alle Zwischenschritte werden in einem ausführlichen Text-Kommentar beschrieben.

Damit die zu multiplizierenden Zahlen nicht zu groß werden, sollte nach Möglichkeit zuvor gekürzt werden – in diesem Zusammenhang erläutert Leonardo, wie man den größten gemeinsamen Teiler von Zahlen findet, und beschreibt das verkürzte Verfahren des euklidischen Algorithmus (Division mit Rest).

An späterer Stelle (Kap. 12) weist Leonardo daraufhin, dass man das Quadrat einer gemischten Zahl oder das Produkt zweier gemischter Zahlen auch mithilfe des Distributivgesetzes ermitteln kann; dabei werden die einzelnen Faktoren gemäß der Tradition der Araber von rechts nach links gelesen.

Beispiele

$$\left(\tfrac{3}{5}2\right) \cdot \left(\tfrac{3}{5}2\right) = (2 \cdot 2) + \left(\tfrac{3}{5} \cdot 2\right) + \left(2 \cdot \tfrac{3}{5}\right) + \left(\tfrac{3}{5} \cdot \tfrac{3}{5}\right) = 4 + \left(\tfrac{12}{5}\right) + \left(\tfrac{9}{25}\right)$$

$$= 4 + \left(\tfrac{2}{5}2\right) + \left(\tfrac{9}{25}\right) = \tfrac{19}{25}6$$

$$\left(\tfrac{2}{5}\tfrac{3}{4}2\right) \cdot \left(\tfrac{8}{9}\tfrac{6}{7}5\right) = (2 \cdot 5) + \left(2 \cdot \tfrac{6}{7}\right) + \left(5 \cdot \tfrac{3}{4}\right) + \left(2 \cdot \tfrac{8}{9}\right) + \left(5 \cdot \tfrac{2}{5}\right) + \left(\tfrac{3}{4} \cdot \tfrac{6}{7}\right)$$

$$+ \left(\tfrac{3}{4} \cdot \tfrac{8}{9}\right) + \left(\tfrac{2}{5} \cdot \tfrac{6}{7}\right) + \left(\tfrac{2}{5} \cdot \tfrac{8}{9}\right) = \ldots = \tfrac{1}{4}21$$

Dann folgen auch Aufgaben, in denen die zu multiplizierenden Zahlen bereits in der besonderen geschachtelten Form gegeben sind, die Leonardo zuvor eingeführt hat:

Beispiel: $\tfrac{1}{2}\tfrac{3}{8}$ 13 mal $\tfrac{3}{4}\tfrac{2}{9}$ 24

Bei den nächsten Aufgaben sind die Faktoren als Summe aus einer natürlichen Zahl und Stammbrüchen (also Brüche mit Zähler 1) gegeben; auch hier verwendet Leonardo eine besondere Schreibweise.

Beispiel: $\tfrac{1}{4}\tfrac{1}{3}$ 15 $\left(= 15 + \tfrac{1}{4} + \tfrac{1}{3}\right)$ mal $\tfrac{1}{6}\tfrac{1}{5}$ 26 $\left(= 26 + \tfrac{1}{5} + \tfrac{1}{6}\right)$

Der Schwierigkeitsgrad der folgenden Aufgaben nimmt immer weiter zu; die Kommentare zur Lösung umfassen manchmal zwei Seiten.

Kap. 7 beginnt mit zahlreichen Aufgaben zur Addition und zur Subtraktion von Brüchen und gemischten Zahlen; dabei geht Leonardo darauf ein, wie man das kleinste gemeinsame Vielfache der Nenner findet. Danach erläutert er die Vorgehensweise bei der Division von Zahlen, gemischten Zahlen und Brüchen. Auch hier wird der Schwierigkeitsgrad fortlaufend gesteigert.

Beispiel: $\frac{2}{9}$ 128 $\frac{5}{7}$ geteilt durch $\frac{2}{5}$ 29 $\frac{3}{4}$ – in Leonardos Schreibweise bedeutet dies $\left(128 + \frac{2}{9}\right) \cdot \frac{5}{7}$ geteilt durch $\left(29 + \frac{2}{5}\right) \cdot \frac{3}{4}$

6.2.3 Zerlegen von Brüchen in Stammbrüche

Im zweiten Teil des siebten Kapitels geht Leonardo auf die Zerlegung von Brüchen in Stammbrüche ein. Für Rechnungen im Alltag – so schreibt er – sind Zerlegungen von Brüchen wichtig, deren Nenner 6, 8, 12, 20, 24, 60 und 100 lauten (da diese bei den Gewichts- oder Währungseinheiten vorkommen).

Leonardo betrachtet verschiedene Fälle: Besonders einfach sind Zerlegungen, bei denen sich der Zähler als Summe von Zahlen darstellen lässt, die als Teiler des Nenners auftreten:

Beispiel: $\frac{7}{8} = \frac{4}{8} + \frac{2}{8} + \frac{1}{8} = \frac{1}{2} + \frac{1}{4} + \frac{1}{8}$

Einfach ist eine Zerlegung auch dann, wenn der Nenner eines Bruchs um 1 kleiner ist als eine der oben genannten Zahlen, die viele Teiler besitzen:

Beispiele: $\frac{2}{11} = \frac{1}{6} + \frac{1}{66}, \frac{3}{11} = \frac{1}{4} + \frac{1}{44}, \frac{4}{11} = \frac{1}{3} + \frac{1}{33}, \frac{6}{11} = \frac{1}{2} + \frac{1}{22}$ und
hiermit $\frac{5}{11} = \frac{2}{11} + \frac{3}{11} = \frac{1}{6} + \frac{1}{66} + \frac{1}{4} + \frac{1}{44}, \frac{7}{11} = \frac{2}{11} + \frac{5}{11} = \frac{1}{6} + \frac{1}{66} + \frac{1}{2} + \frac{1}{22}$ usw.

Aber auch bei anderen Brüchen zeigt Leonardo großes Geschick.

Beispiele: $\frac{11}{26} = \frac{2}{26} + \frac{9}{26} = \frac{1}{13} + \frac{9}{27} + \frac{1}{78} = \frac{1}{13} + \frac{1}{3} + \frac{1}{78},$
$\frac{17}{27} = \frac{3}{27} + \frac{14}{27} = \frac{1}{9} + \frac{14}{28} + \frac{1}{54} = \frac{1}{9} + \frac{1}{2} + \frac{1}{54}$

Durch die Auswahl seiner Beispiele vermittelt er eine Vorgehensweise, die man zu folgender Regel zusammenfassen kann – in unserer Formelsprache lautet sie:

Leonardos erste Methode zur Zerlegung von Brüchen in Stammbrüche
Sind a, b zueinander teilerfremde natürliche Zahlen und ist a ein Teiler von $b+1$ mit $c = \frac{b+1}{a}$, dann gilt

$$\frac{a}{b} = \frac{a}{b+1} + \frac{a}{b \cdot (b+1)} = \frac{1}{c} + \frac{1}{b \cdot c}.$$

Für den Fall, dass diese Strategie nicht angewandt werden kann, empfiehlt Leonardo, wie folgt vorzugehen:

- Man führe die Division Nenner durch Zähler durch und ermittelt so den größten Stammbruch, der unterhalb des gegebenen Bruchs ist. Subtrahiert man diesen Stammbruch vom ursprünglich gegebenen Bruch, so erhält man einen neuen Bruch, der entweder mithilfe der o. a. Regel zerlegt werden kann oder bei dem man das gerade durchgeführte Verfahren wiederholen muss.

Beispiele
- Zerlegung des Bruchs $\frac{4}{13}$:

  Da $3 < \frac{13}{4} < 4$, also $\frac{1}{4} < \frac{4}{13} < \frac{1}{3}$, bildet man die Differenz

  $\frac{4}{13} - \frac{1}{4} = \frac{16-13}{52} = \frac{3}{52} = \frac{2}{52} + \frac{1}{52} = \frac{1}{26} + \frac{1}{52}$ und erhält somit $\frac{4}{13} = \frac{1}{4} + \frac{1}{26} + \frac{1}{52}$.
- Zerlegung des Bruchs $\frac{17}{29}$:

  Da $1 < \frac{29}{17} < 2$, also $\frac{1}{2} < \frac{17}{29} < 1$, bildet man die Differenz $\frac{17}{29} - \frac{1}{2} = \frac{34-29}{58} = \frac{5}{58}$.
  Wiederholung des Verfahrens: $11 < \frac{58}{5} < 12$, also $\frac{1}{12} < \frac{5}{58} < \frac{1}{11}$, bildet man die

  Differenz $\frac{5}{58} - \frac{1}{12} = \frac{30-29}{348} = \frac{1}{348}$ und erhält somit $\frac{17}{29} = \frac{1}{2} + \frac{1}{12} + \frac{1}{348}$.

Dabei geht es stets darum, einen möglichst großen Stammbruch von dem gegebenen Bruch zu subtrahieren. Ein solches Verfahren bezeichnet man als **gierigen Algorithmus**.

Hinweis: Dass dieses Verfahren spätestens nach a Schritten beendet ist, wurde 1880 vom britischen Mathematiker **James Joseph Sylvester** (1814–1897) bewiesen. Daher wird der Algorithmus gelegentlich auch als **Fibonacci-Sylvester-Algorithmus** bezeichnet.

Leonardos gieriger Algorithmus zur Zerlegung von Brüchen in Stammbrüche
Sind a, b zueinander teilerfremde natürliche Zahlen und ist q eine natürliche Zahl mit $q < \frac{b}{a} < q + 1$, also $\frac{1}{q+1} < \frac{a}{b} < \frac{1}{q}$, d. h., $\frac{1}{q+1}$ ist der größtmögliche Stammbruch unterhalb von $\frac{a}{b}$, dann lässt sich der Bruch $\frac{a}{b}$ wie folgt als Summe darstellen:

$$\frac{a}{b} = \frac{1}{q+1} + \frac{a-r}{(q+1) \cdot b}, \text{ wobei } r = b - a \cdot q.$$

Sofern der Bruch $\frac{a-r}{(q+1)\cdot b}$ kein Stammbruch ist, wendet man dieses Verfahren auf ihn erneut an.

Leonardo weist abschließend darauf hin, dass es sich oft als nützlich erweist, wenn man den gegebenen Bruch mit einer natürlichen Zahl erweitert, die möglichst viele Teiler hat, und er demonstriert diese Idee am zuletzt untersuchten Beispiel:

$$\frac{17}{29} \cdot \frac{24}{24} = \frac{408}{29} \cdot \frac{1}{24} = \left(14 + \frac{2}{29}\right) \cdot \frac{1}{24} = \frac{14}{24} + \frac{2}{29 \cdot 24} = \frac{7}{12} + \frac{1}{348} = \frac{1}{2} + \frac{1}{12} + \frac{1}{348}.$$

Übrigens: In diesem Beispiel hätte die Erweiterung mit 12 bereits zum Erfolg geführt:

$$\frac{17}{29} \cdot \frac{12}{12} = \frac{204}{29} \cdot \frac{1}{12} = \left(7 + \frac{1}{29}\right) \cdot \frac{1}{12} = \frac{7}{12} + \frac{1}{29 \cdot 12} = \frac{1}{2} + \frac{1}{12} + \frac{1}{348}.$$

Mit diesem Beispiel beendet Leonardo das siebte Kapitel und damit den ersten Teil seines Buches.

6.2.4   Lösen von Dreisatzaufgaben im Handel

Der zweite Teil des *Liber Abbaci* beginnt mit Kap. 8; dieses umfasst 50 Seiten und ist vollständig dem Lösen von Dreisatzaufgaben gewidmet. Leonardo gibt dafür ein Schema an, das für alle diese Probleme anwendbar ist:

Lösen von Dreisatzaufgaben

Leonardo empfiehlt für Dreisatzrechnungen die Verwendung eines Rechenschemas:

Rechts oben steht eine Grundzahl a_1, die eine Anzahl oder eine Menge angibt, links daneben trägt man den zugehörigen Preis p_1 ein. Darunter stehen Größen vom gleichen Typ und von gleichen Einheiten, also rechts eine vorgegebene andere Anzahl bzw. Menge a_2 und links der zugehörige noch zu bestimmende Preis p_2 oder links ein vorgegebener Preis p_2 und rechts die zugehörige noch zu bestimmende Anzahl bzw. Menge a_2.

p_1	a_1
p_2	a_2

Da die Größen in der ersten und in der zweiten Reihe jeweils im selben Verhältnis stehen sollen, also

$a_1 : p_1 = a_2 : p_2$, aber auch $a_1 : a_2 = p_1 : p_2$, gilt $a_1 \cdot p_2 = a_2 \cdot p_1$ und man erhält p_2 durch $p_2 = \frac{a_2 \cdot p_1}{a_1}$ bzw. a_2 durch $a_2 = \frac{p_2 \cdot a_1}{p_1}$.

Man könnte meinen, es müsste genügen, einige wenige Aufgaben zur Einübung dieser Dreisatzmethode zu behandeln – das würde aber für die täglichen Herausforderungen eines Händlers im Mittelmeerraum kaum ausreichen: Wer hier erfolgreich sein will, der muss sich ebenso auskennen mit der Vielfalt der Gewichts- und Volumeneinheiten und mit den verschiedenen Währungen. Dies erklärt die Fülle an Aufgaben in diesem Kapitel, die Leonardo zusammengestellt hat – jede Aufgabe enthält neue Varianten.

Schon bei der ersten Aufgabe wird klar, wie kompliziert die zu erwartenden Berechnungen sein werden – Leonardo erläutert das in Pisa geltende Gewichtssystem:

- Eine pisanische *cantare* besteht aus 100 Teilen, die einzeln als *rotulus* bezeichnet werden; und jeder *rotulus* besteht aus 12 *Unzen*, die jeweils $\frac{1}{2}$ 39 (Gewichts-)*Denare* wiegen, und ein Denar hat 6 *carrube*, und ein *carruba* ist so viel wie 4 *grana frumenti* (Getreidekörner).

  Cantare autem pisanum habet in se centum partes, quarum unaqueque vocatur rotulus; et rotuli habent uncias 12, quarum unaqueque ponderat denarios $\frac{1}{2}$ 39 de cantare, et denarius est carrube 6, et carruba est grana quattuor frumenti.

Es fängt harmlos an:

Aufgabe:
1 *cantare* einer Ware kostet 40 £. Wie viele *rotuli* erhält man für 2 £?

Lösung: Statt der Einheit *cantare* trägt man passenderweise direkt 100 *rotuli* als Gewicht ein und erhält als Lösung $p_2 = \frac{5 \cdot 40}{100} = 2$ £. Im Schema sind die beiden Zahlen, die miteinander multipliziert werden müssen, durch eine „Diagonale" miteinander verbunden.

Dann heißt es weiter:

Aufgabe:
1 *cantare* einer Ware kostet 13 £. Wie viel kosten 27 *rotuli*?

Lösung: Hier genügt es nicht, das Schema anzuwenden, also $a_2 = \frac{13 \cdot 27}{100} = \frac{351}{100} = \frac{1}{10}\frac{5}{10}3$, denn die Angaben in *Libra* müssen noch in *Soldi* und *Denare* umgerechnet werden:

(Fortsetzung)

$$\tfrac{51}{100}\ Libra = \tfrac{12240}{100}\ Denare = \tfrac{40}{100}\,122\ Denare = 10\ Soldi\ \tfrac{2}{5}2\ Denare$$

Es wird hier darauf verzichtet, weitere Details der Aufgaben des achten Kapitels aufzulisten: Für unterschiedliche Handelsgüter in verschiedenen Gewichts-, Längen- und Mengeneinheiten sind Preise in diversen Währungseinheiten zu berechnen, die jeweils in den einzelnen Städten (Venedig, Genua, Tarent, Bologna, Konstantinopel, Barcelona, ...) und Ländern gelten. Dabei kommt es durchaus vor, dass sich zwischen den einzelnen Aufgaben gelegentlich auch die jeweils geltenden Wechselkurse ändern.

Die den Lösungen zugrunde liegende Methode ist mehr oder weniger gleich, aber die Umrechnungen der Einheiten machen das Ganze sehr aufwendig.

Dass Leonardo hier einen so großen Aufwand betreibt, dokumentiert die große Vielfalt der Handelsbeziehungen und der gehandelten Waren sowie den offensichtlichen Bedarf, Aufgaben dieser Art zu lösen.

In Kap. 9 dreht sich zunächst alles um den Tausch von Waren. Dazu muss das Schema aus dem achten Kapitel erweitert werden.

In der Einstiegsaufgabe soll (nicht verarbeitete) Baumwolle gegen fertige Tuchwaren getauscht werden, konkret:

Aufgabe:
20 *brachia* (Ellen) Tuch kosten 3 pisanische £, 42 *rotuli* werden zu 5 £ gehandelt. Wie viele *rotuli* Baumwolle erhält man für 50 *brachia* Tuch?

Lösung: Die Rechnung könnte in zwei Schritten durchgeführt werden:

50 *brachia* Tuch kosten $\frac{3\cdot 50}{20} = \tfrac{1}{2}7$ £, vergleiche Schema links; für $\tfrac{1}{2}7$ £ erhält man

dann $\frac{\frac{1}{2}7\cdot 42}{5} = 63$ *rotuli* Baumwolle, vergleiche Schema rechts.

(Fortsetzung)

Leonardo fasst die beiden Rechnungen in einem Schema zusammen: Rechts oben wird die Preisinformation für die Tuchware eingetragen, links unten (in umgekehrter Reihenfolge) die entsprechende Information für die Baumwolle, zusätzlich werden die Spalten beschriftet.

Einh. Baumw.	Wert	Einh. Tuch
	3	20
42	5	

Dann ergänzt man rechts unten die Menge, die eingetauscht werden soll (50 *brachia* Tuch) und berechnet hieraus ohne den Zwischenschritt ($\frac{1}{2}7$ £) die entsprechende Menge an Baumwolle: $\frac{\frac{3 \cdot 50}{20} \cdot 42}{5} = \frac{3 \cdot 50 \cdot 42}{20 \cdot 5} = 63$, die links oben eingetragen wird.

Im (neuen) Schema bedeutet dies, dass die Zahlen in den Feldern, die hier mit Diagonalen gekennzeichnet sind, miteinander multipliziert werden müssen und dass das Ergebnis anschließend durch das Produkt der Zahlen der beiden anderen Felder dividiert werden muss.

63	3	20
42	5	50

Für die umgekehrte Fragestellung

Aufgabe:

Wie viele *brachia* Tuch erhält man für 50 *rotuli* Baumwolle?

müsste entsprechend wie folgt gerechnet werden: $\frac{5 \cdot 50 \cdot 20}{42 \cdot 3} = \frac{1}{7}\frac{6}{9}$ 39.

50	3	20
42	5	$\frac{1}{7}\frac{6}{9}$ 39

Auch Aufgaben dieses Typs werden vielfach geübt; es werden aber nicht nur Stoffballen gegen Baumwolle getauscht oder Pfeffer gegen Zimt usw., sondern auch Münzen verschiedener Herkunft.

Beispiel: 1 kaiserlicher *Soldo* (= 12 kaiserliche *Denare*) ist 32 pisanische *Denare* wert und 1 Genueser *Soldo* 22 pisanische *Denare*. Wie viel erhält man für 7 kaiserliche *Denare* in Genua?

Am Ende des ersten Abschnitts sollen noch Münzen aus Barcelona in kaiserliche Währung umgerechnet werden. Man kennt aber nur die Wechselkurse zwischen Barcelona und Turin, zwischen Turin und Genua, zwischen Genua und Pisa und zwischen Pisa und dem römisch-deutschen Kaiserreich. Entsprechend muss das o. a. Schema erweitert werden.

Im zweiten Abschnitt geht es um Münzen, deren Wechselkurs nicht bekannt ist. Nach Einschmelzen kann deren Silbergehalt bestimmt werden und so eine Umrechnung erfolgen.

Der dritte Abschnitt enthält einige Aufgaben, wie sie noch heute gerne als „Aufgaben aus alten Zeiten" zitiert werden; auch diese können entsprechend dem o. a. Schema gelöst werden:

Beispiel:

5 Pferde fressen 6 *sextaria* (Volumeneinheit) Gerste in 9 Tagen. Wie lange kommt man mit 16 *sextaria* Gerste für 10 Pferde aus?

Lösung: Man wende das folgende Schema an:

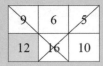

Das kurze Kap. 10 handelt von der Aufteilung eines Gewinns auf die Teilhaber eines Unternehmens, die mit unterschiedlichen Beträgen beteiligt sind. Zunächst sind es zwei Teilhaber, von denen die Rede ist, in den weiteren Aufgaben werden es immer mehr.

Beispiel: Zwei Männer haben in ihr Geschäft 18 £ bzw. 25 £ investiert. Die Gesellschaft macht einen Gewinn von 7 £, der entsprechend den Geschäftsanteilen aufgeteilt werden soll.

6.2.5 Lösen von Mischungsaufgaben

Im 30 Seiten umfassenden Kap. 11 geht es vor allem um Legierungen, also um Mischungsaufgaben.

Nach einer einfachen Einstiegsaufgabe

Aus 7 *Libra* (= Pfund, Abk. *lb*) Silber sollen Münzen hergestellt werden, deren Silbergehalt 2 Unzen (Abk. *oz)* pro *lb* betragen soll. Wie viel Kupfer muss hinzugefügt werden?

folgen ähnliche Aufgaben, jedoch mit Werten, bei denen man wieder seine Fertigkeiten zur Bruchrechnung unter Beweis stellen muss. Leonardo notiert dies mithilfe eines besonderen Rechenschemas; wir gehen hier nicht näher darauf ein.

In den folgenden Aufgaben sollen dann vorhandene Münzen verwendet werden, um neue Münzen herzustellen.

Beispiel:

Aus 7 *lb* Münzen mit einem Silbergehalt von 5 *oz* pro *lb* und 9 *lb* Münzen mit einem Silbergehalt von 4 *oz* pro *lb* sollen Münzen hergestellt werden, deren Silbergehalt 3 *oz* pro *lb* beträgt.

Lösung: Zunächst wird das Gesamtgewicht des enthaltenen Silbers bestimmt ($5 \cdot 7 + 4 \cdot 9 = 71oz$), weiter das sich hieraus ergebende Gesamtgewicht der Münzen, deren Silbergehalt 3 *oz* pro *lb* beträgt ($\frac{71}{3} = \frac{2}{3}23$). Hieraus ergibt sich, dass $\frac{2}{3}23 - (7 + 9) = \frac{2}{3}7$ *lb* Kupfer hinzugefügt werden müssen.

Leonardo erläutert dann, wie eine solche Aufgabe allgemein gelöst wird (was allerdings ohne die uns zur Verfügung stehende Formelsprache ziemlich aufwendig ist).

Einige Seiten weiter folgen Aufgaben, bei denen man nicht von vornherein überschaut, ob Kupfer oder Silber hinzugeschmolzen werden muss.

Beispiel: Vorhanden sind 7 *lb* mit einem Silbergehalt von 2 oz pro lb, 8 *lb* mit einem Silbergehalt von 3 *oz* pro *lb*, 10 *lb* mit einem Silbergehalt von 6 *oz* pro *lb* und 13 *lb* mit einem Silbergehalt von 9 *oz* pro *lb*. Hieraus sollen Münzen mit einem Silbergehalt von 5 *oz* pro *lb* hergestellt werden.

Bei den nächsten Aufgaben sollen zwei Sorten von Münzen eingeschmolzen werden, zunächst von jeder Sorte gleich viele, später sollen die Mengen in einem bestimmten Verhältnis stehen.

Im nächsten Schritt wird dann gefragt, in welchem Verhältnis zwei Sorten von Münzen zusammengeschmolzen werden müssen, um einen bestimmten Silbergehalt zu erreichen.

Beispiel:
Man hat Münzen mit einem Silbergehalt von 2 *oz* pro *lb* und von 9 *oz* pro *lb*, aus denen Münzen mit einem Silbergehalt von 5 *lb* pro *oz* hergestellt werden sollen.

Lösung: Aus der Differenz der Silberanteile ergibt sich, dass die Münzmengen im Verhältnis 3 zu 4 stehen müssen. Wenn man dann beispielsweise 1 *lb* der Legierung haben möchte, dann nehme man $\frac{1}{7}5$ *oz* von den Münzen mit dem höheren Silberanteil und $\frac{6}{7}6$ oz von den anderen Münzen.

Aufgaben, bei denen drei Münzsorten mit unterschiedlichen Silberanteilen verwendet werden sollen, löst Leonardo so, dass er aus den beiden Münzsorten, deren Silbergehalt höher bzw. niedriger ist als der angestrebte, zunächst eine neue Legierung erstellt und somit auf das vorangehende Problem zurückführt.

Analog verfährt er mit Legierungen aus vier Münzsorten, dann weiter mit sieben Münzsorten. Abschließend schreckt er nicht davor zurück, das Problem für 240 Münzsorten zu lösen, deren Silberanteile $\frac{1}{20}, \frac{2}{20}, \frac{3}{20}, \frac{4}{20}, \ldots, \frac{240}{20} = 12$ *oz* pro *lb* betragen (die letzte Legierung ist also reines Silber); hieraus soll eine Legierung mit dem Silberanteil von $\frac{1}{2}2$ *oz* hergestellt werden.

Leonardos Lösung sieht vor, die ersten 80 Münzsorten sowie die übrigen jeweils zu Legierungen zu verschmelzen und so wieder auf das Problem mit zwei Münzsorten zurückzuführen. (Die Legierung der ersten 80 Münzsorten hat einen Silbergehalt von $\frac{1}{40}2$; wenn er die ersten 100 Münzsorten zusammengenommen hätte, wäre der angestrebte Silbergehalt von $\frac{1}{2}2$ *oz* bereits überschritten.)

Im nächsten Abschnitt zeigt Leonardo, dass auch andere Aufgabenstellungen in analoger Weise gelöst werden können. Dabei wählt er u. a. die folgenden Probleme als Einstiegsaufgaben aus:

Beispiel 1: Ein Mann verkauft zwei Goldstücke, die zusammen 1 *lb* wiegen, für 56 *Bezant* (Währungseinheit im Byzantinischen Reich). Für das eine Goldstück erzielt er einen Goldpreis von 67 *Bezant* pro *lb*, für das andere einen Goldpreis von 50 *Bezant* pro *lb*. Welches Gewicht hatten die beiden Goldstücke?

Beispiel 2: Ein Mann kauft insgesamt 7 *lb* Fleisch für 7 *Denare*; das Fleisch vom Schwein kostet 3 *Denare* pro *lb*, das vom Rind 2 *Denare* pro *lb*, das von der Ziege $\frac{1}{2}$ *Denare* pro *lb*. Wie viel Fleisch kaufte er von den einzelnen Sorten?

Beispiel 3:

Eine Marktfrau handelt mit Äpfeln und Birnen. Für 7 Äpfel bzw. für 8 Birnen zahlt sie 1 *Denar*; sie verkauft 6 Äpfel bzw. 9 Birnen für 1 *Denar*. Insgesamt gibt sie bei ihrem Einkauf 10 *Denare* aus und macht einen Gewinn von 1 *Denar*. Wie viele Äpfel und Birnen kauft sie ein?

Lösung: Leonardo macht die Annahme, dass die Marktfrau die 10 *Denare* nur für den Kauf der Äpfel bzw. der Birnen ausgibt. Hieraus ergeben sich Einnahmen von $\frac{2}{3}11$ bzw. von $\frac{8}{9}8$ *Denare*. Wie bei den Legierungen muss dann ermittelt werden, durch welche Kombination sich Einnahmen von 11 *Denare* ergeben.

Und einige Aufgaben später folgt zum Abschluss das berühmte Vögel-Problem (und Variationen):

Das Vögel-Problem

Jemand kauft 30 Vögel für insgesamt 30 *Denare*. Ein Rebhuhn kostet 3 *Denare*, eine Taube 2 *Denare*, zwei Spatzen kosten 1 *Denar*, also ein Spatz $\frac{1}{2}$ *Denar*. Wie viele Vögel kauft er von welcher Sorte?

Quidam emit aves 30 pro denariis 30, in quibus fuerunt perdices, columbe et passeres: perdicem vero emit denariis 3, columbam denariis 2 et passeres 2 pro denario 1, scilicet passerem 1 pro denarii $\frac{1}{2}$. Queritur quot aves emit ex unoquoque genere.

Hinweis Diese in der Fachliteratur als *Hundred-Fowls-Problem* bezeichnete Aufgabe findet man bereits zuvor in einem Werk eines chinesischen Autors aus dem 5. Jahrhundert, bei Alcuin (um 800) sowie in indischen und arabischen Quellen (um das Jahr 900). Bei diesen Aufgaben geht es jeweils um 100 Objekte, die für 100 Geldeinheiten gekauft oder verkauft werden.

Lösung:

Leonardo sucht mögliche Kombinationen von Einkäufen, bei denen die Anzahl der Vögel mit der Anzahl der *Denare* übereinstimmt. Einfache Beispiele hierfür sind:

2 Spatzen und 1 Taube (= 3 Vögel) kosten 3 *Denare* und

4 Spatzen und 1 Rebhuhn (= 5 Vögel) kosten 5 *Denare*.

Dann muss nur noch überlegt werden, wie diese beiden Möglichkeiten zu kombinieren sind, um auf die Zahl 30 zu kommen. Offensichtlich ist $5 \cdot 3 + 3 \cdot 5 = 30$ eine Lösung, d. h., die Person hat 5-mal (2 Spatzen und 1 Taube) + 3-mal (4 Spatzen und 1 Rebhuhn) gekauft, also 22 Spatzen, 5 Tauben und 3 Rebhühner.

Bemerkenswert ist Leonardos Hinweis, dass die Aufgabe auch lösbar wäre, wenn statt der Zahl 30 in der Aufgabenstellung irgendeine andere Zahl zwischen 15 und 30 gesetzt würde oder 8 bzw. 11 bzw. 13 (die Zahl 14 hat er offensichtlich übersehen).

Hinweis Heute würden wir das so formulieren: Die diophantische Gleichung $5 \cdot x + 3 \cdot y = a$ besitzt ganzzahlige Lösungen $(x;y)$ für $a = 8, 11, 13, 14, 15, 16, \ldots, 30$.

6.2.6   Leonardos Rechenkunst

Kap. 12 ist mit 187 Seiten das umfangreichste des Buches; es ist in neun Abschnitte unterteilt. Hier entfaltet Leonardo seine volle Rechenkunst.

Der **erste Abschnitt** beschäftigt sich mit den **Summen von Zahlenfolgen**.

Leonardo beginnt mit dem folgenden Beispiel:

Die Summe der Zahlen 7, 10, 13, ..., 31 soll berechnet werden, also von einer Zahlenfolge, die mit 7 beginnt und mit 31 endet und deren Glieder jeweils um 3 größer werden.

Leonardo notiert die Zahlen in einem Schema, aus dem sich folgende Eigenschaften ergeben:

$$
\begin{array}{ccccccccc}
 & & & & 19 & & & & \\
 & & & 16 & & 22 & & & \\
 & & 13 & & & & 25 & & \\
 & 10 & & & & & & 28 & \\
7 & & & & & & & & 31
\end{array}
$$

Es handelt sich um 9 Zahlen, denn der Zuwachs von 7 bis 31 beträgt 24, und dies geteilt durch 3 ergibt 8. Die Summe der ersten und letzten Zahl ist 38 – und dies gilt für alle anderen einander gegenüberliegenden Zahlenpaare in dem Schema. Die Summe ist daher (einhalbmal 9) mal 38 oder (einhalbmal 38) mal 9, also 171.

Entsprechend soll man bei anderen Zahlenfolgen dieser Art verfahren.

Für die Summe der ersten n Quadratzahlen gibt er eine Rechenvorschrift an:

$$1^2 + 2^2 + 3^2 + \ldots + n^2 = \frac{n \cdot (n+1) \cdot (2n+1)}{6},$$

zur Begründung verweist er auf sein Buch *Liber Quadratorum* (vgl. Abschn. 6.3).

Als Anwendungsbeispiel folgt eine Aufgabe mit zwei Wanderern:

Aufgabe:
Der erste geht jeden Tag 20 Meilen, der andere am ersten Tag 1 Meile, am zweiten 2 Meilen, am dritten Tag 3 Meilen usw. solange, bis sie sich wieder begegnen.

Lösung: Wir würden die (quadratische) Gleichung $20 \cdot n = \frac{1}{2} \cdot n \cdot (n+1)$ lösen. $n = 0$ ist *eine* der Lösungen, da beide am gleichen Tag losgehen. Leonardo verweist darauf, dass man passende Zahlen für die beiden Produkte finden muss; das Doppelte von 20 vermindert um 1 erweist sich als geeignete Zahl: Nach 39 Tagen haben beide 780 Meilen zurückgelegt.

Bei den sich anschließenden Variationen des Problems legt der zweite Wanderer 1, 3, 5, 7, . . . Meilen bzw. 2, 4, 6, . . . bzw. 3, 6, 9, . . . Meilen bzw. 5, 10, 15, 20, . . . Meilen zurück.

Im **zweiten Abschnitt** des Kapitels beschäftigt sich Leonardo mit Problemen, bei denen Zahlen in bestimmten Verhältnissen stehen.

Beispiel: Die Zahlen 3 und 7 stehen im gleichen Verhältnis wie die Zahlen 6 und 14. Wenn man vier Zahlen sucht, die in diesen Proportionen stehen und deren Summe 10 ergibt, dann braucht man nur die Summe zu bilden $(3 + 7 + 6 + 14 = 30)$ und entsprechend die einzelnen Zahlen durch 3 zu teilen. Man erhält somit die Proportion $1 : \frac{1}{3}2 = 2 : \frac{2}{3}4$.

Diese einfachen Proportionen unterscheidet er von stetigen Proportionen (*numeri in continua proportione*), wie beispielsweise $1 : 2 : 4 : 8 : 16 : 32 : 64$. Für solche Zahlenfolgen gilt, dass das Produkt der beiden äußeren Zahlen genauso groß ist wie das Produkt der beiden zweitäußeren Zahlen (die man erhält, wenn man die äußeren Zahlen weglässt) usw.

Der **dritte Abschnitt** beginnt mit einer Reihe von Aufgaben, bei denen konkrete Informationen über Anteile gegeben sind.

Beispiel:
Ein junger Mann lebte einige Jahre. Wenn er noch so viele Jahre lebte, wie er gelebt hatte, und noch einmal die gleiche Anzahl von Jahren und $\frac{1}{4}\frac{1}{3}\left(=\frac{7}{12}\right)$ von diesen Jahren und noch ein weiteres Jahr, so würde er 100 Jahre gelebt haben. Das aktuelle Alter des jungen Mannes wird gesucht.

(Fortsetzung)

Lösung: Leonardo empfiehlt, zunächst eine geeignete Zahl als aktuelles Alter anzunehmen, mit der sich die Rechnung leicht durchführen lässt, z. B. 12 ($= kgV$ (3,4)) Jahre, dann ergeben sich insgesamt $12+12+12+7 = 43$ Jahre. Um dies an die tatsächlichen $100 - 1 = 99$ Jahre anzupassen, müssen die einzelnen Summanden mit $\frac{99}{43}$ multipliziert werden.

Der junge Mann ist $\frac{27}{43}$ 27 Jahre alt.

Auch hier bietet Leonardo eine Fülle von Aufgaben in anderen Einkleidungen an: Ein Fuchs wird von einem Hund verfolgt; zwei Artikel sollen eingekauft werden, wobei die Mengen in einem vorgegebenen Verhältnis stehen; ein Löwe, ein Leopard und ein Bär fressen mit unterschiedlichen Fressgeschwindigkeiten ein Schaf; zwei Schiffe, die mit unterschiedlichen Geschwindigkeiten fahren, begegnen einander unterwegs zwischen zwei Häfen; ein Fass wird durch vier unterschiedlich große Löcher im Boden entleert; ein Fass wird durch vier unterschiedlich große Löcher entleert, die sich in verschiedenen Höhen befinden (bei denen also nicht durchgängig Wasser ausläuft).

Dann folgen weitere Aufgaben, wie sie auch heute noch in Mathematikbüchern zur Einführung in die Algebra zitiert werden:

Aufgabe:
Ein Mann sagt zu einem anderen: Wenn du mir 1 Denar gibst, dann besitze ich so viel wie du. Darauf der andere: Und wenn du mir 1 Denar gibst, dann habe ich zehnmal so viel wie du.

Lösung: Leonardo löst dieses Problem auf äußerst geschickte Weise, indem er (sozusagen als Variable) die Summe s der Beträge der beiden Personen betrachtet. Diese Variable s und die im Folgenden auftretenden Terme werden hier nur deshalb verwendet, weil wir an die Verwendung von Variablen gewöhnt sind; bei Leonardo wird alles mit Worten beschrieben.

Wenn der Erste 1 Denar vom Zweiten erhält, dann haben beide gleich viel, also dann hat jeder die Hälfte der Summe s. (Der Erste besitzt also ursprünglich $\frac{1}{2} s - 1$, der Zweite $\frac{1}{2} s + 1$).

Wenn der Zweite 1 Denar vom Ersten erhält, dann hat der Erste $\frac{1}{11}$ von s und der Zweite $\frac{10}{11}$ von s. Dann gilt also für den Ersten $\frac{1}{2}s - 2 = \frac{1}{11}s$ und für den Zweiten $\frac{1}{2}s + 2 = \frac{10}{11}s$; aus beiden Überlegungen ergibt sich für die Summe $s = \frac{44}{9} = \frac{8}{9}4$ und somit für den Ersten $\frac{4}{9}2 - 1 = \frac{4}{9}1$ und für den Zweiten $\frac{4}{9}2 + 1 = \frac{4}{9}3$.

Die nächste Aufgabe, die ihm „von einem Meister aus Konstantinopel gestellt worden"
ist, löst Leonardo nach zwei Methoden.

Aufgabe:
Ein Mann sagt zu einem anderen: Wenn du mir 7 Denare gibst, dann besitze ich
fünfmal so viel wie du. Darauf der andere: Und wenn du mir 5 Denare gibst, dann
habe ich siebenmal so viel wie du.

Erstes Lösungsverfahren: Leonardo veranschaulicht die Informationen des
Textes mithilfe von Strecken:

Durch die Strecke AB wird die Summe der Beträge der beiden Personen dargestellt, durch AG der Betrag der ersten Person, durch GB der Betrag der zweiten
Person. Wenn die erste Person 7 Denare hinzubekommt, dann hat sie $\frac{5}{6}$ des Gesamtbetrags (Strecke AD) und die zweite Person entsprechend $\frac{1}{6}$ (Strecke DB). Wenn die
zweite Person 5 Denare hinzubekommt, dann hat sie $\frac{7}{8}$ des Gesamtbetrags (Strecke
GB) und die erste Person entsprechend $\frac{1}{8}$ (Strecke AE).

Die Strecke ED entspricht daher einem Anteil von $1 - \frac{1}{8} - \frac{1}{6} = \frac{17}{24}$ der Gesamt-
strecke; durch sie wird ein Betrag von $5 + 7 = 12$ Denaren dargestellt. Die Gesamt-
strecke stellt demnach einen Betrag von $12 : \frac{17}{24} = \frac{288}{17} = \frac{16}{17}16$ Denaren dar; ein
Achtel davon sind $\frac{36}{17} = \frac{2}{17}2$ Denare, ein Sechstel sind $\frac{48}{17} = \frac{14}{17}2$ Denare. Die erste
Person hatte demnach $5 + \frac{2}{17}2 = \frac{2}{17}7$ Denare (Strecke AG), die zweite Person
$7 + \frac{14}{17}2 = \frac{14}{17}9$ Denare (Strecke GB).

Zweites Lösungsverfahren: Leonardo bezeichnet das im Folgenden beschriebene Lösungsverfahren als „direkt" und als „lobenswert", denn mit ihm können viele
Probleme gelöst werden; dieses sei bei den Arabern üblich.

Dazu führt er eine Hilfsgröße ein, die er als *res* (Ding) bezeichnet – wir sprechen
heute üblicherweise von einer Variablen, für die wir beispielsweise als Bezeichnung
x wählen. Diese Hilfsgröße setzt er hier für den Betrag an, den der zweite Mann hat,
nachdem er die 7 Denare abgegeben hat.

Für den ersten Mann gilt, nachdem er die 7 Denare erhalten hat, dass er dann $5x$
hat; daraus folgt, dass er ursprünglich $5x - 7$ Denare besaß.

Wenn der erste Mann dem zweiten 5 Denare geben würde, dann hätte
dieser $x + 12$ Denare und der erste $5x - 12$. Und da dann der zweite Mann siebenmal

(Fortsetzung)

so viel Geld hat wie der erste, muss $5x - 12$ mit 7 multipliziert werden; das ergibt dann $35x - 84$, das ist dann auch gleich $x + 12$.

Wir würden dies heute als Gleichung in der Form $35x - 84 = x + 12$ notieren.

Diese wird dann umgeformt, indem auf beiden Seiten 84 Denare addiert werden, denn:

- *Si super equalia equalia addantur, tota erunt equalia* (addiert man Gleiches zu Gleichem, dann sind auch die Ergebnisse gleich).

Im nächsten Schritt wird dann auf beiden Seiten der Gleichung *ein Ding* (x) abgezogen, sodass man aus der Gleichung $35x = x + 96$ die Gleichung $34x = 96$ erhält. Hieraus ergibt sich dann $x = \frac{48}{17} = \frac{14}{17}2$, und somit hatte der zweite Mann ursprünglich $\frac{14}{17}9$. Für den ersten Mann ergibt sich $5x - 7 = 5 \cdot \frac{48}{17} - 7 = \frac{2}{17}7$.

Mit der zweiten Lösung demonstriert Leonardo, dass er auch *das Rechnen mit al-jabr und al-muqabala* des **Muhammed al-Khwarizmi** beherrscht.

Die nächste Aufgabe löst er wieder, indem er die Hilfsgröße „Summe" betrachtet – diesmal bezogen auf drei Personen:

Aufgabe:
Drei Männer besitzen Denare. Der erste sagt zu den beiden anderen: Wenn ihr beiden mir insgesamt 7 Denare gebt, habe ich fünfmal so viel wie ihr beiden zusammen. Darauf der zweite: Wenn ihr beiden mir insgesamt 9 Denare gebt, dann habe ich sechsmal so viel wie ihr beiden zusammen. Und der dritte: Wenn ihr beiden mir 11 Denare gebt, dann habe ich siebenmal so viel wie ihr beiden zusammen.

Lösung: Der erste hat also $\frac{5}{6}$ der Summe s der Beträge von allen zusammen, vermindert um 7. Der zweite hat $\frac{6}{7}$ von s, vermindert um 9. Und der dritte hat $\frac{7}{8}$ von s, vermindert um 9. Nach dieser Feststellung addiert Leonardo die Beträge der drei Männer – der Einfachheit halber bezeichnen wir dies mit $s = a + b + c$ – und dann ergibt sich (in unserer heutigen Schreibweise notiert):

$$s = a + b + c = \left(\tfrac{5}{6} \cdot s - 7\right) + \left(\tfrac{6}{7} \cdot s - 9\right) + \left(\tfrac{7}{8} \cdot s - 11\right) = \tfrac{140+144+147}{168} \cdot s - 27 = \tfrac{431}{168} \cdot s - 27,$$

also $\frac{431}{168} \cdot s - 1 \cdot s = 27$, d. h. $\frac{263}{168} \cdot s = 27$ oder $s = \frac{65}{263}17$.

Hieraus folgt dann

$$a = \tfrac{140 \cdot 27}{263} - 7 = \tfrac{98}{263}7, \quad b = \tfrac{144 \cdot 27}{263} - 9 = \tfrac{206}{263}5, \quad c = \tfrac{147 \cdot 27}{263} - 11 = \tfrac{24}{263}4.$$

Die Aufgabenstellung wird nun mehrfach variiert:

Drei Männer besitzen Denare. Wenn der dritte 7 Denare an die beiden anderen abgibt, dann haben diese zusammen fünfmal so viel wie er selbst. Wenn der erste 9 Denare an die beiden anderen abgibt, dann haben diese zusammen sechsmal so viel wie er selbst. Wenn der zweite 11 Denare an die beiden anderen abgibt, dann haben diese zusammen siebenmal so viel wie er selbst.

Leonardo löst dieses Problem mit zyklischer Aufgabenstellung in ähnlicher Weise wie das vorangehende:

Aus $\quad s = a + b + c = \left(\frac{1}{8} \cdot s + 11\right) + \left(\frac{1}{7} \cdot s + 9\right) + \left(\frac{1}{6} \cdot s + 7\right) = \frac{21 + 24 + 28}{168} \cdot s + 27 =$ $\frac{73}{168} \cdot s + 27$ ergibt sich $c = \frac{27 \cdot 28}{95} + 7 = \frac{91}{95} 14$, $b = \frac{27 \cdot 24}{95} + 9 = \frac{78}{95} 15$, $a = \frac{27 \cdot 21}{95} + 11 = \frac{92}{95} 16$.

Zum Abschluss der Sequenz von Aufgaben, in denen herausgefunden werden soll, wie viel Geld die einzelnen Personen besitzen, legt Leonardo eine Aufgabe vor, die keine Lösung besitzt (*questio insolubilis*). In der Lösung ergeben sich unterschiedliche, sich also widersprechende Beträge für die einzelnen Personen.

Vier Männer besitzen Denare. Wenn der erste und der zweite insgesamt 7 Denare von den beiden anderen nehmen, dann haben sie dreimal so viel wie die beiden anderen. Wenn der zweite und der dritte insgesamt 8 Denare von den beiden anderen bekommen, dann haben sie viermal so viel wie die beiden anderen. Wenn der dritte und der vierte insgesamt 9 Denare von den beiden anderen erhalten, dann haben sie fünfmal so viel wie die beiden anderen. Und wenn der vierte und der erste insgesamt 11 Denare von den beiden anderen nehmen, dann haben sie sechsmal so viel wie die beiden anderen.

Auch bei den folgenden Aufgaben des dritten Abschnitts zeigt Leonardo, wie man Probleme nach der weiter oben erläuterten Methode (also im Prinzip mithilfe von Strecken) sowie mit der *direkten* Methode (also unter Verwendung von Variablen) lösen kann.

Inhaltlich geht es dabei um den Verkauf von Perlen, um Männer, die eine Geldbörse finden und den Inhalt nach komplizierten Regeln unter sich aufteilen, und um die Zahl 11, die in unterschiedlich große Summanden zerlegt werden soll.

Weiter geht es dann mit immerhin 22 Aufgaben, in denen jeweils zwei Zahlen gesucht werden, zwischen deren Summe und Produkt eine bestimmte Beziehung gelten soll.

Beispiel: Von zwei Zahlen ist ein Fünftel der einen Zahl gleich einem Siebtel der anderen Zahl, außerdem ist das Produkt der Zahlen gleich dem Doppelten der Summe der Zahlen.

Im **vierten Abschnitt** wird das Motiv der gefundenen Geldbörse wieder aufgenommen, diesmal aber soll aus den gegebenen Informationen erschlossen werden, welchen Betrag die beteiligten Personen besitzen und welches der Inhalt der Geldbörse ist (genauer: in welchem Verhältnis diese Beträge stehen).

Einstiegsbeispiel: Von zwei Männern, die eine Geldbörse mit Denaren gefunden haben, sagt der erste: Wenn ich die Denare aus der Geldbörse erhalte, dann habe ich dreimal so viel Geld wie du. Darauf antwortet der zweite: Wenn ich das Geld aus der Geldbörse bekomme, dann habe ich viermal so viel wie du.

Leonardo zeigt mithilfe der beiden oben beschriebenen Verfahren: Wenn in der Geldbörse 11 Denare sind, dann folgt daraus, dass der erste 4 Denare besaß und der zweite 5 Denare.

Wieder schließen sich über 20 Seiten mit kreativen Variationen der Aufgabenstellung an: mehr als zwei Männer, zwei und mehr Geldbörsen, einer vergleicht den Inhalt seiner Geldbörse mit dem eines anderen bzw. dem Gesamtinhalt der anderen. Je komplizierter die Bedingungen werden, umso umfangreicher sind die Lösungswege.

Eine der Aufgaben befasst sich mit fünf Männern, die eine Geldbörse finden:

Wenn der erste die Geldbörse erhält, dann hat er zweiundeinhalbmal so viel wie die anderen vier zusammen, beim zweiten wäre dies dreiundeindrittelmal so viel, beim dritten vierundeinviertelmal so viel, beim vierten fünfundeinfünftelmal so viel, beim fünften sechsundeinsechstelmal so viel wie die anderen vier zusammen.

Die Aufgabe ist nicht lösbar, es sei denn, man lässt eine negative Lösung zu (*aut positio huius questionis indissolubilis erit, aut primus homo* debitum *habebit*): Die angegebenen Bedingungen sind nur dann miteinander verträglich, wenn der erste Mann Schulden hat und ihm durch die Geldbörse so viel Geld zufällt, dass er dann zweiundeinhalbmal so viel besitzt wie die anderen vier zusammen.

Für uns ist eine solche Lösung vielleicht überraschend, aber durchaus nicht ungewöhnlich; denn wir sind es gewohnt, mit negativen Zahlen umzugehen. Für das Jahr 1202 muss allein der Gedanke an eine negative Lösung sensationell gewesen sein. Es ist das erste Mal in der Geschichte der europäischen Mathematik, dass ein negativer Betrag als Lösung akzeptiert wird.

Auch die letzte Aufgabe der Sequenz ist nur lösbar, wenn man zulässt, dass der zweite Mann 9 Denare Schulden hat:

> Der erste und der zweite haben zusammen mit dem Inhalt der gefundenen Geldbörse doppelt so viel wie die anderen drei Männer zusammen, der zweite und der dritte haben zusammen dreimal so viel, der dritte und der vierte haben zusammen viermal so viel, der vierte und der fünfte haben zusammen fünfmal so viel und der fünfte und der erste haben zusammen sechsmal so viel wie jeweils die anderen drei Männer zusammen.

Der **fünfte Abschnitt** des zwölften Kapitels beschäftigt sich inhaltlich mit verschiedenen Situationen beim Kauf von Pferden. Die in den Aufgabenstellungen genannten Bedingungen führen auf Verhältnisgleichungen (mit unendlich vielen Lösungen).

Einstiegsbeispiel:
Zwei Männer möchten ein Pferd kaufen. Der erste sagt zum zweiten: Wenn du mir ein Drittel deiner *Bezants* gibst, dann hätte ich genügend Geld für den Kauf. Der zweite hätte ebenfalls genügend *Bezants*, wenn er ein Viertel des Geldes des ersten bekäme.

Lösung: In der heutigen Schreibweise könnte man die Bedingungen der Aufgabenstellung wie folgt als lineare Gleichung mit zwei Variablen notieren und dann Schritt für Schritt weiter zu einer Verhältnisgleichung umformen:

$$a + \tfrac{1}{3}b = b + \tfrac{1}{4}a \Leftrightarrow \tfrac{3}{4}a = \tfrac{2}{3}b \Leftrightarrow a = \tfrac{8}{9}b \Leftrightarrow a : b = 8 : 9$$

Hieraus folgt: Wenn der erste Mann 8 *Bezants* besitzt, dann hat der zweite 9 *Bezants* und das Pferd kostet 11 *Bezants*.

Auch in diesem Abschnitt variiert Leonardo die Rahmenbedingungen des Kaufs.

Um die folgende zweite Aufgabe zu lösen, muss ein systematisches Verfahren zur Lösung eines linearen Gleichungssystems mit drei Variablen entwickelt werden:

Aufgabe:
Drei Männer möchten ein Pferd kaufen. Der erste sagt zum zweiten: Wenn du mir ein Drittel deiner *Bezants* gibst, dann hätte ich genügend Geld für den Kauf. Der zweite hätte ebenfalls genügend *Bezants*, wenn er ein Viertel des Geldes des dritten hinzu bekäme. Und der dritte könnte das Pferd kaufen, wenn er ein Fünftel des Geldes des ersten hinzubekäme.

Lösung: Analog zur Einstiegsaufgabe ergibt sich:
$$a + \tfrac{1}{3}b = b + \tfrac{1}{4}c = c + \tfrac{1}{5}a.$$
Hieraus ergeben sich drei Gleichungen:
$$a + \tfrac{1}{3}b = b + \tfrac{1}{4}c, \quad \text{also} \quad a = \tfrac{2}{3}b + \tfrac{1}{4}c,$$
$$b + \tfrac{1}{4}c = c + \tfrac{1}{5}a, \quad \text{also} \quad b = \tfrac{1}{5}a + \tfrac{3}{4}c,$$
$$c + \tfrac{1}{5}a = a + \tfrac{1}{3}b, \quad \text{also} \quad c = \tfrac{4}{5}a + \tfrac{1}{3}b.$$
Zyklisches Einsetzen führt dann zu
$$a = \tfrac{2}{3}b + \tfrac{1}{4}c = \tfrac{2}{3}b + \tfrac{1}{4}\cdot\left(\tfrac{4}{5}a + \tfrac{1}{3}b\right) = \left(\tfrac{2}{3} + \tfrac{1}{12}\right)\cdot b + \tfrac{1}{5}a \text{ und somit}$$
$$\tfrac{4}{5}a = \tfrac{3}{4}b \Leftrightarrow a : b = 15 : 16,$$
$$a = \tfrac{2}{3}\cdot\left(\tfrac{1}{5}a + \tfrac{3}{4}c\right) + \tfrac{1}{4}c = \tfrac{2}{15}a + \left(\tfrac{1}{2} + \tfrac{1}{4}\right)\cdot c \text{ und } \tfrac{13}{15}a = \tfrac{3}{4}c \Leftrightarrow a : c = 45 : 52.$$
Hieraus folgt $a : b : c = 45 : 48 : 52.$

Daher gilt: Wenn der erste Mann 45 *Bezants* besitzt, dann hat der zweite 48, der dritte 52 *Bezants* und das Pferd kostet 61 *Bezants*.

Man beachte: Das, was wir mithilfe unserer algebraischen Schreibweise in wenigen Zeilen ausdrücken können, erläutert Leonardo im *Liber Abbaci* mit Worten, wofür er zwei Seiten Text benötigt.

Wer sich selbst einmal testen möchte, wird vielleicht Freude an der folgenden Aufgabe haben:

Aufgabe:
Fünf Männer möchten ein Pferd kaufen. Der erste müsste sich vom zweiten zwei Drittel von dessen *Bezants* leihen, der zweite vom dritten vier Siebtel, der dritte vom vierten fünf Elftel, der vierte vom fünften sechs Dreizehntel, der fünfte vom ersten acht Neunzehntel.

Lösung: Die Aufgabe ist ganzzahlig lösbar, wenn das Pferd 58977 *Bezants* kostet.

Dies war nur der Anfang des Abschnitts zum Thema Pferdekauf. Leonardo variiert die Aufgabenstellungen auf insgesamt 35 Seiten bis hin zu sieben Personen, von denen sich jeweils drei (in zyklischer Reihenfolge) zusammenschließen müssen und dazu von den übrigen vier noch einen weiteren Anteil benötigen, um das Pferd bezahlen zu können. Auch betrachtet er die Situation, dass vier Personen an vier verschiedenen Pferden interessiert sind, oder schließlich vier Personen, die sich unterschiedliche Anteile von den anderen ausleihen möchten, um das Pferd zu bezahlen. Zu den verschiedenen Aufgabentypen entwickelt er geeignete Algorithmen und zeigt auch wieder an Beispielen, dass nicht jede Aufgabenstellung mit beliebigen Koeffizienten lösbar ist.

Im **sechsten Abschnitt** des zwölften Kapitels beschäftigt sich Leonardo inhaltlich mit reisenden Kaufleuten, die in verschiedenen Städten ein Geschäft abschließen, wobei außerdem auch feste Kosten entstehen; methodisch geht es um das Lösen von geschachtelten linearen Gleichungen.

Einstiegsaufgabe:

Ein Kaufmann macht in Lucca ein Geschäft und verdoppelt die Denare, die er besitzt; allerdings entstehen ihm Kosten von 12 Denaren. Auch in Florenz verdoppelt er sein Geld durch Abschluss eines Geschäfts, hat aber auch dort Ausgaben von 12 Denaren. Zurückgekehrt nach Pisa, kann er noch einmal seine Denare verdoppeln. Doch nachdem er Kosten von 12 Denaren abgezogen hat, bleibt ihm nichts mehr übrig.

Lösung: Für uns ist der folgende Ansatz für die Variable c ($=$ *capitale*) naheliegend:

$$2 \cdot (2 \cdot (2 \cdot c - 12) - 12) - 12 = 0.$$

Nach Umformung ergibt sich hieraus $8 \cdot c - (1 \cdot 12 + 2 \cdot 12 + 4 \cdot 12) = 0$, also $8 \cdot c = 7 \cdot 12$ und somit $c = \frac{1}{2}10$.

In seiner ersten Lösung teilt Leonardo im Prinzip dies als Rechenanweisung mit (die Ausgaben von 12 Denaren müssen mit 7 multipliziert werden und das dreifache Verdoppeln bedeutet, dass das Produkt von 12 mit 7 dreimal durch 2 geteilt werden muss) und führt anschließend die Probe durch.

Leonardo überlegt: Damit der Kaufmann am Ende 12 Denare übrig hat, benötigt er ein Anfangskapital von 12 Denaren. Und weiter: Da er jedes Mal seine Denare verdoppelt, wächst ein Anfangskapital von 1 Denar bei seinem ersten Handelsgeschäft auf 2 Denare, dann auf 4 Denare und schließlich auf 8 Denare. Zieht man das Startkapital von 1 Denar ab, dann ergibt sich ein Gewinn von 7 Denaren für jeden investierten Denar.

Damit am Ende ein Gewinn von 9 statt von 7 Denaren herauskommt, muss also das Anfangskapital entsprechend $\frac{2}{7}13$ betragen (nämlich $\frac{2}{7}1$ mehr als die o. a. 12 Denare des Anfangskapitals).

Leonardo belässt es nicht bei diesen Überlegungen, sondern beschreibt zusätzlich auch die Lösung nach der *direkten Methode* (*per regulam rectam*), die wir in unserer heutigen Schreibweise wie folgt notieren würden:

$8 \; res - 84 = res + 9$, folgert hieraus $7 \; res = 93$ und schließlich $res = \frac{2}{7}13$.

Auf den nächsten Seiten wird die Aufgabenstellung wieder variiert: Die Anzahl der besuchten Städte wird auf vier erhöht, das Kapital verdreifacht sich jedes Mal bzw. die Ausgaben in den Städten werden verändert; auch soll umgekehrt vom übrig bleibenden Geld auf die (konstanten) Ausgaben in den Städten geschlossen werden.

Im nächsten Schritt setzt Leonardo verschiedene Zuwächse in den einzelnen Städten an, dann sowohl unterschiedliche Zuwächse als auch unterschiedliche Ausgaben in den einzelnen Städten, bis er schließlich nach zwanzig Variationen aus Angaben über Zuwächse und Ausgaben auf die Anzahl der besuchten Städte schließen lässt. Dass sich bei der gestellten Aufgabe $\frac{3}{4}$3 Städte als Lösung ergeben, erklärt Leonardo dann so, dass bei der letzten Reise entsprechend Zuwachs und Ausgaben angepasst (gekürzt) werden müssten.

Die nächste Aufgabe lautet dann so:

Aufgabe:
Ein Mann mietet ein Haus für 30 £ Jahresmiete, die jeweils nach Ablauf des Jahres fällig werden. Zu Beginn zahlt er einen Betrag von 100 £, für die er pro Monat und pro Pfund 4 Denare Zinsen erhält (d. h. im Jahr 20 £). Wie viele Jahre, Monate, Tage, Stunden reicht der eingezahlte Betrag aus?

Lösung: Leonardo führt diese Aufgabe zurück auf die des reisenden Kaufmanns, dem auf jeder Station 30 £ Kosten entstehen und dessen vorhandenes Geld jeweils um 20 % wächst.

Nach einem Jahr sind von 100 £ noch $(100 + 20 - 30) = 90$ £ übrig, nach zwei Jahren $(90 + 18 - 30) = 78$ £, nach drei Jahren $\frac{3}{5}$63 £, nach vier Jahren $\frac{3}{5}\frac{1}{5}$46 £ usw.

Leonardo rechnet aus, dass der Mann insgesamt 6 Jahre, 8 Tage und $\frac{13}{29}$5 Stunden in dem Haus wohnen kann.

Variationen der Aufgabe bestehen u. a. darin, dass die Anfangsinvestition und die Mietdauer bekannt sind und hieraus die Jahresmiete zu berechnen ist bzw. die Miethöhe oder die Mietdauer.

Weitere Aufgaben folgen, in denen zwar die Einkleidung verändert ist, die aber auf gleiche Weise gelöst werden können.

Beispiel: Welche Ausgleichszahlung ist notwendig, wenn eine Pension nur einmal statt viermal jährlich ausgezahlt wird?

Der **siebte Abschnitt** des zwölften Kapitels enthält wieder eine Fülle von Aufgaben.

Aufgabe:
Ein Mann ließ mit einem Schiff 13 Wollbündel, ein anderer Mann 17 Bündel vom gleichen Wert transportieren. Die Frachtgebühr zahlte der erste, indem er ein Bündel in Zahlung gab; er erhielt 10 Soldi als Wechselgeld zurück. Der zweite zahlte auch mit einem Wollbündel und erhielt 3 Soldi zurück. Gesucht ist der Preis für den Transport und der Wert eines Wollbündels.

Lösung: Dieses einfache Gleichungssystem mit zwei Gleichungen und zwei Variablen würden wir in der Form $13x = y - 10 \;\wedge\; 17x = y - 3$ notieren. Durch Differenzbildung ergibt sich unmittelbar $x = \frac{3}{4}1 \;\wedge\; y = \frac{3}{4}32$, also

$x = 21$ Denare $= 1$ Soldo 9 Denare; $y = 1$ Libra 12 Soldi 9 Denare.

Da hier die Koeffizienten des Gleichungssystem dafür geeignet sind, lässt es sich durch Subtraktion leicht lösen. Beim nächsten Problem wendet Leonardo dann das aufwendigere Einsetzungsverfahren an:

Aufgabe:
Zwei Männer haben 12 bzw. 13 Fische von gleichem Wert, die sie zum Kauf anbieten wollen. Der erste zahlt eine Zollgebühr von einem Fisch und 12 Denaren, der zweite bezahlt mit zwei Fischen und erhält 7 Denare zurück. Welchen Verkaufswert hat ein Fisch? Wie hoch ist die Zollgebühr für einen Fisch?

Lösung: In unserer heutigen Schreibweise wäre dies das Gleichungssystem $12x = y + 12 \;\wedge\; 13x = 2y - 7$. Die erste Gleichung wird nach der Variablen x aufgelöst (d. h., Leonardo rechnet aus, welche Zollgebühr für 1 Fisch zu zahlen wäre: $x = \frac{y}{12} + 1$). Dies wird dann in die zweite Gleichung eingesetzt:

$13 \cdot \left(\frac{y}{12} + 1\right) = 2y - 7.$

Hieraus ergibt sich: $\frac{11}{12}y = 20$ und somit $y = \frac{9}{11}21$. Dies liefert den Verkaufswert eines Fischs. Für die Zollgebühr ergibt sich hieraus $x = \frac{9}{11}2$.

Leonardo erläutert dann, dass in einer variierten Aufgabenstellung die erste Bedingung nicht $12x = y - 12$ (in unserer Schreibweise) lauten dürfe, da sich dann sowohl für den Wert eines Fischs als auch für die Zollgebühr negative Zahlen ergeben würden. Und wenn in der Aufgabe Bedingungen genannt würden, die zum Gleichungssystem $12x = y - 7 \;\wedge\; 13x = 2y - 12$ gehörten, ergäbe sich eine negative Zollgebühr.

Der Typ der nächsten Aufgabe (**Äpfel-Torwächter-Problem**) taucht in ähnlicher Form in der Geschichte der Mathematik immer wieder auf – Leonardo wählt hier die folgende Einkleidung:

Aufgabe:

Ein Mann erntet in einem Obstgarten eine gewisse Anzahl an Äpfeln. Beim Verlassen des Gartens muss er durch sieben Tore gehen und jedes Mal dem Torwächter die Hälfte seiner Äpfel abgeben und noch einen Apfel mehr. Am Ende bleibt ihm nur noch ein Apfel. Wie viele Äpfel hat er ursprünglich geerntet?

Lösung: Leonardo löst diese Aufgabe zunächst durch **Rückwärtsrechnen**, d. h. durch Anwenden einer Rekursionsvorschrift: Erhöhe die Anzahl der Äpfel um 1 und verdopple dann.

nach Tor 7	vor Tor 7	vor Tor 6	vor Tor 5	vor Tor 4	vor Tor 3	vor Tor 2	vor Tor 1
1	4	10	22	46	94	190	382

In einer zweiten Lösung verwendet er die Variable *res* für die ursprüngliche Anzahl der Äpfel und beschreibt Schritt für Schritt die verbleibende Anzahl:

vor Tor 1	nach Tor 1	nach Tor 2	nach Tor 3	nach Tor 4	nach Tor 5	nach Tor 6	nach Tor 7
res	$\frac{1}{2}res-1$	$\frac{1}{4}res-\frac{1}{2}1$	$\frac{1}{8}res-\frac{3}{4}1$	$\frac{1}{16}res-\frac{7}{8}1$	$\frac{1}{32}res-\frac{15}{16}1$	$\frac{1}{64}res-\frac{31}{32}1$	$\frac{1}{128}res-\frac{63}{64}1$

Dann bleibt nur noch die Gleichung $\frac{1}{128}res - \frac{63}{64}1 = 1$,

also $res = 128 \cdot \left(\frac{63}{64}2\right) = 382$.

Weiter geht es mit dem folgenden Problem:

Aufgabe:

Ein Mann, der merkt, dass sein Lebensende naht, vermacht seinem ersten Sohn 1 *Bezant* und ein Siebtel des restlichen Barvermögens, dem zweiten Sohn 2 *Bezants* und ein Siebtel des restlichen Vermögens, dem dritten Sohn 3 *Bezants* und wiederum ein Siebtel des restlichen Vermögens usw., der jüngste Sohn erhält die übrig bleibenden *Bezants*.

Am Ende stellt sich heraus, dass alle Söhne den gleichen Betrag erhalten haben. Wie viele Söhne hatte der Mann und wie viel erbten die Söhne?

Lösung: Leonardo gibt die Lösung an und bestätigt dann deren Richtigkeit: Der Mann besaß 36 *Bezants*, die an sechs Söhne vererbt wurden, vgl. die folgende Tabelle.

(Fortsetzung)

Sohn Nr.	1	2	3	4	5	6
Betrag	36	30	24	18	12	6
vorab Bezants	1	2	3	4	5	
Siebtel vom Rest	5	4	3	2	1	
restl. Erbe	30	24	18	12	6	0

Wir würden vermutlich die Aufgabe als Gleichungssystem mit zwei Variablen auffassen mit den Bedingungen (b = Barvermögen des Vaters, a = geerbter Anteil der Söhne):

$$a = \tfrac{1}{7} \cdot (b - 1) + 1 \quad \wedge \, a = \tfrac{1}{7} \cdot (b - a - 2) + 2.$$

In einer Variation der Aufgabenstellung heißt es dann:

Aufgabe:
Der Vater verteilt zuerst jeweils ein Siebtel des (restlichen) Barvermögens und dann erst zusätzlich 1, 2, 3, ... *Bezants*.

Lösung: Hier ergibt sich, dass der Vater 42 *Bezants* besaß, die er an sechs Söhne vererbte.

Sohn Nr.	1	2	3	4	5	6
Betrag	42	35	28	21	14	7
Siebtel vom Rest	6	5	4	3	2	
Bezants danach	1	2	3	4	5	
restl. Erbe	35	28	21	14	7	0

Und abschließend teilt Leonardo mit, dass, wenn die festen *Bezant*-Beträge vervielfacht würden, auch die Ausgangsbeträge von 36 bzw. 42 *Bezants* mit demselben Faktor vervielfacht werden müssen.

In der nächsten Aufgabe wird ein allgemeinerer Sachverhalt beschrieben – die Lösung könnte irritieren.

Aufgabe:
Eine Zahl soll in gleich große Teilbeträge aufgeteilt werden. Den ersten Teilbetrag erhält man, indem man von der Zahl zunächst 1 und dann zwei Elftel des Restbetrags

(Fortsetzung)

subtrahiert, dann 2 und zwei Elftel des Restbetrags usw. Wie groß sind diese Teil-beträge und wie oft passen diese in die gesuchte Zahl?

Lösung: Analog zu der vorigen Aufgabe ergibt sich, dass die gesuchte Zahl $\frac{1}{4}20$ ist, und dies setzt sich $\frac{1}{2}4$-mal aus den gleichen Teilbeträgen von $\frac{1}{2}4$ zusammen.

Es folgt eine ähnliche Aufgabe, bei der jeweils sechs Einunddreißigstel von einer Zahl gebildet werden muss; diese löst Leonardo nach der *direkten Methode* (also unter Ver-wendung der Variablen *res*).

Dann wechselt er zu einem anderen Aufgabentyp:

Aufgabe:
Drei Männer besitzen Denare. Multipliziert man die Anzahl der Denare des zweiten und des dritten, dann ergibt sich eine doppelt so große Zahl, als wenn man die Denare-Anzahl der ersten beiden Männer multipliziert. Multipliziert man die Anzahl der Denare des dritten und des ersten, dann erhält man das Dreifache des Produkts des ersten und des zweiten.

Lösung: Leonardo gibt die kleinstmöglichen Zahlen an: Der erste Mann hat 3 Denare, der zweite 2 und der dritte 6 Denare.

Aufgabe:
Ein Mann kauft 100 Scheffel Weizen für 100 Bezants. Beim Verkauf der ersten Hälfte erhält er für $\frac{1}{4}1$ Scheffel jeweils 1 Bezant; die andere Hälfte kann er für jeweils 1 Bezant pro $\frac{3}{4}$ Scheffel verkaufen. Wie groß ist der Gewinn?

Lösung: Beim Verkauf der ersten 50 Scheffel nimmt der Mann 40 Bezants ein, beim Verkauf der zweiten Hälfte $\frac{2}{3}66$ Bezants. Insgesamt macht er tatsächlich einen Gewinn, nämlich von $\frac{2}{3}6$ Bezants.

Dann wechselt Leonardo ohne weiteren Kommentar zu einem völlig anderen Aufgaben-typ (Division mit Rest):

Aufgabe:
Gesucht ist eine Zahl, die durch 7 teilbar ist, aber bei Division durch 2, 3, 4, 5, 6 jeweils den Rest 1 lässt.

Lösung: Das kleinste gemeinsame Vielfache von 2, 3, 4, 5, 6 ist 60; daher betrachtet er die Vielfachen von 60, die jeweils erhöht um 1 durch 7 teilbar sein

(Fortsetzung)

sollen, bis er zur Zahl 301 gelangt, welches die kleinstmögliche Zahl ist, die die Bedingungen erfüllt. Leonardo stellt fest, dass auch jede Zahl, die man erhält, wenn man zu 301 ein Vielfaches von 420 ($= kgV(2,3,4,5,6,7)$) addiert, die Bedingungen erfüllt.

Damit nicht genug: 25201 ist die kleinste natürliche Zahl, die bei der Division durch 2, 3, 4, ..., 10 den Rest 1 lässt und durch 11 teilbar ist. 698377681 ist die kleinste natürliche Zahl, die bei der Division durch 2, 3, 4, ..., 22 den Rest 1 lässt und durch 23 teilbar ist.

Aufgabe:
Gesucht ist eine Zahl, die durch 7 teilbar ist, aber bei Division durch 2, 3, 4, 5, 6 die Reste 1, 2, 3, 4, 5 lässt.

Lösung: Auch diesmal geht Leonardo von 60 aus, was vermindert um 1 bei der Division durch 2, 3, 4, 5, 6 die Reste 1, 2, 3, 4, 5 lässt, selbst aber nicht durch 7 teilbar ist. Die gesuchte Bedingung wird von dem Doppelten von 60, also 120, vermindert um 1 erfüllt.

Und weiter: 2519 ist durch 11 teilbar, lässt aber bei der Division durch 2, 3, 4, ..., 10 die Reste 1, 2, 3, ..., 9. 4655851199 ist durch 23 teilbar, lässt aber bei der Division durch 2, 3, 4, ..., 22 die Reste 1, 2, 3, ..., 21.

Und wieder wechselt Leonardo das Thema:

Aufgabe:
Zwei Männer, von denen einer drei Brote und der andere zwei Brote hatten, luden bei einer Rast an einem Brunnen einen vorbeikommenden Soldaten ein, mit ihnen zu essen. Jeder von ihnen aß gleich viel. Am Ende gab der Soldat den beiden fünf *Bezants* für seinen Anteil. Da der erste drei Brote mitgebracht hatte und der zweite zwei Brote, nahm sich der erste drei *Bezants* und der zweite zwei *Bezants*. Ist diese Aufteilung *gerecht*?

Lösung: Im ersten Moment wird man vielleicht sagen, dass die Aufteilung der fünf Bezants angemessen erscheint, aber durch das Nachfragen kommen doch Zweifel.

Wenn jeder gleich viel von den fünf Broten gegessen hat, dann bedeutet dies: Jeder hat $5 : 3 = \frac{2}{3}1$ Brote gegessen. Da der erste Mann drei Brote mitgebracht hat, waren das $3 - \frac{2}{3}1 = \frac{4}{3}$ Brote von ihm und $2 - \frac{2}{3}1 = \frac{1}{3}$ Brote vom zweiten Mann. Eine Aufteilung der fünf Bezants im Verhältnis 4:1 wäre also angemessener.

Als Nächstes teilt Leonardo mit, was **vollkommene Zahlen** sind und wie man sie findet (so wie es bei Euklid im 9. Buch seiner *Elemente* angegeben ist):

Man betrachte die Folge der Zweierpotenzen: Vermindert man eine solche Zahl um 1 und ist dies eine Primzahl, dann ist das halbe Produkt der Zweierpotenz mit dieser Primzahl eine vollkommene Zahl.

Beispiele:

$\left(\frac{1}{2} \cdot 4\right) \cdot (4 - 1) = 2 \cdot 3 = 6 = 1 + 2 + 3,$

$\left(\frac{1}{2} \cdot 8\right) \cdot (8 - 1) = 4 \cdot 7 = 28 = 1 + 2 + 4 + 7 + 14,$

$\left(\frac{1}{2} \cdot 32\right) \cdot (32 - 1) = 16 \cdot 31 = 496 = 1 + 2 + 4 + 8 + 16 + 31 + 62 + 124 + 248$

Und dann kommt sie endlich, die berühmteste Aufgabe des Buches ...

Kaninchen-Problem

Ein Mann hielt ein Kaninchenpaar in einem Gehege. Man möchte wissen, wie viele Kaninchen innerhalb eines Jahres aus diesem Paar hervorgehen, wenn es deren Natur entspricht, in jedem Monat ein weiteres Paar zu gebären, die im zweiten Monat nach ihrer Geburt selbst gebären können.

Quidam posuit unum par cuniculorum in quodam loco qui erat undique pariete circundatus, ut sciret quot ex eo paria germinarentur in uno anno, cum natura eorum sit per singulum mensem aliud par germinare, et in secundo mense ab eorum nativitate germinant.

Lösung: Leonardo rechnet Monat für Monat die Entwicklung der Anzahl der Kaninchen vor: Nach 1 Monat existiert nur 1 Paar; es wird jetzt fortpflanzungsfähig, sodass am Ende des 2. Monats das erste Nachwuchspaar (Paar 2) zur Welt kommt, also 2 Paare existieren. Das 1. Paar erzeugt dann nach einem weiteren Monat wieder ein Kaninchenpaar (Paar 3) – zusammen gibt es am Ende des 3. Monats dann 3 Paare; jetzt ist auch Paar 2 fortpflanzungsfähig. Paar 2 bringt am Ende des 4. Monats ein Kaninchenpaar zur Welt (Paar 5), ebenfalls das 1. Paar; dann leben also 5 Paare usw. (Abb. 6.1).

Am Ende stellt er fest, dass sich die Gesamtzahl der Kaninchen nach irgendeinem Monat genau aus der Summe der Anzahlen der beiden Vormonate ergibt, was wir heute mithilfe der Rekursionsformel $f_{n+1} = f_n + f_{n-1}$ beschreiben.

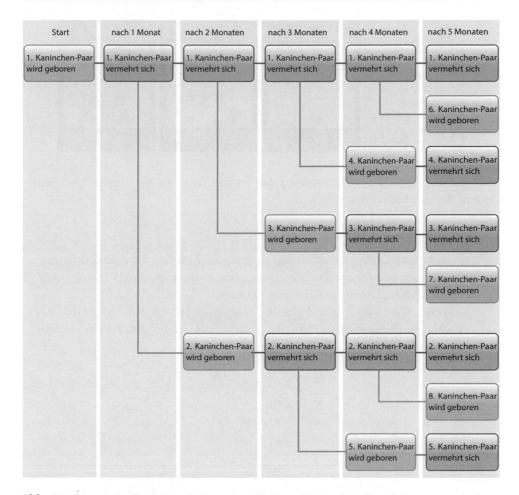

Abb. 6.1 Lösung des Kaninchenproblems (aus *Mathematik ist schön*, Kap. 3.5)

Damit ist das Thema für ihn beendet – es ist für Leonardo nur *ein* Problem unter vielen. Darüber hinausgehende Zusammenhänge und Theorien wurden erst Jahrhunderte später entdeckt und weiterentwickelt.

Die Bezeichnung **Fibonacci-Folge** für die Folge 1, 1, 2, 3, 5, 8, 13, 21, 34, 55, 89, ... stammt vom französischen Mathematiker **Edouard Lucas** (1842–1891), Autor der *Récréations mathématiques* und Erfinder des Spiels *Türme von Hanoi*.

Eine der Besonderheiten der Fibonacci-Zahlen ist, dass die Quotienten je zweier aufeinanderfolgender Zahlen eine Folge bilden, deren Werte abwechselnd größer bzw. kleiner werden und einen Grenzwert einschachteln; dieser Grenzwert ist das Verhältnis des sog. *Goldenen Schnitts*: $\Phi = \frac{1}{2} \cdot \left(1 + \sqrt{5}\right) = 1{,}61803398 \ldots$

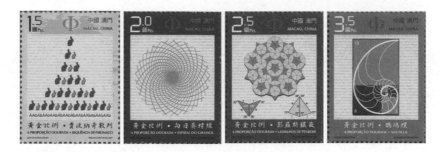

Das nächste Problem in Leonardos *Liber Abbaci* führt auf ein lineares Gleichungssystem, das sich leicht lösen lässt:

Aufgabe:
Von vier Männern hatten die ersten drei zusammen 27 Denare, der zweite, dritte und vierte zusammen 31 Denare, der dritte, vierte und erste zusammen 34 Denare sowie der vierte, erste und zweite zusammen 37 Denare.

Lösung: Addiert man alle Angaben, dann ergeben sich 129 Denare für das Dreifache des Gesamtbetrags der vier Männer, denn jeder wird genau dreimal genannt:

$$a_1 + a_2 + a_3 = 27$$
$$a_2 + a_3 + a_4 = 31$$
$$a_3 + a_4 + a_1 = 34$$
$$a_4 + a_1 + a_2 = 37$$

$$3a_1 + 3a_2 + 3a_3 + 3a_4 = 129$$
$$a_1 + a_2 + a_3 + a_4 = 43$$

Hieraus ergibt sich dann

$$a_4 = (a_1 + a_2 + a_3 + a_4) - (a_1 + a_2 + a_3) = 43 - 27 = 16$$
$$a_3 = (a_1 + a_2 + a_3 + a_4) - (a_4 + a_1 + a_2) = 43 - 31 = 12$$
$$a_2 = (a_1 + a_2 + a_3 + a_4) - (a_3 + a_4 + a_1) = 43 - 34 = 9$$
$$a_1 = (a_1 + a_2 + a_3 + a_4) - (a_2 + a_3 + a_4) = 43 - 37 = 6$$

Eine Variation der Aufgabenstellung führt auf das lineare Gleichungssystem

$$a_1 + a_2 = 27$$
$$a_2 + a_3 = 31$$
$$a_3 + a_4 = 34$$
$$a_4 + a_1 = 37$$

Dieses ist nicht lösbar, denn aus der ersten und der dritten Gleichung ergibt sich als Gesamtbetrag 61 und aus der zweiten und der vierten Gleichung der Gesamtbetrag 68. Wenn man eine der vier Bedingungen passend abändert (z. B. $a_4 + a_1 = 30$), ergibt sich ein lösbares Gleichungssystem. Für $a_4 + a_1 = 30$ existieren dann 26 Lösungsquadrupel (1 ; 26; 5; 29), (2 ; 25; 6; 28), . . ., (26; 1; 30; 4).

Leonardo variiert nun die Aufgabenstellung: Fünf Gleichungen mit fünf Variablen, wovon – in zyklischer Reihenfolge – jeweils vier in einer Gleichung auftreten, und dann auch ein System mit jeweils drei Variablen in einer Gleichung:

Beispiel

$a_1 + a_2 + a_3 = 27$	$a_4 + a_5 = 29$	$a_1 = 8$
$a_2 + a_3 + a_4 = 31$	$a_1 + a_5 = 25$	$a_2 = 14$
$a_3 + a_4 + a_5 = 34 \rightarrow a_1 + a_2 + a_3 + a_4 + a_5 = 56 \rightarrow a_1 + a_2 = 22 \rightarrow a_3 = 5$		
$a_4 + a_5 + a_1 = 37$	$a_2 + a_3 = 19$	$a_4 = 12$
$a_5 + a_1 + a_2 = 39$	$a_3 + a_4 = 17$	$a_5 = 17$

Bei den nächsten Aufgaben geht es um Gefäße, deren Volumen wie folgt beschrieben wird:

Aufgabe:
Das Volumen des ersten Gefäßes beträgt ein Achtzehntel des Volumens des zweiten Gefäßes plus ein Drittel des Volumens des dritten Gefäßes. Das Volumen des zweiten Gefäßes ist gleich dem Volumen des dritten Gefäßes vermindert um ein Fünftel des Volumens des ersten Gefäßes. Das Volumen des dritten Gefäßes ist gleich dem Volumen des zweiten Gefäßes plus ein Fünftel des Volumens des ersten Gefäßes.

(Fortsetzung)

Lösung: Da die letzten beiden Bedingungen übereinstimmen, handelt es sich um ein lineares Gleichungssystem mit zwei Gleichungen und drei Variablen. Leonardo ermittelt die kleinstmöglichen ganzzahligen Volumina: $V_1 = 15$, $V_2 = 36$, $V_3 = 39$.

Bei der nächsten Aufgabe handelt es sich um vier Gefäße, zwischen deren Volumina die folgenden Bedingungen gelten:

$$V_1 = \tfrac{1}{3} \ V_2 + \tfrac{1}{4} \ V_3 + \tfrac{1}{5} \ V_4$$
$$V_2 = \tfrac{1}{4} \ V_3 + \tfrac{1}{5} \ V_4 + \tfrac{1}{6} \ V_1$$
$$V_3 = \tfrac{1}{5} \ V_4 + \tfrac{1}{6} \ V_1 + \tfrac{1}{7} \ V_2$$

Durch Einsetzen bestimmt Leonardo schrittweise die kleinstmöglichen ganzzahligen Volumina: $V_1 = 120$, $V_2 = 105$, $V_3 = 96$, $V_4 = 305$.

Für die Lösung der nächsten vier Aufgaben benötigt Leonardo fünfzehn Seiten. Dabei handelt es sich um vier bzw. drei Personen, die einander nach komplizierten Regeln Geld schenken bzw. untereinander aufteilen; und wieder spielen Brüche mit aufsteigendem Zähler bzw. Nenner eine Rolle. Auch hier geht es im Prinzip um die Lösung von linearen Gleichungssystemen.

Dann erscheinen Aufgaben, die nichts mit den vorherigen zu tun haben: Es geht um die Darstellbarkeit von Zahlen

Aufgabe:
Ein Händler hat in seinem Geschäft vier Gewichtsstücke, mit denen er jedes ganzzahlige Gewicht bis 40 Pfund auswiegen kann. Welches sind diese Gewichtsstücke?
Lösung: Als Gewichtsstücke genügen die mit einem Gewicht von 1, 3, 9 und 27 Pfund, die auf die beiden Schalen einer Balkenwaage gelegt werden müssen.

Das Problem steht im Zusammenhang mit der eindeutigen Darstellbarkeit von Zahlen im Ternärsystem.

Aufgabe:
Ein Mann soll für eine Arbeit 30 Tage lang jeweils eine Silbermünze erhalten, die an ihn nach jedem Tag ausgezahlt werden soll. Der Arbeitgeber hat aber für die Auszahlung des Lohns nur fünf verschiedene Münzen, die zusammen den Lohn

(Fortsetzung)

für die 30 Tage ergeben. Welchen Wert haben diese fünf Münzen und wie kann die Auszahlung erfolgen?

Lösung: Die Münzen haben den Wert 1, 2, 4, 8 und 15. Für die Auszahlung des Lohns am zweiten Tag muss der Mann die Münze vom Wert 1 vom ersten Tag zurückgeben und erhält dann die Münze vom doppelten Wert. Entsprechendes muss für jeden weiteren Tag überlegt werden.

Das Problem steht also im Zusammenhang mit der eindeutigen Darstellbarkeit von Zahlen im Dualsystem.

Aufgabe: Zwei Männer bieten auf einem Markt Äpfel zum Verkauf an, der eine 10, der andere 30 – beide zum gleichen Preis. Nachdem sie einige ihrer Äpfel verkauft hatten, gehen sie auf einen anderen Marktplatz, wo sie ihre restlichen Äpfel verkaufen; auch hier verkaufen beide zum gleichen Preis. Am Ende hatten beide gleich viel eingenommen. Zu welchem Preis haben sie ihre Äpfel jeweils verkauft? Und wie viele Äpfel haben die beiden jeweils verkauft?

Leonardo zeigt, wie man Lösungen für dieses diophantische Problem findet.

Und zum Abschluss präsentiert Leonardo noch ein lineares Gleichungssystem, für das er das kleinste ganzzahlige Lösungsquintupel (4730; 8665; 5682; 12718; 10280) bestimmt:

$$x_1 + x_2 + x_3 = \left(1 + \tfrac{1}{2}\right) \cdot x_4$$
$$x_1 + x_3 + x_4 = \left(2 + \tfrac{1}{4}\right) \cdot x_5$$
$$x_1 + x_4 + x_5 = \left(3 + \tfrac{1}{5}\right) \cdot x_2$$
$$x_1 + x_5 + x_2 = \left(4 + \tfrac{1}{6}\right) \cdot x_3$$

Auch der **achte Abschnitt** des zwölften Kapitels enthält eine Fülle von Aufgaben – diesmal geht es um das **Erraten von Zahlen**.

Beispiel 1:
Denke dir eine Zahl. Bilde die Hälfte der gedachten Zahl und addiere sie zu der gedachten Zahl. Wenn die Hälfte der gedachten Zahl keine ganze Zahl ist, dann runde die Summe zur nächstgrößeren natürlichen Zahl auf und sage Bescheid, ob du aufgerundet hast. Von dieser Zahl bilde noch einmal die Hälfte und addiere sie, ggf.

(Fortsetzung)

mit Aufrunden und Bescheidgeben. Nun sage mir, wie oft die Zahl 9 in der zuletzt erhaltenen Zahl aufgeht; dann kann ich dir sagen, welche Zahl du dir ausgedacht hast.

Lösung: Die zu ratende Zahl ergibt sich, indem man die zuletzt genannte Zahl mit 4 multipliziert und dann 1 addiert, wenn beim ersten Mal aufgerundet werden musste, und 2 addiert, wenn beim zweiten Mal aufgerundet werden musste (ggf. auch beides).

ausgedachte Zahl	25	34	19	28
die Hälfte dazu ggf. nach Aufrunden*	38*	51	29*	42
die Hälfte dazu ggf. nach Aufrunden*	57	77*	44*	63
ganzzahlige Division durch 9	6	8	4	7
Rechnung	$6 \cdot 4 + 1 + 0 = 25$	$8 \cdot 4 + 0 + 2 = 34$	$4 \cdot 4 + 1 + 2 = 19$	$7 \cdot 4 + 0 + 0 = 28$

Die Regel kann auch so abgeändert werden, dass ggf. zur nächstkleineren natürlichen Zahl abgerundet werden soll. Wenn dann beim ersten Mal abgerundet wird, addiere am Ende 3, wenn beim zweiten Mal abgerundet wird, addiere 2, und wenn beides Mal abgerundet wird, addiere 1.

ausgedachte Zahl	25	34	19	28
die Hälfte dazu ggf. nach Aufrunden*	37*	51	28*	42
die Hälfte dazu ggf. nach Aufrunden*	55*	76*	42	63
ganzzahlige Division durch 9	6	8	4	7
Rechnung	$6 \cdot 4 + 1 = 25$	$8 \cdot 4 + 2 = 34$	$4 \cdot 4 + 3 = 19$	$7 \cdot 4 + 0 = 28$

Beispiel 2:

Denke dir eine Zahl, die kleiner als 105 ist. Dividiere diese Zahl nacheinander durch 3, durch 5 und durch 7 und nenne mir jeweils die Reste bei der Division. Dann kann ich dir sagen, welche Zahl du dir ausgedacht hast.

Lösung: Die gesuchte Zahl erhält man, indem man den Rest bei der Division durch 3 mit 70 multipliziert, den Rest bei der Division durch 5 mit 21 multipliziert und den Rest bei der Division durch 7 mit 15 multipliziert, anschließend Vielfache von 105 subtrahiert.

Beispiel 3:
Denke dir eine Zahl, die kleiner als 315 ist. Dividiere diese Zahl nacheinander durch 5, durch 7 und durch 9 und nenne mir jeweils die Reste bei der Division. Dann kann ich dir sagen, welche Zahl du dir ausgedacht hast.

Lösung: Die gesuchte Zahl erhält man, indem man den Rest bei der Division durch 5 mit 126 multipliziert, den Rest bei der Division durch 7 mit 225 multipliziert und den Rest bei der Division durch 9 mit 280 multipliziert, anschließend Vielfache von 315 subtrahiert.

Beispiel 4:
Denke dir eine Zahl. Verdopple sie und addiere 5, dann multipliziere das Ergebnis mit 5 und addiere 10. Multipliziere dann das Ergebnis mit 10 und sage mir, welches Ergebnis du hast.

Lösung: Die gesuchte Zahl erhält man, indem man von der angegebenen Zahl 350 subtrahiert und nur die Hunderter beachtet.

Beispiel 5:
Wirf drei Würfel. Verdopple die Augenzahl des ersten Würfels und addiere 5, dann multipliziere das Ergebnis mit 5 und addiere 10 sowie die Augenzahl des zweiten Würfels. Multipliziere dann das Ergebnis mit 10 und addiere die Augenzahl des dritten Würfels. Nenne mir dein Ergebnis.

Lösung: Die gesuchte Zahl erhält man, indem man von der angegebenen Zahl 350 subtrahiert. Die Ziffern dieser Zahl geben die drei Augenzahlen an.

Beispiel 6:
Denke dir eine Zahl und zerlege sie in zwei Summanden. Verdopple den ersten Summanden und addiere das Produkt aus der zu ratenden Zahl und dem zweiten Summanden. Subtrahiere von dem Produkt aus der zu ratenden Zahl und dem Nachfolger der zu ratenden Zahl die zuletzt berechnete Summe. Dividiere diese Differenz durch den Vorgänger der zu ratenden Zahl. Dann erhältst du als Ergebnis den ersten Summanden und als Rest der Division den zweiten Summanden.

Lösung: Wenn beispielsweise die zu erratende Zahl 37 ist, dann kann man diese in die Summanden 16 und 21 zerlegen. Dann rechne wie folgt:

$$16 \cdot 2 + 37 \cdot 21 = 32 + 777 = 809; 37 \cdot 38 - 809 = 597; 597 : 36 = 16 \text{ Rest } 21.$$

Danach folgen mehrere Aufgaben, bei denen eine gedachte Zahl in drei, vier oder fünf Summanden unterteilt werden soll.

Aufgabe:

Von drei Männern hat einer Gold, ein anderer Silber und der dritte hat Zinn. Es soll geraten werden, wer welches Metall hat.

Lösung: Man ordnet den drei Männern willkürlich die Nummern 1, 2 und 3 zu und gibt die folgende Anweisung: Derjenige, der Gold hat, soll die ihm zugewiesene Nummer verdoppeln; derjenige, der Silber hat, soll die ihm zugewiesene Nummer mit 9 multiplizieren, und der dritte soll die ihm zugewiesene Nummer mit 10 multiplizieren.

Wenn man dann die Summe der drei Produkte erfragt hat, geht man wie folgt vor: Ziehe diese Summe von 60 ab und dividiere durch 8.

Als (ganzzahliges) Ergebnis erhält man dann die Nummer, die der Person mit dem Gold zugewiesen wurde, und der Rest der Division durch 8 ergibt die Nummer der Person mit dem Silber.

	zugeteilte Nummer					
Gold	1	1	2	2	3	3
Silber	2	3	1	3	1	2
Zinn	3	2	3	1	2	1
berechnete Summe	$2 \cdot 1 + 9 \cdot 2$ $+ 10 \cdot 3 = 50$	$2 \cdot 1 + 9 \cdot 3$ $+ 10 \cdot 2 = 49$	$2 \cdot 2 + 9 \cdot 1$ $+ 10 \cdot 3 = 43$	$2 \cdot 2 + 9 \cdot 3$ $+ 10 \cdot 1 = 41$	$2 \cdot 3 + 9 \cdot 1$ $+ 10 \cdot 2 = 35$	$2 \cdot 3 + 9 \cdot 2$ $+ 10 \cdot 1 = 34$
Differenz zu 60 geteilt durch 8	$10 : 8 =$ **1 Rest 2**	$11 : 8 =$ **1 Rest 3**	$17 : 8 =$ **2 Rest 1**	$19 : 8 =$ **2 Rest 3**	$25 : 8 =$ **3 Rest 1**	$26 : 8 =$ **3 Rest 2**

Leonardo beendet den Abschnitt mit weiteren Beispielen und Ratschlägen, wie man das Zahlenraten durchführen kann.

Im **neunten** Abschnitt des zwölften Kapitels beschäftigt sich Leonardo mit **großen Zahlen**. Zunächst betrachtet er die Felder eines Schachbretts, die mit den Zweierpotenzen 1, 2, 4, 8, . . . belegt werden. Er stellt fest, dass die Zahl in einem Feld um 1 größer ist als die Summe aller Zahlen in den davor liegenden Feldern, d. h., er veranschaulicht die Summenformel einer geometrischen Folge mit $q = 2$:

$$1 + 2 + 4 + 8 + \ldots + 2^{n-1} = 2^n - 1$$

So berechnet er die Summe der Zahlen auf den ersten 16 Feldern, indem er die Zahl auf dem 9. Feld quadriert und 1 subtrahiert, und weiter – durch Quadrieren – die Summe der ersten 32, 64 und sogar 128 Felder, indem er ein zweites Schachbrett hinzunimmt.

Um eine Vorstellung von der Zahl $2^{64} - 1$ zu erhalten, soll sich der Leser zunächst einmal eine Geldkiste mit $2^{16} = 65536$ *Bezants* vorstellen und schließlich dann 65536 Städte mit jeweils 65536 Häusern, in denen jeweils 65536 solcher Geldkisten stehen (in einer der Kisten fehlt eine Münze).

Natürlich darf die Veranschaulichung der Potenz durch Getreidekörner nicht fehlen – er rechnet aus: Wenn diese mit pisanischen Schiffen transportiert werden müssten, dann würde man 1,5 Mrd. solcher Schiffe benötigen.

Weitere Aufgaben handeln beispielsweise von der Verzinsung eines Kapitals in einer gewissen Anzahl von Jahren, wobei Leonardo demonstriert, wie souverän er mit den Potenzgesetzen umgehen kann.

Aufgabe:
Auf welchen Wert wächst ein Kapital von 1 Denar in 100 Jahren, wenn sich das Kapital in 5 Jahren verdoppelt?

Lösung: Leonardo rechnet dies wie folgt aus: $2^{20} = (((2^2)^2 \cdot 2)^2)^2$.

Aufgabe:
Auf welchen Wert wächst ein Kapital von 100 Einheiten in einem Zeitraum von 18 Jahren, wenn in einem Jahr aus 4 Einheiten 5 werden?

Lösung: Leonardo muss also die Zahl $100 \cdot \left(\frac{5}{4}\right)^{18}$ bestimmen. Dabei geht er so vor: Zunächst berechnet er $5^{18} = (((5^2)^2)^2 \cdot 5)^2$. Dann dividiert er das 100-Fache des Ergebnisses 12-mal hintereinander durch 8, denn $4^{18} = 2^{36} = 8^{12}$.

Eine der letzten Aufgaben des Kapitels ist das **Reisenden-Problem**:

Aufgabe:
Ein Mann hatte 100 *Bezants*, bevor er eine Reise durch zwölf Städte machte, wo er jeweils ein Zehntel seines Geldes ausgab. Wie viel blieb ihm nach Abschluss seiner Reise? Wie viel gab er in den einzelnen Städten aus und wie viel blieb ihm jeweils danach?

(Fortsetzung)

Lösung: Um die erste Frage zu beantworten, berechnet Leonardo die 9er-Potenz $9^{12} = (((9^2) \cdot 9)^2)^2 = 282439536481$, d. h., es bleibt dem Mann ein Betrag von $\frac{9}{10}\,\frac{1}{10}\,\frac{5}{10}\,\frac{3}{10}\,\frac{6}{10}\,\frac{4}{10}\,\frac{0}{10}\,\frac{7}{10}\,\frac{5}{10}\,\frac{7}{10}$ 71 *Bezants*.

Die Beantwortung der zweiten und dritten Frage nutzt er dann noch einmal, um das Rechnen mit gemischten Brüchen zu üben und zu erläutern. Schließlich erhält er die in Abb. 6.2 abgedruckte Tabelle.

Kap. 13 des Liber Abbaci beschäftigt sich mit dem **doppelt falschen Ansatz**, für den Leonardo den arabischen Namen *elchataym* angibt.

Mit dieser Methode lassen sich – sagt Leonardo – *fast* alle Mathematikaufgaben lösen.

Das Kapitel beginnt mit einer einfachen Dreisatzaufgabe, die Leonardo aufwendig löst, um die Vorgehensweise zu verdeutlichen:

Bezants, die jeweils übrig blieben	Bezants, die er jeweils ausgab
100	
90	10
81	9
$\frac{9}{10}72$	$\frac{1}{10}8$
$\frac{1\ 6}{10\ 10}65$	$\frac{9\ 2}{10\ 10}7$
$\frac{9\ 4\ 0}{10\ 10\ 10}59$	$\frac{1\ 6\ 5}{10\ 10\ 10}6$
$\frac{1\ 4\ 41}{10\ 10\ 10\ 10}53$	$\frac{9\ 4\ 0\ 9}{10\ 10\ 10\ 10}5$
$\frac{9\ 6\ 9\ 2\ 8}{10\ 10\ 10\ 10\ 10}47$	$\frac{1\ 4\ 4\ 13}{10\ 10\ 10\ 10\ 10}5$
$\frac{1\ 2\ 7\ 6\ 4\ 0}{10\ 10\ 10\ 10\ 10\ 10}43$	$\frac{9\ 6\ 9\ 2\ 8\ 7}{10\ 10\ 10\ 10\ 10\ 10}4$
$\frac{9\ 8\ 4\ 0\ 2\ 4\ 7}{10\ 10\ 10\ 10\ 10\ 10\ 10}38$	$\frac{1\ 2\ 7\ 6\ 4\ 03}{10\ 10\ 10\ 10\ 10\ 10\ 10}4$
$\frac{1\ 0\ 4\ 4\ 8\ 7\ 68}{10\ 10\ 10\ 10\ 10\ 10\ 10\ 10}34$	$\frac{9\ 8\ 4\ 0\ 2\ 4\ 78}{10\ 10\ 10\ 10\ 10\ 10\ 10\ 10}3$
$\frac{9\ 0\ 6\ 9\ 5\ 0\ 1\ 83}{10\ 10\ 10\ 10\ 10\ 10\ 10\ 10\ 10}31$	$\frac{1\ 0\ 4\ 4\ 8\ 7\ 6\ 84}{10\ 10\ 10\ 10\ 10\ 10\ 10\ 10\ 10}3$
$\frac{1\ 8\ 4\ 6\ 3\ 5\ 9\ 2\ 42}{10\ 10\ 10\ 10\ 10\ 10\ 10\ 10\ 10\ 10}28$	$\frac{9\ 0\ 6\ 9\ 5\ 0\ 1\ 83\ 1}{10\ 10\ 10\ 10\ 10\ 10\ 10\ 10\ 10\ 10}3$

Abb. 6.2 Ein Mann, der durch zwölf Städte reiste

Aufgabe:

100 Pfund einer Ware kosten 13 £ (= 260 *Soldi*). Was kostet 1 Pfund der Ware?

Lösungen:

- *Beide Ansätze zu niedrig*:

  Beim ersten falschen Ansatz wird geprüft, ob 1 Pfund vielleicht 1 Soldo kostet. Wenn dies stimmt, dann würden die 100 Pfund 100 Soldi (= 5 £) kosten; dies wären 8 £ zu wenig.

  Beim zweiten falschen Ansatz wird geprüft, ob 1 Pfund vielleicht 2 Soldi kostet. Wenn dies stimmt, dann würden die 100 Pfund 200 Soldi (= 10 £) kosten; dies wären immer noch 3 £ zu wenig.

  Dadurch, dass wir im Ansatz für den Preis von 1 Pfund um $\Delta a_1 = 1\ Soldo = 12$ *Denare* erhöht haben, haben sich die Gesamtkosten für die 100 Pfund um $\Delta p_1 = 5$ £ vergrößert.

  Im nächsten Schritt wird dann ermittelt, um wie viel man den Ansatz Δa_2 für 1 Pfund der Ware erhöhen muss, damit sich die Gesamtkosten für 100 Pfund um $\Delta p_2 = 3$ £ erhöhen.

$\Delta a_1 = 12$ Denare	$\Delta p_1 = 5$ £
$\Delta a_2 = \frac{1}{5}7$ Denare	$\Delta p_2 = 3$ £

  Gemäß dem im 8. Kapitel vermittelten Verfahren (einfacher Dreisatz) ergibt sich dann, dass der zweite Ansatz noch einmal um $\Delta a_2 = \frac{1}{5}7$ Denare erhöht werden muss, d. h., 1 Pfund der Ware kostet also 2 Soldi und $\frac{1}{5}7$ Denare.

- *Beide Ansätze zu hoch*:

  Beim ersten falschen Ansatz wird geprüft, ob 1 Pfund vielleicht 4 Soldi kostet. Wenn dies stimmt, dann würden die 100 Pfund 400 Soldi (= 20 £) kosten; dies wären 7 £ zu viel.

  Beim zweiten falschen Ansatz wird geprüft, ob 1 Pfund vielleicht 3 Soldi kostet. Wenn dies stimmt, dann würden die 100 Pfund 300 Soldi (= 15 £) kosten; dies wären immer noch 2 £ zu viel.

  Dadurch, dass wir im Ansatz für den Preis von 1 Pfund um $\Delta a_1 = 1\ Soldo = 12$ *Denare* verringert haben, haben sich die Gesamtkosten für die 100 Pfund um $\Delta p_1 = 5$ £ verkleinert.

(Fortsetzung)

Im nächsten Schritt wird dann ermittelt, um wie viel man den Ansatz Δa_2 für 1 Pfund der Ware verkleinern muss, damit sich die Gesamtkosten für 100 Pfund um $\Delta p_2 = 2$ £ verringern.

$\Delta a_1 = 12\,\text{Denare}$	$\Delta p_1 = 5$ £
$\Delta a_2 = \frac{4}{5}4\,\text{Denare}$	$\Delta p_2 = 2$ £

Hieraus folgt, dass der zweite Ansatz noch einmal um $\Delta a_2 = \frac{4}{5}4$ Denare verkleinert werden muss, d. h., auch hier ergibt sich, dass 1 Pfund der Ware 2 Soldi und $\frac{1}{5}7$ Denare kostet.

- *Ein Ansatz zu niedrig und der andere Ansatz zu hoch*:

  Beim ersten falschen Ansatz wird geprüft, ob 1 Pfund vielleicht 2 Soldi kosten. Wenn dies stimmt, dann würden die 100 Pfund 200 Soldi (= 10 £) kosten; dies wären 3 £ zu wenig.

  Beim zweiten falschen Ansatz wird geprüft, ob 1 Pfund vielleicht 3 Soldi kostet. Wenn dies stimmt, dann würden die 100 Pfund 300 Soldi (= 15 £) kosten; dies wären 2 £ zu viel.

  Auch hier gilt: Dadurch, dass wir im Ansatz für den Preis von 1 Pfund um $\Delta a_1 = 1$ *Soldo* = 12 *Denare* erhöht haben, haben sich die Gesamtkosten für die 100 Pfund um $\Delta p_1 = 5$ £ vergrößert. Im nächsten Schritt kann man ausrechnen, um wie viel man den Ansatz Δa_2 für 1 Pfund der Ware erhöhen muss, damit sich die Gesamtkosten für 100 Pfund um $\Delta p_2 = 3$ £ erhöhen, oder alternativ um wie viel man den Ansatz Δa_2 für 1 Pfund der Ware verringern muss, damit die Gesamtkosten für 100 Pfund um $\Delta p_2 = 2$ £ kleiner werden.

  Leonardo veranschaulicht die Vorgehensweise zusätzlich mithilfe von Strecken, auf denen die Lage eines Punktes zu bestimmen ist. Hierauf gehen wir hier nicht näher ein.

Unter den Aufgaben, die auf diese Einführung folgen, findet man auch eine, die uns einen interessanten Einblick in die Arbeitsverhältnisse des 12./13. Jahrhunderts vermittelt:

Aufgabe:
Ein Arbeiter erhält 7 *Bezants* pro Monat, wenn er an allen Tagen des Monats arbeitet, und er muss 4 *Bezants* an den Arbeitgeber zahlen, wenn er einen Monat lang nicht zur Arbeit erscheint. Angenommen, der Arbeiter erhält nach dem Monat 1 *Bezant* ausgezahlt: An wie vielen Tagen hat er gearbeitet?

(Fortsetzung)

Lösung: Wenn der Arbeiter 20 Tage gearbeitet hat und 10 Tage nicht, dann muss ihm ein Lohn von $\frac{20}{30} \cdot 7 - \frac{10}{30} \cdot 4 = \frac{100}{30} = \frac{1}{3}3$ *Bezants* gezahlt werden; wenn er 15 Tage gearbeitet hat, dann ergibt sich ein Lohn von $\frac{15}{30} \cdot 7 - \frac{15}{30} \cdot 4 = \frac{45}{30} = \frac{1}{2}1$ *Bezants*. Im ersten Fall lag man $\frac{1}{3}2$ *Bezants* über dem angegebenen Monatslohn, im zweiten Fall $\frac{1}{2}$ *Bezant* darüber, d. h., durch die Verminderung der Anzahl der Arbeitstage um $\Delta a_1 = 5$ Tage vermindert sich der Lohn um $\Delta p_1 = \frac{1}{3}3 - \frac{1}{2}1 = \frac{5}{6}1$ *Bezants*. Hieraus ergibt sich dann, dass die Anzahl der Arbeitstage gegenüber dem zweiten Ansatz noch einmal um $\Delta a_2 = \frac{5 \cdot \frac{1}{2}}{\frac{11}{6}} = \frac{4}{11}1$ Tage verringert werden muss, d. h., der Arbeiter hat $\frac{7}{11}13$ Tage gearbeitet.

$\Delta a_1 = 5$ Tage	$\Delta p_1 = \frac{5}{6}1$ Bezants
$\Delta a_2 = \frac{4}{11}1$ Tage	$\Delta p_2 = \frac{1}{2}$ Bezant

Unter den Aufgaben, die folgen, steht auch eine Aufgabe, die bereits weiter oben gestellt wurde:

Aufgabe:

Ein Mann sagt zu einem anderen: Wenn du mir 7 Denare gibst, dann besitze ich fünfmal so viel wie du. Darauf der andere: Und wenn du mir 5 Denare gibst, dann habe ich siebenmal so viel wie du.

Lösung: Leonardo zeigt, was sich für die Anzahl der Bezants des zweiten Manns ergibt, wenn man annimmt, dass der erste Mann 8 Bezants bzw. 13 Bezants besitzt (Wahl dieser Zahlen, damit die Division durch 7 glatt aufgeht). Beim ersten falschen Ansatz ergeben sich zwei Bedingungen für das Vermögen des zweiten Manns, die sich um 6 Bezants unterscheiden, beim zweiten falschen Ansatz um 40 Bezants. Da der zweite Ansatz zu einer größeren Abweichung führt, vertauscht Leonardo die Reihenfolge: Die Verringerung des Ansatzes für den ersten Mann um 5 Bezants bewirkt eine Verringerung der Ergebnisdifferenz für das Vermögen des zweiten Manns um 34 Bezants. (Wir stellen Leonardos langen Text hier in Tabellenform zusammen.)

$a = 8$	$a + 7 = 15$	$b - 7 = 3$	$b = 10$	$a = 13$	$a + 7 = 20$	$b - 7 = 4$	$b = 11$
	$a - 5 = 3$	$b + 5 = 21$	$b = 16$		$a - 5 = 8$	$b + 5 = 56$	$b = 51$
			$\Delta b = 6$				$\Delta b = 40$

(Fortsetzung)

Somit ergibt sich, dass der Ansatz $a = 8$ um $\Delta a = \frac{15}{17}$ verkleinert werden muss, d. h., der erste Mann besitzt $\frac{2}{17}7$ Bezants und folglich der zweite Mann $\frac{14}{17}9$ Bezants.

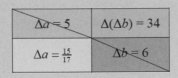

Auch die folgende Aufgabe, die er bereits in Kap. 12 gestellt und für deren Lösung Leonardo im zwölften Kapitel ein lineares Gleichungssystem mit fünf Variablen und vier Gleichungen aufgestellt hatte, lässt sich mithilfe der *elchataym*-Methode lösen:

Aufgabe:
Vier Männer finden eine Geldbörse mit Denaren. Wenn der erste Mann das Geld aus der Geldbörse erhält, dann hat er zweimal so viel wie der zweite. Wenn der zweite das Geld erhält, dann hat er dreimal so viel wie der dritte. Wenn der dritte Mann das Geld erhält, dann hat er viermal so viel wie der vierte. Wenn der vierte das Geld erhält, dann hat er fünfmal so viel wie der erste.

Lösung: Leonardo macht nacheinander die Ansätze: Der erste Mann besitzt $a = 9$ Denare und in der Börse sind $x = 21$ Denare bzw. $x = 27$ Denare, also $\Delta x = 6$. Hieraus ergibt sich für den Wert von $5a$ ein Zuwachs von $\frac{1}{4}8$ Denaren. Um die links stehenden 45 Denare zu erreichen, wird für $5a$ ein weiterer Zuwachs von $\frac{1}{2}7$ Denaren benötigt und somit für x ein Zuwachs von $\frac{\frac{17\cdot6}{2}}{\frac{1}{4}8} = \frac{5}{11}5$.

$a = 9\ (5a = 45)$	$a + x = 30$	$b + x = 36$	$c + x = 33$	$d + x = \frac{1}{4}29$
$x = 21$	$b = 15$	$c = 12$	$d = \frac{1}{4}8$	$5a = \frac{1}{4}29$
$a = 9\ (5a = 45)$	$a + x = 36$	$b + x = 45$	$c + x = \frac{1}{2}37$	$d + x = \frac{1}{2}37$
$x = 27$	$b = 18$	$c = 15$	$d = \frac{1}{2}10$	$5a = \frac{1}{2}37$

Wenn der erste Mann 9 Denare besitzt und in der Geldbörse $\frac{5}{11}5$ Denare sind, dann sind die Bedingungen der Aufgabenstellung erfüllt. Um die Angaben ganzzahlig zu machen, multipliziert man die Werte für a und für x mit 11, und, da beide Produkte durch 3 teilbar sind, kommt man schließlich zu $a = 33$ und $x = 119$ und weiter zu $b = 76$, $c = 65$ sowie $d = 46$ Denaren.

Leonardo zeigt im zweiten Teil der Lösung, dass man genauso gut den Inhalt der Geldbörse beibehalten könnte ($x = 21$) und stattdessen den Ansatz für den Besitz des ersten Manns verändert.

Das Verfahren funktioniert auch bei linearen Gleichungssystemen, die eindeutig lösbar sind:

Aufgabe:
Drei Männer besitzen einige Denare. Wenn der zweite Mann dem ersten 7 Denare gibt, dann hat dieser dreimal so viel wie der zweite. Wenn der dritte Mann dem zweiten 9 Denare gibt, dann hat dieser viermal so viel wie der dritte. Und wenn der erste dem dritten 11 Denare gibt, dann hat dieser fünfmal so viel wie der erste.

Lösung: Nacheinander wird ausgerechnet, was sich aus den Ansätzen $a = 17$ bzw. $a = 14$ ergibt:

$a = 17$	$b - 7 = 8$	$b = 15$	$c - 9 = 6$	$c = 15$	$c + 11 = 26$	$5 \cdot (17 - 11) = 30$	$\Delta = -4$
$a = 14$	$b - 7 = 7$	$b = 14$	$c - 9 = \frac{3}{4}5$	$c = \frac{3}{4}14$	$c + 11 = \frac{3}{4}25$	$5 \cdot (14 - 11) = 15$	$\Delta = +\frac{3}{4}10$

Wenn also a um 3 vermindert wird, dann zeigt sich rechts für den Term $c + 11$ eine Zunahme von $\frac{3}{4}14$. Um hier eine Zunahme von 4 zu erreichen, muss also der erste Ansatz für a um $\frac{3 \cdot 4}{\frac{3}{4}14} = \frac{48}{59}$ vermindert werden, d. h. $a = 17 - \frac{48}{59} = \frac{11}{59}16$ und weiter $b = \frac{43}{59}14$, $c = \frac{55}{59}14$.

Auf den folgenden 20 Seiten greift Leonardo weitere Aufgaben aus früheren Kapiteln auf, variiert teilweise die Aufgabenstellung und löst alles mithilfe der *elchataym*-Methode.

Dass Leonardo auch mit anderen Lösungsverfahren souverän umgehen kann, sei am folgenden (einfachen) Beispiel gezeigt:

Aufgabe:
Zwei Männer besitzen einige Denare. Der erste bittet den zweiten: Wenn du mir ein Drittel deiner Denare gibst, dann habe ich 14 Denare. Der zweite antwortet dem ersten: Und wenn du mir ein Viertel deiner Denare gibst, dann habe ich 17 Denare.

Lösung: Die erste Gleichung des Gleichungssystems formt Leonardo um (mit detaillierten Erläuterungen):

$a + \frac{1}{3}b = 14$, also $\frac{17}{14}a + \frac{17}{42}b = 17$.

Hieraus folgt: $\frac{17}{14}a + \frac{17}{42}b = b + \frac{1}{4}a$, also $\frac{27}{28}a = \frac{25}{42}b$, d. h. $b = \frac{81}{50}a$ und daher $a + \frac{27}{50}a = 14$, also $a = \frac{1}{11}9$ und weiter $b = \frac{8}{11}14$.

6.2.7   Rechnen mit Wurzeln

Im ersten Abschnitt von Kap. 13 erinnert Leonardo an das geometrische Verfahren zur Bestimmung einer (Quadrat-)Wurzel, das auf dem **Höhensatz des Euklid** beruht. Dann erläutert er, wie man einen Näherungswert für eine Wurzel findet.

Im Prinzip wendet er dabei das Verfahren des schriftlichen Wurzelziehens an, das auf der Anwendung der ersten binomischen Formel beruht. Ohne Begründung rechnet er vor, wie man aus der Zerlegung einer Zahl in Quadratzahl plus Rest einen Näherungswert für die betreffende Wurzel aus der Zahl finden kann. Dabei handelt es sich um die Anwendung der sog. **babylonischen Näherungsformel**: $\sqrt{n} = \sqrt{a^2 + r} \approx a + \frac{r}{2 \cdot a}$

(vgl. z. B. *Mathematik ist wunderwunderschön*, Abschn. 7.5).

Beispiele

$$10 = 3^2 + 1 \Rightarrow \sqrt{10} \approx 3 + \frac{1}{2 \cdot 3} = \frac{1}{6} 3$$

$$743 = 27^2 + 14 \Rightarrow \sqrt{743} \approx 27 + \frac{14}{2 \cdot 27} = \frac{7}{27} 27$$

$$8754 = 93^2 + 105 \Rightarrow \sqrt{8754} \approx 93 + \frac{105}{2 \cdot 93} = \frac{35}{62} 93$$

$$72340000 = 8505^2 + 4975 \Rightarrow$$

$$\sqrt{7234} = \frac{1}{100} \cdot \sqrt{72340000} \approx \frac{1}{100} \cdot \left(8505 + \frac{4975}{2 \cdot 8505}\right) \approx 85 + \frac{5}{100} + \frac{1}{400}$$

Im zweiten Abschnitt erinnert Leonardo daran, dass man – gemäß dem 10. Buch der *Elemente* – drei Typen von Zahlen (Euklid betrachtet Streckenlängen) unterscheiden kann:

- rationale Zahlen (*numeri ratiocinati*), deren Quadrat (= Flächeninhalt) auch rational ist,
- einfache irrationale Zahlen, also Wurzeln aus Nicht-Quadratzahlen, deren Quadrat rational ist, sowie
- irrationale Zahlen (*numeri surdi*), deren Quadrat irrational ist, also die Wurzel aus der Wurzel aus Nicht-Quadratzahlen (vierte Wurzeln).

Weiter führt Leonardo den Begriff der Ähnlichkeit von natürlichen Zahlen ein:

- Zwei natürliche Zahlen a und b sind **ähnlich** (*similis*), wenn es zwei natürliche Zahlen u und v gibt, welche die folgende Eigenschaft erfüllen: $a : b = u^2 : v^2$.

Beispiel: Die Zahlen 45 und 80 sind ähnlich, da sie im gleichen Verhältnis stehen wie 3^2 und 4^2, denn $45 = 5 \cdot 3^2$ und $80 = 5 \cdot 4^2$.

Leonardo unterscheidet nun verschiedene Typen von Summentermen, die er als binomische Terme bezeichnet. Warum er die von ihm genannten Eigenschaften zur Unterscheidung heranzieht, zeigt sich anschließend, wenn Wurzeln aus diesen Summen von Wurzeln und natürlichen Zahlen gezogen werden.

- **Typ 1:** $m + \sqrt{n}$ – Summe aus einer natürlichen Zahl und einer Wurzel, wobei das Quadrat der natürlichen Zahl größer ist als der Wurzelradikand, also $m^2 > n$; außerdem gilt: $m^2 - n$ ist eine Quadratzahl.

Beispiel: $4 + \sqrt{7}$ mit $4^2 > 7$ und $4^2 - 7 = 3^2$

- **Typ 2:** $\sqrt{m} + n$ – Summe einer Wurzel und einer natürlichen Zahl, wobei das Quadrat der Wurzel größer ist als das Quadrat der natürlichen Zahl, also $m > n^2$; außerdem gilt: $m - n^2$ ist ähnlich zu m.

Beispiel: $\sqrt{112} + 7$ mit $112 > 49$ und $112 - 49 = 63$ ist ähnlich zu 112 (denn $63 : 112 = 3^2 : 4^2$).

- **Typ 3:** $\sqrt{m} + \sqrt{n}$ – Summe zweier Wurzeln, wobei das Quadrat der ersten Wurzel größer ist als das Quadrat der zweiten Wurzel, also $m^2 > n^2$; außerdem gilt: $m - n$ ist ähnlich zu m.

Beispiel: $\sqrt{112} + \sqrt{84}$ mit $112 > 84$ und $112 - 84 = 28$ ist ähnlich zu 112 (denn $28 : 112 = 1^2 : 2^2$).

- **Typ 4:** $m + \sqrt{n}$ – Summe aus einer natürlichen Zahl und einer Wurzel, wobei das Quadrat der natürlichen Zahl größer ist als der Wurzelradikand, also $m^2 > n$; außerdem gilt: $m^2 - n$ ist *keine* Quadratzahl.

Beispiel: $4 + \sqrt{10}$ mit $4^2 > 10$ und $4^2 - 10 = 6$ (keine Quadratzahl)

- **Typ 5:** $\sqrt{m} + n$ – Summe einer Wurzel und einer natürlichen Zahl, wobei das Quadrat der Wurzel größer ist als das Quadrat der natürlichen Zahl, also $m > n^2$; außerdem gilt: $m - n^2$ ist *nicht* ähnlich zu m.

Beispiel: $\sqrt{20} + 3$ mit $20 > 9$ und $20 - 9 = 11$ ist nicht ähnlich zu 20.

- **Typ 6:** $\sqrt{m} + \sqrt{n}$ – Summe zweier Wurzeln, wobei das Quadrat der ersten Wurzel größer ist als das Quadrat der zweiten Wurzel, also $m^2 > n^2$; außerdem gilt: $m - n$ ist *nicht* ähnlich zu m.

Beispiel: $\sqrt{20} + \sqrt{8}$ mit $20 > 8$ und $20 - 8 = 12$ ist nicht ähnlich zu 20.

Nunmehr macht Leonardo allgemeine Aussagen über die Wurzeln aus solchen Termen. Hierbei spielen die folgenden beiden Wurzelidentitäten eine wichtige Rolle:

Wurzelidentitäten

$$\sqrt{\sqrt{m} + \sqrt{n}} = \sqrt{\frac{\sqrt{m} + \sqrt{m-n}}{2}} + \sqrt{\frac{\sqrt{m} - \sqrt{m-n}}{2}} \quad \text{und}$$

$$\sqrt{\sqrt{m} - \sqrt{n}} = \sqrt{\frac{\sqrt{m} + \sqrt{m-n}}{2}} - \sqrt{\frac{\sqrt{m} - \sqrt{m-n}}{2}}$$

Für die Wurzeln aus den verschiedenen Typen von Binomen gilt:
Die Wurzel aus einem Binom vom Typ 1 ist ein Binom von einem der sechs genannten Typen.

Beispiel: $\sqrt{4 + \sqrt{7}} = \sqrt{\frac{4 + \sqrt{16-7}}{2}} + \sqrt{\frac{4 - \sqrt{16-7}}{2}} = \sqrt{\frac{4+3}{2}} + \sqrt{\frac{4-3}{2}} = \sqrt{\frac{7}{2}} + \sqrt{\frac{1}{2}}$

Die Wurzel aus einem Binom vom Typ 2 ist eine Summe von zwei Wurzeltermen, deren Produkt rational ist.

Beispiel: $\sqrt{\sqrt{112} + 7} = \sqrt{\frac{\sqrt{112} + \sqrt{112-49}}{2}} + \sqrt{\frac{\sqrt{112} - \sqrt{112-49}}{2}} = \sqrt{\frac{4\sqrt{7} + 3\sqrt{7}}{2}} + \sqrt{\frac{4\sqrt{7} - 3\sqrt{7}}{2}} = \sqrt{\frac{7\sqrt{7}}{2}} + \sqrt{\frac{\sqrt{7}}{2}}$ mit $\sqrt{\frac{7\sqrt{7}}{2}} \cdot \sqrt{\frac{\sqrt{7}}{2}} = \sqrt{\frac{49}{4}} = \frac{7}{2}$

Die Wurzel aus einem Binom vom Typ 3 ist eine Summe von zwei Wurzeltermen, deren Produkt eine (einfache) Quadratwurzel ist.

Beispiel: $\sqrt{\sqrt{112}+\sqrt{84}} = \sqrt{\frac{\sqrt{112}+\sqrt{28}}{2}} + \sqrt{\frac{\sqrt{112}-\sqrt{28}}{2}} = \sqrt{\frac{4\sqrt{7}+2\sqrt{7}}{2}} + \sqrt{\frac{4\sqrt{7}-2\sqrt{7}}{2}} =$ $\sqrt{3\sqrt{7}} + \sqrt{\sqrt{7}}$ mit $\sqrt{3\sqrt{7}} \cdot \sqrt{\sqrt{7}} = \sqrt{21}$

Die Wurzel aus einem Binom vom Typ 4 ist eine Summe von zwei Wurzeltermen.

Beispiel: $\sqrt{4+\sqrt{10}} = \sqrt{\frac{4+\sqrt{6}}{2}} + \sqrt{\frac{4-\sqrt{6}}{2}}$ mit $\sqrt{\frac{4+\sqrt{6}}{2}} \cdot \sqrt{\frac{4-\sqrt{6}}{2}} = \sqrt{\frac{5}{2}}$

Die Wurzel aus einem Binom vom Typ 5 ist eine Summe von zwei Wurzeltermen, deren Produkt eine rationale Zahl ist.

Beispiel: $\sqrt{\sqrt{20}+3} = \sqrt{\frac{\sqrt{20}+\sqrt{11}}{2}} + \sqrt{\frac{\sqrt{20}-\sqrt{11}}{2}}$ mit $\sqrt{\frac{\sqrt{20}+\sqrt{11}}{2}} \cdot \sqrt{\frac{\sqrt{20}-\sqrt{11}}{2}} = \sqrt{\frac{9}{4}} = \frac{3}{2}$

Die Wurzel aus einem Binom vom Typ 6 ist eine Summe von zwei Wurzeltermen, deren Radikanden aus einer Summe bzw. einer Differenz zweier Wurzeln aus natürlichen Zahlen bestehen.

Beispiel: $\sqrt{\sqrt{20}+\sqrt{8}} = \sqrt{\frac{\sqrt{20}+\sqrt{12}}{2}} + \sqrt{\frac{\sqrt{20}-\sqrt{8}}{2}} = \sqrt{\sqrt{5}+\sqrt{3}} + \sqrt{\sqrt{5}-\sqrt{3}}$

Auf ähnliche Weise ergeben sich Aussagen über Wurzeln, in deren Radikanden Differenzen stehen.

Als Nächstes begründet Leonardo Gesetze für das Multiplizieren von Wurzeln, dabei verwendet er die (geometrischen) Argumente Euklids aus dem 10. Buch der *Elemente*.

Multiplikation von (Quadrat-)Wurzeln

Das n-Fache einer (Quadrat-)Wurzel ist gleich der (Quadrat-)Wurzel aus dem Quadrat des Faktors multipliziert mit dem Radikanden: $n \cdot \sqrt{m} = \sqrt{n^2 \cdot m}$ (analog: $n \cdot \sqrt{\sqrt{m}} = \sqrt{\sqrt{n^4 \cdot m}}$).

Das Produkt zweier (Quadrat-)Wurzeln ist gleich der (Quadrat-)Wurzel aus dem Produkt der Radikanden: $\sqrt{m} \cdot \sqrt{n} = \sqrt{m \cdot n}$.

Beim Multiplizieren von (Quadrat-)Wurzeln können verschiedene Fälle eintreten: Das Ergebnis ist eine natürliche Zahl oder das Ergebnis ist eine Quadratwurzel aus einer Zahl.

Der erste Fall tritt ein, wenn die beiden Radikanden zueinander ähnlich sind; dies erkennt man auch, wenn man den Quotienten der beiden Radikanden betrachtet.

Beispiele: $\sqrt{40} \cdot \sqrt{90} = \sqrt{3600} = 60$ mit $\frac{\sqrt{40}}{\sqrt{90}} = \sqrt{\frac{4}{9}} = \frac{2}{3}$, $\quad \sqrt{30} \cdot \sqrt{40} = \sqrt{1200}$

Beim Multiplizieren von geschachtelten Quadratwurzeln, also von vierten Wurzeln, können verschiedene Fälle eintreten: Das Ergebnis ist eine natürliche Zahl oder das Ergebnis ist eine Quadratwurzel aus einer Zahl oder das Ergebnis kann nur als geschachtelte Quadratwurzel notiert werden.

Beispiele: $\sqrt{\sqrt{3}} \cdot \sqrt{\sqrt{27}} = \sqrt{\sqrt{81}} = \sqrt{9} = 3$, $\sqrt{\sqrt{2}} \cdot \sqrt{\sqrt{18}} = \sqrt{\sqrt{36}} = \sqrt{6}$,
$\sqrt{\sqrt{10}} \cdot \sqrt{\sqrt{12}} = \sqrt{\sqrt{120}}$

Weiter entwickelt Leonardo Regeln für Summen und Differenzen von Wurzeln, indem er zunächst die Terme quadriert und dann die Wurzel zieht, was sich im Fall von zueinander ähnlichen Radikanden vereinfachen lässt. (Wir würden heute in diesem Fall die Möglichkeit des teilweise Radizierens nutzen.)

- $\sqrt{m} \pm \sqrt{n} = \sqrt{\left(\sqrt{m} \pm \sqrt{n}\right)^2} = \sqrt{(m+n) \pm 2\sqrt{m \cdot n}}$

Beispiele: $4 - \sqrt{7} = \sqrt{23 + 2 \cdot \sqrt{7 \cdot 16}} = \sqrt{23 + \sqrt{448}}$,
$\sqrt{18} + \sqrt{32} = \sqrt{50 + 2 \cdot 24} = \sqrt{98}$

Leonardo betrachtet auch hierzu eine Fülle von Beispielen und untersucht weiter das Produkt von Summen und Differenzen von Wurzeln, schließlich auch Quotienten von solchen Termen, wobei er die Brüche gemäß der dritten binomischen Formel erweitert und somit auf den einfachen Fall der Division durch eine Zahl zurückführt.

Beispiel: $\frac{\sqrt{80}}{\sqrt{8}+\sqrt{6}} = \frac{\sqrt{80} \cdot \left(\sqrt{8} - \sqrt{6}\right)}{2} = \sqrt{160} - \sqrt{120}$

In Kap. 14 geht Leonardo noch auf das Rechnen mit Kubikwurzeln ein und untersucht Beispiele, bei denen sich Summen oder Differenzen von Kubikwurzeln vereinfachen lassen. Zunächst aber erläutert er ein Verfahren zur Berechnung von Näherungswerten.

Beispiel: Um einen ersten Näherungswert für $\sqrt[3]{47}$ zu bestimmen, werden die benachbarten Kubikzahlen ermittelt, also $3^3 = 27$ und $4^3 = 64$. Aus dem Abstand zur nächstkleineren Kubikzahl (20) und der Differenz der beiden benachbarten Kubikzahlen (hier: $64 - 27 = 37$, allgemein: $(a + 1)^3 - a^3 = 3 \cdot a \cdot (a + 1) + 1$) schließt er auf $\sqrt[3]{47} \approx 3 + \frac{20}{37} \approx \frac{1}{2}3$.

Die Kontrollrechnung führt er mithilfe der entsprechenden binomischen Formel durch: $\left(3 + \frac{1}{2}\right)^3 = \frac{1}{8}27 + 3 \cdot 3 \cdot \frac{1}{2} \cdot \left(3 + \frac{1}{2}\right) = \frac{1}{8}27 + \frac{3}{4}15 = \frac{7}{8}42$.

Der erste Näherungswert kann dann mithilfe eines von Leonardo entwickelten rekursiven Verfahrens schrittweise verbessert werden. (Dieses Verfahren wird nicht näher begründet; man kann aber beweisen, dass es tatsächlich konvergiert.)

6.2.8 Lösen von quadratischen Gleichungen

Kap. 15 beschäftigt sich mit Regeln der Geometrie und Fragen des Ergänzens und des Ausgleichens (*de regulis geometrie pertinentibus, et de questionibus algebre et almuchabale*) – die letzten beiden Wörter sind aus dem Titel der berühmten Schrift von **al-Khwarizmi** übernommen (*Al Kitab al-muhtasar fi hisab al-gabr wa-al-muqabala*).

Im **ersten Abschnitt** geht es um die Untersuchung von Proportionen zwischen drei bzw. vier Zahlen, also – wie wir im Folgenden sehen werden – um das **Lösen quadratischer Gleichungen**.

Leonardo beginnt wie folgt:

Einstiegsaufgabe:
Drei Zahlen a, b, c in stetiger Proportion sind zu finden, für die die folgenden Bedingungen erfüllt sind:

1. $a + b = 10$ und $c = 9$,
2. $a = 4$ und $b + c = 15$,
3. $b = 6$ und $a + c = 13$,
4. a + b + c = 19.

Dabei bezeichnet man drei Zahlen a, b, c mit $a < b < c$ als in *stetiger Proportion*, wenn die Verhältnisgleichung $a : b = b : c$ erfüllt ist.

Hinweis Wir verwenden hier – wie heute üblich – Buchstaben als Platzhalter für Zahlen; Leonardo deutet in seinen Lösungen die Zahlen als Strecken (mit eigenen Bezeichnungen) – gemäß der Proportionenlehre des Euklid im 2. Kapitel der *Elemente*.

Lösungen

Zu 1.: Aus der Verhältnisgleichung $\frac{a}{b} = \frac{b}{c}$ (die wir als Bruchgleichung notieren) ergibt sich durch Addition von 1 auf beiden Seiten die Gleichung $\dfrac{a+b}{b} = \dfrac{b+c}{c}$ und nach Einsetzen der bekannten Größen $\frac{10}{b} = \frac{b+9}{9}$, somit die quadratische Gleichung $90 = b \cdot (b + 9)$.

Nach quadratischer Ergänzung folgt dann $b^2 + 9b + \left(\frac{1}{2}4\right)^2 = 90 + \left(\frac{1}{2}4\right)^2$, also $b = \sqrt{\frac{1}{4}110} - \frac{1}{2}4 = 6$ und daher $a = 4$; die negative Lösung wird nicht beachtet.

Zu 2.: Ähnlich wird das zweite Problem gelöst:
Allgemein gilt: $\frac{b}{a} = \frac{c}{b} \Leftrightarrow \frac{a+b}{a} = \frac{b+c}{b}$,
hier also $\frac{4+b}{4} = \frac{15}{b}$, d. h. $b \cdot (4 + b) = 60$. Hieraus folgt $b = 6$ und $c = 9$.

Zu 3.: Hier gilt wegen $\frac{a}{b} = \frac{b}{c}$, also $a \cdot c = b^2$, und wegen $c = 13 - a$:
$a \cdot (13 - a) = 36$;
hieraus folgt $a = 4$ und $c = 9$ (da $a < b < c$ vorausgesetzt ist).

Zu 4.: Hier ergeben sich unendlich viele Lösungen (Leonardo schreibt „viele"):
Beispielsweise kann man zunächst den folgenden Ansatz machen $a : b : c = 1 : 2 : 4$, dann folgt wegen $a + b + c = 19$, dass $a = \frac{19}{7}$, $b = \frac{38}{7}$, $c = \frac{76}{7}$.

Im Folgenden untersucht Leonardo zwölf Typen von Verhältnisgleichungen, die zwar äquivalent sind zu $a : b = b : c$, in denen jetzt aber Differenzen zwischen den Größen betrachtet werden, beispielsweise $c : b = (c - b) : (b - a)$.

Dann folgen Aufgaben mit Verhältnisgleichungen für vier Zahlen a, b, c, d, für die die Bedingung $a : b = c : d$ erfüllt ist. Auch diese werden variiert, indem Summen bzw. Differenzen der Zahlen angegeben sind. Alle diese Aufgaben führen auf lineare oder quadratische Gleichungen, die durch Umformen und Ergänzen gelöst werden.

Im **zweiten Abschnitt** des Kapitels beschäftigt sich Leonardo mit geometrischen Problemen, für deren Lösung der Satz von Pythagoras angewandt wird (da Leonardo sich stets auf die *Elemente* des Euklid bezieht, verweist er auf den letzten Satz des ersten Kapitels, wo dieser Zusammenhang zwischen den Seitenlängen eines rechtwinkligen Dreiecks bewiesen wird, vgl. Abschn. 3.6).

Hier findet man Aufgaben, die auch heute noch in Schulbüchern abgedruckt werden:

Beispiel 1: Ein 20 Fuß langer Stab ist an einem Turm angelehnt. Um wie viel wird das obere Ende des Stabes nach unten bewegt, wenn das untere Ende des Stabes 12 Fuß vom Turm entfernt wird?

Beispiel 2: Zwei (senkrecht stehende) Stäbe, die 12 Fuß voneinander entfernt stehen, sind 35 Fuß bzw. 40 Fuß lang. In welcher Höhe würde der erste Stab von der Spitze des zweiten Stabes getroffen, wenn dieser umfällt? Wie ist das umgekehrt, wenn der erste Stab gegen den zweiten fällt?

Für die folgende Aufgabe gibt Leonardo eine originelle Lösung an:

Beispiel 3:
In einem Gelände stehen zwei Türme; sie sind 50 Fuß voneinander entfernt, der eine ist 30 Fuß, der andere 40 Fuß hoch. Zwei Vögel fliegen (gleichzeitig und mit gleicher Geschwindigkeit) jeweils von der Spitze der Türme hinab und kommen gleichzeitig an einer Quelle an, die zwischen den beiden Türmen liegt. Wie weit ist die Quelle von den beiden Türmen entfernt?

   Lösung: Vermutlich würden wir die letzte Aufgabe wie folgt lösen, vgl. die Abb. links:

   Gemäß dem Satz von Pythagoras gilt für die beiden gleich langen Flugstrecken d: $d^2 = 30^2 + x^2 = 40^2 + (50 - x)^2$, woraus sich die Lösung $x = 18$ ergibt.

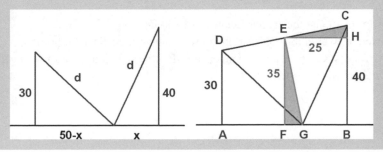

(Fortsetzung)

Leonardo hingegen betrachtet in der rechts stehenden Figur den Mittelpunkt E der Strecke CD; die Senkrechte zu CD durch E schneidet die Strecke AB im Punkt G. Leonardo behauptet, dass sich dort die Quelle befindet. Seine Begründung: Die Strecken DG und GC sind gleich lang, da die beiden rechtwinkligen Dreiecke GED und GCE die Seite EG gemeinsam haben und der Punkt E die Strecke CD halbiert.

Und da die beiden grün gefärbten Dreiecke zueinander ähnlich sind, gilt

$|FG| : |EF| = |CH| : |EH|$, also $|FG| = \frac{|EF| \cdot |CH|}{|EH|} = \frac{35 \cdot 5}{25} = 7$ und somit

$|AG| = 32$ und $|GB| = 18$. Zur Probe zeigt Leonardo dann noch, dass gilt $|DG|^2 = 30^2 + 32^2 = 900 + 1024 = 1924$ und $|CG|^2 = 40^2 + 18^2 = 1600 + 324 = 1924$, d. h., dass die beiden Flugstrecken der Vögel tatsächlich gleich lang sind.

Dann folgen Aufgaben, in denen ein Händler bei seinen Geschäften einen Gewinn macht, vgl. die folgenden Beispiele. Bemerkenswert ist, dass Leonardo auch bei diesen nicht geometrischen Problemen Zahlen (Geldbeträge) durch Strecken veranschaulicht.

Beispiel 1: Ein Händler macht mit einem Kapital von 100 £ auf einer Tour einen Gewinn in unbekannter Höhe. Vor seiner nächsten Tour erhält er von seiner Handelsgesellschaft weitere 100 £; auch diesmal macht er einen Gewinn im gleichen Verhältnis (*eadem ratione*) und hat danach 299 £. Wie groß war sein (prozentualer) Gewinn?

Beispiel 2:
Ein Händler hatte zu Beginn seiner Tour 100 £. Nachdem er drei Märkte besucht hatte, auf denen er jeweils einen Gewinn im gleichen Verhältnis machte, besaß er 200 £. Welchen Gewinn machte er jeweils?

Lösung: Heute würden wir so rechnen: $((100 \cdot q) \cdot q) \cdot q = 100 \cdot q^3 = 200$, also $q = \sqrt[3]{2} \approx 1,26$ und $q^2 = \sqrt[3]{4} \approx 1,5874$ und somit ein Gewinn von ca. 26 £ beim ersten Marktbesuch, von ca. 158,74 £ − 126 £ = 32,74 £ beim zweiten Marktbesuch und den Rest von ca. 41,26 £ beim dritten Marktbesuch.

Leonardo beruft sich bei seiner Lösung auf Euklid:
Zwischen zwei Kubikzahlen stehen zwei Zahlen in stetiger Proportion,
d. h., für das Kapital K_1 nach dem ersten Marktbesuch und für das Kapitel K_2 nach dem zweiten Marktbesuch gilt:

(Fortsetzung)

$100^3 : K_1^3 = K_1^3 : K_2^3 = K_2^3 : 200^3$, also $1000000 : 2000000 = 2000000 : 4000000$
$= 4000000 : 8000000$ und folglich

$K_1 = \sqrt[3]{2000000} \approx 126$; $K_2 = \sqrt[3]{4000000} \approx \frac{3}{4} 158$ (übrige Rechnung wie oben).

Leonardo wechselt danach das Thema und geht auf bemerkenswerte **Eigenschaften von Quadratzahlen** ein:

- Wähle irgendeine ungerade Quadratzahl und bestimme die Summe aller ungeraden Zahlen unterhalb dieser Quadratzahl beginnend bei der Einheit, dann ist diese Summe ebenfalls eine Quadratzahl. Die Summe aus der ungeraden Quadratzahl und der zuletzt gefundenen Quadratzahl ist dann wieder eine Quadratzahl.

Beispiele

$9 = 3^2$ ist eine ungerade Quadratzahl, die Summe $1 + 3 + 5 + 7 = 16 = 4^2$ ist ebenfalls eine Quadratzahl und für die Summe gilt: $3^2 + 4^2 = 25 = 5^2$.
$25 = 5^2$ ist eine ungerade Quadratzahl, die Summe $1 + 3 + 5 + \ldots + 23 = 144 = 12^2$ ist ebenfalls eine Quadratzah, und für die Summe gilt: $5^2 + 12^2 = 169 = 13^2$.
$49 = 7^2$ ist eine ungerade Quadratzahl, die Summe $1 + 3 + 5 + \ldots + 47 = 576 = 24^2$ ist ebenfalls eine Quadratzahl und für die Summe gilt: $7^2 + 24^2 = 625 = 25^2$.

- Hat man zwei oder mehr aufeinanderfolgende ungerade Zahlen, deren Summe eine Quadratzahl ist, dann ergibt die Summe der darunterliegenden ungeraden Zahlen beginnend bei der Einheit ebenfalls eine Quadratzahl und die Summe dieser beiden Quadratzahlen ist dann wieder eine Quadratzahl.

Beispiele

$7 + 9 = 16 = 4^2; 1 + 3 + 5 = 9 = 3^2; 4^2 + 3^2 = 25 = 5^2$
$17 + 19 = 36 = 6^2; 1 + 3 + 5 + \ldots + 15 = 64 = 8^2; 6^2 + 8^2 = 100 = 10^2$
$31 + 33 = 64 = 8^2; 1 + 3 + 5 + \ldots + 29 = 225 = 15^2; 8^2 + 15^2 = 289 = 17^2$
$25 + 27 + 29 = 81 = 9^2; 1 + 3 + 5 + \ldots + 23 = 144 = 12^2; 9^2 + 12^2 = 225 = 15^2$
$13 + 15 + 17 + 19 = 64 = 8^2; 1 + 3 + 5 + \ldots + 11 = 36 = 6^2; 8^2 + 6^2 = 100 = 10^2$

Als Nächstes geht Leonardo kurz auf pythagoreische Zahlentripel ein, die er auf rationale Zahlen erweitert:

Die Zahl 25 lässt sich nicht nur als $3^2 + 4^2$ darstellen, sondern wegen $\left(\frac{5}{13} \cdot 5\right)^2 + \left(\frac{12}{13} \cdot 5\right)^2 = \left(\frac{13}{13} \cdot 5\right)^2$ auch als $\left(\frac{12}{13} 1\right)^2 + \left(\frac{8}{13} 4\right)^2 = 5^2$ und auf weitere Arten, beispielsweise $\left(\frac{2}{5} 1\right)^2 + \left(\frac{4}{5} 4\right)^2 = 5^2$.

Dann beschreibt er ein Verfahren, wie man zwei Zahlen finden kann, deren Summe der Quadrate 41 ergibt. Für nähere Informationen verweist er auf ein anderes Buch, auf das wir weiter unten eingehen (*Buch über Quadrate*, vgl. Abschn. 6.3).

Weiter folgen in bunter Mischung Aufgaben, bei denen berechnet werden soll, wie oft kleinere Flächen- bzw. Raumeinheiten in größere hineinpassen. Dann fallen verschieden-artig geformte Körper (Würfel, Säule, Kegel, . . .) in eine gefüllte Zisterne und gefragt wird, wie viel Wasser verdrängt wird (Leonardo verwendet ohne weiteren Kommentar $\frac{1}{7}3$ als Wert für π).

Danach soll die Fläche eines gleichseitigen Dreiecks in drei gleich große Flächen unterteilt werden, wobei die Grundlinien jeweils parallel zur Grundlinie des Dreiecks verlaufen, vgl. die folgende Abbildung.

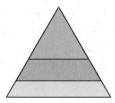

Als Letztes wird das Problem gelöst, wie man drei Zahlen bestimmt, zwischen denen bestimmte Verhältnisse vorgegeben sind und für die die Summe genauso groß ist wie das Produkt der Zahlen.

Im **dritten Teil** des letzten Kapitels beschäftigt sich Leonardo mit verschiedenen **Typen von quadratischen Gleichungen**.

Er unterscheidet sechs Arten – drei einfache und drei zusammengesetzte.

Die *einfachen* quadratischen Gleichungen sind (in unserer Schreibweise):

- $ax^2 = bx, \quad ax^2 = b, \quad ax = b,$

wobei die letzte eigentlich nur eine lineare Gleichung ist, und die *zusammengesetzten* quadratischen Gleichungen

- $ax^2 + bx = c, \quad ax^2 = bx + c, \quad ax^2 + c = bx.$

In der Beschreibung Leonardos werden die Begriffe *radix* (Wurzel) für die Variable x, *quadratus* für x^2 und *numerus simplex* für die einfache Zahl verwendet. Statt *quadratus* wird auch der Ausdruck *census* verwendet.

Aus der Tatsache, dass drei Typen zusammengesetzter quadratischer Gleichungen unterschieden werden, kann man ablesen, dass als Koeffizienten nur positive Zahlen in Frage kommen (nicht notwendig natürliche Zahlen).

Für die Koeffizienten werden keine eigenen Begriffe benutzt, beispielsweise wird die Gleichung $2x^2 + 10x = 30$ notiert als *duo census et decem radices equantur 30*. Oft steht bei der einfachen Zahl noch die Währungsangabe *Denare*.

Als Lösungen werden nur positive Zahlen akzeptiert; daher entfällt u. a. beim ersten einfachen Gleichungstyp die Lösung null.

Der erste Umformungsschritt bei den zusammengesetzten quadratischen Gleichungen ist die Normierung der Gleichung, d. h., alle Koeffizienten werden durch a dividiert.

Beispiel:

$x^2 + 10x = 39$ (*census et decem radices equantur* 39)
Lösung: Nimm das Quadrat der Hälfte der Anzahl der Wurzeln (also 5^2) und addiere die einfache Zahl (39), aus dem Ergebnis (64) ziehe die Wurzel (8), davon subtrahiere die Hälfte der Anzahl der Wurzeln (5), und das, was übrig bleibt, ist die gesuchte Wurzel (3) und das Quadrat davon die gesuchte Quadratzahl (9).

Es ist sicherlich kein Zufall, dass Leonardo genau das Beispiel gewählt hat, das bereits Muhammed al-Khwarizmi verwendet hatte; die Begründung für das angegebene Lösungsverfahren erfolgt – wie bei al-Khwarizmi – geometrisch, vgl. z. B. *Mathematik – einfach genial*, Kap. 3.

Beispiel:

$x^2 = 10x + 39$ (*census equetur decem radicibus et* 39)
Lösung: Nimm das Quadrat der Hälfte der Anzahl der Wurzeln (also 5^2) und addiere die einfache Zahl (39), aus dem Ergebnis (64) ziehe die Wurzel (8), dann addiere die Hälfte der Anzahl der Wurzeln (5), und das, was übrig bleibt, ist die gesuchte Wurzel (13) und das Quadrat davon die gesuchte Quadratzahl (169).

Für die Lösung des dritten Typs $ax^2 + c = bx$ notiert Leonardo:

Die Gleichung ist immer lösbar, wenn die einfache Zahl höchstens so groß ist wie das Quadrat der halben Anzahl der Wurzeln. Wenn die einfache Zahl genauso groß ist wie das Quadrat der halben Anzahl der Wurzeln, dann ist die Wurzel gleich der halben Anzahl der Wurzeln. Wenn sie kleiner ist, dann subtrahiere die einfache Zahl von dem Quadrat der halben Anzahl der Wurzeln und ziehe die Wurzel, und das, was übrig bleibt, subtrahiere von der halben Anzahl der Wurzeln. Und wenn das Ergebnis nicht die gesuchte Wurzel ist, dann muss das, was du subtrahiert hast, addiert werden.

Was Leonardo mit diesem letzten irritierenden Hinweis gemeint hat, ist das Folgende: Im Sachzusammenhang wird man erkennen, welche der beiden (positiven) Lösungen brauchbar ist.

Beispiel:

$x^2 + 40 = 14x$ (*census et* 40 *equantur* 14 *radicibus*)

Die Hälfte der Wurzeln ist 7, vom Quadrat dieser Zahl (49) wird 40 subtrahiert, das ergibt 9. Die Wurzel hiervon (3) wird von der Hälfte der Wurzeln (7) subtrahiert, die gesuchte Wurzel ist 4 und das Quadrat davon ist 16. Oder man addiert die Wurzel aus 9 zu 7 und erhält 10 als gesuchte Wurzel und 100 als Quadrat davon ist 100, d. h., die Gleichung hat zwei (positive) Lösungen, nämlich 4 und 10.

Im Sonderfall, beispielsweise bei der Gleichung $x^2 + 49 = 14x$, ergibt sich nur *eine* Lösung, nämlich hier 7 ($=$ halbe Anzahl der Wurzeln).

Nach dieser Einführung folgen auf 57 Seiten zahlreiche Aufgaben mit Lösungen. Bei den Umformungen der Gleichungen veranschaulicht er die auftretenden Terme mithilfe von geeignet zerlegten Rechtecken.

Beispiele

- Die Zahl 10 soll so in zwei Summanden zerlegt werden, dass deren Produkt gleich einem Viertel des Quadrats des größeren Summanden ist.
- Zwei Drittel einer Zahl plus 1 multipliziert mit drei Viertel einer Zahl plus 1 ergibt 73.
- Teilt man einen Geldbetrag von 60 £ auf eine gewisse Anzahl von Personen auf, dann ist dies 26 £ mehr, als wenn man einen Geldbetrag von 20 £ auf eine um 3 vergrößerte Anzahl von Personen aufteilt.
- Ich kaufte eine gewisse Anzahl von billigen Artikeln für 36 Denare und für den gleichen Betrag eine gewisse Anzahl von teuren Artikeln. Ein teurer Artikel kostete 3 Denare mehr als ein billiger Artikel, und es waren 10 Artikel insgesamt.
- Ich zerlegte die Zahl 10 in zwei Summanden und teilte den größeren Summanden durch den kleineren, zum Ergebnis addierte ich 10. Dann teilte ich den kleineren Summanden durch den größeren und addierte 10. Multipliziert man die erste Summe mit der zweiten, dann erhält man 3122.
- Von einer Zahl nahm ich ein Drittel weg und vier Denare und vom Rest nahm ich ein Viertel weg, und was übrig blieb, war gleich der Wurzel der Zahl.

Hinweis Leonardo gibt bei der letzten Aufgabe die Anleitung, für die unbekannte Zahl die Variable x^2 anzusetzen. Die Lösung der Aufgabe ist $x = 1 + \sqrt{7}$, die gesuchte Zahl also $8 + \sqrt{28}$.

Mehrere Seiten nimmt dann die Bearbeitung der folgenden Aufgabe in Anspruch:

Aufgabe:
Ich zerlegte die Zahl 10 in zwei Summanden, teilte den größeren Summanden durch den kleineren und den kleineren durch den größeren und deren Summe ergab Wurzel aus 5.

Lösung: Die Gleichung $\frac{x}{10-x} + \frac{10-x}{x} = \sqrt{5}$ wird umgeformt:

$$x^2 + (10-x)^2 = x \cdot (10-x) \cdot \sqrt{5} \Leftrightarrow 2x^2 - 20x + 100 = \sqrt{500} \cdot x - \sqrt{5} \cdot x^2 \Leftrightarrow$$

$$\left(2 + \sqrt{5}\right) \cdot x^2 + 100 = \left(20 + \sqrt{500}\right) \cdot x + 100 \Leftrightarrow x^2 = \frac{20 + \sqrt{500}}{2 + \sqrt{5}} \cdot x + \frac{100}{2 + \sqrt{5}}$$

$$\Leftrightarrow x^2 = 10x + (200 - \sqrt{50000}),$$

also $x = 5 + \sqrt{225 - \sqrt{50000}}$ und $10 - x = 5 - \sqrt{225 - \sqrt{50000}}$.

In Kap. 13 wurde beschrieben, wie man solche Wurzelterme umformen kann:

$$\sqrt{225 - \sqrt{50000}} = \sqrt{\frac{225 + \sqrt{50625 - 50000}}{2}} - \sqrt{\frac{225 - \sqrt{50625 - 50000}}{2}}$$

$$= \sqrt{\frac{225 + 25}{2}} - \sqrt{\frac{225 - 25}{2}} = \sqrt{125} - \sqrt{100} = \sqrt{125} - 10,$$

also $x = \sqrt{125} - 5$ ($\approx 6,18$) und $10 - x = 15 - \sqrt{125}$ ($\approx 3,82$).

Leonardo gibt noch einen weiteren Lösungsweg an: Da das Produkt einer Zahl mit ihrem Kehrwert gleich 1 ist, ersetzt er den Term $\frac{x}{10-x}$ durch eine neue Variable, die wir hier mit y bezeichnen. Dann gilt:

$$y + \frac{1}{y} = \sqrt{5} \Leftrightarrow y^2 + 1 = \sqrt{5} \cdot y, \text{ also } y = \frac{1}{2}\sqrt{5} + \frac{1}{2} \text{ und } \frac{1}{y} = \frac{1}{2} \cdot \sqrt{5} - \frac{1}{2}.$$

Und wegen $\frac{10-x}{x} = \frac{1}{2} \cdot \sqrt{5} - \frac{1}{2}$ folgt dann das o. a. Ergebnis.

Abschließend stellt Leonardo fest, dass die beiden Zahlen, die zusammen 10 ergeben, diese Zahl 10 in einem besonderen Verhältnis zerlegen (dieses bezeichnen wir heute als *Goldenen Schnitt*):

$$10 : \left(\sqrt{125} - 5\right) = \left(\sqrt{125} - 5\right) : \left(15 - \sqrt{125}\right).$$

An späterer Stelle empfiehlt Leonardo noch einen weiteren Lösungsansatz, der den Rechenweg manchmal vereinfacht:

Der größere Summand kann als $5 + x$ dargestellt werden, der kleinere als $5 - x$.

Dass Leonardo keine Angst vor Wurzeltermen hat, zeigt sich auch bei der nächsten Aufgabe:

Aufgabe:
Ich zerlegte die Zahl 10 in zwei Summanden, teilte den größeren Summanden durch den kleineren und quadrierte den Quotienten und teilte den kleineren durch den größeren und quadrierte den Quotienten. Die Differenz dieser beiden Quadrate ergibt 2.

Lösung: Der größere Summand ist $10 + \sqrt{50} - \sqrt{50 + \sqrt{5000}}$, der kleinere $\sqrt{50 + \sqrt{5000}} - \sqrt{50}$.

Unter den letzten Aufgaben des Buches sind eine Reihe von weiteren Aufgaben, bei denen es um die Zerlegung einer Zahl (meistens 10) in zwei Summanden geht, darunter auch eine mit einer (für Leonardos Verhältnisse) überraschend einfachen Lösung:

Aufgabe: Ich zerlegte die Zahl 10 in zwei Summanden, dann subtrahierte ich vom größeren Summanden zwei Wurzeln davon und zum kleineren Summanden addierte ich zwei Wurzeln davon und beide Ergebnisse waren gleich.

Und im Zusammenhang mit einer anderen Aufgabe weist er auf eine bemerkenswerte Eigenschaft hin:

• Teilt man die Summe zweier Zahlen durch den einen Summanden und auch die Summe durch den anderen Summanden, dann ist die Summe dieser beiden Quotienten genauso groß wie deren Produkt:

$$\frac{a+b}{a} + \frac{a+b}{b} = \frac{a+b}{a} \cdot \frac{a+b}{b}.$$

Zwischen den zahlreichen Zerlegungsaufgaben in Summanden findet man eine kleine Überraschung, auf die Leonardo allerdings nicht näher eingeht:

Aufgabe:
Gesucht werden drei unterschiedlich große Zahlen, welche die folgenden Bedingungen erfüllen: Multipliziert man die kleinste Zahl mit der größten, dann ist dies gleich dem Quadrat der mittleren Zahl. Addiert man das Quadrat der kleinsten Zahl zum Quadrat der mittleren Zahl, dann ergibt dies das Quadrat der größten Zahl.

Lösung: Wählt man $a = 1$, dann führt der Ansatz $a^2 + b^2 = c^2$ und $a \cdot c = b^2$ zu $c = \frac{1}{2} \cdot (1 + \sqrt{5}) = \Phi$ (die wir heute als *Goldene Zahl* bezeichnen) und $b = \sqrt{\Phi}$.

6.3   Leonardos *Liber Quadratorum*

In einer kurzen Einführung seines *Buches über Quadrate* stellt Leonardo fest, dass man alle Quadratzahlen dadurch erhalten kann, dass man fortlaufend ungerade Zahlen addiert:

$$1 = 1^2$$

$$1 + 3 = 2^2$$

$$1 + 3 + 5 = 3^2$$

usw.

Zur Begründung der Aussage betrachtet er die doppelte Summe der ungeraden natürlichen Zahlen von 1 bis $(2n-1)$; in Proposition 4 gibt er einen weiteren Beweis für die Regel an.

1	+	3	+	5	+	...	+	$2n-5$	+	$2n-3$	+	$2n-1$	
$2n-1$	+	$2n-3$	+	$2n-5$	+	...	+	5	+	3	+	1	
$2n$	+	$2n$	+	$2n$	+	...	+	$2n$	+	$2n$	+	$2n$	$= n \cdot 2n = 2 \cdot n^2$

Dann folgen 24 Propositionen.

Proposition 1: *Wie man zwei Quadratzahlen findet, deren Summe wieder eine Quadratzahl ist.*

- Wähle irgendeine ungerade Quadratzahl, dann ist die Summe aller ungeraden Zahlen, die kleiner ist als diese Quadratzahl, zusammen mit dieser Quadratzahl wieder eine Quadratzahl.
- Wähle irgendeine gerade Quadratzahl, dann ist die Hälfte davon ebenfalls gerade. Dann ist die Summe des Vorgängers und des Nachfolgers dieser halben Quadratzahl gleich der gewählten geraden Quadratzahl. Außerdem ist die Summe der ungeraden Zahlen, die vor dem Vorgänger der halben geraden Quadratzahl liegen, ebenfalls eine Quadratzahl, also auch die Summe aller ungeraden Zahlen bis zum Nachfolger der halben geraden Quadratzahl.

Entsprechend kann man mit einer (durch drei teilbaren) ungeraden Quadratzahl verfahren, die sich als Summe von drei aufeinanderfolgenden ungeraden Quadratzahlen darstellen lässt, ebenso mit einer (durch 8 teilbaren) geraden Quadratzahl, die sich als Summe von vier aufeinanderfolgenden ungeraden Quadratzahlen darstellen lässt.

Beispiele

- $9 = 3^2$ ist eine ungerade Quadratzahl; die Summe aller ungeraden natürlichen Zahlen, die kleiner als 9 sind, ist eine Quadratzahl: $1 + 3 + 5 + 7 = 16 = 4^2$, und die Summe dieser beiden Quadratzahlen ist wieder eine Quadratzahl: $3^2 + 4^2 = 5^2$, denn die ist auch Summe aller ungeraden Zahlen von 1 bis 9: $(1 + 3 + 5 + 7) + (9) = 5^2$.
- $64 = 8^2$ ist eine gerade Quadratzahl; diese lässt sich darstellen als Summe der beiden Zahlen 31 ($= 32 - 1$) und 33 ($= 32 + 1$). Dann ist einerseits
  $1 + 3 + 5 + \ldots + 27 + 29 = 225 = 15^2$ eine Quadratzahl, andererseits aber auch
  $(1 + 3 + 5 + \ldots + 27 + 29) + (31 + 33) = 289 = 17^2$, und somit erhalten wir das
  Tripel (15 ; 8 ; 17) von Quadratzahlen mit $15^2 + 8^2 = 17^2$.
- $81 = 9^2 = 25 + 27 + 29$, also $(1 + 3 + 5 + \ldots + 23) + (25 + 27 + 29) = 12^2 + 9^2 = 15^2$
  $144 = 12^2 = 33 + 35 + 37 + 39$, also
  $(1 + 3 + \ldots + 31) + (33 + \ldots + 39) = 16^2 + 12^2 = 20^2$.

Proposition 2: *Wie man von einer Quadratzahl zur nächsten gelangt.*

- Wähle eine Zahl und berechne das Quadrat dieser Zahl. Dann erhält man die nächste Quadratzahl, indem man zu der Quadratzahl die Zahl und den Nachfolger der Zahl addiert.
- Von einer Quadratzahl zur übernächsten gelangt man, indem man viermal die Wurzel aus der nächsten Quadratzahl zu der Quadratzahl addiert.
- Ist eine Quadratzahl Summe zweier aufeinanderfolgender natürlicher Zahlen, dann ist die Summe aus der Quadratzahl und dem Quadrat des kleineren Summanden gleich dem Quadrat des größeren Summanden.
- Lässt sich eine Quadratzahl als 4-Faches einer Zahl darstellen, dann ist das Quadrat des Nachfolgers der Zahl gleich der Summe von zwei Quadratzahlen, nämlich von der Quadratzahl und dem Quadrat des Vorgängers der Zahl.
- Die Differenz zweier Quadratzahlen lässt sich darstellen als Produkt aus der Differenz der Wurzeln aus den Quadratzahlen mit der Summe der Wurzeln aus den Quadratzahlen.

Beispiele

- Zahl $= 9$, Quadrat der Zahl $= 81$, nächste Quadratzahl $= 9^2 + (9 + 10) = 100 = 10^2$
- Quadratzahl $5^2 = 25$, nächste Quadratzahl $6^2 = 36$, übernächste Quadratzahl
  $7^2 = 49 = 5^2 + (5 + 6) + (6 + 7) = 5^2 + 4 \cdot 6 = 25 + 4 \cdot 6$
- $49 = 24 + 25$, also $24^2 + 49 = 25^2$
- $64 = 8^2$ ist das 4-Fache der Quadratzahl 16, dann gilt $17^2 = 64 + 15^2$, also
  $17^2 = 8^2 + 15^2$
- $81 - 49 = 9^2 - 7^2 = (9 - 7) \cdot (9 + 7)$

Proposition 3: *Wie man weitere Quadratzahlen findet, die Summe zweier Quadratzahlen sind.*

- Die Summe von zwei geraden bzw. von zwei ungeraden Quadratzahlen ist gerade.
- Quadriert man den Mittelwert der beiden Quadratzahlen, dann erhält man das Gleiche, wie wenn man die halbe Differenz der beiden Quadratzahlen quadriert und das Produkt der beiden Quadratzahlen addiert.

Hinweis Leonardo führt die Eigenschaft auf Satz 5 von Buch II der *Elemente* des Euklid zurück; Euklid beweist dort mithilfe von Flächen, dass gilt:

$\frac{1}{4} \cdot (x+y)^2 = \frac{1}{4} \cdot (x-y)^2 + x \cdot y$.

Dieser Sachverhalt war bereits babylonischen Mathematikern bekannt, die diesen Zusammenhang zur Lösung quadratischer Gleichungen nutzten. Ersetzt man die Variablen x, y durch Quadratzahlen m^2 und n^2, dann erhält man den o. a. Sachverhalt.

> **Beispiele**
> - $\frac{1}{2} \cdot (10^2 + 4^2) = 58; 58^2 = 3364; \frac{1}{2} \cdot (10^2 - 4^2) = 42; 42^2 = 1764;$
> $4^2 \cdot 10^2 = 40^2 = 1600; 58^2 = 42^2 + 40^2$
> - $\frac{1}{2} \cdot (7^2 + 5^2) = 37; 37^2 = 1369; \frac{1}{2} \cdot (7^2 - 5^2) = 12; 12^2 = 144;$
> $5^2 \cdot 7^2 = 35^2 = 1225; 37^2 = 12^2 + 35^2$

Proposition 4: *Wie man begründen kann, dass man durch fortlaufendes Addieren von ungeraden natürlichen Zahlen stets eine Quadratzahl erhält.*

- Addiert man zwei benachbarte natürliche Zahlen, dann erhält man stets eine ungerade natürliche Zahl (vgl. Spalte 1). Diese erhält man auch, wenn man die Differenz der Quadrate benachbarter natürlicher Zahlen berechnet (vgl. Spalte 2). Addiert man fortlaufend diese Differenzen der Quadrate, heben sich bis auf die letzte Quadratzahl alle anderen Quadrate auf (vgl. Spalte 3).

1	1^2	1^2
$1 + 2 = 3$	$2^2 - 1^2 = 3$	$1 + 3 = 1^2 + (2^2 - 1^2) = 2^2$
$2 + 3 = 5$	$3^2 - 2^2 = 5$	$1 + 3 + 5 = 1^2 + (2^2 - 1^2) + (3^2 - 2^2) = 3^2$
$3 + 4 = 7$	$4^2 - 3^2 = 7$	$1 + 3 + 5 + 7 = 1^2 + (2^2 - 1^2) + (3^2 - 2^2) + (4^2 - 3^2) = 4^2$
$4 + 5 = 9$	$5^2 - 4^2 = 9$	$1 + 3 + 5 + 7 + 9 = 1^2 + (2^2 - 1^2) + (3^2 - 2^2) + (4^2 - 3^2) + (5^2 - 4^2) = 5^2$
...	...	...

Hinweis zur 2. Spalte Die Differenz der Quadrate zweier aufeinanderfolgender natürlicher Zahlen ist gleich deren Summe, z. B. gilt:

$$5^2 - 4^2 = (5 - 4) \cdot (5 + 4) = 1 \cdot 9 = 9$$

Proposition 5: *Wie man zwei Zahlen finden kann, deren Summe der Quadrate eine vorgegebene Quadratzahl ergibt.*

- Um zwei geeignete Zahlen x und y zu finden, deren Summe der Quadrate gleich einer vorgegebenen Quadratzahl z^2 ist, betrachtet man ein bekanntes Zahlentripel $(a ; b ; c)$ mit $a^2 + b^2 = c^2$ und benutzt das Zahlenverhältnis von z zu c zur Bestimmung von x und y.

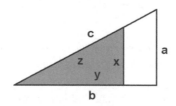

Beispiel:
Gesucht sind zwei (rationale) Zahlen x, y, für die gilt $x^2 + y^2 = 13^2$.

Außer den natürlichen Zahlen $x = 5$ und $y = 12$, für die gilt, dass $x^2 + y^2 = 13^2$, existieren unendlich viele rationale Zahlen, die die Bedingung $x^2 + y^2 = 13^2$ erfüllen, z. B.:

Ein bekanntes pythagoreisches Zahlentripel ist $(8 ; 15 ; 17)$. Setzt man also $a = 8$ und $b = 15$, dann ist $c = 17$, denn $8^2 + 15^2 = 17^2$. Da $z = 13$ sein soll, ergibt sich aufgrund der Strahlensätze:

$$x : a = z : c = 13 : 17 \text{ und } y : b = z : c = 13 : 17, \text{ also}$$

$$x = a \cdot \tfrac{z}{c} = 8 \cdot \tfrac{13}{17} = 6\tfrac{2}{17}; \quad y = b \cdot \tfrac{z}{c} = 15 \cdot \tfrac{13}{17} = 11\tfrac{8}{17},$$

d. h., es gilt $\left(6\tfrac{2}{17}\right)^2 + \left(11\tfrac{8}{17}\right)^2 = 13^2$.

(Fortsetzung)

Entsprechend ergibt sich mithilfe des pythagoreischen Zahlentripels (3 ; 4 ; 5)

$x = 3 \cdot \frac{13}{5} = 7\frac{4}{5}$; $y = 4 \cdot \frac{13}{5} = 10\frac{2}{5}$ mit $\left(7\frac{4}{5}\right)^2 + \left(10\frac{2}{5}\right)^2 = 13^2$.

Proposition 6: *Wie man zwei Zahlen finden kann, deren Summe der Quadrate eine vorgegebene Quadratzahl ergibt.*

- Betrachtet man vier natürliche Zahlen, von denen die letzten beiden nicht proportional zu den ersten beiden sind, dann ergibt das Produkt der Summe der Quadratzahlen der ersten und zweiten Zahl mit der Summe der Quadratzahlen der dritten und vierten Zahl eine Quadratzahl, die auf zwei Arten als Summe von Quadratzahlen dargestellt werden kann:

$$\left(a^2 + b^2\right) \cdot \left(c^2 + d^2\right) = (ac + bd)^2 + (bc - ad)^2 = (ad + bc)^2 + (bd - ac)^2.$$

Falls einer der links stehenden Faktoren bereits eine Quadratzahl ist, kann noch eine weitere Darstellungsmöglichkeit hinzukommen.

Hinweis Diese Beziehungen, die heute als *Lagrange-Identitäten* bezeichnet werden, findet man implizit bereits in der *Arithmetica* von **Diophant** (um 250 n. Chr.). Möglicherweise hat Leonardo sie aus einer unbekannten arabischen Quelle übernommen.

Beispiele

$$\left(2^2 + 3^2\right) \cdot \left(4^2 + 5^2\right) = 13 \cdot 41 = 533$$
$$(8 + 15)^2 + (12 - 10)^2 = 23^2 + 2^2 = 533$$
$$(10 + 12)^2 + (15 - 8)^2 = 22^2 + 7^2 = 533$$

$$\left(2^2 + 3^2\right) \cdot \left(3^2 + 4^2\right) = 13 \cdot 25 = 325$$
$$(6 + 12)^2 + (9 - 8)^2 = 18^2 + 1^2 = 325$$
$$(8 + 9)^2 + (12 - 6)^2 = 17^2 + 6^2 = 325$$
$$\left(2^2 + 3^2\right) \cdot 5^2 = 10^2 + 15^2 = 325$$

$$\left(5^2 + 12^2\right) \cdot \left(3^2 + 4^2\right) = 169 \cdot 25 = 4225$$
$$(15 + 48)^2 + (36 - 20)^2 = 63^2 + 16^2 = 4225$$
$$(20 + 36)^2 + (48 - 15)^2 = 56^2 + 33^2 = 4225$$
$$\left(5^2 + 12^2\right) \cdot 5^2 = 25^2 + 60^2 = 4225$$
$$13^2 \cdot \left(3^2 + 4^2\right) = 39^2 + 52^2 = 4225$$

Proposition 7: *Wie man weitere Zahlen finden kann, deren Summe der Quadrate eine vorgegebene Quadratzahl ergibt.*

- Betrachtet man vier natürliche Zahlen, von denen die letzten beiden proportional zu den ersten beiden sind (also $bc - ad = 0$), dann ergibt sich aus dem rechten Teil der Gleichung aus Proposition 6, dass gilt: $(ac + bd)^2 = (ad + bc)^2 + (bd - ac)^2$.

Beispiele

$$a = 1, b = 2, c = 3, d = 6 : (3 + 12)^2 = (6 + 6)^2 + (12 - 3)^2, \text{also } 15^2 = 12^2 + 3^2$$

$$a = 2, b = 3, c = 4, d = 6 : (8 + 18)^2 = (12 + 12)^2 + (18 - 8)^2, \text{also } 26^2 = 24^2 + 10^2$$

Proposition 8: *Wie man weitere Zahlen finden kann, deren Summe der Quadrate eine vorgegebene Quadratzahl ergibt.*

- Betrachtet man vier natürliche Zahlen, von denen die letzten beiden mit den ersten beiden übereinstimmen (also $a = c$ und $b = d$), dann vereinfacht sich die Gleichung aus Proposition 6 und es gilt: $(a^2 + b^2)^2 = (2ab)^2 + (b^2 - a^2)^2$.

Beispiele

$$a = 1, b = 2 : (1 + 4)^2 = 4^2 + (4 - 1)^2, \text{also } 5^2 = 4^2 + 3^2$$

$$a - 2, b = 3 : (4 + 9)^2 = 12^2 + (9 - 4)^2, \text{also } 13^2 = 12^2 + 5^2$$

Proposition 9: *Wie man weitere Zahlen finden kann, deren Summe der Quadrate eine vorgegebene Zahl ergibt, die keine Quadratzahl ist.*

- Mithilfe eines pythagoreischen Zahlentripels und der Gleichung aus Proposition 6 gewinnt man weitere Darstellungen der Zahl als Summe von zwei Quadratzahlen.

Beispiele

Es gilt: $1^2 + 2^2 = 5$.

Weitere Darstellungen der Zahl 5 als Summe von Quadraten sind möglich

mithilfe des Tripels (3; 4; 5):	mithilfe des Tripels (5; 12; 13):
$\left(1^2 + 2^2\right) \cdot \left(3^2 + 4^2\right) = 5 \cdot 25 = 125$	$\left(1^2 + 2^2\right) \cdot \left(5^2 + 12^2\right) = 5 \cdot 169 = 845$
$(3 + 8)^2 + (6 - 4)^2 = 11^2 + 2^2 = 125$	$(5 + 24)^2 + (10 - 12)^2 = 29^2 + 2^2 = 845$
$(4 + 6)^2 + (8 - 3)^2 = 10^2 + 5^2 = 125$	$(12 + 10)^2 + (24 - 5)^2 = 22^2 + 19^2 = 845$
$\left(1^2 + 2^2\right) \cdot 5^2 = 5^2 + 10^2 = 125$	$\left(1^2 + 2^2\right) \cdot 13^2 = 13^2 + 26^2 = 845$

also $\left(\frac{11}{5}\right)^2 + \left(\frac{2}{5}\right)^2 = 5$; $\left[\left(\frac{10}{5}\right)^2 + \left(\frac{5}{5}\right)^2 = 5\right]$

und $\left(\frac{29}{13}\right)^2 + \left(\frac{2}{13}\right)^2 = 5$; $\left(\frac{22}{13}\right)^2 + \left(\frac{19}{13}\right)^2 = 5$; $\left[\left(\frac{13}{13}\right)^2 + \left(\frac{26}{13}\right)^2 = 5\right]$

Proposition 10: *Wie man die 6-fache Summe der Folge der Quadratzahlen berechnet.*

- Betrachtet wird die Folge von natürlichen Zahlen von der Einheit bis zu einer letzten Zahl. Das Produkt von drei Faktoren – dieser letzten Zahl, dem Nachfolger dieser Zahl und der Summe dieser beiden Zahlen – ist gleich dem 6-Fachen der Summe aller Quadratzahlen von der Einheit bis zur o. a. letzten Zahl.

  In der heute üblichen Schreibweise notiert, bedeutet
  dies: $6 \cdot (1^2 + 2^2 + 3^2 + \ldots + n^2) = n \cdot (n + 1) \cdot (2n + 1)$.

Leonardo beweist die Gleichung $n \cdot (n + 1) \cdot (2n + 1) = (n - 1) \cdot n \cdot (2n - 1) + 6n^2$ und kann so die folgende Tabelle ausfüllen:

1	$1 \cdot 2 \cdot 3 = 6$	$6 \cdot 1^2$
2	$2 \cdot 3 \cdot 5 - 1 \cdot 2 \cdot 3 = 30 - 6 = 24$	$6 \cdot 2^2$
3	$3 \cdot 4 \cdot 7 - 2 \cdot 3 \cdot 5 = 84 - 30 = 54$	$6 \cdot 3^2$
4	$4 \cdot 5 \cdot 9 - 3 \cdot 4 \cdot 7 = 180 - 84 = 96$	$6 \cdot 4^2$
...	...	...
$n - 1$	$(n - 1) \cdot n \cdot (2n - 1) - (n - 2) \cdot (n - 1) \cdot (2n - 3)$	$6 \cdot (n - 1)^2$
n	$n \cdot (n + 1) \cdot (2n + 1) - (n - 1) \cdot n \cdot (2n - 1)$	$6 \cdot n^2$
Summe	$n \cdot (n + 1) \cdot (2n + 1)$	$6 \cdot (1^2 + 2^2 + 3^2 + \ldots + n^2)$

Proposition 11: *Wie man die 12-fache Summe der Folge der ungeraden (geraden) Quadratzahlen berechnet.*

- Betrachtet wird die Folge von ungeraden (geraden) natürlichen Zahlen von der Einheit (doppelten Einheit) bis zu einer letzten ungeraden Zahl. Das Produkt von drei Faktoren – dieser letzten Zahl, der nächsten ungeraden (geraden) Zahl und der Summe dieser beiden Zahlen – ist gleich dem 12-Fachen der Summe aller ungeraden (geraden) Quadratzahlen von der Einheit (doppelten Einheit) bis zur o. a. letzten ungeraden (geraden) Zahl.

  In der heute üblichen Schreibweise:

  $12 \cdot (1^2 + 3^2 + 5^2 + \ldots + (2n - 1)^2) = (2n - 1) \cdot (2n + 1) \cdot 4n$

  bzw. $12 \cdot (2^2 + 4^2 + 6^2 + \ldots + (2n)^2) = 2n \cdot (2n + 2) \cdot (4n + 2)$.

Zum Nachweis der ersten Formel beweist Leonardo die Gültigkeit der Gleichung

$(2n - 1) \cdot (2n + 1) \cdot 4n = (2n - 3) \cdot (2n - 1) \cdot (4n - 4) + 12 \cdot (2n - 1)^2$ und

legt dann eine entsprechende Tabelle wie bei Proposition 10 an.

Analog zur Summenformel für die geraden natürlichen Zahlen entwickelt er auch Formeln für die Summe der Quadrate der durch 3 teilbaren Zahlen:

$$18 \cdot \left(3^2 + 6^2 + 9^2 + \ldots + (3n)^2\right) = 3n \cdot (3n + 3) \cdot (6n + 3).$$

Proposition 12 (Hilfssatz)

- Für zwei zueinander teilerfremde ungerade natürliche Zahlen gilt: Das Produkt aus vier Faktoren, bestehend aus der ersten Zahl, der zweiten Zahl, der Summe der beiden Zahlen und der Differenz der beiden Zahlen, ist durch 24 teilbar, also:

  $m \cdot n \cdot (n + m) \cdot (n - m)$ ist ein Vielfaches von 24.

Leonardo bezeichnet diese Zahlen als *passende* Zahlen (lateinisch: *numerus congruus*; deutsch: übereinstimmend, harmonisch, in Einklang stehend). Sie spielen in Proposition 14 eine wichtige Rolle.

Die Aussage des Satzes beweist Leonardo durch Fallunterscheidungen.

Proposition 13 (Hilfssatz)

- Liegen n Paare von Zahlen jeweils im gleichen Abstand zu einer gegebenen natürlichen Zahl a, dann ist die Summe aller n Paare gleich dem $2n$-Fachen der Zahl a.

Proposition 14: *Wie man eine Zahl findet, die addiert zu einer Quadratzahl oder subtrahiert von dieser Quadratzahl wieder eine Quadratzahl ergibt.*

- Gesucht sind also natürliche Zahlen a, b, c, d mit der Eigenschaft $a^2 + d = b^2$ und $b^2 + d = c^2$.

Hierbei spielen die in Proposition 12 beschriebenen *numerus congruus* eine besondere Rolle.

Beispiele

a	b	c	d	$a^2 + d = b^2$	$b^2 + d = c^2$
1	5	7	24	$1^2 + 24 = 5^2$	$5^2 + 24 = 7^2$
7	13	17	120	$7^2 + 120 = 13^2$	$13^2 + 120 = 17^2$,
17	25	31	336	$17^2 + 336 = 25^2$	$25^2 + 336 = 31^2$
31	41	49	720	$31^2 + 720 = 41^2$	$41^2 + 720 = 49^2$
...					
7	17	23	240	$7^2 + 240 = 17^2$	$17^2 + 240 = 23^2$
1	29	41	840	$1^2 + 840 = 29^2$	$29^2 + 840 = 41^2$
...					
23	37	47	840	$23^2 + 840 = 37^2$	$37^2 + 840 = 47^2$
17	53	73	2520	$17^2 + 2520 = 53^2$	$53^2 + 2520 = 73^2$
...					

und Vielfache davon

$a = 2; b = 10; c = 14 : 2^2 + 96 = 10^2; 10^2 + 96 = 14^2$, also mit $d = 96 = 2^2 \cdot 24$

$a = 3; b = 15; c = 21 : 3^2 + 216 = 15^2; 15^2 + 216 = 21^2$, also mit $d = 216 = 3^2 \cdot 24$

usw.

Da alle Quadratzahlen als Summe von aufeinanderfolgenden ungeraden Zahlen darstellbar sind, sind Zahlen a, b, c, d gesucht, für die gilt:

$a^2 + d = b^2$, also $[1 + 3 + 5 + \ldots + (2a - 1)] + d = [1 + 3 + 5 + \ldots + (2b - 1)]$ und

$b^2 + d = c^2$, also $[1 + 3 + 5 + \ldots + (2b - 1)] + d = [1 + 3 + 5 + \ldots + (2c - 1)]$.

Dann gilt also $d = [(2a + 1) + \ldots + (2b - 1)]$ und $d = [(2b + 1) + \ldots + (2c - 1)]$.

Der erste Term enthält $b - a$ Summanden mit Mittelwert $a + b$,

der zweite Term $c - b$ Summanden mit Mittelwert $b + c$.

Beispiel:
$a = 17; b = 25, c = 31$ (vgl. Tabelle)

$$17^2 + 336 = 25^2, \text{also } (1 + 3 + \ldots + 33) + 336 = (1 + 3 + \ldots + 49), \text{mit}$$
$$336 = (1 + 3 + \ldots + 49) - (1 + 3 + \ldots + 33) = 35 + 37 + \ldots + 47 + 49$$
$$= (25 - 17) \cdot (17 + 25)$$

$$25^2 + 336 = 31^2, \text{also } (1 + 3 + \ldots + 49) + 336 = (1 + 3 + \ldots + 61), \text{also}$$
$$336 = (1 + 3 + \ldots + 61) - (1 + 3 + \ldots + 49) = 51 + 53 + \ldots + 59 + 61$$
$$= (31 - 25) \cdot (25 + 31)$$

Um geeignete Zahlen a, b, c, d zu finden, die die Bedingung erfüllen, wählt man zwei ungerade natürliche Zahlen (Bezeichnung: m und n mit $m < n$).

Mit diesen berechnet man zunächst

$$d = n \cdot (n - m) \cdot m \cdot (n + m).$$

Für die mittleren Zahlen $(2a + 1)$, $\ldots$, $(2b - 1)$ ist eine Fallunterscheidung erforderlich:

1. Fall: $n/m > (m + n)/(n - m)$
   $a + b = n \cdot (n - m)$ ist der Mittelwert der mittleren $b - a = m \cdot (m + n)$ ungeraden Zahlen.
2. Fall: $n/m < (m + n)/(n - m)$
   $a + b = m \cdot (m + n)$ ist der Mittelwert der mittleren $b - a = n \cdot (n - m)$ ungeraden Zahlen.

Für beide Fälle gilt:
$b + c = n \cdot (m + n)$ ist der Mittelwert der hinteren $c - b = m \cdot (n - m)$ ungeraden Zahlen.
Hieraus ergibt sich:

$$a = \tfrac{1}{2} \left(n^2 - 2mn - m^2 \right) \text{ oder } a = \tfrac{1}{2} \left(m^2 + 2mn - n^2 \right) \text{ sowie}$$

$$b = \tfrac{1}{2} \left(m^2 + n^2 \right), c = \tfrac{1}{2} \left(n^2 + 2mn - m^2 \right).$$

Beispiele:

m	n	a	b	c	d	$a^2 + d = b^2$	$b^2 + d = c^2$
1	3	1	5	7	24	$1^2 + 24 = 5^2$	$5^2 + 24 = 7^2$
1	5	7	13	17	120	$7^2 + 120 = 13^2$	$13^2 + 120 = 17^2$,
1	7	17	25	31	336	$17^2 + 336 = 25^2$	$25^2 + 336 = 31^2$
1	9	31	41	49	720	$31^2 + 720 = 41^2$	$41^2 + 720 = 49^2$
			...				
3	5	7	17	23	240	$7^2 + 240 = 17^2$	$17^2 + 240 = 23^2$
3	7	1	29	41	840	$1^2 + 840 = 29^2$	$29^2 + 840 = 41^2$
			...				
5	7	23	37	47	840	$23^2 + 840 = 37^2$	$37^2 + 840 = 47^2$
5	9	17	53	73	2520	$17^2 + 2520 = 53^2$	$53^2 + 2520 = 73^2$
			...				

Im Einzelnen bedeutet dies:

- $m = 1$; $n = 5$; $m + n = 6$; $n - m = 4$
  Anzahl der mittleren ungeraden Zahlen: $m \cdot (m + n) = 6$
  Mittelwert der mittleren ungeraden Zahlen: $n \cdot (n - m) = 20$
  Anzahl der hinteren ungeraden Zahlen: $m \cdot (n - m) = 4$
  Mittelwert der hinteren ungeraden Zahlen: $n \cdot (m + n) = 30$

$d = 120$; $a - 7$; $b = 13$; $c = 17$

Mittelwerte →	(20)	(30)
1 3 5 7 9 11 13	15 17 19 21 23 25	27 29 31 33
d →	120	120

$a^2 = 7^2$	
$b^2 = 13^2$	
$c^2 = 17^2$	

(Fortsetzung)

- $m = 1; n = 7; m + n = 8; n - m = 6$

  Anzahl der mittleren ungeraden Zahlen: $m \cdot (m + n) = 8$

  Mittelwert der mittleren ungeraden Zahlen: $n \cdot (n - m) = 42$

  Anzahl der hinteren ungeraden Zahlen: $m \cdot (n - m) = 6$

  Mittelwert der hinteren ungeraden Zahlen: $n \cdot (m + n) = 56$

$d = 336; a = 17; b = 25; c = 31$

Mittelwerte →	(42)	(56)
1 3 5 … 29 31 33	35 37 39 … 45 47 49	51 53 55 57 59 61
d →	336	336

$a^2 = 17^2$		
$b^2 = 25^2$		
$c^2 = 31^2$		

- $m = 3; n = 5; m + n = 8; n - m = 2$

  Anzahl der mittleren ungeraden Zahlen: $n \cdot (n - m) = 10$

  Mittelwert der mittleren ungeraden Zahlen: $m \cdot (m + n) = 24$

  Anzahl der hinteren ungeraden Zahlen: $m \cdot (n - m) = 6$

  Mittelwert der hinteren ungeraden Zahlen: $n \cdot (m + n) = 40$

$d = 240; a = 7; b = 17; c = 23$

Mittelwerte →	(24)	(40)
1 3 5 7 9 11 13	15 17 19 … 29 31 33	35 37 39 41 43 45
d →	240	240

$a^2 = 7^2$		
$b^2 = 17^2$		
$c^2 = 23^2$		

Hinweis: **André Weil** (1906–1998) gibt in seiner *Number Theory* eine Methode an, wie man geeignete Zahlen a, b, c, d aus einem pythagoreischen Zahlentripel gewinnen kann:

- Hat man ein beliebiges pythagoreisches Zahlentripel (x, y, z) mit $x^2 + y^2 = z^2$ und $x < y$, dann erfüllen $a = y - x$, $c = x + y$, $b = z$, $d = 2xy$ die o. a. Bedingungen.

Denn: $b^2 - a^2 = (x^2 + y^2) - (y - x)^2 = 2xy = d$ und $c^2 - b^2 = (x + y)^2 - (x^2 + y^2) = 2xy = d$.

In der nachfolgenden Proposition 15 wird gezeigt, dass Vielfache der o. a. Werte für a, b, c ebenfalls die Eigenschaft $a^2 + d = b^2$ und $b^2 + d = c^2$ erfüllen.

Und als Vorbereitung von Proposition 17 wird in Proposition 16 ein Wert von d gesucht, der das 5-Fache einer Quadratzahl ist. Eine solche Zahl ist $720 = 5 \cdot 144$ (vgl. Prop. 14).

Proposition 17

- Gesucht ist eine Quadratzahl, die, wenn man 5 addiert bzw. 5 subtrahiert, wieder eine Quadratzahl ergibt.

In Prop. 14 wurde gezeigt: $31^2 + 720 = 41^2$ und $41^2 + 720 = 49^2$.
Dividiert man beide Gleichungen durch $144 = 12^2$, dann ergibt sich
$\left(\frac{31}{12}\right)^2 + 5 = \left(\frac{41}{12}\right)^2$, $\left(\frac{41}{12}\right)^2 + 5 = \left(\frac{49}{12}\right)^2$, also $a = \frac{31}{12}$, $b = \frac{41}{12}$, $c = \frac{49}{12}$.
[Hinweis: Für die anderen oben ermittelten Werte von d ergibt sich die Zerlegung:
$120 = 2^2 \cdot 30$, $240 = 4^2 \cdot 154$, $336 = 4^2 \cdot 21$, $840 = 2^2 \cdot 210$, $2520 = 6^2 \cdot 70$.]

Proposition 18

- Ist die Summe zweier natürlicher Zahlen eine gerade Zahl, dann ist das Verhältnis der Summe der beiden natürlichen Zahlen zu der Differenz der beiden Zahlen niemals gleich dem Verhältnis der beiden Zahlen.

Den Beweis kann man indirekt führen:
Wenn $(a + b)/(a - b) = a/b$, dann gilt auch: $ab + b^2 = a^2 - ab$, also $b^2 + 2ab + a^2 = 2a^2$ und somit $(b + a)^2 = 2a^2$.
Dies ist nicht möglich, da 2 keine Quadratzahl ist.

Proposition 19

- Gesucht ist eine Quadratzahl, für die gilt, dass sowohl die Summe aus der Zahl und dem Quadrat der Zahl eine Quadratzahl ist als auch die Differenz von Quadrat und Zahl.

Die Lösung lässt sich auf das Problem aus Proposition 14 zurückführen:

Hat man vier Zahlen a, b, c, d mit $a^2 + d = b^2$ und $b^2 + d = c^2$, dann gilt $b^2 - d = a^2$ und $b^2 + d = c^2$, hieraus erhält man dann durch Multiplikation mit $\left(\frac{b}{d}\right)^2$ die beiden Gleichungen $\left(\frac{b^2}{d}\right)^2 - \frac{b^2}{d} = \left(\frac{ab}{d}\right)^2$ und $\left(\frac{b^2}{d}\right)^2 + \frac{b^2}{d} = \left(\frac{bc}{d}\right)^2$, welche die o. a. Bedingung erfüllen.

Beispiele

Aus $a = 1$, $b = 5$, $c = 7$, $d = 24$ ergibt sich:

$\frac{b^2}{d} = \frac{25}{24}$ mit der Eigenschaft $\left(\frac{25}{24}\right)^2 - \frac{25}{24} = \left(\frac{5}{24}\right)^2$ und $\left(\frac{25}{24}\right)^2 + \frac{25}{24} = \left(\frac{35}{24}\right)^2$.

Aus $a = 7$, $b = 13$, $c = 17$, $d = 120$ ergibt sich:

$\frac{b^2}{d} = \frac{169}{120}$ mit der Eigenschaft $\left(\frac{169}{120}\right)^2 - \frac{169}{120} = \left(\frac{91}{120}\right)^2$ und $\left(\frac{169}{120}\right)^2 + \frac{169}{120} = \left(\frac{221}{120}\right)^2$.

Proposition 20

- Gesucht ist eine Quadratzahl, für die gilt, dass sowohl die Summe aus dem Doppelten der Zahl und dem Quadrat der Zahl eine Quadratzahl ist als auch die Differenz von Quadrat und dem Doppelten der Zahl.

Auch dies lässt sich auf das Problem aus Proposition 14 zurückführen:

Hat man vier Zahlen a, b, c, d mit $a^2 + d = b^2$ und $b^2 + d = c^2$, dann gilt $b^2 - d = a^2$ und $b^2 + d = c^2$, hieraus erhält man dann durch Multiplikation mit $\left(2 \cdot \frac{b}{d}\right)^2$ die beiden Gleichungen $\left(2 \cdot \frac{b^2}{d}\right)^2 - 2 \cdot \left(2 \cdot \frac{b^2}{d}\right) = \left(2 \cdot \frac{ab}{d}\right)^2$ und

$\left(2 \cdot \frac{b^2}{d}\right)^2 + 2 \cdot \left(2 \cdot \frac{b^2}{d}\right) = \left(2 \cdot \frac{bc}{d}\right)^2$,

welche die o. a. Bedingung erfüllen.

Proposition 21

- Für je drei aufeinanderfolgende *ungerade* Quadratzahlen gilt: Die Differenz zwischen der größten und der mittleren ist um 8 größer als die Differenz zwischen der mittleren und der kleinsten der ungeraden Zahlen.

Ergänzend stellt Leonardo fest, dass es ähnliche Regelmäßigkeiten auch für je drei aufeinanderfolgende *gerade* Quadratzahlen gibt, ebenso für die Quadrate von Vielfachen von natürlichen Zahlen.

Betrachtet man nämlich diese Folgen von Quadratzahlen, dann stellt man fest

$1^2 = 1$	$+ 1 \cdot 8$	$3^2 = 9$	$+ 2 \cdot 8$	$5^2 = 25$	$+ 3 \cdot 8$	$7^2 = 49$	$+ 4 \cdot 8$	...
$2^2 = 4$	$+ 3 \cdot 4$	$4^2 = 16$	$+ 5 \cdot 4$	$6^2 = 36$	$+ 7 \cdot 4$	$8^2 = 64$	$+ 9 \cdot 4$	...
$3^2 = 9$	$+ 3 \cdot 9$	$6^2 = 36$	$+ 5 \cdot 9$	$9^2 = 81$	$+ 7 \cdot 9$	$12^2 = 144$	$+ 9 \cdot 9$	...

Allgemein gilt:

- $(2n - 1)^2 + n \cdot 8 = (2n + 1)^2$; $(2n)^2 + (2n + 1) \cdot 4 = (2n + 2)^2$;
  $(3n)^2 + (2n + 1) \cdot 9 = (3n + 3)^2$

Proposition 22

- Gesucht werden drei Quadratzahlen, bei denen die Abstände zwischen der kleinsten und der mittleren bzw. zwischen der mittleren und der größten in einem vorgegebenen Verhältnis stehen.

Leonardo betrachtet verschiedene Fälle:

1. Fall: Die Abstände der beiden Quadratzahlen sollen im Verhältnis von zwei aufeinanderfolgenden natürlichen Zahlen stehen: Dies ist in Proposition 21 geklärt.

Beispiel:
Verhältnis $a : b = 4 : 5$
Für die aufeinanderfolgenden ungeraden Quadratzahlen 7^2, 9^2 und 11^2 gilt:

$$7^2 + 4 \cdot 8 = 9^2 \text{ und } 9^2 + 5 \cdot 8 = 11^2, \text{also}$$
$$(81 - 49) : (121 - 81) = (4 \cdot 8) : (5 \cdot 8) = 4 : 5$$

2. Fall: Die Abstände der beiden Quadratzahlen sollen im Verhältnis von zwei aufeinanderfolgenden ungeraden natürlichen Zahlen stehen, also wie $a = (2k - 1)$ zu $b = (2k + 1)$.
   Auch dieser Fall ist in Proposition 21 geklärt.

Beispiel:
Verhältnis $a : b = 5 : 7$
Für die aufeinanderfolgenden geraden Quadratzahlen 4^2, 6^2 und 8^2 gilt:

$4^2 + 5 \cdot 4 = 6^2 \text{ und } 6^2 + 7 \cdot 4 = 8^2, \text{also } (36 - 16) : (64 - 36) = (5 \cdot 4) : (7 \cdot 4) = 5 : 7$

Eine weitere Lösung ist:

$$6^2 + 5 \cdot 9 = 9^2 \text{ und } 9^2 + 7 \cdot 9 = 12^2, \text{also}$$
$$(81 - 36) : (144 - 81) = (5 \cdot 9) : (7 \cdot 9) = 5 : 7$$

3. Fall: Die Abstände der beiden Quadratzahlen sollen im Verhältnis von zwei Quadratzahlen stehen, also wie a^2 zu b^2. Für das Quadrat g^2 des geometrischen Mittels der
beiden Quadratzahlen (also für das Produkt der beiden Quadratzahlen) gilt:

$$(g^2 - a^2) : (b^2 - g^2) =$$
$$(a^2 b^2 - a^2) : (b^2 - a^2 b^2) = a^2 \cdot (b^2 - a^2) : b^2 \cdot (b^2 - a^2) = a^2 : b^2$$

Beispiel:

Verhältnis $a^2 : b^2 = 4 : 9$

Das geometrische Mittel der beiden Zahlen ist c = 6; dann gilt:

$$(6^2 - 4^2) : (9^2 - 6^2) = (36 - 16) : (81 - 36) = 20 : 45 = (4 \cdot 4) : (9 \cdot 4) = 4 : 9$$

4. Fall: Die Abstände der beiden Quadratzahlen sollen in einem beliebigen anderen
Verhältnis $a : b$ stehen.

In vielen Fällen lassen sich diese auf zuvor behandelte Fälle zurückführen, wenn die
Zahl b (oder ein Vielfaches davon) sich geeignet als Summe darstellen lässt.

Beispiele

• Verhältnis $a : b = 4 : 11$

Da 11 = 5 + 6, kann dies auf den 1. Fall zurückgeführt werden:
$92 - 7^2 = 4 \cdot 8, 11^2 - 9^2 = 5 \cdot 8, 13^2 - 11^2 = 6 \cdot 8$, also $13^2 - 9^2 = (5 + 6) \cdot 8$ und
daher
$$(9^2 - 7^2) : (13^2 - 9^2) = (81 - 49) : (169 - 81) =$$
$$32 : 88 = (4 \cdot 8) : (11 \cdot 8) = 4 : 11$$

• Verhältnis $a : b = 5 : 16$

Da 16 = 7 + 9, kann dies auf den 2. Fall zurückgeführt werden:
$6^2 - 4^2 = 5 \cdot 4, 8^2 - 6^2 = 7 \cdot 4, 10^2 - 8^2 = 9 \cdot 4$, also $10^2 - 6^2 = (7 + 9) \cdot 4$ und
daher
$$(6^2 - 4^2) : (10^2 - 6^2) = (36 - 16) : (100 - 36) = 20 : 64 =$$
$$(5 \cdot 4) : (16 \cdot 4) = 5 : 16$$

• Verhältnis $a : b = 7 : 18$

(Fortsetzung)

Da $7 = 3 + 4$ und $18 = 5 + 6 + 7$, kann dies ebenfalls auf den 1. Fall zurückgeführt werden:

Aus $15^2 - 9^2 = 18 \cdot 8$ und $9^2 - 5^2 = 7 \cdot 8$ folgt

$(9^2 - 5^2) : (15^2 - 9^2) = (81 - 25) : (225 - 81) = 56 : 144 = (7 \cdot 8) : (18 \cdot 8) = 7 : 18$

- Verhältnis $a : b = 2 : 5$, also auch $a : b = 4 : 10 = 6 : 15$

Da $15 = 7 + 8$, kann dies ebenfalls auf den 1. Fall zurückgeführt werden:

$17^2 - 15^2 = 8 \cdot 8$, $15^2 - 13^2 = 7 \cdot 8$, $13^2 - 11^2 = 6 \cdot 8$, also

$17^2 - 13^2 = (7 + 8) \cdot 8$ und daher

$(13^2 - 11^2) : (17^2 - 13^2) = (169 - 121) : (289 - 169) = 48 : 120$

$= (6 \cdot 8) : (15 \cdot 8) = 6 : 15 = 2 : 5$

Proposition 23

- Gesucht werden drei Quadratzahlen, bei denen sowohl die Summe der kleinsten und der mittleren Quadratzahl als auch die Summe aller drei Quadratzahlen eine Quadratzahl ist.

Eine Lösung des Problems ergibt sich aus geeigneten pythagoreischen Zahlentripeln:

$3^2 + 4^2 = 5^2$ und $5^2 + 12^2 = 13^2$, also $3^2 + 4^2 + 12^2 = 13^2$.

Man kann dann weiter zu 13^2 zwei Quadratzahlen bestimmen, die sich um $13^2 = 169$ unterscheiden, dies sind 84^2 und 85^2, es gilt also: $3^2 + 4^2 + 12^2 + 84^2 = 85^2$ und dies kann beliebig fortgesetzt werden.

Leonardo weist darauf hin, dass es verschiedene pythagoreische Tripel gibt, bei denen 85^2 der kleinste Summand ist:

$85^2 + 720^2 = 725^2$, $85^2 + 132^2 = 157^2$, $85^2 + 204^2 = 221^2$, $85^2 + 3612^2 = 3613^2$.

Proposition 24 (gestellt von Meister Theodor, Philosoph am Hof des Kaisers)

- Gesucht sind drei natürliche Zahlen, deren Summe mit dem Quadrat der ersten Zahl eine Quadratzahl ergeben. Weiter soll gelten, dass die Summe aus dieser Quadratzahl und dem Quadrat der zweiten Zahl eine Quadratzahl ergibt, aber auch dass diese letzte Quadratzahl addiert zum Quadrat der dritten Zahl eine Quadratzahl ergibt.

Also: $a^2 + a + b + c = r^2$, $r^2 + b^2 = s^2$ und $s^2 + c^2 = t^2$.

Leonardo macht zunächst den Ansatz: $b = 8$ und $c = 24$, denn diese erfüllen teilweise die Bedingungen:

$$a^2 + a + 8 + 24 = 6^2 \text{ sowie } 6^2 + 8^2 = 10^2 \text{ und } 10^2 + 24^2 = 26^2.$$

Die Lösung der quadratischen Gleichung $a^2 + a + 32 = 36$, also $a^2 + a = 4$, hat nur eine irrationale positive Lösung. Im zweiten Schritt betrachtet er Vielfache von 8 und 24, aus denen sich entsprechend gültige Gleichungen rechts ergeben, also

$$a^2 + a + 8k + 24k = (6k)^2 \text{ sowie } (6k)^2 + (8k)^2 = (10k)^2 \text{ und } (10k)^2 + (24k)^2 = (26k)^2.$$

Der *kleinste* Wert von a, der zu einer rationalen Lösung führt, ergibt sich für $k = \frac{6}{5}$, nämlich $a = \frac{16}{5}$. Hieraus erhält man: $\left(\frac{16}{5}\right)^2 + \frac{16}{5} + \frac{48}{5} + \frac{144}{5} = \left(\frac{36}{5}\right)^2$.

Mit einem ähnlichen Ansatz findet Leonardo auch eine ganzzahlige Lösung des Problems:

$$35^2 + 35 + 144 + 360 = 42^2; 42^2 + 144^2 = 150^2; 150^2 + 360^2 = 390^2.$$

Der Abschnitt endet mit einer Verallgemeinerung des Problems.

6.4   Leonardos *De Practica Geometriae*

Das Werk beginnt mit einer Einführung in Grundbegriffe, Axiome sowie elementare Sätze der euklidischen Geometrie; dann gibt Leonardo noch einen Überblick über die wichtigsten Maßeinheiten, die zu seiner Zeit in Pisa üblich waren.

Das **erste Kapitel** beschäftigt sich dann mit der Berechnung von Flächeninhalten von Rechtecken; dabei spielen die Besonderheiten der pisanischen Flächenmaße eine besondere Rolle und geben Anlass für eine Reihe von Aufgaben, die eine besondere Vorgehensweise verlangen.

Im **zweiten Kapitel** geht es um Quadratwurzeln (näherungsweise Berechnung, Verfahren des schriftlichen Wurzelziehens, geometrisch begründete Rechenregeln für Operationen mit Quadratwurzeln).

Das **dritte Kapitel** ist das umfangreichste des Buches; es enthält weit über 200 Übungsaufgaben, die im Zusammenhang mit Flächeninhalten verschiedener geometrischer Figuren stehen.

Nach der Erläuterung der Flächeninhaltsformel für beliebige Dreiecke und der Aussage des Satzes von Pythagoras werden zunächst Flächeninhalte von Dreiecken bestimmt; dabei stellt Leonardo Folgendes heraus:

• Um die Höhe von *gleichseitigen* Dreiecken zu berechnen, kann man den Näherungswert $\frac{26}{15}$ für $\sqrt{3}$ verwenden, denn $\left(\frac{26}{15}\right)^2 = \frac{676}{225} = 3\frac{1}{225}$.
• Aus den Seitenlängen eines *gleichschenkligen* Dreiecks kann man die Höhe mithilfe des Satzes von Pythagoras berechnen.

- Kennt man die Seitenlängen eines *beliebigen* Dreiecks, dann kann man durch Anwenden von Satz II.12 der *Elemente* des Euklid die Länge der Höhe bestimmen und hiermit den Flächeninhalt.

> **Beispiel:**
> Gegeben sind die Seitenlängen eines Dreiecks (vgl. die folgenden Abbildungen). Bestimme den Flächeninhalt.
>
>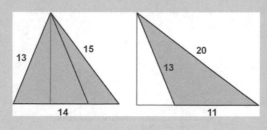

Hinweis Die Höhe kann auch mithilfe des Satzes von Pythagoras ermittelt werden (in beiden Abbildungen jeweils 12 LE). Allgemein berechnet sich die Lage des Fußpunktes der Höhe eines Dreiecks mit Grundseite c wie folgt: $\frac{b^2 - a^2}{2c} + \frac{c}{2}$.

In den Erläuterungen zur Lösung verweist Leonardo darauf, dass die Flächeninhalte 84 FE bzw. 66 FE auch mithilfe des *Satzes von Heron*, also mithilfe von $A = \sqrt{s \cdot (s - a) \cdot (s - b) \cdot (s - c)}$ mit $s = \frac{1}{2} \cdot (a + b + c)$ ermittelt werden können.

Dann folgen zahlreiche Beispiele für Dreiecke, die durch Ergänzung von Hilfslinien zu Strahlensatzfiguren ergänzt werden können. Dies leitet über zum Thema *Bestimmung von Entfernungen* (Streckenlängen) im Rahmen von (einfachen) Problemen bei der Vermessung in der Ebene.

Leonardo verbindet die sich anschließende Behandlung von Rechtecken mit Verfahren zum Lösen quadratischer Gleichungen. Wie im *Liber abbaci* löst er einige der Aufgaben, indem er eine Variable einführt (*res*).

Es handelt sich dabei oft weniger um geometrische als um algebraische Probleme, denn in den genannten Bedingungen wird nicht beachtet, dass die betrachteten Größen (Flächeninhalt, Seitenlänge) unterschiedliche Dimensionen haben.

> **Beispiele**
> - Die kürzere Rechteckseite und die Diagonale haben zusammen eine Länge von 16 LE; die längere Rechteckseite ist um 2 LE länger als die kürzere.
> - Subtrahiert man die kürzere Seite eines Rechtecks von ihrem Flächeninhalt, dann ergibt sich 42. Die längere Rechteckseite ist um 2 LE länger als die kürzere.

Danach folgen ähnliche Aufgaben für Rauten, Parallelogramme und sowohl symmetrische wie unsymmetrische Trapeze.

Beispiel:
Die Länge der oberen Basis eines Trapezes ist 10 LE und die der unteren 24 LE. Der linke Schenkel hat die Länge 13 LE, der rechte die Länge 15 LE. Bestimme den Flächeninhalt des Trapezes. In welchem Verhältnis teilen sich die Diagonalen und die Höhen (die durch die Eckpunkte der oberen Basislinie verlaufen)?

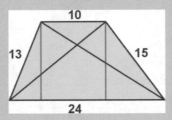

Um den Flächeninhalt von Vielecken zu bestimmen, müssen diese in Dreiecke zerlegt werden, dabei ist die Anzahl dieser Dreiecke jeweils um 2 kleiner als die Anzahl der Ecken des Vielecks.

Ein Großteil des Kapitels beschäftigt sich mit Berechnungen in Kreisen, mit Kreissektoren und -segmenten.
Eine der ersten Fragestellungen ist:

• **Wie bestimmt man den Durchmesser des Umkreises eines Dreiecks?**

Beim gleichschenkligen Dreieck ergeben sich durch Verlängerung der Höhe und Ergänzung der Figur unten zwei Dreiecke, die zu den beiden oben liegenden Dreiecken ähnlich sind, und hieraus der gesuchte Durchmesser.
Den Fall beliebiger Dreiecke löst Leonardo durch die Betrachtung von zueinander ähnlichen Dreiecken.

Beispiele
Links: Im Dreieck mit Basis der Länge 12 und Schenkel der Länge 10 gilt für den Durchmesser des Umkreises: $d = 8 + 4{,}5 = 12{,}5$.

Rechts: Im Dreieck mit den Seitenlängen $a = 15$, $b = 13$, $c = 14$ gilt für die Höhe $h = 12$; der Fußpunkt der Höhe liegt 5 bzw. 9 von den Endpunkten der Grundlinie entfernt (vgl. Rechnung oben). Die Dreiecke ADC und DBC sind rechtwinklig, gemäß dem *Satz von Thales*.

(Fortsetzung)

Das rechtwinklige Dreieck ADC ist ähnlich zum rechtwinkligen Dreieck EBC, denn ein weiterer Winkel ist jeweils ein Peripheriewinkel über AC.

Für den Durchmesser des Umkreises gilt daher $d = |CD| = \frac{|BC| \cdot |AC|}{|EC|} = \frac{a \cdot b}{h} = 16\frac{1}{4}$.

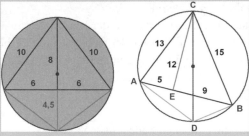

Leonardo behandelt den *Satz des Ptolemäus* (Zusammenhang zwischen den Längen der Seiten und Diagonalen von Sehnenvierecken) und geht ausführlich auf Berechnungen in einbeschriebenen regelmäßigen Dreiecken, Vierecken, Fünfecken, Sechsecken, Achtecken, Zehnecken und Zwölfecken ein, wobei er Näherungswerte anstelle der eigentlich benötigten Wurzelterme verwendet.

Am Ende des Kapitels geht Leonardo auf Vermessungen im nicht ebenen Gelände ein: Mithilfe eines *archipendulum* (deutsch *Setzwaage*, ein gleichschenkliges Dreieck, von dessen Spitze ein Lot herabhängt) können Höhenlinien im schrägen Gelände bestimmt werden (die Spitze des Lotes muss auf den Mittelpunkt der Dreiecksgrundseite zeigen). Die Länge einer Linie längs eines Bergabhangs wird dann stufenweise bestimmt: Betrachtet werden jeweils einzelne senkrecht zu den einzelnen Höhenlinien verlaufende Strecken, deren Endpunkte auf verschiedenen Höhenlinien liegen. Die Folge von Diagonalen der so entstehenden Rechtecke bilden einen Streckenzug, mit dem der Bergabhang modelliert wird.

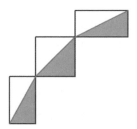

Das **vierte Kapitel** beschäftigt sich mit der Teilung von geometrischen Figuren (Dreiecke, Vierecke, Vielecke, Kreise und Teile von Kreisen) in gleich große Teile bzw. in Flächen, die in einem bestimmten Verhältnis stehen. Leonardo geht in seinen Ausführungen weit über Euklids Werk *De Divisione* hinaus.

Für die **Teilung eines Dreiecks** durch Geraden können verschiedene Fälle betrachtet werden:

Diese Geraden sollen

- durch einen Eckpunkt oder
- durch den Mittelpunkt einer Seite oder
- durch einen Punkt auf einer Seite verlaufen, der kein Mittelpunkt ist, oder
- durch einen Punkt im Innern der Figuren, der nicht auf einer Verbindungslinie zwischen dem Mittelpunkt einer Seite und dem gegenüberliegenden Eckpunkt liegt, oder
- durch einen Punkt außerhalb der Figur oder
- parallel zu einer Seite verlaufen.

Wir können hier nur auf die einfachen Fälle eingehen:

Fall 1 und 2: Verbindet man einen Eckpunkt eines Dreiecks mit dem Mittelpunkt der gegenüberliegenden Seite, dann entstehen zwei gleich große Teildreiecke.

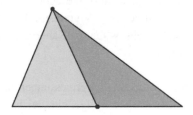

Fall 3: Verläuft eine Gerade durch zwei Seiten eines Dreiecks, sodass ein (kleineres) Dreieck entsteht, das mit dem Ausgangsdreieck einen Winkel gemeinsam hat, dann ist das Verhältnis der Fläche des kleinen Dreiecks zur Fläche des großen Dreiecks so groß wie das Produkt der Abschnitte auf den Schenkeln, die den gemeinsamen Winkel bilden (d. h., das kleine Dreieck ist genau dann halb so groß wie das Ausgangsdreieck, wenn das Produkt der Längen der Abschnitte auf den gemeinsamen Seiten halb so groß ist wie das Produkt der Längen der beiden Seiten).

Zugehörige Konstruktion für einen Punkt P, der auf einer Seite eines Dreiecks liegt: Bestimme den Mittelpunkt M der Seite, auf der Punkt P liegt, und verbinde ihn mit dem gegenüberliegenden Eckpunkt (hier: C). Verbinde C mit P und zeichne eine Parallele zu PC durch M. Diese Parallele schneidet eine der Dreiecksseiten in einem Punkt S. Da die Dreiecke PCM und PCS (wegen gleicher Grundseite und übereinstimmender Höhe) flächengleich sind, halbiert die Gerade durch P und S die Dreiecksfläche.

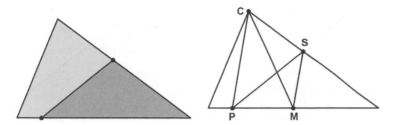

Analog konstruiert man die Dreiteilung eines Dreiecks

- durch Geraden, die durch einen Eckpunkt und einen der Dreiteilungspunkte der gegenüberliegenden Seite verlaufen,

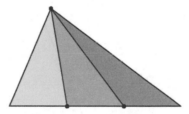

- durch Geraden, die durch einen Punkt einer Seite verlaufen, der nicht einer der Dreiteilungspunkte dieser Seite ist (zwei Fälle).

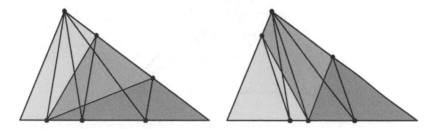

Bei der Teilung eines Dreiecks durch Geraden, die parallel zu einer Grundseite verlaufen, muss beachtet werden, dass die Flächen von zueinander ähnlichen Figuren sich wie die Quadrate einander entsprechender Seiten verhalten.

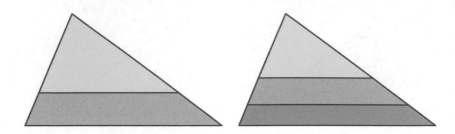

In einem weiteren Abschnitt untersucht Leonardo die Teilung von Vierecken. Wir stellen hier nur kurz einige seiner Überlegungen zu (unsymmetrischen) Trapezen vor.

Die Verbindungslinie der Mittelpunkte der beiden parallelen Seiten kann zur Teilung eines Trapezes verwendet werden, außerdem auch andere Geraden, die durch den Mittelpunkt dieser Verbindungslinie verlaufen, sofern die Endpunkte noch auf den parallelen Linien liegen.

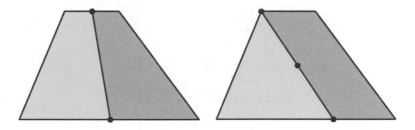

Der Fall der teilenden Geraden, die durch einen Eckpunkt verlaufen soll, wird – wie bei Dreiecken – durch eine entsprechende Scherung gelöst.

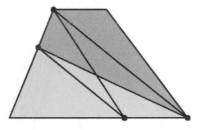

Abschließend noch ein kurzer Überblick über die Inhalte der weiteren Kapitel:

Das **fünfte Kapitel** beschäftigt sich mit Kubikwurzeln (näherungsweise Berechnung, schriftliches Wurzelziehen, geometrische Verfahren, Rechnen mit Kubikwurzeln). Das **sechste Kapitel** handelt von der Berechnung der Volumina von verschiedenen Körpern (einschließlich der platonischen Körper). Im **siebten Kapitel** geht es um Höhenbestimmungen (z. B. von Bäumen) durch Anwendung der Strahlensätze. Alternativ können Sehnentafeln verwendet werden; um die betreffenden Winkel zu messen, wird die Verwendung eines Quadranten empfohlen.

Den Abschluss bildet ein kurzes Kapitel über das Pentagon und das Dekagon (regelmäßiges Fünfeck bzw. Zehneck), das sich teilweise eng an ein entsprechendes Kapitel der *Algebra* des **Abu Kamil** (850–930) anlehnt. Leonardo erläutert – auch unter Verwendung einer Variablen (*res*) –, wie man die Seitenlängen eines ein- bzw. umbeschriebenen Pentagons und Dekagons bei Vorgabe des Kreisdurchmessers bestimmt, sowie die Umkehraufgabe. Am Ende des Kapitels ist jeweils das Problem zu lösen, wie sich aus dem vorgegebenen Flächeninhalt die Seitenlänge errechnen lässt.

6.5   Literaturhinweise

Eine wichtige Adresse zum Auffinden von Informationen über Mathematiker und deren wissenschaftliche Leistungen ist die Website der St. Andrews University.
Die Biografie zu Leonardo von Pisa findet man unter

* https://mathshistory.st-andrews.ac.uk/Biographies/Fibonacci/

Ein Kalenderblatt über Fibonacci wurde bei Spektrum online veröffentlicht

* https://www.spektrum.de/wissen/leonardo-von-pisa-1170-1250/850434

Die englischsprachigen Übersetzungen hierzu sind erschienen unter

* https://mathshistory.st-andrews.ac.uk/Strick/fibonacci.pdf

Weitere Literatur:

* Devlin, Keith (2011): *The Man of numbers – Fibonacci's Arithmetic Revolution*, Bloomsbbury, London
* Giusti, Enrico (2020): *Leonardi Bigolli Pisani vulgo Fibonacci Liber Abbaci*, Olschki, Florenz
* Hughes, Barnabas (2008): Fibonacci's *De Practica Geometrie,* Springer, New York
* Lüneburg, Heinz (1992): *Leonardi Pisani Liber Abbaci oder Lesevergnügen eines Mathematikers*, BI-Verlag, Mannheim
* Sigler, Laurence (1987): *Leonardo Pisano Fibonacci – The book of squares*, Academic Press, Orlando
* Sigler, Laurence (2002): *Fibonacci's Liber Abaci – A Translation into Modern English of Leonardo Pisano's Book of Calculation*, Springer, New York

Die Gestaltung der Gutenberg-Briefmarke aus dem Jahr 2000 erfolgte durch Prof. Peter Steiner und Regina Steiner, die freundlicherweise die Genehmigung zum Abdruck der Briefmarke erteilten.

Europäisches Erwachen I: Von Oresme bis Dürer 7

Inhaltsverzeichnis

▶ **Zusammenfassung** In den einzelnen Abschnitten dieses Kapitels werden einzelne Persönlichkeiten des 14., 15. und 16. Jahrhunderts vorgestellt, durch die
die Entwicklung der Mathematik in Europa besondere Impulse erhielt.

Leonardo von Pisas Werke gerieten bald in Vergessenheit; eine Ausnahme bildete nur das
weniger anspruchsvolle Werk *Di minor guisa*, dessen Rechenaufgaben über die *maestri
d'abbaco* Verbreitung fand. Erst nach und nach zeigten sich Fortschritte in Geometrie,
Arithmetik und Algebra. Hieran beteiligt waren u. a. Nicole Oresme, Nicolas Chuquet,
Johann Müller (Regiomontanus), Luca Pacioli und Leonardo da Vinci sowie Albrecht
Dürer.

© Der/die Autor(en), exklusiv lizenziert an Springer-Verlag GmbH, DE, ein Teil von   265
Springer Nature 2023
H. K. Strick, *Geschichten aus der Mathematik*,
https://doi.org/10.1007/978-3-662-66906-8_7

7.1   Nicole Oresme (1323–1382)

Unter den europäischen Gelehrten des 14. Jahrhunderts ragt eine Persönlichkeit heraus, deren mathematische Erkenntnisse – wenn man zum ersten Mal von ihnen hört – selbst heute noch Erstaunen hervorrufen.

Es handelt sich hierbei um Nicole Oresme, der um 1323 in *Allemagne* (heute: *Fleury-sur-Orne*) geboren wurde, einer Ortschaft in der Nähe von Caen (Normandie). Zu Beginn der 1340er-Jahre studierte er *Artes* am *Collège de Navarre,* einer königlichen Einrichtung für Studenten, die nicht in der Lage waren, die Studiengebühren selbst zu bezahlen.

1348 nahm er ein Studium der Theologie an der Universität Paris auf und wurde bereits acht Jahre später zum Leiter (*grand-maître*) des *Collège de Navarre* ernannt. Nach seiner Promotion (1362) folgte seine Ernennung zum Domherrn an der *Sainte-Chapelle* in Paris, später auch zum Dekan der Kathedrale von Rouen.

Oresme war mit dem Dauphin Charles befreundet, der ihn 1364 nach seiner Inthronisation als König Charles V. zum Hofkaplan und zu seinem persönlichen Berater ernannte.

1377 setzte der König ihn als *Bischof von Lisieux* ein. Lisieux ist heute ein Ort mit nur 20.000 Einwohnern, in der Römerzeit und im Mittelalter war es ein wichtiges regionales Zentrum, zwischen Caen und Rouen gelegen.

Das Bischofsamt übte Oresme bis zu seinem Tod im Jahr 1382 aus.

Bereits Euklid hatte in den *Elementen* dargelegt, welche Eigenschaften für geometrische Reihen gelten; dabei stützte er sich auf Vorarbeiten von Pythagoras, Hippokrates von Chios, Theaetetus von Athen und Eudoxos von Knidos. Archimedes hatte diese Erkenntnisse bei der Flächenbestimmung von Parabeln angewandt.

Um das Jahr 1348 verfasste Oresme die Schrift *Questiones super geometriam Euclidis.* Darin zeigte er, dass sich die Glieder geometrischer Reihen (Teilsummen) auch vereinfacht darstellen lassen, beispielsweise

$\frac{1}{2} + \left(\frac{1}{2}\right)^2 + \left(\frac{1}{2}\right)^3 + \ldots + \left(\frac{1}{2}\right)^n = 1 - \left(\frac{1}{2}\right)^n$, und dass es daher plausibel ist, dass für die (unendliche) Summe *aller* Glieder dieser geometrischen Folge gilt

$$1 + \frac{1}{2} + \left(\frac{1}{2}\right)^2 + \left(\frac{1}{2}\right)^3 + \ldots + \left(\frac{1}{2}\right)^n + \ldots = 2.$$

Für die Summe der ersten n Potenzen beliebiger Stammbrüche gilt allgemein:

$$\frac{1}{m} + \left(\frac{1}{m}\right)^2 + \left(\frac{1}{m}\right)^3 + \ldots + \left(\frac{1}{m}\right)^n = \frac{1}{m-1} \cdot \left(1 - \left(\frac{1}{m}\right)^n\right)$$

Folglich ergibt sich für die (unendliche) Summe *aller* Glieder

$$1 + \frac{1}{m} + \left(\frac{1}{m}\right)^2 + \left(\frac{1}{m}\right)^3 + \ldots = 1 + \frac{1}{m-1} = \frac{m}{m-1}.$$

Oresme stellte eine Merkregel für diesen Grenzwert auf:

Man bilde die Differenz von zwei beliebigen aufeinanderfolgenden Summengliedern und dividiere diese durch das erste der beiden Glieder:

$$\frac{\left(\frac{1}{m}\right)^n - \left(\frac{1}{m}\right)^{n+1}}{\left(\frac{1}{m}\right)^n} = 1 - \frac{1}{m} = \frac{m-1}{m}.$$

Der Kehrwert hiervon ist dann gleich der Summe aller Glieder (also gleich dem Grenzwert)

$$1 + \frac{1}{m} + \left(\frac{1}{m}\right)^2 + \left(\frac{1}{m}\right)^3 + \ldots = \frac{m}{m-1}.$$

Beispiele: $1 + \frac{1}{3} + \left(\frac{1}{3}\right)^2 + \left(\frac{1}{3}\right)^3 + \ldots = \frac{3}{2}$, $1 + \frac{1}{5} + \left(\frac{1}{5}\right)^2 + \left(\frac{1}{5}\right)^3 + \ldots = \frac{5}{4}$

Den o. a. Satz $1 + \frac{1}{2} + \left(\frac{1}{2}\right)^2 + \left(\frac{1}{2}\right)^3 + \ldots + \left(\frac{1}{2}\right)^n + \ldots = 2$ über die unendliche Summe von Zweierpotenzen erweiterte Oresme wie folgt:

Unendliche Summen von geometrischen Reihen
Für die unendliche Summe von Brüchen, deren Zähler die Folge der natürlichen Zahlen und deren Nenner die Folge der Zweierpotenzen durchläuft, gilt:

$$\frac{1}{2} + \frac{2}{4} + \frac{3}{8} + \frac{4}{16} + \ldots + \frac{n}{2^n} + \ldots = 2.$$

Zur Begründung betrachte man die folgende (zweidimensionale) Anordnung

$$
\begin{array}{cccccccccc}
\frac{1}{2} &+& \frac{1}{4} &+& \frac{1}{8} &+& \frac{1}{16} &+& \frac{1}{32} &+& \frac{1}{64} &+& \ldots &=& 1 \\[4pt]
 && \frac{1}{4} &+& \frac{1}{8} &+& \frac{1}{16} &+& \frac{1}{32} &+& \frac{1}{64} &+& \ldots &=& \frac{1}{2} \\[4pt]
 &&&& \frac{1}{8} &+& \frac{1}{16} &+& \frac{1}{32} &+& \frac{1}{64} &+& \ldots &=& \frac{1}{4} \\[4pt]
 &&&&&& \frac{1}{16} &+& \frac{1}{32} &+& \frac{1}{64} &+& \ldots &=& \frac{1}{8} \\[4pt]
 &&&&&&&& \frac{1}{32} &+& \frac{1}{64} &+& \ldots &=& \frac{1}{16} \\[4pt]
 &&&&&&&&&& \frac{1}{64} &+& \ldots &=& \frac{1}{32} \\[4pt]
 &&&&&&&&&&&& \ldots && \ldots
\end{array}
$$

$$\frac{1}{2} + \frac{2}{4} + \frac{3}{8} + \frac{4}{16} + \frac{5}{32} + \frac{6}{64} + \ldots = 2$$

Dieses Schema von Summanden lässt sich wie folgt visualisieren:

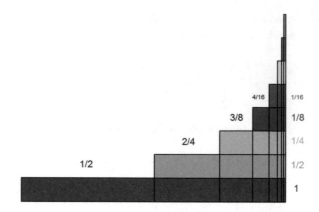

In der Grafik sind horizontal Rechtecke der Breite 1 (blau), $\frac{1}{2}$ (grün), $\frac{1}{4}$ (hellblau), $\frac{1}{8}$ (rot)
usw. gezeichnet; diese sind durch vertikale Linien an den Stellen $\frac{1}{2}$, $\frac{1}{4}$, $\frac{1}{8}$, … unterteilt,
sodass sich jeweils Teilflächen ergeben, die den Zeilen im o. a. Schema entsprechen, also
$\frac{1}{2} + \frac{1}{4} + \frac{1}{8} + \ldots + \frac{1}{2^n} \to 1$ (blau), $\frac{1}{4} + \frac{1}{8} + \frac{1}{16} + \ldots + \frac{1}{2^n} \to \frac{1}{2}$ (grün),
$\frac{1}{8} + \frac{1}{16} + \frac{1}{32} + \ldots + \frac{1}{2^n} \to \frac{1}{4}$ (hellblau) usw.

Die jeweils vertikal übereinanderliegenden Rechtecke ergeben jeweils die im Term $\frac{n}{2^n}$
enthaltene Summe von n Stammbrüchen mit Nenner 2^n.

Hinweis Die geniale Idee Oresmes kann verallgemeinert werden:

Durchläuft der Zähler der Summanden die Folge der Dreieckszahlen und der Nenner die
Folge der Zweierpotenzen, dann gilt: $\frac{1}{2} + \frac{3}{4} + \frac{6}{8} + \frac{10}{16} + \frac{15}{32} + \ldots = 4$.

Dies könnte entsprechend dreidimensional mithilfe von Quadern veranschaulicht werden.

Oresme beschäftigte sich aber nicht nur mit geometrischen Reihen; vielmehr untersuchte
er auch die Reihe, die sich aus der Folge der Stammbrüche ergibt (sog. **harmonische Reihe**).

Der folgenden Abbildung kann man entnehmen, dass diese Summenfolge immer langsamer wächst, sodass man vermuten könnte, dass die Reihenglieder nicht über eine gewisse
Schranke hinauswachsen, dass also diese Reihe einen endlichen Grenzwert besitzt.

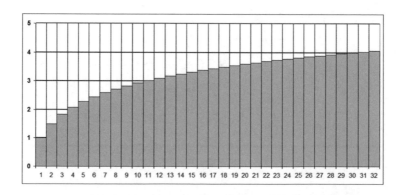

Oresme war der Erste, der die Einsicht hatte, dass dies nicht der Fall ist:

Divergenz der harmonischen Reihe

Die Folge der Teilsummen $H_n = 1 + \frac{1}{2} + \frac{1}{3} + \ldots + \frac{1}{n-1} + \frac{1}{n}$ von Stammbrüchen (Summe der Kehrwerte von natürlichen Zahlen, sog. *harmonische Reihe*) wächst über alle Grenzen hinaus.

Der im Folgenden ausgeführte geniale Beweis Oresmes ging zunächst verloren. 300 Jahre später gelang es erneut einem weiteren Mathematiker, dem Italiener **Pietro Mengoli** (1626–1686), die Divergenz der harmonischen Reihe zu beweisen (nach einer anderen Methode), was jedoch ebenfalls nicht zur Kenntnis genommen wurde. Erst im 18. Jahrhundert rückte die Frage der Konvergenz bzw. Divergenz von unendlichen Reihen wieder in den Mittelpunkt der Untersuchungen (Jakob und Johann Bernoulli, Leonhard Euler u. a. m.).

Der geniale Einfall von Nicole Oresme besteht darin, zunächst 2, dann weiter 4, 8, 16, ... Stammbrüche zusammenzufassen und diese jeweils nach unten durch den Wert $\frac{1}{2}$ abzuschätzen, sodass auf der linken Seite des Ungleichheitszeichens Teilsummen der harmonischen Reihe H_n stehen mit $n = 2^k$ und auf der rechten Seite die Glieder einer divergenten linearen Folge a_k mit $a_k = 1 + \frac{1}{2} \cdot k$. Daher divergiert die harmonische Reihe.

$$H_4 = 1 + \frac{1}{2} + \left(\frac{1}{3} + \frac{1}{4}\right) > 1 + \frac{1}{2} + \left(\frac{1}{4} + \frac{1}{4}\right) = 2 = a_2$$

$$H_8 = 1 + \frac{1}{2} + \left(\frac{1}{3} + \frac{1}{4}\right) + \left(\frac{1}{5} + \frac{1}{6} + \frac{1}{7} + \frac{1}{8}\right) > 1 + \frac{1}{2} + \left(\frac{1}{4} + \frac{1}{4}\right) + \left(\frac{1}{8} + \frac{1}{8} + \frac{1}{8} + \frac{1}{8}\right) = 2{,}5 = a_3$$

$$H_{16} = 1 + \frac{1}{2} + \left(\frac{1}{3} + \frac{1}{4}\right) + \left(\frac{1}{5} + \frac{1}{6} + \frac{1}{7} + \frac{1}{8}\right) + \left(\frac{1}{9} + \frac{1}{10} + \frac{1}{11} + \frac{1}{12} + \frac{1}{13} + \frac{1}{14} + \frac{1}{15} + \frac{1}{16}\right)$$
$$> 1 + \frac{1}{2} + \left(\frac{1}{4} + \frac{1}{4}\right) + \left(\frac{1}{8} + \frac{1}{8} + \frac{1}{8} + \frac{1}{8}\right) + \left(\frac{1}{16} + \frac{1}{16} + \frac{1}{16} + \frac{1}{16} + \frac{1}{16} + \frac{1}{16} + \frac{1}{16} + \frac{1}{16}\right) = 3 = a_4$$

Im Auftrag des Königs übersetzte Oresme verschiedene Werke des Aristoteles ins Französische; hierfür „erfand" er einige neue Begriffe, die seitdem zum Wortschatz der französischen Sprache gehören. Aus seinen Kommentaren zu den übersetzten Schriften wurde deutlich, dass eine neue Zeit begonnen hat, in der die bisher unreflektiert übernommenen Ansichten antiker Philosophen kritisch überdacht werden.

Zu Oresmes Lehrern gehörte **Jean Buridan** (1300–1358), der sich u. a. mit der Bewegungstheorie des Aristoteles auseinandergesetzt hatte.

Gemäß der Theorie des Aristoteles war eine ständige Kraft erforderlich, um die Bewegung eines Objekts aufrechtzuerhalten. Diese Kraft würde durch das umgebende Medium ausgeübt; im Vakuum wäre daher keine Bewegung möglich. Buridan modifizierte diese

Theorie durch die Einführung eines *Impetus* als Bewegungsursache – nachdem der Körper einen „Anstoß" erhalten hat, würde dieser *Impetus* vom bewegten Körper „aufgebraucht".

In seiner Schrift *De configurationibus qualitatum et motuum* ging Oresme über diese Ansätze Buridans hinaus und versuchte, Bewegungsabläufe durch Diagramme zu veranschaulichen. Er unterschied dabei *extensio* und *intensio* als zugehörige Eigenschaften – konkret bei der Bewegung eines Körpers die Zeit als *extensio* (Ausdehnung) und die Geschwindigkeit als *intensio*.

In einer Art Koordinatensystem stellte er unterschiedliche Bewegungsformen dar:

- eine gleichförmige Bewegung (*uniformis*) mithilfe einer Geraden, die parallel zur Zeitachse verläuft,
- eine gleichförmig beschleunigte Bewegung, also eine Bewegung, bei der die Geschwindigkeit in gleichen Zeitabschnitten um jeweils den gleichen Betrag zunimmt (*uniformiter difformis*), mithilfe einer ansteigenden Gerade, sowie
- eine Bewegung, bei der sich die Geschwindigkeit nicht gleichförmig verändert (*difformiter difformis*).

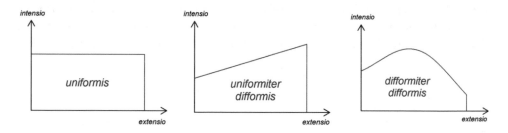

Oresme erkannte den Zusammenhang zwischen dem Flächeninhalt der in der Grafik dargestellten Fläche und dem in der Bewegung zurückgelegten Weg. Dies wird aus seiner Schrift *Tractatus de configuratione intensionum* deutlich.

Am *Merton-College* der Universität Oxford war um 1328 von den Gelehrten **Thomas Bradwardine** (1295–1349) und **Richard Swineshead** die sog. **Merton-Regel** aufgestellt worden:

- Wird ein Körper in einem gewissen Zeitintervall gleichmäßig von einer Geschwindigkeit v_0 auf eine Geschwindigkeit v_1 beschleunigt, dann legt der Körper in diesem Zeitintervall denselben Weg zurück wie ein Körper, der sich mit der Geschwindigkeit $v_m = \frac{1}{2} \cdot (v_0 + v_1)$ bewegt.

Die Gültigkeit dieser Regel – von den Oxford-Gelehrten wortreich plausibel gemacht – konnte von Oresme leicht mithilfe der zweiten Grafik begründet werden. Im *Tractatus de configuratione intensionum* heißt es:

- Jede gleichförmigerweise ungleichförmige Qualität hat dieselbe Quantität, als wenn sie gleichförmig demselben Objekt zukommen würde mit dem Grade des mittleren Punktes.

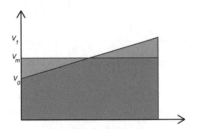

Der Universalgelehrte Oresme beschäftigte sich auch mit der Frage, welche musikalischen Intervalle „schön" (*pulcher*) und welche „hässlich" (*turpis*) klingen und welche Teilungsverhältnisse auf den Saiten für die Töne gewählt werden sollten.

In diesem Zusammenhang entwickelte er die klassische Lehre der Proportionen weiter.

Seine Schriften *Algorismus proportionum* und *De proportionibus proportionum* beispielsweise enthielten die Anleitung, wie man zu einem gegebenen Zahlenverhältnis $b_1 : b_2$ Zahlen a_1 und a_2 findet, für die $b_1 : a_1 = a_1 : a_2 = a_2 : b_2$ gilt. In der heute üblichen Schreibweise würde man dies mithilfe von Potenzen mit gebrochenen Exponenten notieren: $\frac{a_1}{a_2} = \left(\frac{b_1}{b_2}\right)^{\frac{1}{3}}$.

Auch gab er Rechenregeln zum Umgang mit diesem Typ von Proportionen an:

- $a^{\frac{n}{m}} = (a^n)^{\frac{1}{m}}; \quad \left(a^{\frac{1}{p}}\right)^{\frac{p}{m}} = a^{\frac{1}{m}}; \quad a \cdot b^{\frac{1}{n}} = (a^n \cdot b)^{\frac{1}{n}}.$

Beispiel: $\frac{3}{2} \cdot 2^{\frac{1}{3}} = \left(\left(\frac{3}{2}\right)^3 \cdot 2\right)^{\frac{1}{3}} = \left(\frac{27}{4}\right)^{\frac{1}{3}}$

Nur zwei seiner Schriften verfasste Oresme in französischer Sprache: *Traité de la sphère* und *Traité du ciel et du monde*. Hier legte er dar, dass man weder durch Beobachtung noch durch Experimente entscheiden könne, ob sich die Erde oder der Himmel dreht, und er widerlegte die Argumente, die Aristoteles einst angeführt hatte, um zu begründen, warum sich die Erde *nicht* bewegen könne. Gleichwohl neigte er zu der Meinung, dass das geozentrische Weltbild wohl richtig sei.

Grundsätzlich vertrat er aber die Ansicht, dass Erscheinungen in der Natur *natürliche* Erklärungen haben müssen, und er wandte sich scharf gegen jede Form des Okkultismus und gegen den Versuch der Astrologen, aus der Stellung der Planeten Aussagen über zukünftige Ereignisse und Schicksale ableiten zu können.

Und in einem weiteren Punkt vertrat er eine Ansicht, die man wohl eher einem aufgeklärten Philosophen des 18. Jahrhunderts zuordnen würde:

In seinem Buch zum Geldwesen (*De origine, natura, jure et mutationibus monetarum*) bestritt Oresme das Recht der Herrschenden, Münzen zu prägen. Vielmehr gehöre das Geld der Bevölkerung, die nämlich ansonsten darunter zu leiden hat, wenn die Herrscher durch unkontrollierte Münzprägungen den Wert der Münzen mindern.

7.2   Nicolas Chuquet (1445–1488)

Über 100 Jahre nach Oresme lebte in Frankreich der Gelehrte Nicolas Chuquet, dessen Bedeutung erst Ende des 19. Jahrhunderts erkannt wurde.

Und dies kam so: Über Jahrhunderte galt **Estienne de La Roche** (1470–1530) als der Verfasser des ersten Algebra-Buches in französischer Sprache. Dieses Buch erschien im Jahr 1520 unter dem Titel *Larismethique* und hatte großen Einfluss auf die Entwicklung der Mathematik in Europa, insbesondere in Frankreich und in den Niederlanden.

Dann entdeckte man im Jahr 1870 in den Beständen der Bibliothek König Louis XV. die Kopie einer Handschrift *Triparty en la science des nombres* von Nicolas Chuquet, verfasst im Jahr 1484. In dem Exemplar fand man zahlreiche handschriftliche Kommentare La Roches, der der erste Besitzer des Buches war, bevor es schließlich im Jahr 1732 in königlichen Besitz gelangte.

Nach unseren heutigen Maßstäben könnte man La Roche, der Chuquet wohl persönlich kannte, als Plagiator bezeichnen, denn große Teile seines Buches stimmen wörtlich mit dem Werk Chuquets überein. La Roche verschwieg aber nicht, welchen Autoren er die Anregungen für sein Buch verdankte: Er nannte ausdrücklich seinen Lehrer Nicolas Chuquet aus Paris, Philippe Friscobaldi aus Florenz und Luca Pacioli aus Burgo (heute Sansepolcro, Toskana).

Es ist müßig, heute darüber zu spekulieren, ob die Ideen Chuquets auch ohne das Buch von La Roche eine ähnliche Verbreitung gefunden hätten, wie dies durch *Larismethique* erfolgte. Auch erübrigt sich die Frage, wie sich die Mathematik in Europa entwickelt hätte, wenn *Triparty* gedruckt worden wäre, wie dies bei dem nur zehn Jahre später veröffentlichten Werk *Summa de arithmetica, geometria, proportioni et proportionalita* von Luca Pacioli der Fall war (vgl. Abschn. 7.4).

Über Nicolas Chuquet selbst weiß man nur wenig: Er stammte aus Paris und erwarb den Titel eines Baccalaureus der Medizin. Um 1480 tauchte sein Name in den Steuerregistern von Lyon mit der Berufsbezeichnung *escripvain* auf – das ist eine Person, die Abschriften erstellt und das Schreiben lehrt.

Er selbst bezeichnete sich als *algoriste*, also als jemand, der in der Tradition von **Muhammed al-Khwarizmi** das Rechnen mit Dezimalzahlen beherrscht. (Die Schreibweise *arismethique* bzw. *algoriste* entspricht der des mittelalterlichen Lateins; erst im 17. Jahrhundert änderte sich dies im Französischen (und später auch im Englischen) in die Schreibweise mit „*th*" – analog zum griechischen Wort *arithmos*.)

Der in den Beständen der Bibliothek König Louis XV. gefundene Foliant enthält nicht nur die Handschrift *Triparty en la science des nombres*, sondern auch drei weitere Texte: eine Sammlung von Aufgaben, eine Einführung in die Geometrie, die vermutlich für Handwerker gedacht war, sowie eine elementare Arithmetik für Kaufleute.

Zum Inhalt von Nicolas Chuquets *Triparty*

Chuquet nannte das 1484 fertiggestellte Buch *Triparty*, weil es *drei Teile* umfasste:

Im **ersten Teil** führt er Sprechweisen für Zahlen ein (s. u.) und behandelt das Rechnen mit ganzen Zahlen und Brüchen; dann folgen arithmetische und geometrische Zahlenfolgen, Proportionen und Anwendung des Dreisatzes (*règles de trois*) sowie Lösung von linearen Gleichungssystemen.

Im letzten Abschnitt des ersten Teils führt er einen besonderen Mittelwert von Zahlen ein, der heute als **Chuquet-Mittel** bezeichnet wird (s. u.).

In den sechs Abschnitten des **zweiten Teils** geht er auf das Rechnen mit einfachen und zusammengesetzten Wurzeln ein.

Im **dritten Teil** behandelt er das Rechnen mit algebraischen Termen und das Lösen von Gleichungen (*règle des premiers*, *nombre premier* = Unbekannte).

Chuquet verdanken wir die heute übliche Systematik für die Bezeichnung großer Zahlen:

Million (= 10^6), *Billion* (= 10^{12}, definiert als *Million Millionen*), *Trillion* (= 10^{18}), *Quadrillion* (= 10^{24}). Das Wort *Million* findet man zwar bereits in Schriften des 13. Jahrhunderts und auch Bezeichnungen wie *Bymillion* und *Trimillion*; er war es, der die heute in Mitteleuropa verwendeten Wörter prägte.

Zwischen den Sechserblöcken notiert er – der besseren Lesbarkeit halber – jeweils ein Hochkomma.

Die Bezeichnungen der Zwischenstufen, wie beispielsweise *eine Milliarde* für *tausend Millionen*, wurden um 1550 von **Jacques Peletier** du Mans eingeführt. Im 17. Jahrhundert entwickelte sich neben der sog. *Chuquet-Peletier-Skala* auch die sog. *short scale*, bei der

1 *billion* $= 1000$ *millions* ist; diese gilt seit dem 19. Jahrhundert im gesamten englisch-sprachigen Raum.

Gelegentlich treten bei seinen Rechnungen auch die Zahl Null und negative Zahlen auf, was er zum Anlass nimmt, allgemein auf das Addieren und Subtrahieren mit diesen Zahlen einzugehen; dabei verwendet er als Zeichen für plus (*plus*) und minus (*moins*) die Buchstaben *p* bzw. *m* mit einem aufgesetztem „~".

Zur Kontrolle der Rechnungen empfiehlt Chuquet die Durchführung einer Neunerprobe, wobei er auch deutlich macht, dass die Neunerprobe bei Vertauschung von Ziffern versagt.

In der Bruchrechnung betrachtet er – wie bis dahin üblich – keine unechten Brüche, also nur echte Brüche und gemischte Zahlen; das Rechnen mit den gemischten Zahlen gerät daher (aus heutiger Sicht) oft unnötig kompliziert.

Bemerkenswert ist, dass Chuquet einen Zusammenhang zwischen der arithmetischen Folge 1, 2, 3, …, n und der geometrischen Folge a^1, a^2, a^3, …, a^n erkennt: Multipliziert man irgendwelche Zahlen der zweiten Folge, dann findet man das Ergebnis, indem man die zugehörigen Zahlen der ersten Folge addiert und dann wieder zum entsprechenden Glied der zweiten Folge zurückgeht.

Nicht ganz so umfangreich wie im *Liber abbaci* sind in *Triparty* selbst Aufgaben enthalten, in denen Zahlen mit bestimmten Eigenschaften gesucht werden. Wie Leonardo benutzt Chuquet die *Regula falsi* (altfranzösisch: *la rigle de une posicion*) als Methode zur Lösung von linearen Gleichungen im Sinne eines systematischen Probierens oder das Verfahren der Interpolation (*la rigle de deux posicions*).

Bei diophantischen Gleichungen mit drei Variablen wendet er eine *rigle de apposicion et remocion* an, über die er schreibt, dass sie eigentlich keine Methode ist.

Beispiel:
Man will drei (natürliche) Zahlen finden, die addiert 12 ergeben, und die, wenn man die erste mit 8, die zweite mit 5 und die dritte mit 3 multipliziert, zusammen 60 ergeben.

Lösung: Seine Methode besteht darin, die erste Gleichung ($x + y + z = 12$) mit dem kleinsten Koeffizienten der zweiten Gleichung ($8x + 5y + 3z = 60$) zu multiplizieren und diese dann von der zweiten Gleichung zu subtrahieren. Die sich ergebende Gleichung ($5x + 2y = 24$) wird dann gelöst, indem man passende Zahlenpaare sucht. Dies alles wird nicht in Gleichungsform notiert, sondern mit Worten beschrieben. Man kann sich dazu ein Zahlenschema vorstellen, in dem die beschriebene Umformung vorgenommen wird. Chuquet gibt nur das Lösungstripel $(4; 2; 6)$ an; das ebenfalls mögliche Tripel $(2; 7; 3)$ wird nicht erwähnt.

Am Ende des ersten Kapitels führt Chuquet eine Methode ein, die heute nach ihm benannt ist:

La rigle des nombres moyens

Zwischen zwei gegebene Brüche $\frac{a}{b}$, $\frac{c}{d}$ kann stets ein dritter Bruch eingeschoben werden: Der Zähler dieses Bruchs ergibt sich aus der Summe $a + c$ der beiden Zähler a, c und der Nenner ist gleich der Summe $b + d$ der Nenner b, d der beiden Brüche:

$$\frac{a}{b} < \frac{a+c}{b+d} < \frac{c}{d}.$$

Der Bruch $\frac{a+c}{b+d}$, der sog. **Mediant** der beiden Ausgangsbrüche, wird in Erinnerung an seinen Entdecker als **Chuquet-Mittel** bezeichnet.

Chuquet gab keinen Beweis für die von ihm gefundene Regel an; ihre Gültigkeit kann aber leicht anhand der Grafik durch Vergleich der Steigungsdreiecke abgelesen werden.

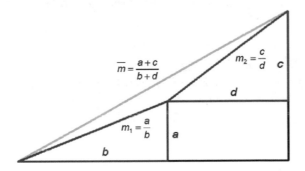

Alternativ kann man zum Beweis die folgenden Umformungen betrachten:

$$\frac{a}{b} < \frac{c}{d} \;\Leftrightarrow\; ad < bc \;\Leftrightarrow\; ab + ad < ab + bc \;\Leftrightarrow\; a \cdot (b + d) < b \cdot (a + c) \;\Leftrightarrow\; \frac{a}{b} < \frac{a+c}{b+d}$$

sowie

$$\frac{a}{b} < \frac{c}{d} \;\Leftrightarrow\; ad < bc \;\Leftrightarrow\; ad + cd < bc + cd \;\Leftrightarrow\; d \cdot (a + c) < c \cdot (b + d) \;\Leftrightarrow\; \frac{a+c}{b+d} < \frac{c}{d}.$$

Dass dies eine äußerst nützliche Ungleichung ist, demonstriert Chuquet im ersten Kapitel am Beispiel der Lösung einer quadratischen Gleichung (vgl. das folgende Beispiel 1); im zweiten Kapitel benutzt er diese Methode, um Näherungswerte für Quadratwurzeln zu bestimmen.

Diese geniale Idee, rationale oder irrationale Lösungen von Gleichungen mithilfe des Chuquet-Mittels einzuschachteln, und dies mit beliebiger Genauigkeit, wird allerdings von nachfolgenden Mathematikern kaum beachtet und angewandt.

Beispiel 1:

Lösung der quadratischen Gleichung $x^2 + x = 39\frac{13}{81}$

Setzt man $x_1 = 5 = \frac{5}{1}$ ein, dann erweist sich dies als zu klein:

$$x_1^2 + x_1 = 25 + 5 = 30 < 39\tfrac{13}{81};$$

das Einsetzen von $x_2 = 6 = \frac{6}{1}$ erweist sich als zu groß:

$$x_2^2 + x_2 = 36 + 6 = 42 > 39\tfrac{13}{81}.$$

Setzt man den ersten Chuquet-Mittelwert $m_1 = \frac{5+6}{1+1} = \frac{11}{2}$ ein, dann ergibt sich:

$$m_1^2 + m_1 = \tfrac{121}{4} + \tfrac{11}{2} = \tfrac{143}{4} = 35\tfrac{3}{4} < 39\tfrac{13}{81};$$ dieser Wert ist also zu klein.

Auch der zweite Mediant $m_2 = \frac{11+6}{2+1} = \frac{17}{3}$ ist zu klein:

$$m_2^2 + m_2 = \tfrac{289}{9} + \tfrac{17}{3} = \tfrac{340}{9} = 37\tfrac{7}{9} < 39\tfrac{13}{81},$$ ebenso der dritte $m_3 = \frac{17+6}{3+1} = \frac{23}{4}$:

$$m_3^2 + m_3 = \tfrac{529}{16} + \tfrac{23}{4} = \tfrac{621}{16} = 38\tfrac{13}{16} < 39\tfrac{13}{81},$$

der vierte $m_4 = \frac{23+6}{4+1} = \frac{29}{5}$ ist aber zu groß:

$$m_4^2 + m_4 = \tfrac{841}{25} + \tfrac{29}{5} = \tfrac{986}{25} = 39\tfrac{11}{25} > 39\tfrac{13}{81}.$$

Mit dem fünften Medianten $m_5 = \frac{23+29}{4+5} = \frac{52}{9}$ hat man eine Lösung der Gleichung gefunden:

$$m_5^2 + m_5 = \tfrac{2704}{2581} + \tfrac{52}{9} = \tfrac{3172}{81} = 39\tfrac{13}{81}.$$

Beispiel 2:

Näherungswert für die Quadratwurzel aus 13

Es gilt $3 < \sqrt{13} < 4$. Der erste Chuquet-Mittelwert ist $m_1 = \frac{3+4}{1+1} = \frac{7}{2}$, allerdings $m_1^2 = \frac{49}{4} = 12\frac{1}{4} < 13$. Der zweite Mediant ist $m_2 = \frac{7+4}{2+1} = \frac{11}{3}$, wobei

$$m_2^2 = \tfrac{121}{9} = 13\tfrac{4}{9} > 13, \text{ weiter } m_3 = \tfrac{7+11}{2+3} = \tfrac{18}{5} \text{ mit } m_3^2 = \tfrac{324}{25} = 12\tfrac{24}{25} < 13,$$

$$m_4 = \tfrac{18+11}{5+3} = \tfrac{29}{8} \text{ mit } m_4^2 = \tfrac{841}{64} = 13\tfrac{9}{64} > 13,$$

$$m_5 = \tfrac{18+29}{5+8} = \tfrac{47}{13} \text{ mit } m_5^2 = \tfrac{2209}{169} = 13\tfrac{12}{169} > 13,$$

$$m_6 = \tfrac{47+18}{13+5} = \tfrac{65}{18} \text{ mit } m_6^2 = \tfrac{4225}{324} = 13\tfrac{13}{324} > 13 \text{ usw.}$$

Zu Beginn des zweiten Teils seines Buches führt Chuquet in das Rechnen mit Wurzeln ein. Als Schreibweise verwendet er den stilisierten Buchstaben R (= *racine*), versehen mit einem zusätzlichen Strich. Die Ordnung einer Wurzel ist aus dem Exponenten ablesbar:

$$R^1 12 = 12, \quad R^2 16 = 4, \quad R^3 64 = 4, \quad R^4 16 = 2, \quad R^5 243 = 3 \text{ usw.}$$

Bemerkenswert ist eine Regel über die Endziffer von Quadratzahlen: Wenn die Quadrat-wurzel aus einer natürlichen Zahl berechnet werden soll, dann kann man oft bereits an der Endziffer ablesen, ob dies eine *racine parfaite* oder *imparfaite* ist, denn keine Quadratzahl endet auf 2, 3, 7 oder 8.

Nach der Methode des schriftlichen Wurzelziehens (auch für dritte Wurzeln) und der näherungsweisen Bestimmung gemäß der oben beschriebenen Methode untersucht Chu-quet auch geschachtelte Wurzeln. Die Radikanden werden durch Unterstreichen gekenn-zeichnet.

Anhand einer Reihe von Beispielen zeigt Chuquet, wie geschachtelte Wurzeln umge-wandelt werden können.

Beispiele:

$3\,p\,R^2 5 \ \left(= 3 + \sqrt{5}\right)$ kann umgeformt werden zu $R^2 \underline{14 \ p \ R^2 180} \ \left(= \sqrt{14 + \sqrt{180}}\right),$

$R^2 2 \ p \ R^2 5 \ \left(= \sqrt{2} + \sqrt{5}\right)$ zu $R^2 \underline{7 \ p \ R^2 40} \ \left(= \sqrt{7 + \sqrt{40}}\right),$

$R^3 4 \ p \ R^2 6 \ \left(= \sqrt[3]{4} + \sqrt{6}\right)$ zu $R^6 \underline{22 \ p \ R^2 384} \ \left(= \sqrt[6]{22 + \sqrt{384}}\right),$

$R^2 5 \ p \ R^2 3 \ \left(= \sqrt{5} + \sqrt{3}\right)$ zu $R^4 \underline{28 \ p \ R^2 300} \ \left(= \sqrt[4]{28 + \sqrt{300}}\right)$ und auch zu

$R^6 \underline{170 \ p \ R^2 2352 + R^2 7500} \ \left(= \sqrt[6]{170 + \sqrt{2352} + \sqrt{7500}}\right)$

Chuquet beherrscht die Rechenregeln für Wurzeln, beispielsweise
$R^{12} = R^6 \underline{R^2} = \ R^3 \underline{R^4} = R^3 \underline{R^2 \underline{R^2}}.$

Auch zum Multiplizieren und Dividieren von Wurzeltermen (Summen, Differenzen und geschachtelte Wurzeln) werden zahlreiche Aufgaben gestellt.

Zu Beginn des dritten Teils des *Triparty* führt Chuquet eine (eigene) algebraische Schreibweise für Terme ein: Die Variablen, die Leonardo von Pisa als *res* bezeichnet, nennt er *premiers* und das Rechnen mit diesen Variablen bezeichnet er entsprechend als *la rigle des premiers*.

Für uns heute gewöhnungsbedürftig ist die Tatsache, dass er die Variablen selbst nicht notiert; vielmehr lassen sich diese an den Exponenten ablesen, beispielsweise 4^0 für 4, 5^1 für $5x$, 6^2 für $6x^2$, 7^3 für $7x^3$ usw. Den Quotienten $\frac{36x^3}{6x}$ in unserer Schreibweise gibt er korrekt als 6^2 $(=6x^2)$ an, ebenso wie $\frac{72}{8x^3}$ als 9^{3m} $(=9x^{-3})$ oder $\frac{84x^{2m}}{7x^{3m}}$ $\left(=\frac{84x^{-2}}{7x^{-3}}\right)$ als 12^1 $(=12x)$.

Bevor er auf das Auflösen von Gleichungen eingeht, stellt er fest:

Die Gleichung $4x^2 = 4x^2$ hat unendlich viele Lösungen, jedoch für die Gleichung $9x^2 = 5x^2$ könne man keine Lösung angeben.

Obwohl Chuquet mit dem Rechnen mit negativen Zahlen eigentlich keine Probleme hat, unterscheidet er immer noch die „traditionellen" Typen von quadratischen Gleichungen, bei denen nur positive Koeffizienten auftreten: $ax^2 = c$; $bx = c + ax^2$; $ax^2 + bx + c = 0$; $ax^2 = bx + c$.

Er beschränkt sich aber nicht auf Gleichungen zweiten Grades, sondern er betrachtet auch Gleichungen höheren Grades wie

$ax^k = bx^{k+n}$, $ax^k + bx^{k+n} = cx^{k+2n}$, $ax^k = bx^{k+n} + cx^{k+2n}$, $ax^k + cx^{k+2n} = bx^{k+n}$,

die durch Division durch x^k „vereinfacht" werden können (auch hier entfällt null als Lösung).

Nach einleitenden Hinweisen folgen ca. 150 Aufgaben, darunter auch solche, die durch Substitution auf quadratische Gleichungen zurückgeführt werden können, wie beispielsweise

$6x^4 + 24 = 2x^2$; $32x^5 + 8x = 192x^3$; $1728x^3 = 512 + 64x^6$;

$12 + 6x^8 = 144x^4$; $243 + 2x^{10} = 487x^5$.

Zu den (komplexen) Lösungen der ersten Gleichung merkt Chuquet übrigens an, dass sie *irreperible* (unauffindbar) sind.

Am Ende seiner Ausführungen von *Triparty* bedauert Chuquet, dass zur Abrundung und Vervollständigung seines Buches allgemeine Lösungsmethoden für Gleichungen dritten und vierten Grades fehlen. Anders als nach ihm **Luca Pacioli** (vgl. Abschn. 7.4), scheint er in dieser Frage aber durchaus optimistisch zu sein, dass solche Lösungsmethoden gefunden werden.

Die **Sammlung von Aufgaben**, in denen die gelernten Methoden angewandt werden sollen, enthält 165 Probleme, die Chuquet zum Teil aus früher entstandenen Schriften übernommen hat.

Zur Lösung der ersten Aufgaben, bei denen jeweils die Summe und der Quotient zweier Zahlen angegeben sind, formuliert er eine allgemeine Regel:

Addiere 1 zum Quotienten und teile die Summe hierdurch.

Tatsächlich gilt: Wenn $\frac{x}{y} = q$, dann ist $\dfrac{x + y}{q + 1} = \dfrac{x + y}{\frac{x}{y} + 1} = \dfrac{x + y}{\frac{x+y}{y}} = y$.

Beispiel:

Die Summe zweier Zahlen ist 10; dividiert man den größeren durch den kleineren Summanden, so ergibt sich 29.

Lösung: $y = \frac{x+y}{q+1} = \frac{10}{30} = \frac{1}{3}$, also $x = 9\frac{2}{3} = \frac{29}{3}$.

Bei diesen Zerlegungsaufgaben lässt Chuquet auch negative Zahlen als Lösung zu – andere zeitgenössische Mathematiker hätten vermutlich die Aufgabe (noch) als nicht lösbar bezeichnet.

Die nächste Aufgabengruppe enthält zahlreiche Probleme mit bekannten Motiven; einige der Einkleidungen findet man auch bei Leonardo wie beispielsweise von Männern, die eine Geldbörse finden, oder von Arbeitern, die bei Nichterscheinen ihrem Arbeitgeber Geld bezahlen müssen, Wanderer, die auf unterschiedliche Weise eine Strecke zwischen zwei Orten zurücklegen u. v. m.

> **Beispiel:** An einem großen Weinfass sind drei Hähne angebracht. Wenn nur der erste geöffnet wird, ist das Fass nach drei Stunden leer; beim zweiten sind dies vier Stunden, beim dritten sechs Stunden. In welcher Zeit wird das Fass geleert, wenn alle drei Hähne geöffnet werden?

Man hat zwar keinerlei Hinweise darauf gefunden, dass Chuquet Leonardos *Liber abbaci* gekannt hat, aber es ist durchaus möglich, dass er eines der nach Leonardo entstandenen Rechenbücher besaß, in denen Leonardos Aufgaben enthalten waren (vgl. Kap. 6).

Die folgende Aufgabe von Chuquet weicht hinsichtlich der gewählten Zahlenangaben von ähnlichen Aufgaben der Vorgänger Chuquets ab – sie scheint keine angemessene Lösung zu haben:

> **Aufgabe:**
> Ein Händler kauft 15 Stoffballen zum Preis von 11 Ecus bzw. 13 Ecus und zahlt dafür 160 Ecu. Wie viele kaufte er von welcher Sorte?
>
> **Lösung:** Chuquet kommentiert das Ergebnis $x = 17\frac{1}{2}$; $y = -2\frac{1}{2}$ wie folgt: Dies ist so zu interpretieren, dass der Händler tatsächlich $17\frac{1}{2}$ Ballen von der ersten Sorte *gekauft*, aber $2\frac{1}{2}$ Ballen von der zweiten Sorte *verkauft* hat, sodass er tatsächlich Ausgaben von 160 Ecu hatte und jetzt 15 Ballen mehr besitzt als zuvor.

Dann schließen sich Aufgaben an, zu deren Lösung Kenntnisse über arithmetische Folgen bzw. über Proportionen benötigt werden.

Um die folgende Aufgabe zu lösen, benötigt man eigentlich Logarithmen:

> **Aufgabe:**
> Aus dem Hahn eines Fasses geht an jedem Tag ein Zehntel des Inhalts verloren. Nach wie vielen Tagen ist nur noch die Hälfte des Inhalts vorhanden?

(Fortsetzung)

Lösung: Chuquet löst die Aufgabe durch lineare Interpolation: Er erkennt, dass eine Lösung im Intervall [6 ; 7] liegen muss, denn $0,9^6 = 0,531441$; $0,9^7 = 0,4782969$, aber er räumt ein, dass man, *um die wahre Lösung zu finden, nach einer bestimmten proportionalen Zahl zwischen 6 und 7 suchen sollte, die uns derzeit noch unbekannt ist.*

Den Abschluss bilden einige Denksportaufgaben, darunter das Josephus-Problem (hier mit 15 Christen und 15 Juden), Zahlenraten, Wägeprobleme mit einer geringen Zahl geeigneter Gewichtsstücke, Umfüllprobleme sowie das Wolf-Ziege-Kohl-Problem.

Chuquets Buch über **praktische Geometrie** umfasst sechs Kapitel.

Im ersten Teil geht es um die Berechnung von Flächeninhalten und Umfängen beim Kreis und von Dreiecken, dann werden spezielle Vierecke untersucht und die Oberfläche von Kreiskegeln berechnet. Das Kapitel endet mit Hinweisen, wie man das Volumen von unregelmäßigen Körpern bestimmen kann, nämlich durch Eintauchen in eine Flüssigkeit oder durch Wiegen (sofern ein bekannter Körper aus dem gleichen Material zur Verfügung steht, also das spezifische Gewicht bekannt ist).

Der zweite Teil enthält Anleitungen zur Benutzung eines Quadranten.

Im dritten Teil findet man zahlreiche Aufgaben, in denen Streckenlängen berechnet werden sollen; hierbei treten Wurzelterme auf. Beispielsweise werden die Radien von Kreisen in Kreisen bestimmt sowie ein Rechteck in einem gegebenen Rechteck, dessen Flächeninhalt vorgegeben ist und dessen Seiten überall den gleichen Abstand haben sollen, vgl. die folgenden Abb.

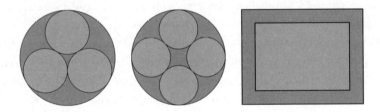

Im vierten Teil geht es um elementare geometrische Konstruktionen wie beispielsweise Bestimmung des Mittelpunkts eines Kreises, wenn nur die Kreislinie gegeben ist, oder Konstruktion eines Kreises mit doppelt so großem Flächeninhalt.

Im fünften Teil beschäftigt sich Chuquet mit dem Problem der Quadratur des Kreises; als Quelle für seine Ausführungen gibt er die *Ars magna* des mallorquinischen Gelehrten Ramon Llull (1235–1316, vgl. spanische Briefmarke links) an.

Er beginnt mit den bekannten Möndchen-Figuren (vgl. die beiden mittleren Abb.), bestreitet dann jedoch (zu Recht) die Richtigkeit der Aussage von Llull, dass das in der Figur rechts eingezeichnete Mittenquadrat flächengleich zu dem Kreis ist, der zu zwei Quadraten ein- bzw. umbeschrieben ist, vgl. Abb. rechts.

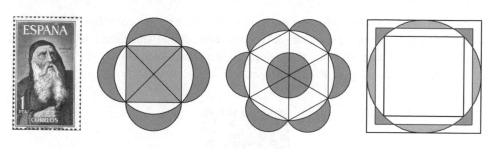

Im sechsten Teil gibt Chuquet Anregungen, wie man den Inhalt eines Fasses näherungs-weise bestimmen kann.

Wie oben angegeben, lebte Chuquet in Lyon. Diese Stadt an der Rhone entwickelte sich im 15. Jahrhundert – dank königlicher Privilegien – zu einem bedeutenden Handelszen-trum; besonders während der jährlich stattfindenden Messe kamen Händler aus ganz Europa hierher. Daher entstand durch die Kaufleute vor Ort eine große Nachfrage nach elementaren Rechenbüchern. In seinem Werk *Arithmetik für Kaufleute* versuchte Chuquet, diesen Wünschen möglichst theoriefrei gerecht zu werden.

Diese Schrift beginnt mit Trainingsaufgaben zu den vier Grundrechenarten. Dann folgen Dreisatzaufgaben, in denen insbesondere die teilweise komplizierten Umrechnun-gen von Gewichts-, Volumen- und Währungseinheiten trainiert werden. Sehr viele Pro-bleme beschäftigen sich mit Tauschgeschäften sowie mit der Aufteilung von Gewinnen und Verlusten entsprechend den Geschäftsanteilen, wobei teilweise zu berücksichtigen ist, ob die Teilhaber aktiv oder passiv sind. Eine wichtige Rolle spielen auch Zinsberech-nungen. Zu den komplexeren Problemen gehören Fragen, die mit dem Silber- und Gold-gehalt von Münzen zusammenhängen.

Chuquet war in vielen Dingen seiner Zeit voraus. Ungewöhnlich ist, dass er nicht nur natürliche Zahlen als Zahlen bezeichnete, sondern auch (irrationale) Wurzeln und Summen von Wurzeln. Vermutlich war er der Erste in Europa, der den Exponenten null und negative Exponenten verwendete.

Seine Erfindung der Schreibweise für die Potenzen von Variablen, die eigentlich einen bedeutenden Schritt zur Algebraisierung hätte darstellen können, war allerdings wirkungs-los, da sie von Estienne de La Roche nicht übernommen wurde. Da auch der Chuquet'sche Mittelwert im Buch von La Roche fehlte, spielte diese Approximationsmethode im Fol-genden bedauerlicherweise keine Rolle.

7.3   Regiomontanus (1436–1476)

Johann Müller war der Sohn eines vermögenden Mühlenbesitzers aus Königsberg (lat.: *mons regius*) in Unterfranken. Bereits im Alter von elf Jahren schrieb sich das Wunderkind unter dem Namen *Johannes Molitoris de Künigsperg* an der Universität Leipzig ein, später nannte er sich *Joannes de Monte Regio*.

Der Reformator **Philipp Melanchthon** (1497–1560), der *Praeceptor Germaniae* (übersetzt ins Deutsche: Lehrer Deutschlands), gab Johann Müller Jahrzehnte nach dessen Tod den Namen, unter dem wir heute einen der bedeutendsten Gelehrten des 15. Jahrhunderts kennen: Regiomontanus, *der Königsberger*.

Im Alter von 14 Jahren wechselte Regiomontanus an die Universität in Wien und wurde Schüler des Astronomen **Georg von Peuerbach**. Zwei Jahre später erwarb er den Grad eines *Baccalaureus*. Er musste allerdings fünf Jahre warten, bis er den Titel eines *Magister artium* führen durfte (und damit die Lehrberechtigung an der Universität erhielt), da die akademischen Regeln eine frühere Ernennung nicht zuließen.

Gemäß der Wissenschaftsauffassung des Humanismus, überlieferte Erkenntnisse grundsätzlich einer Prüfung zu unterziehen, führten Peuerbach und Regiomontanus eigene astronomische Messungen durch. Abweichungen bei den Positionen von Sonne, Mond und Planeten waren für sie der Anlass, die *alphonsinischen Tafeln* zu überarbeiten (astronomische Tabellen, die um 1270 auf Anordnung von Alfons von Kastilien und León entstanden). Vor allem wählten sie Himmelskonstellationen aus, bei denen Planeten durch den Mond bedeckt werden (*Okkultationen*) sowie Mondfinsternisse, da dann die Messbedingungen besonders günstig sind. Da die Qualität einer Messung insbesondere von der Genauigkeit der verwendeten Messgeräte abhängt, machte es sich Regiomontanus zur Lebensaufgabe, astronomische Geräte selbst zu bauen und deren Genauigkeit zu verbessern.

Eine nicht unwesentliche Motivation, die astronomischen Daten zu verbessern, waren die Horoskope: Als Regiomontanus den Auftrag erhielt, für die Braut des Kaisers Friedrich III. ein Horoskop zu erstellen, und seine Vorhersagen nicht eintraten, führte er dies auf die schlechte Qualität seiner Daten zurück: Die Astrologie war für ihn „. . . *ohne Zweifel die zuverlässigste Künderin des unsterblichen Gottes*".

Um 1450 sandte der Universalgelehrte **Nicolaus Cusanus** (Kardinal Nikolaus von Kues, 1401–1464) eine Abhandlung an seinen Freund Peuerbach, in der er darzustellen glaubte, wie die Umwandlung eines Kreises in ein flächengleiches Quadrat konstruiert werden kann (*De circuli quadratura*). Regiomontanus wurde von Peuerbach mit der Abfassung einer Entgegnung beauftragt.

Auch nach der Widerlegung der Abhandlung verfasste Cusanus trotzdem weiter Schriften, in denen er wiederholte, dass eine solche Konstruktion möglich sei; darunter war auch ein konkreter Vorschlag, bei der die von ihm bestimmte Verhältniszahl von Umfang und Durchmesser des Kreises außerhalb der Abschätzung des Archimedes lag ($3\frac{10}{71} < \pi < 3\frac{1}{7}$).

Regiomontanus reagierte darauf heftig: „*C. sei als Geometer eine lächerliche Figur; er habe aus Eitelkeit das Geschwätz in der Welt vermehrt.*"

Regiomontanus verglich und korrigierte die vorliegenden Übersetzungen der *Elemente* des Euklid und verfasste einen Kommentar dazu. Überhaupt war er – wie viele Wissenschaftler der Renaissance – fasziniert von den Erkenntnissen der Mathematiker der Antike, deren Wissen über die Jahrhunderte aus dem Bewusstsein der Wissenschaft verloren gegangen waren. Nach seinem frühen Tod fand man in seinen Unterlagen u. a. Abschriften von Texten, die von Archimedes, Apollonius von Perge, von den Brüdern Banu Musa und von Thabit ibn Qurra verfasst worden waren.

Entscheidend für seinen weiteren Lebensweg war die Begegnung mit einem der bedeutendsten Gelehrten des Humanismus, **Basilius Bessarion** (1403–1472). Als Vertreter der griechisch-orthodoxen Kirche hatte dieser sich vergeblich um eine Wiedervereinigung mit der Kirche Roms bemüht. Nach dem Scheitern der Verhandlungen machte er in der römischen Kurie Karriere, wurde zum Kardinal ernannt und warb jetzt als päpstlicher Legat in Wien um Unterstützung für den Kampf gegen die Türken, die 1453 Konstantinopel erobert hatten.

Bessarion war u. a. im Besitz einer Abschrift des *Almagest* des Ptolemäus. Er bat Peuerbach, ihn bei der Übersetzung dieses Werks zu helfen. Nach dem plötzlichen Tod Peuerbachs im Jahre 1461 übernahm Regiomontanus die weitere Übersetzung des Werks. Er trat in den Dienst des Kardinals ein und begleitete ihn nach Rom. So geriet er auch in eine Auseinandersetzung mit Georg von Trapezunt, dessen *Almagest*-Übersetzung und -Interpretation Bessarion für fehlerhaft hielt.

Zwei Jahre lang lebte Regiomontanus im Palast des Kardinals und nutzte dessen umfangreiche Bibliothek, die eine Fülle von Schriften von Wissenschaftlern der Antike und des islamischen Kulturkreises umfasste. Dann begleitete er Bessarion, der zum päpstlichen Legaten bei der Republik Venedig ernannt worden war, auf dessen Reise. An der Universität zu Padua hielt er eine Vorlesung über den persischen Astronomen al-Farghani (Alfraganus).

Als Papst Pius II. starb, kehrte Bessarion zur Papstwahl nach Rom zurück. Hier knüpfte Regiomontanus vielfältige Kontakte, darunter zu Martin Bylica, dem Hofastronomen des ungarischen Königs, der ihm eine Einladung nach Ungarn vermittelte.

König Matthias Corvinus von Ungarn hatte gerade einen Feldzug gegen die Türken geführt, bei dem u. a. zahlreiche wertvolle antike Schriften erbeutet worden waren. Eine dieser Schriften war eine (unvollständige) Kopie der *Arithmetica* des **Diophant**.

Regiomontanus war von dem Inhalt des Fragments so angetan, dass er seine Kontakte zu anderen Wissenschaftlern zu nutzen versuchte, um an eine vollständige Kopie der Schrift zu gelangen – in der Absicht, das Werk dann als Ganzes zu übersetzen.

Eine solche vollständige Kopie ist bis heute nicht gefunden worden; Regiomontanus ist es jedoch zu verdanken, dass in Europa wieder ein Interesse an den Schriften des Diophant entstand.

Während seines Aufenthalts in Ungarn vollendete er die Arbeit an neuen Sinus-Tafeln (*Compositio tabularum sinuum*), zunächst – wie üblich – im Sexadezimalsystem, wobei als Kreisradius 600.000 Einheiten angenommen wurden. Einige Jahre später erschienen dann auch Tafeln im 10er-System. Da eine Dezimalschreibweise – wie wir sie heute kennen – noch nicht entwickelt war, bezogen sich die ganzzahligen Werte der Tafel auf einen Kreis mit Radius 10.000.000 Einheiten. Damit übertrafen sie die Tafeln von Peuerbach und dessen Vorgänger an der Wiener Universität, **Johannes von Gemunden** (vgl. die Briefmarke aus Österreich), und ermöglichten so auch genauere Rechnungen.

Endlich konnte Regiomontanus auch die Übersetzung des *Almagest* unter dem Titel *Epytoma in almagestum Ptolomei* fertigstellen.

Die Schrift war mehr als eine bloße Übersetzung des Werks von **Ptolemäus** (100–170 n. Chr.). Sie enthielt eine Reihe kritischer Anmerkungen, außerdem Korrekturen bei den Rechnungen sowie Ergänzungen durch Beobachtungen, die erst in der Zeit nach Ptolemäus erfolgt waren.

Das Buch erschien posthum im Jahr 1496 in Venedig; es erregte große Aufmerksamkeit in Wissenschaftskreisen, darunter auch bei **Nikolaus Kopernikus**, der sich von 1496 bis 1500 als Student an der Universität Bologna aufhielt. Die kritischen Ergänzungen, die teilweise noch von Peuerbach stammten, bildeten die Grundlage für eine Revision des Weltbildes, die dann von Kopernikus vorgenommen wurde.

Während seiner Arbeit am *Almagest*-Kommentar und dem Studium der Arbeiten von Mathematikern des islamischen Kulturkreises realisierte Regiomontanus, dass es keine Abhandlung gab, in der systematisch alle mit der Berechnung von Dreiecken zusammenhängenden Fragestellungen enthalten sind. Nach gründlichen Recherchen stellte er 1464 das Manuskript des Werks *De triangulis planis et sphaericis libri quinque* fertig. Er bereitete den Druck des fünfbändigen Werks vor, kam aber wegen seiner vielfältigen Aktivitäten nicht dazu, die Vorbereitungsarbeiten abzuschließen; das Buch erschien – lange nach seinem Tod – erst im Jahr 1533.

Zum Inhalt des Geometriebuches von Regiomontanus
Der erste Band enthält die Grundlagen der Dreieckslehre; insgesamt werden 57 Sätze (Aufgabenstellungen) formuliert, die gemäß dem Vorbild der *Elemente* des Euklid aufeinander aufbauen, d. h., Hilfssätze werden aufgestellt und bewiesen; der Beweis komplexerer Sachverhalte erfolgt durch Zurückgehen auf diese bereitgestellten Sätze. Für Berechnungen wird der Sinus eines Winkels verwendet.

Der zweite Band mit insgesamt 33 Sätzen beginnt mit dem Beweis des Sinus-Satzes. Dann werden wieder eine Reihe von Problemen bearbeitet, beispielsweise:
Gesucht ist ein Dreieck, von dem gegeben sind ...

- ... zwei Winkel und die Summe der gegenüberliegenden Seiten,
- ... zwei Winkel und der Umfang des Dreiecks,
- ... die Seitenverhältnisse und die Länge einer Höhe,
- ... eine Seite, die Summe der beiden anderen Seiten und der von ihnen eingeschlossene Winkel,
- ... eine Seite und die dazugehörige Höhe sowie das Seitenverhältnis der beiden anderen Seiten.

Beispiel 1:

Gesucht ist ein Dreieck, von dem gegeben sind die Seite a, die Summe $b + c$ der beiden anderen Seiten sowie der Winkel α.

Lösung: Betrachtet wird die Winkelhalbierende des Winkels α, die die Seite a im Punkt D schneidet.

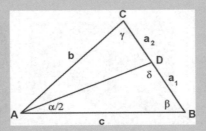

Da gemäß *Elemente* VI,3 (vgl. Abschn. 3.6) die Winkelhalbierende eines Winkels die gegenüberliegende Seite im Verhältnis der anliegenden Seiten teilt, gilt

$a_1 : a_2 = c : b$, also $c : a_1 = b : a_2$,

d. h., es gibt eine Zahl k mit $b = k \cdot c$, $a_2 = k \cdot a_1$.

Hieraus folgt

$$\frac{b+c}{a} = \frac{c}{a_1} = \frac{\sin(\delta)}{\sin\left(\frac{\alpha}{2}\right)}, \text{denn}$$

$$\frac{b+c}{a} = \frac{b+c}{a_1 + a_2} = \frac{k \cdot c + c}{a_1 + k \cdot a_1} = \frac{(1+k) \cdot c}{(1+k) \cdot a_1} = \frac{c}{a_1}.$$

Da a, $b + c$ und α gegeben sind, kann somit der Hilfswinkel δ bestimmt werden und folglich auch die anderen Winkel des Dreiecks.

Beispiel 2:

Gesucht ist das Dreieck, von dem gegeben sind die Seite $c = 20$, die zugehörige Höhe $h_c = 5$ sowie das Seitenverhältnis $a : b = 5 : 3$.

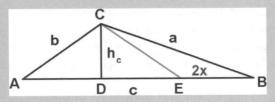

(Fortsetzung)

Lösung: Da $a > b$, ist der Abschnitt AD kürzer als der Abschnitt DB und man kann die Strecke AD von D aus nach rechts abtragen, also $|AD| = |DE|$.

Setzt man dann $|EB| = 2x$, dann gilt: $|AD| = \frac{1}{2} \cdot (20 - 2x) = 10 - x$.

Nach dem Satz von Pythagoras ergibt sich dann im linken Teildreieck

$b^2 = (10 - x)^2 + 5^2 = 125 - 20x + x^2$

und entsprechend im rechten Teildreieck $a^2 = (10 + x)^2 + 5^2 = 125 + 20x + x^2$.

Aus dem vorgegebenen Längenverhältnis der Seiten a, b folgt daher

$a^2 : b^2 = 25 : 9 = (125 + 20x + x^2) : (125 + 20x - x^2)$ und hieraus

$9 \cdot (125 + 20x + x^2) = 25 \cdot (125 + 20x - x^2)$ und weiter $16x^2 + 2000 = 680x$.

Das Lösen der quadratischen Gleichung überlässt Regiomontanus dem Leser ...

Im Anschluss an den Satz, dass in einem beliebigen n-Eck die Summe der Innenwinkel $2n - 4$ *Rechte* (rechte Winkel) beträgt, beschäftigt sich Regiomontanus mit Stern-Vielecken (die nicht notwendig regelmäßig sein müssen).

Winkelsumme in Stern-Vielecken

In Stern-Vielecken beträgt die Summe der Winkel in den Sternspitzen ...

... $2n - 8$ Rechte, wenn jede Seite von *zwei* anderen Seiten geschnitten wird,

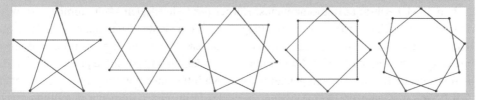

... $2n - 12$ Rechte, wenn jede Seite von *vier* anderen Seiten geschnitten wird,

... $2n - 16$ Rechte, wenn jede Seite von *sechs* anderen Seiten geschnitten wird

usw.

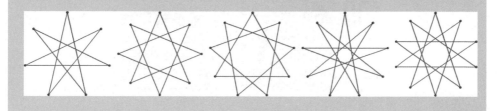

Die übrigen drei Bände des Werks *De triangulis planis et sphaericis libri quinque* beschäftigen sich überwiegend mit der Lösung von Problemen aus der sphärischen Trigonometrie, darunter auch der folgende von Regiomontanus entdeckte Satz:

Seiten-Kosinus-Satz

Aus zwei Seiten und dem eingeschlossenen Winkel kann die dritte Seite berechnet werden:

$$\cos(a) = \cos(b) \cdot \cos(c) + \sin(b) \cdot \sin(c) \cdot \sin(\alpha)$$
$$\cos(b) = \cos(c) \cdot \cos(a) + \sin(c) \cdot \sin(a) \cdot \sin(\beta)$$
$$\cos(c) = \cos(a) \cdot \cos(b) + \sin(a) \cdot \sin(b) \cdot \sin(\gamma)$$

(vgl. die folgende Wikipedia-Abbildung *Spherical triangle*).

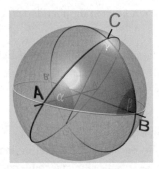

Um 1471 beantragte Regiomontanus, Bürger der freien Reichsstadt Nürnberg zu werden, zu dieser Zeit neben Köln und Prag eine der bedeutendsten Städte des Heiligen Römischen Reiches. Hier richtete er sich ein Observatorium nach seinen Vorstellungen ein, dazu eine Werkstatt, in der Sonnenuhren, Astrolabien und Armillarsphären u. a. m. für astronomische Beobachtungen gebaut wurden. Mithilfe eines von ihm weiterentwickelten *Jakobsstabes* konnte er 1472 Messungen zu der Bahn eines Kometen durchführen (*De cometae magnitudine, longitudineque, ac de locus eius vero problemata*).

Regiomontanus erkannte sehr schnell die Bedeutung des von Johann Gutenberg erfundenen Buchdrucks. Er richtete in seinem Haus eine eigene Druckerei ein und entwarf Pläne für zukünftige Publikationen – so wurde er der erste Herausgeber wissenschaftlicher Literatur in Europa. Als Erstes ließ er die *Nova theoria planetarum* seines Lehrers Peuerbach drucken, als Nächstes einen eigenen Kalender. In diesem berechnete er das Osterdatum nach geltendem Verfahren und nach astronomischen Gesichtspunkten und zeigte den zunehmenden Unterschied auf.

1474 gab er die *Ephemerides* (Sterntafeln, wörtlich: *Tagebücher*) für den Zeitraum bis 1506 heraus. Darin beschrieb er die Methode, wie man aus dem Zeitpunkt einer Mondfinsternis die geografische Länge des Beobachtungsortes bestimmen kann.

Die *Ephemerides* gehörten zu den Büchern, die **Christopher Columbus** und **Amerigo Vespucci** bei ihren Entdeckungsreisen mit sich führten; allerdings scheiterte Kolumbus zweimal (1494 und 1504) bei dem Versuch, die Methode des Regiomontanus bei der Längengradbestimmung seines Aufenthaltsortes in der Karibik anzuwenden.

Aufgrund der o. a. Kalenderberechnungen wurde er von Papst Sixtus IV. eingeladen, an der überfälligen Kalenderreform mitzuwirken. Um seiner Einladung Nachdruck zu verleihen, ernannte der Papst Regiomontanus zum Bischof von Regensburg und als solcher konnte er sich nicht entziehen.

Allerdings vergingen noch einmal mehr als 100 Jahre, bis die Reform endlich durchgeführt wurde; denn Regiomontanus kam nicht mehr dazu, daran mitzuarbeiten.

Als im Januar 1476 der Tiber über seine Ufer trat, brach in Rom eine Pestepidemie aus, deren Opfer vermutlich auch Regiomontanus wurde. Es gab aber auch das Gerücht, dass er von den Söhnen von Georg von Trapezunt vergiftet worden sei. Das Gerücht war entstanden, weil Regiomontanus vor seiner Abreise nach Rom angekündigt hatte, bald eine Schrift herauszugeben, in der dargestellt war, dass Trapezunts Übersetzung und Kommentar zum *Almagest* äußerst fehlerhaft sei.

Der Nachlass des Regiomontanus, der gerade einmal 40 Jahre alt geworden war, wurde von seinem Freund, Helfer und finanziellem Unterstützer **Bernhard Walther** gewissenhaft verwaltet, begonnene Projekte wurden von ihm zu Ende geführt.

Als Walther dann 1504 ohne Nachkommen starb, kümmerte sich niemand mehr um die Einrichtung des Observatoriums und um die wertvollen Bestände der privaten Bibliothek. 1509 wurde das geplünderte Haus von **Albrecht Dürer** erworben.

Zum Abschluss unseres kleinen Porträts als kleine Herausforderung eine Zusammenstellung von zehn Aufgaben, die Regiomontanus seinen Briefpartnern stellte (zitiert nach Moritz Cantor):

- Finde x, y, z mit $x + y + z = 240$; $97x + 56y + 3z = 16047$.
- Finde x, y, z mit $17x + 15 = 13y + 11 = 10z + 3$.
- Finde x, y, z mit $23x + 12 = 17y + 7 = 10z + 3$.
- Finde x, y, z mit $x + y + z = 116$; $x^2 + y^2 + z^2 = 4624$.
- Drei in harmonischer Progression stehende Zahlen zu finden, deren kleinste größer ist als 500000.
- Drei Quadratzahlen zu finden, welche in *harmonischer Progression* stehen.
- Drei Quadratzahlen zu finden, welche in arithmetischer Progression stehen, und deren kleinste größer als 20000 ist.
- Drei Quadratzahlen zu finden, welche in arithmetischer Progression stehen, und deren ganzzahlige Wurzeln die Summe 214 besitzen.
- Vier (verschiedene) Quadratzahlen zu finden, deren Summe wieder eine Quadratzahl ist.
- Zwanzig Quadratzahlen zu finden, deren Summe eine Quadratzahl ist und die größer ist als 300000.

Hinweis

Unter *harmonischer Progression* versteht man die Eigenschaft einer Zahlenfolge, dass jede Zahl das harmonische Mittel seiner Nachbarn ist, d. h., es handelt sich um Glieder der Zahlenfolge $\frac{1}{a}$, $\frac{1}{a+d}$, $\frac{1}{a+2d}$, $\frac{1}{a+3d}$, … mit geeigneten natürlichen Zahlen a, d.

7.4   Luca Pacioli (1445–1517)

Die italienische Briefmarke aus dem Jahr 1994 erinnert an das erste *gedruckte* Mathematik-buch in italienischer Sprache, erschienen 1494, verfasst von Luca Pacioli:

Summa de arithmetica, geometria, proportioni et proportionalita (Zusammenfassende Darstellung über Arithmetik, Geometrie und Algebra).

Das Porträt zeigt den Gelehrten, wie er einen geometrischen Satz erläutert; auf dem Tisch vor ihm liegt ein reguläres Dodekaeder.

Luca Pacioli stammte aus San Sepolcro, einem Ort 100 km südöstlich von Florenz. Vermutlich verbrachte er in seiner Jugend viel Zeit in der Werkstatt des Malers **Piero della Francesca** (1415–1492), denn später zeigte sich, dass Pacioli dessen Werk sehr gut kannte.

Die San-Marino-Briefmarken aus dem Jahr 1992 erinnern an Bilder und theoretische Schriften von Piero della Francesca: *De prospectiva pingendi* (auf der Briefmarke steht irrtümlich *perspectiva*) und *Libellus de quinque corporibus regularibus*.

Della Francesca war der Erste, der mithilfe mathematischer Methoden versuchte, Gebäude und Personengruppen perspektivisch korrekt darzustellen. Die zweite o. a. Schrift bezieht sich auf die fünf regelmäßigen Polyeder, die sog. platonischen Körper, die della Francesca als Zeichenobjekte für die Kunst (wieder-)entdeckte. Darüber hinaus verfasste er eine Schrift, für die er Illustrationen zu den damals bekannten Büchern des Archimedes erstellte, u. a. auch von einigen archimedischen Körpern (das sind Körper, die durch regelmäßige Schnitte an platonischen Körpern entstehen).

Nachdem Pacioli seinen Heimatort verlassen hatte, trat er in die Dienste des reichen venezianischen Kaufmanns Antonio Rompiasi, kümmerte sich um dessen Handelsgeschäf-te, vor allem aber um die Erziehung der drei Söhne des Kaufmanns. Gleichzeitig erweiterte er seine eigenen Kenntnisse in Mathematik; im Alter von 25 Jahren verfasste Pacioli für seine drei Schützlinge ein Arithmetik-Buch. Für ihn waren es wichtige Lehrjahre, einerseits in seiner Rolle als Lehrer und Erzieher, andererseits als Beauftragter in Handels- und Geldgeschäften.

Nach dem Tod von Rompiasi ging Pacioli nach Rom, um für **Leone Battista Alberti** (1404–1472), Berater des Papstes, Philosoph, Mathematiker, Architekt und einflussreicher Baumeister, zu arbeiten. Unter dem Einfluss Albertis studierte Pacioli Theologie und trat in den Orden der Franziskaner ein.

Im darauffolgenden Jahrzehnt wechselte Pacioli wegen andauernder kriegerischer Aus-einandersetzungen zwischen italienischen Stadtstaaten mehrfach seinen Wohnort: Er lehrte an den Universitäten in Perugia, in Zara (dem heutigen Zadar in Kroatien, damals zu Venedig gehörig), in Neapel und in Rom. In dieser Zeit verfasste er für seine Studenten zwei weitere Bücher über Arithmetik in lateinischer Sprache, von denen eines erhalten ist.

Im Jahr 1489 kehrte Pacioli in seine Heimatstadt San Sepolcro zurück – ausgestattet mit päpstlichen Privilegien. Seine Lehrtätigkeit konnte er dort jedoch nicht fortsetzen, da dies von Vertretern anderer Orden eifersüchtig verhindert wurde.

So hatte er in den folgenden Jahren genügend Zeit, um sich der Erstellung des Ma-nuskripts seiner *Summa* zu widmen, die dann 1494 in Venedig erschien. Bereits in der Vergangenheit hatte Pacioli stets großes Geschick gezeigt, einflussreiche Persönlichkeiten für sich zu gewinnen. Das neue Buch widmete er dem gerade ernannten Herzog von Urbino.

Obwohl das Werk nur wenige neue Ideen enthielt – Pacioli gibt als seine Quellen insbesondere die Schriften von Euklid, Boethius und Leonardo von Pisa an –, hatte es einen großen Einfluss auf die weitere Entwicklung der Mathematik. Paciolis besonderes Verdienst liegt darin, dass es ihm in der *Summa* gelang, das gesamte mathematische Wissen der damaligen Zeit auf 600 eng bedruckten Seiten zusammenzutragen und dar-zustellen.

Hinzu kommt, dass das Buch in *italienischer*, also nicht in lateinischer Sprache verfasst war, was zu einer starken Verbreitung führte, und vor allem: Es war ein *gedrucktes* Buch, das jederzeit nachgedruckt werden konnte, was dann auch mehrfach geschah.

Dass die Mathematik in Italien in den darauffolgenden Jahrzehnten eine Blütezeit erlebte, hängt sicherlich auch mit der Tatsache zusammen, dass dieses enzyklopädische Werk praktisch allen zur Verfügung stand.

Zum Inhalt der *Summa de arithmetica, geometria, proportioni et proportionalita*
Ende des 15. Jahrhunderts hatten sich die arabisch-indischen Ziffern in Europa durch-gesetzt, auch wenn es im Handel immer noch Bedenken gab, dass sich diese Ziffern leichter fälschen lassen könnten als die römischen Zahlzeichen.

Die heute üblichen Schreibweisen für Summen und Differenzen gab es aber noch lange nicht. Pacioli schlug zwar vor, *p* kurz für *plus* (italienisch: *più* = mehr) und *m* für *minus* (italienisch: meno) zu schreiben, und ähnlich wie Chuquet verwendete er das Symbol *R* für die Quadratwurzel (*radix*), aber trotz dieser Symbole war es weiterhin aufwendig, Beziehungen zwischen Größen, wie etwa in Gleichungen, in knapper Form auszudrücken.

Beispielsweise musste die Gleichung

$$x^4 + x = x^2 + a$$

mit Worten beschrieben werden:

Censo de censo e cosa equale a censo e numero

– dabei steht *cosa* (*res* bei Leonardo von Pisa) für die unbekannte Zahl, *censo* für das Quadrat dieser Zahl, *censo de censo* für die vierte Potenz.

Auch hier verwendete Pacioli Abkürzungen wie *co.* für *cosa*, *ce.* für *censo*, *cu.* für *cubo*, *ae.* für *aequalis* (gleich).

Ausführlich geht Pacioli auf die Grundrechenarten mit natürlichen Zahlen ein; dabei erläutert er acht verschiedene Möglichkeiten, die Zwischenergebnisse beim schriftlichen Multiplizieren zu notieren, darunter das *gelosia*-Verfahren (vgl. u. a. *Mathematik ist wunderwunderschön*, Kap. 2), das im Mittelmeerraum verbreitet war.

Ausdrücklich verzichtet er darauf, das Verdoppeln und Halbieren von Zahlen zu üben – was bis dahin üblich war (vgl. dazu auch Abschn. 8.1 über Adam Ries), da dies nur Spezialfälle des Multiplizierens bzw. Dividierens sind.

Um den Näherungswert für die Quadratwurzel $\sqrt{a}$ zu bestimmen, empfiehlt Pacioli ein Verfahren, das bereits Heron bekannt war (und was heute als Newton-Verfahren bezeichnet wird). Für dieses gilt die Rekursionsformel

$$x_{n+1} = x_n + \frac{a - x_n{}^2}{2x_n}.$$

Beispiel:

$$\sqrt{6} \approx 2 + \frac{6-4}{4} = 2\frac{1}{2} \;\; ; \;\; \sqrt{6} \approx 2\frac{1}{2} + \frac{6-6\frac{1}{4}}{5} = 2\frac{9}{20} \;\; ; \;\; \sqrt{6} \approx 2\frac{9}{20} + \frac{6-6\frac{1}{400}}{4\frac{9}{10}} = 2\frac{881}{1960}.$$

In der Bruchrechnung weist Pacioli auf eine Schwierigkeit hin:

Ist es nicht ein Widerspruch, fragt er, *wenn zwei echte Brüche bei der Multiplikation miteinander sich gegenseitig kleiner machen, während multiplizieren, vervielfachen, auf das Größerwerden hinweise, wie auch gesagt sei: Wachset und vervielfältigt euch und füllet die Erde!*

Über dieses Problem hilft er sich (und seinen Lesern) wie folgt hinweg:

Größer werden heißt, sich von der Einheit entfernen, und das könne nach beiden Seiten geschehen, was man beispielsweise bei $\frac{1}{2} \cdot \frac{1}{3} = \frac{1}{6}$ sieht – dort ist nämlich das Produkt „größer" (also weiter von der Einheit entfernt) als die Faktoren ...

Er stellt heraus, dass beim Addieren von Größen verschiedener Art die Reihenfolge keine Rolle spielt, also beispielsweise 4 ce. *p* 3 *co.* ($4x^2 + 3x$) gleichwertig ist zu 4 ce. *p* 3 *co.* ($3x + 4x^2$), was aber nicht für die Subtraktion gelte.

Dass *minus mal minus plus* ergibt, schreibt er, mag zunächst unsinnig erscheinen, aber man könne dies wie folgt beweisen:

Rechnet man 10m2 mal 10m2, also 8 mal 8, dann ergibt das 64. Andererseits muss man beim Ausrechnen von zweiteiligen Faktoren (Binomen) das Folgende überlegen:

10 mal 10 ist 100, zweimal 10 mal m2 ist m40, zusammen 60, dann muss m2 mal m2 p4 ergeben, damit auch hier insgesamt 64 herauskommt.

Im Zusammenhang mit dem Rechnen mit Wurzeln wendet er die folgende Regel an:

$$\sqrt{m} \pm \sqrt{n} = \sqrt{\left(\sqrt{m} \pm \sqrt{n}\right)^2} = \sqrt{(m + n) \pm 2\sqrt{m \cdot n}}.$$

Bei der Lösung quadratischer Gleichungen werden wie bei **Muhammed al-Khwarizmi** (780–850) die drei Formen $ax^2 + bx = c$, $ax^2 = bx + c$, $ax^2 + c = bx$ betrachtet, da nur positive Koeffizienten zugelassen werden.

Für das Lösungsverfahren gibt Pacioli drei Rezepte in Form von lateinischen Hexametern an, die auswendig gelernt werden sollen, beispielsweise zur Lösung des ersten Typs:

Si res et census numero coequantur, a rebus
Dimidio sumpte censum producere debes
Addereque numero, cuius a radice totiens
Tolle semis rerum, census latusque redibit.

Die Auflösung von Gleichungen dritten Grades ist für Pacioli noch *impossibile*, was – nach Deutung der Mehrzahl der Mathematik-Historiker – nicht dahingehend zu interpretieren ist, dass er *dies nicht für möglich* hält, sondern eher im Sinne von *bisher wurde noch kein Verfahren gefunden*.

Nur wenige Jahre später gelang es **Scipione del Ferro** (1465–1526), mit dem Pacioli auch über dieses Thema diskutiert hatte, einen ersten Typ von Gleichungen dritten Grades zu lösen. **Niccolò Tartaglia** (1500–1557) und **Girolamo Cardano** (1501–1576) vermochten es dann, Lösungsverfahren für alle Typen von Gleichungen 3. Grades zu finden; Cardanos Schüler **Lodovico Ferrari** (1522–1565) gelang es schließlich, das Verfahren auf Gleichungen 4. Grades zu erweitern (vgl. auch *Mathematik – einfach genial*, Kap. 8).

Bemerkenswert erscheint die Lösung der folgenden Gleichung:

$$(1 + 2 + 3 + \ldots + x) + \left(1^2 + 2^2 + 3^2 + \ldots + x^2\right) = 20400.$$

Anwenden der Summenformeln führt zu

$$\frac{1}{2} \cdot x \cdot (x+1) + \left(\frac{1}{2} \cdot x \cdot (x+1)\right)^2 = 20400$$

und dies weiter zu

$$x^4 + 2x^3 + 3x^2 + 2x = 81600.$$

Addiert man nun 1 auf beiden Seiten, so kann dies vereinfacht werden zu

$$\left(x^2 + x + 1\right)^2 = 81601.$$

Somit ergibt sich

$$x^2 + x + 1 = \sqrt{81601}$$

und schließlich

$$x = \sqrt{\sqrt{81601} - \frac{3}{4}} - \frac{1}{2}.$$

Pacioli ist sich allerdings nicht im Klaren darüber, dass sein raffiniertes Lösungsverfahren nicht allgemein brauchbar ist, da die Summenformeln nur für natürliche Zahlen gelten.

Auch im anschließenden Abschnitt *de viagiis* (über Reisen), in dem es um Gewinne und Verluste eines Kaufmanns geht, steht eine Aufgabensequenz, bei der sich das Lösungsverfahren „verselbstständigt":

> **Beispiel:** Ein Kaufmann hat bei einer unbekannten Anzahl von Reisen jedes Mal sein Kapital verdoppelt und besitzt jetzt 30 Dukaten.

Nach einem undurchsichtigen Lösungsverfahren erhält Pacioli als Ergebnis, dass der Kaufmann $1 + \sqrt{4\frac{3}{4}}$ Reisen durchgeführt hat.

Danach folgen elf ähnliche Aufgaben mit immer abstruseren Ergebnissen.

Bemerkenswert ist, dass Pacioli im Zusammenhang mit der Zinsrechnung eine Faustregel angibt, die noch heute im Mathematikunterricht erarbeitet wird:

* Ein Kapital verdoppelt sich in ungefähr 72/x Jahren, wenn der Zinssatz x Prozent beträgt.

Der vorletzte Abschnitt des arithmetischen Teils enthält eine Aufgabe, die später von **Pierre Rémond de Montmort** (1678–1719) die Bezeichnung **Problème des partis** erhielt und in der Literatur manchmal auch als **Luca'sches Problem** zitiert wird:

> *Wie ist der Einsatz zweier Spieler gerecht aufzuteilen, wenn ein Spiel nach einigen Spielrunden vorzeitig abgebrochen werden muss und nicht fortgesetzt werden kann?*

Luca Pacioli gab das Verhältnis *Anzahl der bis zum Abbruch gewonnenen Spielrunden* zu *Anzahl der insgesamt durchgeführten Spielrunden* als angemessene Quote für die Aufteilung an. Wird beispielsweise ein Spiel beim Stand von [3 : 2] abgebrochen, dann sollte nach Paciolis Vorschlag der erste Spieler 60 % des Einsatzes und der zweite 40 % erhalten.

Girolamo Cardano kritisierte dies durch das folgende Gegenbeispiel:

Wird ein Spiel mit vereinbarten 19 Gewinnrunden bei einem Spielstand von [18 : 9] abgebrochen, dann hätte dies eine Aufteilung im Verhältnis 2:1 zur Folge, obwohl dem ersten Spieler nur *ein* Siegpunkt fehlt.

Niccolò Tartaglia war ebenfalls mit Paciolis Aufteilungsregel nicht einverstanden:

Bei einem Spielstand von 1:0 würde der zweite Spieler nichts erhalten, obwohl das Spiel gerade erst begonnen hat und der 1-Punkt-Vorsprung eigentlich unbedeutend ist.

Hinweis Eine allgemein zufriedenstellende Lösung entwickelten schließlich **Blaise Pascal** (1623–1662) und **Pierre de Fermat** (1607–1665) in ihrem berühmten Briefwechsel im Jahr 1654 (vgl. hierzu auch *Mathematik – einfach genial*, Kap. 12).

Am Ende des arithmetischen Teils der *Summa* erfolgt eine Einführung in die sog. *venezianische Methode der Buchhaltung*, das Prinzip der **doppelten Buchführung**.

Pacioli wird daher manchmal als „Vater der Buchhaltung" bezeichnet, was aber sicherlich nicht zutrifft. Es gibt Dokumente, die belegen, dass das Verfahren der doppelten Buchführung bereits im Jahr 1340 in den Handelskontoren von Genua, Venedig, Florenz und Lübeck verbindlich vorgeschrieben war; allerdings ist Pacioli der Erste, der eine geschlossene Darstellung der Methode gibt.

Die folgende, ebenfalls im Jahr 1994 herausgegebene Briefmarke erschien anlässlich eines Weltkongresses der Buchhalter, die in Paciolis Geburtsstadt San Sepolcro stattfand.

Schließlich gibt Pacioli noch eine Übersicht über die in den verschiedenen italienischen Stadtstaaten geltenden Münzeinheiten, Gewichts- und Längenmaße.

Die acht Kapitel der *Summa* über Geometrie lehnen sich sehr stark an die Ausführungen von Leonardos *De Practica Geometriae* an (vgl. Abschn. 6.4).

Kap. 1 enthält eine Zusammenfassung der Bücher Euklids über geometrische Grundkonstruktionen, Flächeninhalte sowie Ähnlichkeitslehre; Kap. 2 beschäftigt sich mit Berechnungen an Dreiecken.

Beispiel:

Die Hypotenuse AC eines rechtwinkligen Dreiecks *ABC* mit den Seitenlängen 3, 4, 5 wird so verlängert, dass $|AD| = 20$. Zu bestimmen ist die Länge der Strecke *BD*.

Lösung: Mithilfe von Ähnlichkeitsüberlegungen erhält man $|BE| = |ED| = 12$ und somit $|BD| = \sqrt{288}$.

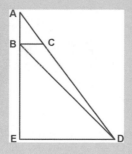

Im dritten Kapitel werden Aufgaben über rechtwinklige Figuren gestellt, die auf quadratische Gleichungen führen.

Beispiel:

Von einem Rechteck ist die Länge der kürzeren Seite $b = 6$ gegeben sowie das Produkt $a \cdot x = 80$ der Länge der Diagonale x mit der Länge der Rechteckseite a.

Lösung: Nach dem Satz von Pythagoras gilt hier: $x^2 = 6^2 + \left(\frac{80}{x}\right)^2$. Durch Umformen ergibt sich die biquadratische Gleichung $x^4 = 36x^2 + 6400$ und hieraus $x = 10$.

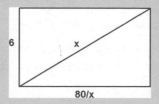

Im vierten Kapitel geht es um die Kreislehre einschließlich der Nutzung der Sehnen-tafeln (von Leonardo von Pisa). Für π gibt er den Näherungswert $3\,\frac{33}{229}$ an; sein Kommentar:

- *Questo non sia pontalmente la verita, ma e molto presso* (das ist nicht die reine Wahrheit, aber es ist sehr nah daran).

Im fünften Kapitel wird die Teilung von geometrischen Figuren behandelt (Verhältnis-lehre); das sechste Kapitel gibt an, wie Oberflächen und Volumina von Körpern berechnet werden. Im siebten Kapitel stellt Pacioli Geräte und Methoden zur Vermessung vor.

Das achte Kapitel enthält über 100 Aufgaben verschiedener Art:

Berechnung des Volumens eines Fasses (näherungsweise beschrieben durch zwei Kegelstümpfe), Berechnungen an regulären Körpern, Einbeschreiben von zwei oder mehr gleich großen Kreisen im Quadrat, im gleichseitigen Dreieck und im Kreis.

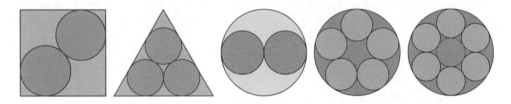

Unter den gestellten Aufgaben sind auch anspruchsvollere Probleme, beispielsweise das folgende:

Aufgabe:
In ein Dreieck mit den Seitenlängen $a = 15$, $b = 14$, $c = 13$ sollen zwei gleich große Kreise eingezeichnet werden, die einander sowie jeweils zwei der drei Seiten berühren.

Lösung:

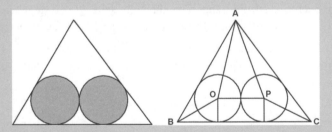

Um den Radius x der beiden Kreise zu bestimmen, muss zunächst die Höhe h_a ermittelt werden. Mithilfe des Satzes von Pythagoras erhält man:

$$h_a{}^2 = c^2 - a_1{}^2 = b^2 - (a - a_1)^2$$

und hieraus $a_1 = \frac{a^2 + c^2 - b^2}{2a}$ für die Länge des linken Abschnitts der Grundseite a.

(Fortsetzung)

Durch Einsetzen in die davorstehende Gleichung ergibt sich dann die Höhe h_a. (Die Höhe ist in den beiden Abbildungen nicht eingetragen.)

Da das Dreieck ABC durch die eingezeichneten Linien in drei Dreiecke und ein Trapez zerlegt wird, kann der Flächeninhalt auf zwei Arten berechnet werden:

$$F_{ABC} = F_{ABO} + F_{OPA} + F_{APC} + F_{BCPO}, \text{also}$$

$$\frac{1}{2} \cdot a \cdot h_a = \frac{1}{2} \cdot c \cdot x + \frac{1}{2} \cdot 2x \cdot (h_a - x) + \frac{1}{2} \cdot b \cdot x + \frac{1}{2} \cdot (a + 2x) \cdot x.$$

Die Seiten a, b, c und die Höhe h_a sind bekannt bzw. berechnet; daher kann man diese Gleichung nach x auflösen und erhält für den Radius x der beiden Kreise

$$x = \frac{a \cdot h_a}{a + b + c + 2h_a},$$

also im betrachteten Beispiel mit $a = 15$, $b = 14$, $c = 13$ und $h_a = 11\frac{1}{5}$ den Radius $x = 2\frac{14}{23}$.

Mit einer ähnlichen Überlegung, aber weniger aufwendig, kann die folgende Aufgabe gelöst werden:

Aufgabe:
In ein Dreieck mit den Seitenlängen $a = 15$, $b = 14$, $c = 13$ soll ein Halbkreis eingezeichnet werden, der die Seiten b und c des Dreiecks berührt.
   Lösung:

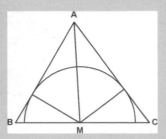

Es gilt: $F_{ABC} = F_{ABM} + F_{AMC}$, also $\frac{1}{2} \cdot a \cdot h_a = \frac{1}{2} \cdot c \cdot r + \frac{1}{2} \cdot b \cdot r$.
Hieraus ergibt sich $r = \frac{a \cdot h_a}{b+c}$. Für $a = 15$, $b = 14$, $c = 13$ folgt dann $r = 6\frac{2}{9}$.

Als im Jahr 1496 Ludovico Sforza neuer Herrscher in Mailand wurde, lud er Pacioli ein, als Mathematiker an seinem Hof zu arbeiten. Dort begegnete er **Leonardo da Vinci** (vgl. Abschn. 7.5), der als Künstler und Ingenieur im Dienst des Herzogs stand, und beide freundeten sich an.

Pacioli hatte die Arbeit an einem neuen Werk begonnen, *Divina proportione* (Über das göttliche Verhältnis), für das Leonardo da Vinci nicht nur die Zeichnungen anfertigte – beide standen in lebhaftem Austausch zu diesem Thema.

Im Deutschen ist es üblich, ein besonderes Verhältnis zweier Zahlen (in der Geometrie: zweier Strecken) als **Goldenen Schnitt** zu bezeichnen. Dieser Ausdruck ist eine Wortschöpfung des 19. Jahrhunderts durch den deutschen Mathematiker **Martin Ohm** (1792–1872), Bruder des Physikers **Georg Simon Ohm** (1789–1854).

Definition: Teilung einer Strecke im Verhältnis des Goldenen Schnitts

Eine Strecke AB wird durch einen Punkt C im Verhältnis des Goldenen Schnitts geteilt, wenn sich die Länge $|AC|$ der größeren Teilstrecke (*Maior*) zur Länge $|CB|$ der kleineren Teilstrecke (*Minor*) verhält wie die Länge $|AB|$ der gesamten Strecke zur Länge $|AC|$ der größeren Teilstrecke.

Mit $a = |AC|$, $b = |CB|$, also $a + b = |AB|$, ergibt dies die Verhältnisgleichung $a : b = (a + b) : a$.

Ausgehend von der Konstruktion *Teilung einer Strecke im inneren und äußeren Verhältnis*, wie Euklid sie in den *Elementen* behandelt (vgl. folgende Abb. links), untersucht Pacioli das regelmäßige Fünfeck (Pentagon), dessen Diagonalen sich gegenseitig im Verhältnis des Goldenen Schnitts teilen (vgl. Abb. rechts), sowie reguläre und semireguläre Polyeder.

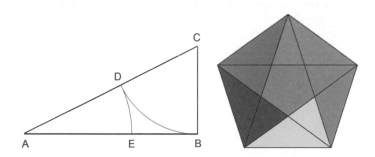

1509 erschien dann in gedruckter Form das Buch *Divina proportione*; es besteht aus drei voneinander unabhängigen Teilen.

Zum Inhalt von *Divina proportione*

Im **ersten Teil** geht Pacioli auf die Konstruktion des Goldenen Schnitts ein und beschäftigt sich mit den Seitenlängen und Flächen der platonischen Körper; dann untersucht er verschiedene Möglichkeiten der Schachtelung dieser regelmäßigen Körper (Tetraeder im Hexaeder, Hexaeder im Oktaeder, . . ., Tetraeder im Ikosaeder). Im nächsten Schritt werden verschiedene Stumpfformen dieser Körper betrachtet, außerdem regelmäßige Körper, die durch Aufsetzen von Pyramiden entstehen. Die hierzu von Leonardo angefertigten 59 Bildtafeln sind am Ende des Buches von Pacioli angehängt.

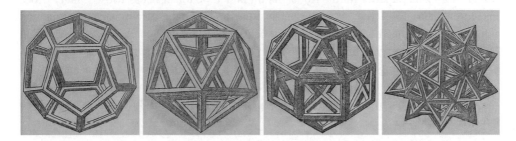

(Quelle: https://archive.org/details/divinaproportion00paci)

Der **zweite Teil** mit dem Titel *Tractato de l'architectura* geht auf die Bedeutung des Goldenen Schnitts vor allem in der Architektur ein. Hier zitiert Pacioli den römischen Architekten **Marcus Vitruvius Pollio** (um 30 v. Chr.), u. a. dessen Analyse der Körperproportionen, die zu der berühmten Zeichnung des sog. *Vitruv-Menschen* durch Leonardo da Vinci führt (vgl. Abschn. 7.5).

Der **dritte Band** enthält Übersetzungen von Texten **Piero della Francesca**s aus der lateinischen in die italienische Sprache – in der Literatur findet man hierzu unterschiedliche Bewertungen hinsichtlich der Frage, ob dies als Plagiat zu bezeichnen ist.

Im Anhang des Buches sind außer den Zeichnungen Leonardo da Vincis noch Entwürfe Paciolis für Buchstaben enthalten, die einige Jahre später vom Franziskaner **Francesco Torniello** (1490–1589), dem Pionier der **mathematischen Typografie** (besondere Gestaltung des ersten Buchstabens eines Textes), aufgegriffen und weiterentwickelt werden.

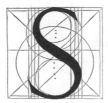

(Quelle: Wikipedia-Beitrag über Francesco Torniello, Scans von AFBorchert)

Die *Divina proportione* wurde 1497 in Venedig in Druck gegeben, erschien dort aber erst 1509 – im selben Jahr wie Paciolis Übersetzung der *Elemente* ins Lateinische.

Nach der Eroberung Mailands durch französische Truppen floh Pacioli nach Venedig, später nach Florenz, wo er mehrere Jahre lang Geometrie an der Universität lehrte. Nach seiner Wahl zum Superior für die Romagna im Jahr 1506 trat er in das Kloster Santa Croce in Florenz ein. 1509 zog er weiter nach Venedig, im Jahr darauf nach Perugia und schließlich 1514 nach Rom, wo er als 70-Jähriger noch Mathematik-Vorlesungen hielt. Dort oder im Kloster von San Sepolcro starb er im Alter von 72 Jahren.

Paciolis Sammlung mathematischer Rätsel (u. a. magische Quadrate) und mathematischer Zaubertricks *De viribus quantitatis* blieb unvollendet, ebenso wie *De ludo scacchorum* (Über das Schachspiel) – das Manuskript des letztgenannten Buches wurde erst 2006 wiederentdeckt.

7.5   Leonardo da Vinci (1452–1519)

Leonardo wurde als unehelicher Sohn des Notars Messer Piero und der Bauernmagd Caterina in der Nähe von Vinci, einem Dorf bei Florenz, geboren. Seine Eltern gingen keine Ehe miteinander ein, vielmehr heirateten sie jeweils andere Partner. Leonardo wuchs im Hause seines Vaters auf, wurde dort wie die ehelichen Kinder des Vaters behandelt. Er lernte ein wenig schreiben, lesen und rechnen.

Der Vater bemerkte früh die künstlerischen Fähigkeiten seines Sohnes; als angesehener Bürger der Stadt Florenz konnte er seinem 15-jährigen Sohn eine Lehrstelle in der Werkstatt von **Andrea del Verrocchio** vermitteln. Hier lernte Leonardo die grundlegenden Techniken der Malerei und Bildhauerei. Mit 20 Jahren bereits wurde er in die Gilde der Maler aufgenommen, aber bis zu seinem 25. Lebensjahr verstand er sich als Lernender. In dieser Zeit entstanden zahlreiche Feder- und Bleistiftzeichnungen, auch von technischen Geräten.

Mit 30 Jahren trat er in den Dienst von Ludovico Sforza, Herzog von Mailand, ein; im Verzeichnis der Bediensteten wurde er als Maler und Ingenieur geführt. Er erhielt Aufträge für die Anfertigung von Gemälden, Altarbildern, Wandmalereien (darunter das berühmte „Letzte Abendmahl").

Leonardo wurde um technischen Rat gefragt, auch für den Bau von Befestigungs-anlagen. Sein größtes Projekt, ein fünf Meter hohes Reiterdenkmal von Francesco Sforza, dem Gründer der Dynastie, aus Bronze gießen zu lassen, konnte er 1499 nicht mehr realisieren, weil das Metall für den Guss von Kanonen zur Verteidigung der belagerten Stadt Mailand benötigt wurde.

Im Jahr der Entdeckung Amerikas (1492) fertigte er die berühmte Zeichnung eines Mannes an, durch den die menschlichen Proportionen veranschaulicht werden. Die Idee hierzu ging auf den römischen Architekten **Marcus Vitruvius Pollio** (um 30 v. Chr.) zurück. Heute steht diese Figur als Symbol für wissenschaftliche Forschung und wird auch von zahlreichen Organisationen verwendet.

In den letzten Jahren in Mailand beschäftigte er sich intensiv mit dem Buch Piero della Francescas zur Perspektive (s. o.). Dann lernte er den Mathematiker und Franziskanerpater Luca Pacioli (vgl. Abschn. 7.4) kennen und wurde durch dessen *Summa de arithmetica, geometria, proportioni et proportionalità* angeregt, sich intensiv mit Euklids Geometrie zu beschäftigen.

Leonardos Skizzenbücher aus dieser Zeit waren gefüllt mit Konstruktionsansätzen zur Quadratur des Kreises und zur Würfelverdopplung. Er erfand einen Proportionalzirkel, mit dem man Figuren zeichnen kann, die zur ursprünglichen ähnlich sind.

Non mi legga chi non e matematico, schrieb er in sein Skizzenbuch – *Niemand darf dies lesen, der kein Mathematiker ist!*

Leonardo äußerte die Überzeugung, dass es nur dann sichere Erkenntnisse in den Wissenschaften geben kann, wenn dabei Mathematik eine Rolle spielt.

Zu Paciolis zweiten Mathematikbuch *De Divina Proportione* fertigte Leonardo da Vinci sechzig Zeichnungen an.

Nach der Besetzung Mailands durch französische Truppen reiste Leonardo mit Luca Pacioli nach Mantua und Venedig, schließlich in seine Heimatstadt Florenz, wo der mittlerweile berühmte Künstler mit großen Ehren empfangen wurde. Unentwegt beschäftigte er sich mit geometrischen Problemen; dabei fand er einen einfachen, genialen Beweis für den Satz des Pythagoras (vgl. die folgende Abb., Zeichnung von Peter Gallin).

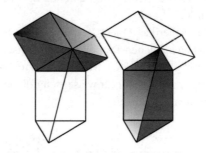

Lange hielt es Leonardo nicht in Florenz aus; ihn reizte das Angebot Cesare Borgias, Sohn von Papst Alexander VI. und mächtigstem Befehlshaber in Italien, in seinen Diensten als Militärarchitekt und Ingenieur tätig zu werden. Er reiste durch die päpstlichen Ländereien und fertigte Stadtpläne und topologische Karten an, deren Perfektion heute noch erstaunen.

Wieder zurückgekehrt nach Florenz, stellte er Pläne auf, wie der Fluss Arno so umgeleitet werden könnte, dass dieser nicht mehr durch Pisa verläuft, sondern stattdessen Florenz direkt mit dem Meer verbindet.

In einem Krankenhaus begann er seine intensiven anatomischen Studien über die Struktur und die Funktionsweise des menschlichen Körpers, indem er heimlich Leichen sezierte.

Leonardo bezeichnete die Natur als seinen Lehrmeister; er beobachtete systematisch den Flug von Vögeln, untersuchte die physikalischen Eigenschaften von fließendem Wasser und verglich diese mit denen von Luft.

Seine Ideen und Beschreibungen notierte Leonardo in Spiegelschrift.

Eine mögliche Erklärung ist, dass ihm dies als Linkshänder leichter fiel, eine andere, dass er versuchte, andere daran zu hindern, seine Notizen zu lesen – einen Schutz vor geistigem Diebstahl gab es nämlich nicht. Für die zweite Erklärung spricht auch die Tatsache, dass er absichtlich Fehler in Konstruktionsbeschreibungen der von ihm erfundenen Maschinen einbaute, sodass sie nicht funktionierten.

Rastlos übernahm er Aufträge für Gemälde, Arbeiten als Architekt und Ingenieur und erfand mechanisches Spielzeug – sein ungezügelter Forschungsdrang verhinderte jedoch oft den Abschluss der begonnenen Arbeiten.

Leonardo pendelte zwischen Florenz und Mailand, bis die französische Herrschaft dort beendet war. In Rom trat er in die Dienste des regierenden Medici-Papstes ein; dieser bevorzugte jedoch andere Künstler: Raffael und Michelangelo.

Gekränkt nahm er das großzügige Angebot des jungen französischen Königs **Franz I.** an und ließ sich in Amboise nieder, wo er auch starb.

Nach seinem Tod hinterließ der Künstler, Naturforscher und Erfinder viele Tausend Seiten mit Notizen, deren Genialität erst im 19. und 20. Jahrhundert deutlich wurde.

7.6   Albrecht Dürer (1471–1528)

Der Vater Albrecht Dürers stammte aus Ungarn; sein ursprünglicher Name war Albrecht Ajtos (Ajtos (ung.) = Tür). In Nürnberg erlernte er bei Hieronymus Hofer den Beruf eines Goldschmieds; nahm den Namen Türer an und heiratete die Tochter seines Lehrherrn. Das dritte Kind (von insgesamt achtzehn) aus dieser Ehe wurde auf den Vornamen des Vaters getauft.

Mit 13 Jahren trat der junge Albrecht Dürer zunächst in die Werkstatt seines Vaters ein, begann dann mit 15 eine Lehre beim Nürnberger Maler Michael Wolgemut. Am Ende der Lehrzeit erkannte der „Meister", dass er seinem „Lehrling" nichts mehr beibringen konnte und empfahl ihm die „Wanderschaft" nach Basel, Colmar und Straßburg – so wie dies auch in anderen Handwerksberufen üblich war.

Nach seiner Rückkehr heiratete Albrecht Dürer – vermutlich auf Wunsch seiner Eltern – Agnes Frey, Tochter eines befreundeten Handwerkers. Obwohl gerade erst verheiratet, brach er nur wenige Monate danach zu einer ersten Italienreise auf, um vor Ort mehr über die neue dramatische Entwicklung der Kunst und der Wissenschaften zu erfahren.

Zwar besuchte er nur die Städte Verona und Venedig und lernte dabei weder Luca Pacioli noch Leonardo da Vinci persönlich kennen, erfuhr aber so viel von der neuen, besonderen Bedeutung der Mathematik für die Kunst, dass er sich nach seiner Rückkehr intensiv mit den *Elementen* des Euklid, mit der *Architectura* des Römers Vitruv sowie mit der *Summa* von Pacioli beschäftigte.

Dürer war ein begnadeter, vielseitiger Künstler – sein Ruf verbreitete sich schnell. Er richtete eine eigene Werkstatt ein und erhielt etliche Aufträge. Sein Einkommen war anfangs nicht immer gesichert; deshalb war er teilweise gezwungen, eigene Drucke auf regionalen Märkten zum Kauf anzubieten – aber Nürnberg wollte er nicht verlassen. So lehnte er auch das Angebot ab, Hofmaler des sächsischen Kurfürsten Friedrich des Weisen in Weimar zu werden.

(Die Selbstbildnisse Albrecht Dürers entstanden 1493, 1498, 1500 und zwischen 1500 und 1512; die zu Beginn des Abschnitts abgedruckte deutsche Briefmarke aus dem Jahr 2006 wurde von Werner Hans Schmidt, Frankfurt am Main, gestaltet.)

1505 brach er erneut nach Italien auf – unter anderem, um von **Luca Pacioli** (vgl. Abschn. 7.4) und **Jacopo de Barbari** (1460/1470–1516) mehr über das perspektivische Zeichnen zu lernen, das von italienischen Malern wie ein Geheimnis gehütet wurde. Nach seiner Rückkehr begann er, systematisch Material über Mathematik und ihre Anwendung in der Kunst zu sammeln.

Im Jahr 1514 entstand der Kupferstich *Melencolia* (Melancholie), eines der rätselhaftesten Werke Dürers. Neben einer Fülle von symbolischen Andeutungen enthält es das erste in Europa gezeigte magische 4×4-Quadrat: In vier Zeilen und vier Spalten sind die natürlichen Zahlen von 1 bis 16 eingetragen.

Die magische Zahl 34 kann man auf vielfältige Weise entdecken, außerdem die Jahreszahl 1514 in der unteren Zeile des Quadrats (vgl. auch *Mathematik ist wunderwunderschön*, Kap. 10).

Das magische Quadrat:

16	3	2	13
5	10	11	8
9	6	7	12
4	15	14	1

(Das Quadrat ist in 24 Varianten mit unterschiedlich hervorgehobenen Feldern dargestellt, deren Zahlen jeweils die magische Summe 34 ergeben.)

Auch ist das abgebildete Polyeder, dessen Oberfläche aus zwei gleichseitigen Dreiecken und sechs unregelmäßigen Fünfecken besteht, von mathematischem Interesse (vgl. auch die schweizerische Euler-Briefmarke aus dem Jahr 2007) – es handelt sich um ein abgeschrägtes Rhomboeder, entstanden aus einem – längs einer Diagonalen – gestreckten Würfel.

Ist der über mathematische Probleme nachdenkende „Engel" vielleicht Dürer selbst?

Von 1509 an war Dürer Mitglied des Rates der Stadt Nürnberg; 1518 vertrat er seine Heimatstadt auf dem Reichstag in Augsburg.

1520 unternahm er eine triumphale, aber beschwerliche Reise in die Niederlande; die Stadt Antwerpen bot ihm vergeblich ein Haus und ein festes Jahresgehalt an, um ihn zum Bleiben zu bewegen. Dürer nahm die Mühen der Reise auf sich, weil er – aus Prestigegegründen – vom neu gewählten Kaiser Karl V. die Privilegien bestätigt haben wollte, die ihm von dessen Vorgänger, Kaiser Maximilian I., im Jahr 1510 gewährt worden waren.

Im Jahr 1525 endlich erschien sein erstes großes gedrucktes Werk in vier Bänden:

Underweysung der messung mit dem Zirckel un richtscheyt in Linien ebenen und gantzen corporen durch Albrecht Dürer zusammen gezogen und zu nutz allen kunstliebhabenden mit zugehörigen figuren in truck gebracht im jar MDXXV

– das erste Geometriebuch in deutscher Sprache.

In seiner Widmung an den Gelehrten **Willibald Pirckheimer** (1470–1530) brachte Dürer zum Ausdruck, dass es in Deutschland zwar viele ganz geschickte Maler gäbe, die aber manches falsch zeichneten und ihre Schüler Falsches lehrten, aber wer die Kunst der *messung* (Konstruktion) nicht gelernt habe, könne kein guter Handwerker sein. Die Zeichnungen dürften eben nicht *freihändig* erfolgen, sondern müssen *konstruiert* werden.

Dürer bemühte sich, ein Werk zu verfassen, dass auch die Künstler, die einer Fremdsprache nicht mächtig waren, verstehen konnten, was in der Kunst wichtig sei. So ersetzte er die bisher – überwiegend aus dem Lateinischen stammenden – Fachbegriffe durch selbst erfundene deutsche Wörter: *messkunst* steht für Geometrie, *richtscheyt* für das Lineal, *zirckel lini* für den Kreis, *brenlini* für Parabel und *gabellini* für Hyperbel. Eine Kreisfläche ist bei ihm *eyn runde ebene*, ein Quadrat *eyn gefierte ebene*, eine Kugel *eyn kugelte ebene*, ein Zylinder *eyn bogen ebene*, ein Punkt ist *eyn tupff*, parallele Linie werden als *barlini* bezeichnet, eine Hilfslinie zur Unterteilung einer Figur als *zwerch*.

Im **ersten Band** beschäftigt sich Dürer mit der Geometrie der „Linien": von Geraden bis hin zu algebraischen Kurven, Spiralen und Schraubenlinien. Er beschreibt die Konstruktion von Ellipse, Parabel und Hyperbel als Kegelschnitte unter Verwendung des Grundriss-Aufriss-Verfahrens.

Weiter konstruiert er die von ihm erfundene sog. **Muschellinie**:

- In einem Koordinatensystem wird eine jeweils gleich lange Strecke auf einer Geraden abgetragen, die von einem Punkt auf der horizontalen Achse durch einen Punkt auf der vertikalen Achse verläuft; dabei wandert der Punkt auf der horizontalen Achse jeweils um einen gewissen Betrag nach links, der auf der vertikalen Achse jeweils um den gleichen Betrag nach oben.

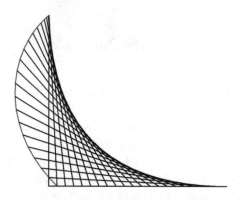

Einfache archimedische Spiralen, die Dürer als *Schneckenlinien* bezeichnet, konstruiert er als Halbkreise, bei denen der Mittelpunkt abwechselnd die obere bzw. untere Lage hat, vgl. die folgende Abbildung links. In der zweiten Abbildung wird diese Dürer'sche Idee verallgemeinert: Hier sind die Mittelpunkte von Viertelkreisen jeweils um die Seitenlänge eines Quadrats versetzt. Die Abbildung rechts zeigt eine verbesserte Näherungskonstruktion Dürers, bei der die Schnittpunkte mit den Radialstrahlen jeweils um eine Einheit nach außen wandern.

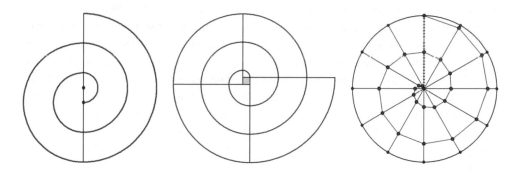

Im **zweiten Band** beschäftigt sich Dürer mit geometrischen Grundformen (Dreiecke, Vierecktypen), Flächenumwandlungen und Vergrößerungen und Verkleinerungen von geometrischen Figuren. Dabei unterscheidet er exakte Konstruktionen, die er als *demonstrative* bezeichnet, und näherungsweise Konstruktionen (*mechanice*).

Um ein Quadrat in einen gleich großen Kreis umzuwandeln, soll man einen Kreis um den Mittelpunkt des Quadrats zeichnen, dessen Radius vier Zehntel der Diagonale des Quadrats beträgt. Dürer beschreibt diese Konstruktion wie folgt:

> On nöten wer zuwissen quadratura circuli/das ist/die vergleychnus eines cirkels/vnnd eines quadrates/also das eins als vil inhielt als dz ander/aber soliches ist noch nit von den gelerten demonstrirt Mechanice/aber das ist beyleyfig/also das es im werck nit/oder gar ein kleyns felt/mag dise vergleychnuß also gemacht werden. Reyß ein fierung vñ teyl den ortstrich in zehen teyl/vnd vnd reyß darnach ein cirkelriß des Diameter sol achtteyl haben/wie die quadratur zechne hat/wie jch das vnden hab aufgerissen.

(Quelle: https://digital.slub-dresden.de/werkansicht/dlf/17139/75)

Von no^eten wer zuwisen quadratura circuli/das ist/die vergleychnus eines cirkels/vnnd eines quadrates/also das eins als vil inhielt als das ander/aber soliches ist noch nit von den gelerten demonstrirt/Mechanice/aber das ist beyleyfig/also das es im werck nit/oder gar ein kleyns felt/mag dise vergleychnu^eß also gemacht werden. Reyß ein fierung vnd teyl den ortstrich in zehen teyl/vnd reyß darnach ein cirkelriß des Diameter sol achtteyl haben/wie die quadratur zechne hat/wie jch das vnden hab aufgerissen.

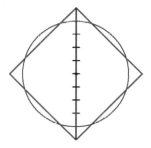

Zur Genauigkeit der Näherungskonstruktion: Ein Einheitsquadrat würde so umgewandelt zu einem Kreis mit dem Flächeninhalt $\pi \cdot \left(\frac{4}{10} \cdot \sqrt{2}\right)^2 \approx 1{,}005$ FE.

Dürer geht auch ausführlich auf Konstruktionen von regelmäßigen Vielecken ein.

Beispiel: Konstruktion eines regelmäßigen 5-Ecks

Exakte Konstruktion: Kreis um A (Halbierungspunkt des Radius) durch B schneidet die horizontale Linie in C. Die Strecke BC ist gleich der Seitenlänge des regelmäßigen 5-Ecks. Schlägt man einen Kreis um B mit Radius BC, so erhält man den nächsten Eckpunkt D des 5-Ecks.

Näherungskonstruktion: Im Laufe der Konstruktion werden fünf Kreise mit demselben Radius gezeichnet sowie drei Geraden. Zunächst zeichnet man einen Kreis k_1 mit dem festen Radius r um den Punkt A, dann um einen Punkt B auf der Kreislinie einen weiteren Kreis k_2. Durch die Schnittpunkte der beiden Kreise wird im dritten Schritt eine (senkrechte) Gerade g eingetragen. Dann zeichnet man einen Kreis k_3 um den unteren Schnittpunkt (F) der (grünen) Ausgangskreise; dieser hat

(Fortsetzung)

zwei weitere Schnittpunkte mit den ersten beiden Kreisen (G, H). Von G und H aus werden durch den Schnittpunkt Z des Kreises k_3 mit der Geraden g (die Beschriftung Z ist nicht eingetragen) zwei Geraden h_1 und h_2 gezeichnet, die die Ausgangskreise k_1 und k_2 in den Punkten C und E schneiden. Um C und E wird dann jeweils ein weiterer Kreis gezeichnet; der obere Schnittpunkt ist D. Die fünf Punkte A, B, C, D, E sind die Eckpunkte des zu konstruierenden 5-Ecks.

Zur Genauigkeit der Näherungskonstruktion: Die auftretenden Innenwinkel des 5-Ecks weichen nur geringfügig von 108° ab – bei A und B: 108,37°, bei C und E: 107,04° und bei D: 109,18°.

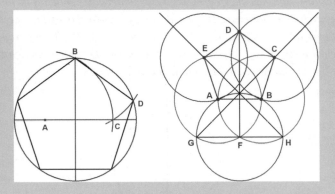

Beispiel: Näherungskonstruktion für regelmäßiges 7-Eck

Zunächst zeichne man in einen Kreis ein regelmäßiges Dreieck (Dürer bezeichnet dieses als *triangel*), indem man jeden zweiten Punkt eines regelmäßigen Sechsecks miteinander verbindet. Die halbe Seitenlänge dieses Dreiecks ist kaum von der Seitenlänge des regelmäßigen 7-Ecks zu unterscheiden, vgl. die folgende Abbildung.

Tatsächlich gilt für die Seitenlänge s_7 eines regelmäßigen 7-Ecks, das in einen Kreis mit Radius r einbeschrieben ist: in einem Kreis $s_7 = 2r \cdot \sin\left(\frac{180°}{7}\right) \approx 0{,}8678 \cdot r$; die halbe Seitenlänge eines regelmäßigen 3-Ecks beträgt $\frac{1}{2}s_3 = \frac{1}{2} \cdot \sqrt{3} \approx 0{,}8660 \cdot r$, d. h., der Unterschied beträgt nur etwa 0,2 %.

Für die Seitenlänge des regelmäßigen 11-Ecks schlägt Dürer vor, ein Viertel des Kreis-durchmessers um ein Achtel zu verlängern – tatsächlich ist $s_{11} = 2r \cdot \sin\left(\frac{180°}{11}\right) \approx 0{,}5635 \cdot r$; die Abweichung zu $\frac{9}{32} \cdot r = 0{,}5625 \cdot r$ beträgt weniger als 0,2 %.

Darüber hinaus erläutert Dürer, wie regelmäßige 8-Ecke, 9-Ecke, 10-Ecke, 13-Ecke und 15-Ecke exakt bzw. näherungsweise konstruiert werden können.

Dann folgen Vorschläge für Verzierungen und Parkettierungen.

Das **dritte Buch** beschäftigt sich mit Fragen der Architektur sowie mit der Konstruktion von Schriftzeichen nach geometrischen Regeln – Dürer wird so einer der Begründer der Typografie. Die deutsche Briefmarke von 1971 zeigt die Initialen Albrecht Dürers in einer der von ihm vorgeschlagenen Schrifttypen, daneben ist eine Zeichnung abgebildet, wie beispielsweise der Buchstabe B – in einem anderen Schrifttyp – mithilfe von Kreisen und Geraden konstruiert werden kann.

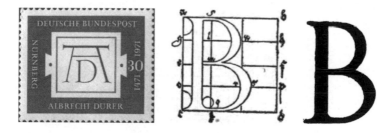

(Quelle: https://digital.slub-dresden.de/werkansicht/dlf/17139/75)

Dürer untersucht das Problem, dass oben auf einer Wand stehende Zeichen schlechter lesbar sind, da sie für den Betrachter zu klein erscheinen. In der folgenden Abbildung ist veranschaulicht, welche Lösung Dürer für das Problem gefunden hat.

Im Prinzip wendet er dabei die Tangensfunktion an: Die Höhe eines Buchstaben in den verschiedenen Reihen erhält man – wenn der Sehwinkel beispielsweise jeweils 10° beträgt – durch Multiplikation der Höhe des unten stehenden Buchstabens mit dem Faktor $\tan(20°) - \tan(10°)$, also ca. 6,4 % größer als das Zeichen in der unteren Reihe, bzw. $\tan(30°) - \tan(20°)$, also ca. 21 % größer, bzw. $\tan(40°) - \tan(30°)$, also ca. 48 % größer.

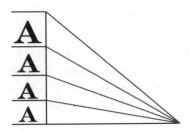

Das **vierte Buch** enthält Darstellungen der platonischen und einiger archimedischer Körper in Grund- und Aufriss und deren Netze. (Die Abbildungen zeigen ein mögliches Netz für ein Dodekaeder bzw. für ein Kuboktaeder.)

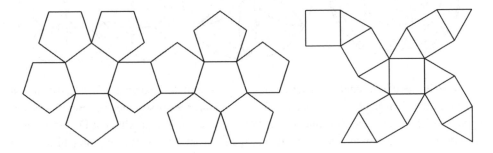

Auch gibt Dürer eine Anleitung, wie man eine Kugel (näherungsweise) mithilfe einer entsprechenden Anzahl von aneinanderliegenden gebogenen Zweiecken zusammensetzen kann, vgl. die folgenden Grafiken.

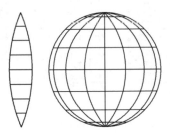

Zum Abschluss seiner *Underweysung* gibt Dürer praktische Hinweise zur Zentralperspektive, beispielsweise wie man den Schattenwurf eines Objekts konstruiert, oder wie die Bildkonstruktion mithilfe von Fäden erfolgen kann, vgl. die Abb. *Vermessung einer Laute* von der letzten Seite des Werks.

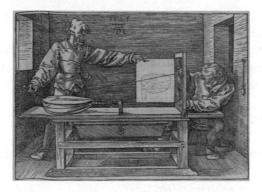

(Quelle: https://digital.slub-dresden.de/werkansicht/dlf/17139/181)

Im Jahr 1528 erschienen weitere Bücher Dürers, eines über Festungsbau und die *Vier Bücher von menschlicher Proportion*, in denen er verschiedene Typen männlicher und weiblicher Körper und deren Proportionen vorstellte sowie Typen von Kopfformen – Letzteres wirkt wie ein Vorgriff auf die moderne Computergrafik.

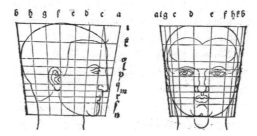

(Quelle: Wikipedia/Shyamal https://archive.org/details/hierinnsindbegri00dure/page/151/mode/1up?view=theater)

Von der Reise in die Niederlande kehrte er geschwächt zurück; eine Malaria-Erkrankung führte schließlich zu seinem frühen Tod im Jahr 1528.

Er hinterließ ein gewaltiges Lebenswerk: 9 Lehrbücher in deutscher Sprache, 50 Aquarelle, 70 Gemälde, 350 Holzschnitte, über 100 Kupferstiche und 1000 Zeichnungen.

7.7   Literaturhinweise

Eine wichtige Adresse zum Auffinden von Informationen über Mathematiker und deren wissenschaftliche Leistungen ist die Website der St. Andrews University.

Biografien der einzelnen Persönlichkeiten findet man über den Index

• https://mathshistory.st-andrews.ac.uk/Biographies/

Weitere Hinweise findet man auf den Wikipedia-Beiträgen zu den einzelnen Mathematikern, insbesondere den englischsprachigen Versionen.

Kalenderblätter über Nicole Oresme, Nicolas Chuquet, Regiomontanus, Luca Pacioli, Leonardo da Vinci und Albrecht Dürer wurden bei *Spektrum online* veröffentlicht; das Gesamtverzeichnis findet man unter

- https://www.spektrum.de/mathematik/monatskalender/index/

Die englischsprachigen Übersetzungen dieser Beiträge sind erschienen unter

- https://mathshistory.st-andrews.ac.uk/Strick/

Darüber hinaus wurden folgende Schriften als Quellen verwendet und werden zur Vertiefung empfohlen:

- Flegg, Graham et al. (1984): *Nicolas Chuquet, Renaissance Mathematician*, D. Reidel Publishing Company, Dordrecht NL
- Heeffer, Albrecht (2011): The Rule of Quantity by Chuquet and de la Roche and its Influence on German Cossic Algebra, Download möglich unter https://www.clps.ugent. be/sites/default/files/publications/DeLaRoche2010.pdf
- Pelzer, Alfred (1908): *Albrecht Dürers Unterweisung der Messung*, Süddeutsche Monatshefte, München, Download möglich unter https://archive.org/details/ albrechtdrersun00peltgoog
- Weiss, Stephan (2015): *Die Fassmessung*, Download möglich unter http://mechrech. info/histVol/Fassmessung/Fassmess.html
- Winterberg, Constantin (1889): *Fra Luca Pacioli Divina Proportione*, Graeser, Wien (Download möglich als Google book)

Abdruck der Regiomontanus-Briefmarke aus dem Jahr 2017 mit freundlicher Genehmigung der ungarischen Postverwaltung.

Abdruck der Leonardo-da-Vinci-Briefmarke aus Monaco aus dem Jahr 2000 mit freundlicher Genehmigung des *Office des Timbres de Monaco*.

Abdruck der Leonardo-da-Vinci-Briefmarken aus Großbritannien aus dem Jahr 2019 mit freundlicher Genehmigung durch *Royal Collection Trust/© His Majesty King Charles III 2023*.

Abdruck der Euler-Briefmarke aus dem Jahr 2007 mit freundlicher Genehmigung der *Post CH Netz AG*.

Europäisches Erwachen II: Von Ries bis Clavius 8

Inhaltsverzeichnis

▶   **Zusammenfassung** In den Abschnitten dieses Kapitels wird dargestellt, durch welche Persönlichkeiten in verschiedenen europäischen Ländern die Entwicklung der Mathematik weitere Impulse erhielt.

Nach der Erfindung des Buchdrucks durch Johann Gutenberg um 1450 war es für immer größere Bevölkerungsgruppen in Europa möglich geworden, Rechenfertigkeiten zu erwerben, die für den Alltag benötigt wurden, da Rechenbücher in den jeweiligen Landessprachen erscheinen konnten.

Nach den Werken von **Estienne de la Roche** in Frankreich (vgl. Abschn. 7.2) und von **Luca Pacioli** in Italien (vgl. Abschn. 7.4) folgten bald auch Bücher u. a. in deutscher, englischer und niederländischer Sprache. Zunehmend zweckmäßige Schreibweisen der

Cossisten trugen dazu bei, dass sich auch algebraische Zusammenhänge in geeigneter Form darstellen ließen.

8.1   Adam Ries (1492–1559)

„Das macht nach Adam Riese . . .“ ist eine sprichwörtliche Redewendung, durch die betont werden soll, dass eine vorgelegte Rechnung richtig ist. Ries oder Riese – zu Lebzeiten des Rechenmeisters wurden Namen in der deutschen Sprache noch dekliniert und so kommt es zum angehängten „e“; man findet übrigens auch die Schreibweisen Ris, Rise, Ryse und Reyeß.

Über seine Herkunft und seine Jugendzeit weiß man nur wenig: In einem seiner Rechenbücher gab er an, dass er aus Staffelstein (bei Bamberg) stamme. Dort besaß sein Vater Häuser, einen Weinberg und eine Stockmühle (eine Mühle mit horizontaler Aufhängung des Mühlrads). Über den Besuch einer Schule oder einer Universität ist nichts bekannt und auch nicht, wie und wo Adam Ries seine Lateinkenntnisse erwarb.

Um 1515 hielt sich Ries in Annaberg auf, einer aufstrebenden Stadt im Erzgebirge, die durch den Silberbergbau reich geworden war. Dort hatte er Kontakt zu **Hans Conrad**, der den Beruf eines *Probierers* ausübte. Diese Tätigkeit war von entscheidender Bedeutung für den Erzbergbau, denn *Probierer* prüften die Zusammensetzung und den Erzgehalt des Gesteins. Aus einer kleinen Schrift, die Ries 1522 verfasste (*Beschickung des Tiegels*), ist ersichtlich, dass Ries genaue Kenntnisse darüber erwarb, wie Metalle geschmolzen und legiert und wie Münzen geprägt werden.

Eine wichtige Rolle im Leben von Adam Ries spielte der Erfurter Arzt Dr. **Andreas Stortz**, der zeitweise Rektor der Universität Erfurt war, später als Stadtphysikus in Annaberg tätig wurde, wo er auch eine *Fundgrube* besaß, also ein Gelände, unter dem Erzabbau möglich war. Ries hatte sich mit dessen Sohn Georg angefreundet und verkehrte so regelmäßig im Hause des reichen und einflussreichen Humanisten, zu dessen Bekanntenkreis u. a. Melanchthon gehörte.

Man kann davon ausgehen, dass Adam Ries seine umfangreichen arithmetischen und algebraischen Kenntnisse durch das Studium von Fachbüchern aus der umfangreichen Bibliothek im Stortz'schen Hause erworben hat. Die später in seinen Büchern veröffentlichten Aufgaben legen nahe, dass er hier die Schriften von **Regiomontanus** (vgl. Abschn. 7.3), **Henricus Grammateus** (Heinrich Schreiber, s. u.) und **Johannes Widmann** studieren konnte, außerdem eine *Deutsche Algebra* aus dem Jahr 1481 von unbekannten Verfassern.

Andreas Stortz scheint bemerkt zu haben, dass Adam Ries eine besondere Begabung als Lehrer hatte. Jedenfalls drängte er ihn, in Erfurt eine Rechenschule für Handwerker und Kaufleute zu eröffnen und eigene Rechenbücher zu verfassen.

1518 veröffentlichte Ries sein erstes Rechenbuch mit dem Titel *Rechenung auff der linihen . . .*

Dieses Buch war vor allem als Einführung in das Rechnen auf den Linien eines Rechenbretts in der Schreibweise der **römischen Zahlen** gedacht.

Bereits 1522 erschien sein zweites Buch mit dem Titel *Rechenung auff der linihen unnd federn . . .*. In diesem Buch erläuterte Ries *zusätzlich* das schriftliche Rechnen mit den indisch-arabischen Ziffern (deshalb: *mit der Feder*) – geschrieben vor allem für Lehrlinge der Kaufmanns- und Handwerksberufe.

Das Buch war so erfolgreich, dass es zu seinen Lebzeiten 42-mal aufgelegt und bis ins 17. Jahrhundert nachgedruckt wurde (insgesamt über 100 Auflagen). Waren bis dahin die *einfachen Leute* auf Rechenmeister angewiesen, die gegen Bezahlung benötigte Rechnungen durchführten, wurden jetzt viele in die Lage versetzt, solche Rechnung selbst durchzuführen.

Im gleichen Jahr zog Ries nach Annaberg um. Dort verfasste er sein drittes Rechenbuch mit dem Titel *Rechenung nach der lenge/auff den Linihen und Feder . . .*, das er jedoch wegen der hohen Kosten zunächst nicht in Druck geben konnte.

Erst im Jahr 1550 konnte Ries dieses Buch drucken lassen – dank der Unterstützung des Kurfürsten Moritz von Sachsen. Dieses Buch enthält das einzige existierende Porträt von Adam Ries, das auch auf der deutschen Briefmarke von 1959 (s. o.) abgebildet ist.

Im Jahr 1525 heiratete er Anna Leuber, Tochter eines Freiberger Schlossermeisters; mit ihr hatte er (mindestens) acht Kinder. Er kaufte ein Haus in Annaberg und legte den Eid als Bürger der Stadt ab.

In Annaberg verdiente Adam Ries zunächst sein Geld als *Rezess-Schreiber:* Er führte Buch über die Gewinne und Verluste der Bergwerke. 1532 wurde er dann zum herzoglichen *Berg- und Gegenschreiber* befördert; er war nunmehr verantwortlich für die Verwaltung der Gruben – bei Unkorrektheiten hätte er mit seinem gesamten Vermögen haften müssen. Und bereits im folgenden Jahr ernannte ihn der Herzog zum *Zehntner* des Bergamtes, d. h., er hatte dafür zu sorgen, dass der zehnte Teil des Gewinns an den Landesherrn abgeführt wurde.

Um das einfache Volk, das nicht lesen, schreiben und rechnen konnte, vor Betrug zu bewahren, verfasste Ries 1533 die *Annaberger Brotordnung*, die erste gedruckte Brotordnung im deutschen Sprachraum; sie war Grundlage für Brotordnungen in anderen Städten.

In der damaligen Zeit war der Preis für eine Semmel sowie für verschiedene Brotsorten festgelegt. Wenn sich die Getreidepreise änderten, wurde entsprechend das Gewicht der

Brote angepasst. Aus den Ries'schen Tabellen konnte man ablesen, welches Gewicht ein Brot haben müsste, das *einen Pfennig* bzw. *einen halben Groschen* bzw. *einen Groschen* kostete – je nachdem, welche aktuellen Preise für Getreide und Mehl galten. Auch wurde festgehalten, wie viele Brote ein Bäcker aus einem Scheffel Korn zu backen hatte. Um diese Anzahl zu bestimmen, war ein Scheffel Roggen bzw. Weizen öffentlich gemahlen und zu Brot oder Semmeln gebacken worden.

1536 erschien *Ein Gerechnent Büchlein auff den Schöffel, Eimer und Pfundgewicht*, in dem Ries einen Überblick darüber gab, wie sich die verschiedenen Maß- und Gewichtseinheiten umrechnen lassen.

1539 erfolgte seine Ernennung zum *Kurfürstlich Sächsischen Hofarithmeticus*, ein Ehrentitel, der ihm für seine Verdienste verliehen wurde.

Zu den nicht gedruckten Schriften des Adam Ries gehört ein Algebra-Buch in deutscher Sprache, die *Coß*, an dem er über viele Jahre gearbeitet hatte, das er aber nicht mehr vollenden konnte. Er hatte dieses Buch bereits in seinem ersten und zweiten Rechenbuch angekündigt; das Manuskript des ersten Kapitels war im Wesentlichen wohl bereits um das Jahr 1525 fertig gestellt.

Auch seinen Söhnen, die nach dem Tod des Vaters im Jahr 1559 als Rechenmeister in Annaberg tätig waren und so dessen Arbeit fortsetzten, gelang es nicht, einen Verleger für den Druck der Ries'schen *Coß* zu finden – es war zu spät:

Zum Zeitpunkt des Todes war die *Coß* von **Christoff Rudolff** seit 34 Jahren auf dem Markt (vgl. Abschn. 8.2), und die erweiterte Fassung des Rudolff'schen Werkes durch **Michael Stifel** auch bereits seit sechs Jahren (vgl. Abschn. 8.3) – von der *Ars magna* von **Girolamo Cardano** aus dem Jahr 1544 ganz zu schweigen, in der sogar die Lösungsmethoden für Gleichungen dritten und vierten Grades enthalten waren.

(*Hinweis*: Die Scans der noch erhaltenen Manuskriptseiten der Ries'schen Coß können über die Website des Adam-Ries-Museum in Annaberg-Buchholz abgerufen werden.)

Die Verdienste von Adam Ries liegen weniger im wissenschaftlichen Bereich, also der Weiterentwicklung der Algebra, vielmehr trugen seine in verständlicher Sprache verfassten *Rechenbücher* wesentlich dazu bei, dass mehr Menschen das Rechnen mit den indisch-arabischen Ziffern lernen konnten als zuvor; hierdurch wurde die Nutzung der römischen Zahlen im Alltag stark zurückgedrängt.

Auch verstärkten seine Bücher den Prozess, die deutsche Sprache zu vereinheitlichen.

Der Erfolg der Ries'schen Bücher ist vor allem auf die Tatsache zurückzuführen, dass Ries stets das wichtige Lehr- und Lernprinzip beherzigte, mit einfachen Aufgaben anzufangen und die gelernten Techniken immer wieder anzuwenden, bis bei den Lernenden eine gewisse Sicherheit vorhanden war.

Zum Inhalt des ersten Rechenbuches von Adam Ries

Wie der Titel des ersten Rechenbuches von Adam Ries besagt – *Rechenung auff der linihen gemacht durch Adam Riesen vonn Staffelsteyn in massen man es pflegt tzu lern in allen rechenschulen gruntlich begriffen anno 1518 –*, geht es in diesem Buch im Wesentlichen um das Rechnen auf einem Rechenbrett: Im Prinzip konnte man so das Rechnen erlernen, ohne lesen und schreiben zu können.

Gleichwohl beginnt Ries sein Buch mit dem *Nummerieren*, der Einführung der zehn Ziffern und der Sprechweisen für Zahlen, wobei er bei der Wiedergabe einer 11-stelligen Zahl mit Worten den Begriff *Million* durch tausend mal tausend ersetzt und *Milliarde* durch tausend mal tausend mal tausend.

Dann erläutert er, wie diese Zahlen *auf den Linien* angezeigt werden. Zum Rechnen *auf den Linien* werden Rechenpfennige verwendet, die man auf ein Tuch (oder Brett) mit Linien legt.

Die Linien haben – von unten nach oben – die Bedeutung 1, 10, 100, 1000 (entsprechend den römischen Zahlen I, X, C, M). Legt man Rechenpfennige in die Zwischenräume (*spacium*), so entspricht dies 5, 50, 500 (also V, L, D) – in der Abbildung ist die Zahl 739 dargestellt.

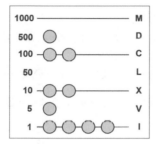

Das Rechentuch kann nach unten noch durch ein Spacium für ½, nach oben je nach Bedarf ergänzt werden. Für das Rechnen mit Münzsorten empfiehlt Ries, nebeneinander so viele Felder einzuteilen, wie Münzsorten vorkommen, also beispielsweise vier Felder getrennt nach Gulden, Groschen, Pfennig und Heller.

Für das Rechnen *auf den Linien* genügt es, die folgenden einfachen Regeln anzuwenden:

Rechnen auf den Linien

Beim *Addieren* und beim *Vervielfachen* benötigt man die Technik des *Bündelns* (*Elevation*):

- Wenn *fünf* Münzen auf einer Linie liegen, ersetzt man sie durch *eine* Münze im darüber liegenden Spacium.
- Wenn *zwei* Münzen im Spacium liegen, ersetzt man sie durch *eine* Münze auf der darüber liegenden Linie.

(Fortsetzung)

Beim Subtrahieren und Dividieren muss man – falls notwendig – entsprechend *aufbündeln* (*Resolution*).

Beim Vervielfachen wird die Anzahl der Münzen auf einer Linie oder im Spacium erst entsprechend vervielfacht, dann gebündelt.

In besonderen Fällen kann dieser Schritt jedoch vereinfacht werden:

Beim *Verdoppeln* rückt eine im Spacium liegende Münze auf die darüberliegende Linie.

Beim *Vervielfachen mit dem Faktor 5* rückt eine auf einer Linie liegende Münze in das nächste Spacium, beim Faktor 50 in das übernächste Spacium.

Beim *Vervielfachen mit dem Faktor 10* rückt eine Münze auf die nächste darüberliegende Linie bzw. in das nächste Spacium, beim Faktor 100 auf die übernächste Linie bzw. in das übernächste Spacium.

Beispiele

Die Addition von 369 (links) und 2460 (Mitte) ergibt 2829 (rechts).

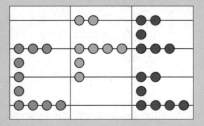

Das Zehnfache der Zahl 78 (links) ist 780 (Mitte), das Dreifache davon ist 2740 (rechts).

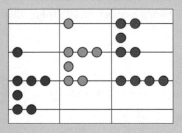

(Fortsetzung)

Das Produkt der Zahlen 137 und 21 ist 2877.

Grafik links: Das Zehnfache der Zahl 137 (links) ist 1370 (Mitte), das Zwanzigfache von 137 ist 2740 (rechts). Grafik rechts: Addiert man zur Zahl 137 (links) das Zwanzigfache dieser Zahl (Mitte), so erhält man 2877, das ist das 21-Fache von 137 (rechts).

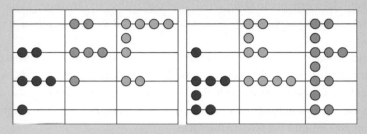

Das Rechnen *auf den Linien* setzt noch nicht einmal voraus, dass man das kleine Einmaleins beherrscht. Mit etwas Übung kann das Vervielfachen und anschließende Bündeln aber auch im Kopf erfolgen.

Um das Dividieren *auf den Linien* zu beherrschen, bedarf es allerdings vieler Übungen – insbesondere, weil beachtet werden muss, ob das Ergebnis der Division zu einer Ziffer führt, die durch eine Münze im *Spacium* dargestellt wird. Im Prinzip geht man aber vor wie beim schriftlichen Dividieren: Man probiert aus, wie oft der Teiler in die zu teilende Zahl passt; dabei fängt man mit der höchsten Ziffer des Dividenden an. Zur Kontrolle multipliziert man anschließend das Rechenergebnis mit dem Teiler.

Das Buch enthält eine Fülle von Aufgaben aus dem Alltag: Preisberechnungen für Güter aller Art, wobei sich manche Rechnungen wegen der unterschiedlichen Geld-, Gewichts- und Längensysteme kompliziert gestalten. Weiter findet man Aufgaben zur *Silber- und Goldrechnung* (Feingehalte und Legierungen) sowie über die Aufteilung von Geschäftsgewinnen in Abhängigkeit vom Anteil der Gesellschafter. Die überwiegende Zahl der Aufgaben lässt sich mit dem Dreisatz lösen (s. u.).

Zum Inhalt des zweiten Rechenbuchs von Adam Ries

Das zweite Buch von Ries trägt den vollständigen Titel *Rechenung auff der linihen unnd federn in zal/maß vnd gewicht auff allerley handierung gemacht vnd zusamen gelesen durch Adam Riesen von Staffelsteyn Rechenmeyster zu Erffurdt im 1522.*

Es ist mehr als eine nur erweiterte Auflage des ersten Rechenbuches: Ries geht vergleichsweise nur kurz auf das Linienrechnen ein; sein Anliegen ist es, die Käufer seines Buches von den Vorteilen der schriftlichen Rechenverfahrens mit den indisch-arabischen Ziffern zu überzeugen. Denn es gibt immer noch erhebliche Vorbehalte gegen deren Verwendung: Angeblich können diese leichter gefälscht werden als die römischen Zahlzeichen. Noch 1494 war es beispielsweise in Frankfurt verboten, die Ziffernschreibweise in Dokumenten zu verwenden.

Die Vorgehensweise beim Addieren, Subtrahieren und Multiplizieren entspricht im Prinzip den Verfahren, die heute noch üblich sind. Es fällt auf, dass Überträge grundsätzlich nicht notiert werden – man muss sie sich merken. Das Dividieren erscheint wegen der Art der Notierung der Zwischenschritte unübersichtlicher als unsere heutige Schreibweise. Obwohl das Verdoppeln (*Duplieren*) und das Halbieren (*Medieren*) von Zahlen bei der schriftlichen Methode eigentlich überflüssig ist, geht Ries auch bei der Federrechnung darauf ein.

Im Zusammenhang mit der Addition führt Ries die Methode der **Neunerprobe** ein; daran erinnert er auch bei der Subtraktion und Multiplikation. Er gibt dazu die Anweisung, so lange Neunen *wegzuwerfen* wie möglich. Auftretende Neunen werden also gestrichen, die übrigen Ziffern zusammengefasst und so oft um 9 reduziert, wie dies möglich ist (das Wort *Quersumme* kommt bei Ries nicht vor).

Später, in seinem dritten Rechenbuch, erläutert er genauer, wie man die Ergebnisse dieser Neunerprobe notieren soll: Zunächst zeichnet man ein sog. **Andreaskreuz**. Links bzw. rechts trägt man den *Neunerrest* des ersten bzw. zweiten Operanden ein, oben den Neunerrest der Summe (der Differenz, des Produkts) der beiden Reste, unten den Neunerrest des zuvor berechneten Ergebnisses. Die Probe ist erfüllt, wenn die obere und untere Zahl gleich sind.

Ries geht nicht darauf ein, dass man durch dieses Verfahren keine Fehler entdecken kann, die durch Vertauschen von Ziffern entstehen.

Beispiel: Als Summe von 7869 und 8796 hat man 16665 berechnet. Aus 7869 wird durch Streichen der 9 die Zahl 786, dann durch Zusammenfassen der ersten beiden Ziffern und Streichen der 9 die Zahl 66, und schließlich bleibt der Rest 3 (Eintragung links). Den gleichen Rest erhält man für den zweiten Summanden 8796 (Eintragung rechts). Die Summe der beiden Reste ist 6 (oben). Schließlich ergibt sich bei der Division der Zahl 16665 durch 9 ebenfalls der Rest 6.

Auf der deutschen Briefmarke aus dem Jahr 1992 ist diese Probe notiert. Auch die zu Beginn abgedruckte Briefmarke enthält das für Ries typische Symbol des sog. Andreaskreuzes.

Die Einführung in das Rechnen mit natürlichen Zahlen schließt Ries mit einem Hinweis ab, wie man die Summe von Zahlen aus arithmetischen und geometrischen *Progressionen*, also von Gliedern arithmetischer und geometrischer Folgen, berechnet. Er verzichtet darauf, in diesem Buch das Ziehen einer Quadrat- oder Kubikwurzel zu besprechen; darauf will er im Zusammenhang mit der Inhaltsbestimmung von Fässern eingehen, die allerdings in diesem Buch nicht vorgesehen ist.

Weiter geht es mit 43 einfachen Dreisatzaufgaben (*Regel von drei Dingen*) mit ganzzahligen Werten. Ries gibt hierzu die folgende Anleitung:

Setze hinten (gemeint ist: ganz nach hinten), was du wissen willst: Es heißt die Frage. . . . Multipliziere, was hinten und in der Mitte steht, miteinander. Was herauskommt, teile durch das vordere Ding. Das Ergebnis hat die gleiche Benennung wie das mittlere.

Beispiel:
32 Ellen Tuch kosten 28 Gulden. Wie teuer kommen 6 Ellen?

Lösung: Notiere dies wie folgt:

vorne: 32 Ellen *in der Mitte*: 28 Gulden *hinten*: 6 Ellen,

Rechnung: $(28 \cdot 6)/32$; das Ergebnis muss anschließend noch in kleinere Geldeinheiten umgerechnet werden (1 Gulden = 21 Groschen; 1 Groschen = 12 Pfennige, 1 Pfennig = 2 Heller),

Ergebnis: 5 Gulden 5 Groschen 3 Pfennig,

Probe: *Was hinten gestanden hat, setze vorne, das Ergebnis in die Mitte, und was vorne gestanden hat, hinten*, also

vorne: 6 Ellen *in der Mitte*: 5 Gulden 5 Groschen 3 Pfennig *hinten*: 32 Ellen.

Dann gibt Ries eine kurze Einführung in das Rechnen mit Brüchen (*gebrochene Zahlen*). Hierbei beschränkt er sich auf jeweils nur wenige Beispielaufgaben; zu den Rechenanweisungen gibt er keine Begründungen. Die von ihm im folgenden Beispiel angegebene Methode des Über-Kreuz-Multiplizierens kann zu unnötig großen Zahlen in Zähler und Nenner führen.

Beispiel:
$\frac{5}{7}$ und $\frac{7}{9}$ ist wie viel?

Lösung: Multipliziere über Kreuz, addiere und setze die miteinander multiplizierten Nenner darunter. So kommt $\frac{94}{63}$ oder $1\frac{31}{63}$ heraus.

Die nachfolgenden 147 Aufgaben, deren Schwierigkeitsgrad i. A. zunimmt, enthalten dann immer wieder auch Rechnungen mit Brüchen. Wenn *vorne, in der Mitte* oder *hinten* Brüche auftreten, dann soll man die Zahlen mit einem passenden Faktor multiplizieren.

Ries schreibt dazu in den Lösungshinweisen: *brichs forn* bzw. *midden* bzw. *hinden*.

Beispiel:

1 Tuch hat 36 Ellen und kostet $9\frac{3}{4}$ Gulden. Wie teuer kommen $3\frac{2}{3}$ Ellen?

Lösung: Aus der Anordnung der Aufgabenstellung

36 Ellen $\frac{39}{4}$ Gulden $\frac{11}{3}$ Ellen

wird durch Multiplikation mit 12 die Anordnung

432 Ellen 39 Gulden 11 Ellen.

Hieraus ergibt sich als Lösung

$\frac{143}{144}$ Gulden, das sind 20 Groschen 10 Pfennig ½ Heller.

In den Aufgaben geht es inhaltlich um die Berechnung von Kosten, um Geldwechselprobleme, um Gewinn- und Verlustgeschäfte, um Zins- und Zinseszinsrechnung, um Silber- und Goldrechnung, um die Beschickung des Schmelztiegels und um das Schlagen von Münzen, um Handelsgeschäfte und um Warentausch.

Ohne nähere Erläuterung findet man dazwischen auch zwei Aufgaben mit umgekehrter Proportionalität. Ries schreibt dazu nur: *Mach's durch Umkehrung des Dreisatzes.*

Beispiel: Wenn das Korn 14 Groschen kostet, bäckt man ein Pfennigbrot, das 34 Lot wiegt. Wie schwer soll man es backen, wenn das Korn teurer wird und 17 Groschen kostet?

Als Nächstes folgen Aufgaben, die mithilfe der *Regel der falschen Zahlen* (*Methode des doppelt falschen Ansatzes*, *Regula falsi*) gelöst werden. Die Einstiegsaufgabe findet man auch heute noch in Schulbüchern.

Beispiel:

Einer spricht: Gott grüße euch, ihr 30 Gesellen. Einer antwortet: Wenn wir noch einmal so viele und halb so viele wären, so wären wir 30 Personen. Die Frage: Wie viele sind es gewesen?

Lösung: Bei dem von Ries angegebenen „Rezept" zur Lösung macht man zwei Rateversuche:

Wenn die Gruppe aus 16 Personen bestehen würde, ergäbe sich $16 + 16 + 8 = 40$, also 10 mehr als 30. Ries kommentiert: *16 lügt 10 zu viel.*

Setzt man 14 Personen an, erhält man $14 + 14 + 7 = 35$, also: *14 lügt 5 zuviel.*

Die tatsächliche Personenzahl erhält man, wenn die beiden Werte 16 und 14 kreuzweise mit den Fehlbeträgen 10 bzw. 5 multipliziert und dann deren Differenz durch die Differenz der Fehlbeträge teilt, hier also:

$(14 \times 10 - 16 \times 5) : (10 - 5) = 12.$

Dieser Abschnitt im Ries'schen Buch enthält 34 Aufgaben; darin geht es um das Raten einer Zahl, des Alters einer Person oder eines Geldbetrags, außerdem darum, dass zwei oder mehr Personen einen gemeinsamen Kauf tätigen wollen, um das Mischverhältnis für eine Legierung mit einem gewissen Feingehalt und um den Gewinn, den ein Kaufmann aus dem Verkauf erzielt.

Auch findet man die Einkleidung, dass ein Arbeiter Geld für das Arbeiten erhält, aber *für das Faulenzen* Geld abgeben muss, sowie die Bestimmung des Zeitpunkts, wann sich zwei Fuhrleute begegnen, die zum selben Zeitpunkt von entgegengesetzten Orten aus losfahren.

Ein besonderer Abschnitt ist der sog. *Zech- und Jungfrauenrechnung* gewidmet, in dem Ries einige Aufgaben stellt, die eher der Unterhaltungsmathematik zuzurechnen sind.

> **Beispiel:**
> 21 Personen – Männer und Frauen – haben 81 Pfennig vertrunken, jeder Mann soll 5 Pfennig und jede Frau 3 Pfennig geben. Nun frage ich, wie viele Personen beiderlei Geschlechts es im Einzelnen gewesen sind.
> **Lösung:** (Angabe als Rezept, ohne Begründung)
> *Ziehe 3 Pfennig von 5 Pfennig ab; es bleiben 2, der Teiler. Nun multipliziere 3 mit 21; es kommen 63 heraus. Die ziehe von 81 ab; es bleiben 18. Die teile durch 2. Es kommen 9 Männer heraus. Die ziehe von 21 Personen ab. Dann bleiben 12: So viele Frauen sind es gewesen.*

Am Ende des Buches gibt Ries noch eine kurze Anleitung, wie man **magische 3×3-Quadrate** und 4×4-Quadrate mit aufeinanderfolgenden Zahlen ausfüllen kann. Dies ist für magische 4×4-Quadrate besonders einfach: Hier genügt es, die Zahlen, die in den beiden Diagonalen stehen, zu spiegeln, um zu einem magischen Quadrat zu gelangen. Dies ist die Methode, die bereits **Yang Hui** kannte (vgl. Abschn. 4.4).

$$
\begin{array}{|c|c|c|c|}
\hline
1 & 2 & 3 & 4 \\
\hline
5 & 6 & 7 & 8 \\
\hline
9 & 10 & 11 & 12 \\
\hline
13 & 14 & 15 & 16 \\
\hline
\end{array}
\rightarrow
\begin{array}{|c|c|c|c|}
\hline
16 & 2 & 3 & 13 \\
\hline
5 & 11 & 10 & 8 \\
\hline
9 & 7 & 6 & 12 \\
\hline
4 & 14 & 15 & 1 \\
\hline
\end{array}
$$

Den Abschluss bildet die bekannte Aufgabe von der Schnecke, die vom Fuß eines Brunnens jeden Tag eine gewisse Strecke hochkriecht, in der Nacht aber wieder absinkt.

Zum Inhalt des dritten Rechenbuchs von Adam Ries

Das dritte Rechenbuch mit dem Titel *Rechenung nach der lenge auff der linihen und Feder.*
Darzu forteil und behendigkeit durch die Proportiones/Practica genant/Mit grüntlichem
vnterricht des visierens. Durch Adam Riesen umfasst 196 Doppelseiten.

Im Vorwort schreibt Ries, dass es sich für den Erwerb der Rechenfertigkeit als günstig
erwiesen hat, das *Rechnen auf den Linien* voranzustellen; er hofft so, dass die Jugend *nicht*
überdrüssig wird zu lernen, sondern die Rechnungen mit Lust und Fröhlichkeit begreifen
möge.

Der **erste Teil** des Buches umfasst 42 eng bedruckte Doppelseiten. Allein zum Einüben
der Grundrechenarten *Addirn/Summirn/zusamen legen, Subtrahirn/Abnemen, Duplirn/*
Zwifechtigen, Medirn/halb machen, Multiplicirn/Vielmachen, Dividirn stellt Ries insgesamt 56 Aufgaben, jeweils gefolgt von der Angabe der Ergebnisse. Bei den Aufgaben
zum Dividieren erläutert Ries, wie man den Rest der Division in Bruchform notiert und
diesen Bruch möglichst kürzt (*Teil auff zu heben*).

Zum Thema *Dreisatz* stellt Ries insgesamt 160 Übungsaufgaben. Die Anforderungen
zur Lösung der Aufgaben werden dabei zunehmend komplexer, der Rechenaufwand –
nicht nur wegen der komplizierten Maßeinheiten – immer größer. Die Lösungshinweise
beschränken sich auf die Angabe, wie zu rechnen ist; diese Hinweise haben bei manchen
Aufgaben einen Umfang von mehr als einer Buchseite. Man beachte: Alle diese Aufgaben
sollen *auf den Linien* gelöst werden!

Wenn in der Aufgabenstellung einer Dreisatzaufgabe Brüche auftreten – und dies ist fast
bei allen Aufgaben der Fall –, dann besteht der erste Schritt zur Lösung darin, die erste
Anordnung der drei Zahlen zu einer Anordnung ohne Brüche umzuformen (vgl. hierzu die
Erläuterungen zum zweiten Rechenbuch).

Aus den Zwischenüberschriften *Tara auff und in Centner, Gewin und vorlust, Vor-*
kerung der Regel (umgekehrte Proportionalität), *wechssel der Muntz, Rechnung uber*
Landt (Handelsgeschäfte zwischen verschiedenen Ländern), *Silberrechnung, Goltrech-*
nung, Kupfferrechnung, Geselschafften (Geschäftsanteile), *Erbteilung und vormundt-*
schafft, vom stich (Tauschgeschäfte) wird deutlich, wie vielfältig die Themen sind.

Im **zweiten Teil** (*Rechnung nach der lenge mit der Feder*) werden die schriftlichen
Rechenverfahren dargestellt, danach die Bruchrechnung ausführlich (*nach der lenge*)
erläutert, auch auf das Kürzen von Brüchen.

Die Gestaltung der Lösungen zu den Dreisatzaufgaben muss für den Setzer des Buches
eine Herausforderung dargestellt haben, wie man an folgendem Beispiel, der Einstiegsaufgabe, ablesen kann.

Beispiel:

36 Ellen (eines Tuchs) kosten 17 Gulden. Was kosten 7 Ellen?

Lösung: Gemäß dem von Ries angegebenen Dreisatzschema werden die Informationen in der gewohnten Anordnung notiert:

36 Ellen 17 Gulden 7 Ellen

Dann folgen die sechs Lösungsschritte:

- Produkt der Zahlen 17 und 7, Ergebnis: 119
- Division 119 Gulden geteilt durch 36, Ergebnis: 3 Rest 11 Gulden
- Umrechnen der Gulden in Groschen, Ergebnis: 231 Groschen
- Division 231 Groschen geteilt durch 36, Ergebnis: 6 Rest 15 Groschen
- Umrechnen der Groschen in Pfennige, Ergebnis: 180 Pfennige
- Division 180 Pfennige geteilt durch 36, Ergebnis 5 Pfennige

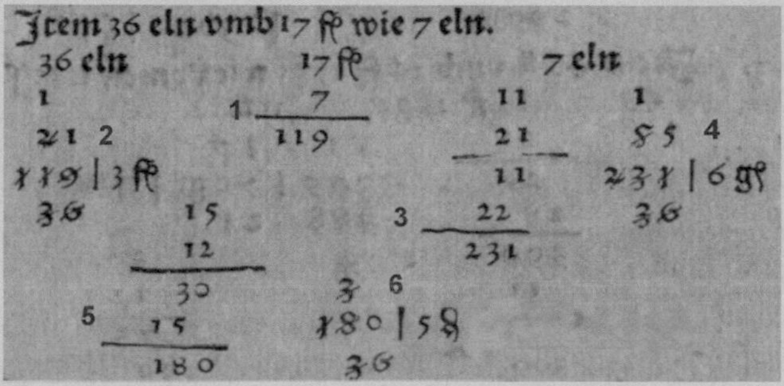

Die Probe erfolgt dadurch, dass die umgekehrte Aufgabe gelöst wird, d. h., man geht von der Anordnung

7 Ellen 3 Gulden 6 Groschen 5 Pfennige 36 Ellen

aus und erhält als Lösung 17 Gulden.

In den nachfolgenden Aufgaben werden zunächst reine Multiplikationsaufgaben gelöst, da jeweils der Preis für *eine* Einheit angegeben wird, dann schließen sich Divisionsaufgaben an, bei denen der Preis für eine Einheit berechnet werden soll.

Weiter geht es mit Aufgabenstellungen, in denen eine der Ausgangsgrößen Brüche enthält, dann zwei und schließlich drei.

Beispiel: Ein Tuch, das 38 ¼ Ellen lang ist, kostet 14 $^7/_8$ Gulden. Wie viel kosten 9 ½ Ellen?

Auch hier werden die Aufgabenstellungen immer komplexer; beispielsweise sollen Bewirtungskosten für Pferde und Reiter für einen längeren Zeitraum berechnet werden – die Rechnungen nehmen vier Seiten im Buch ein.

Nachdem Ries für die ersten 108 Aufgaben jeden einzelnen Rechenschritt vorgeführt hat, folgen noch einmal so viele Aufgaben, zu denen er jeweils nur das Ergebnis der Lösung angibt – zu den gleichen Themen wie im ersten Teil des Buches (*Rechnen auf den Linien*).

Zum Abschluss folgt – wie im zweiten Rechenbuch – noch *Zaln in ein gevierdt das uber all gleich kompt* (Viereck mit „überall" gleichen Summen), also ein Abschnitt über **magische Quadrate**.

Ries beschreibt dazu den folgenden Algorithmus, der dem von **Narayana Pandita** ähnelt (vgl. Abschn. 5.5):

Zunächst trägt man in das zentrale Feld die Zahl 5 beim 3×3-Quadrat bzw. die Zahl 13 beim 5×5-Quadrat, also jeweils mit dem mittleren Wert der Zahlenfolge 1, 2, 3, . . ., 9 bzw. 1, 2, 3, . . ., 25.

Dann beginnt man mit der Eintragung der Zahlen 1, 2, 3 usw. im darunterliegenden Feld parallel zu der von links oben nach rechts unten verlaufenden Diagonalen. Kann man dies nicht weiter – nach unten fortsetzen, dann springt man auf das oberste Feld der nächsten Spalte, – nach rechts fortsetzen, dann springt man auf das erste Feld der nächsten Zeile, – fortsetzen, dann wird ein Feld in der Spalte davor ausgefüllt.

Von der letzten – etwas ungenauen – Beschreibung abgesehen, kann man so jedes magische Quadrat mit *ungeradzahliger* Seitenlänge ausfüllen.

3×3-Quadrat:

4	9	2	
3	5	7	3
8	1	6	8
4	9	2	7

5×5-Quadrat:

11	24	7	20	3	
4	12	25	8	16	4
17	5	13	21	9	17
10	18	1	14	22	10
23	6	19	2	15	23
	24	7	20	3	16

7×7-Quadrat:

22	47	16	41	10	35	4	
5	23	48	17	42	11	29	5
30	6	24	49	18	36	12	30
13	31	7	25	43	19	37	13
38	14	32	1	26	44	20	38
21	39	8	33	2	27	45	21
46	15	40	9	34	3	28	46
	47	16	41	10	35	4	29

Zum Abschluss erinnert Ries an die Methode zum Ausfüllen eines magischen 4×4-Quadrats aus seinem zweiten Rechenbuch und präsentiert dann jeweils ein Beispiel für ein magisches 6×6- und ein 8×8-Quadrat.

Der **dritte Teil** des Rechenbuches trägt den Titel *Rechenung mit forteil und behendigkeit – Practica.*

Wie der Titel besagt, geht es in diesem Abschnitt um *vorteilhaftes Rechnen*. Hierzu stellt Ries auf 15 Doppelseiten weitere Rechenaufgaben und gibt grundsätzliche Hinweise, beispielsweise

- dass man bei der Addition und Subtraktion von Zahlen mit Einheiten stets mit den kleinsten Einheiten anfangen soll,
- dass man zur Probe die umgekehrte Rechnung durchführen kann, also dass man bei der Addition nacheinander alle Summanden von der berechneten Summe subtrahiert, oder dass man eine Neunerprobe durchführt (alternativ eine 7er- oder 11er-Probe),
- wie man am geschicktesten mit Brüchen rechnet (kürzen, Hauptnenner ermitteln),
- wie man gemischte Zahlen miteinander multipliziert.

Beispiel: $14\frac{3}{5} \cdot 3\frac{3}{4} = 14\frac{3}{5} \cdot 3 + 14\frac{3}{5} \cdot \frac{3}{4} = 43\frac{4}{5} + 10\frac{19}{20} = 54\frac{3}{4}$

Dann folgen auf weiteren 19 Doppelseiten etliche Dreisatzaufgaben, bei denen durch geschicktes Zerlegen der auftretenden Zahlen die Berechnung schneller gelingt.

Beispiel:
4 Ellen Tuch kosten 5 Gulden. Wie viel kosten 23 Ellen?

Lösung: Gemäß Dreisatzregel muss der Bruch $\frac{5 \cdot 23}{4}$ berechnet werden. Dazu stellt man den Bruch $\frac{5}{4}$ als gemischte Zahl dar:

$\frac{5 \cdot 23}{4} = \left(1 + \frac{1}{4}\right) \cdot 23 = 23 + 5\frac{3}{4} = 28$ Gulden 15 Groschen 9 Pfennige.

(Im Prinzip entspricht diese Vorgehensweise dem Schluss von 4 Ellen auf die Einheit 1 Ellen.)

Beispiel:
Ein Pfund Safran (= 32 Lot) kostet 5 Gulden 3 Groschen 4 Pfennig. Wie viel kosten 23 ½ Lot?

Lösung: Ries teilt dazu das vorgegebene Gewicht durch Halbieren:

(Fortsetzung)

Lot	Gulden	Groschen	Pfennig	Heller
32	5	3	4	0
16	2	12	2	0
4		13	6	1
2		6	9	$0\,^1/_2$
1		3	4	$1\,^1/_4$
$^1/_2$		1	9	$0\,^5/_8$
$23\,^1/_2$	3	16	6	$1\,^3/_8$

Beispiel:
1 Eimer Wein kostet 19 Groschen. Wie viel kosten 69 Eimer?
  Lösung: 69×19 Groschen $= 69 \times (1$ Gulden $- 2$ Groschen$)$
$= 69$ Gulden $- 6$ Gulden 12 Groschen $= 62$ Gulden 9 Groschen

Die nächsten 18 Doppelseiten enthalten komplexe Aufgaben zur Gold-, Silber- und Kupferrechnung sowie abschließend einige Mischungsaufgaben.

Beispiel:
Einer kauft dreierlei Wein, jeweils ein Fuder, das Fuder ($= 12$ Eimer, ca. 800 Liter) zu 12 bzw. zu 7 bzw. zu 5 Gulden. Hieraus will er drei Fuder mischen, die 10, 8 und 6 Gulden kosten. Wie viel soll er von jedem Wein für die einzelnen Mischungen nehmen?
  Lösung: Ries gibt die folgende Aufteilung als eine der Möglichkeiten an:
$^{12}/_{18}$ Fuder vom 12er-Wein, $^3/_{18}$ Fuder vom 7er-Wein, $^3/_{18}$ Fuder vom 5er-Wein – dies ergibt 1 Fuder vom 10er-Wein, dann $^4/_{18}$ Fuder vom 12er-Wein, $^{13}/_{18}$ Fuder vom 7er-Wein, $^1/_{18}$ Fuder vom 5er-Wein – dies ergibt 1 Fuder vom 8er-Wein, und schließlich $^2/_{18}$ Fuder vom 12er-Wein, $^2/_{18}$ Fuder vom 7er-Wein, $^{14}/_{18}$ Fuder vom 5er-Wein – dies ergibt 1 Fuder vom 6er-Wein.
  Dann erläutert er, dass auch eine andere Aufteilung möglich ist und man *durch Probieren* herausfinden kann, wenn man beispielsweise ein Fuder nicht in 18, sondern in 16 Teile zerlegt. Konkret zeigt er, dass auch die folgende Aufteilung das Problem löst:
$^{10}/_{16}$ Fuder vom 12er-Wein, $^5/_{16}$ Fuder vom 7er-Wein, $^1/_{16}$ Fuder vom 5er-Wein – dies ergibt 1 Fuder vom 10er-Wein, dann $^4/_{16}$ Fuder vom 12er-Wein, $^{10}/_{16}$ Fuder vom 7er-Wein, $^2/_{16}$ Fuder vom 5er-Wein – dies ergibt 1 Fuder vom 8er-Wein, und schließlich (jeweils die Reste): $^2/_{16}$ Fuder vom 12er-Wein, $^1/_{16}$ Fuder vom 7er-Wein, $^{13}/_{16}$ Fuder vom 5er-Wein – dies ergibt 1 Fuder vom 6er-Wein.

Der nächste Abschnitt beschäftigt sich mit dem *Tausch von Waren*: Gesucht wird beispielsweise, wie viel Safran man erwerben kann, wenn eine bestimmte Menge Zinn zum Tausch angeboten wird, oder ob und wie viel einer von zwei Geschäftspartnern noch Bargeld hinzufügen muss, wenn eine gewisse Menge Wein gegen Eisen getauscht werden soll, u. v. a. m.

Im Abschnitt zur *Regula falsi* behandelt Ries zunächst die 34 Aufgaben, die er bereits im zweiten Rechenbuch gestellt hatte; dann folgen noch neun weitere Aufgaben. Den Abschluss bilden Aufgaben, in denen Geldbeträge in andere Währungen umgerechnet werden müssen.

Die letzten 15 Doppelseiten seines Buches widmet Adam Ries der Volumenmessung mithilfe eines **Visierstabs** (*Viesier Steeb oder Rueten*).

Zunächst führt Ries in die Methode des schriftlichen Wurzelziehens ein und erläutert dann, dass man – um die Wurzel aus einer Zahl möglichst genau zu bestimmen – zunächst die betrachtete Zahl mit 1000000 multipliziert.

Beispiel: Gesucht ist die Wurzel aus 19. Bei der Berechnung der Wurzel aus 19000000 erhält man 4358. Daher ergibt sich für die Wurzel aus 19 die Zahl 4 und 358 Tausendstel, den Rest kann man vernachlässigen.

Dann gibt Ries detaillierte Anweisungen, wie Markierungen auf einem Visierstab vorgenommen werden sollen. Da die rechnerische Bestimmung eines Fassvolumens mit den zur Verfügung stehenden Methoden nicht möglich war, ging man stattdessen näherungsweise von einer Zylinderform aus.

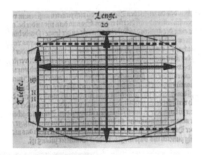

Quelle: http://www.mechrech.info/publikat/Visierinstru_Uberblick.pdf

Um das Volumen eines Zylinders zu bestimmen, werden zwei Maße, die *Fasstiefe* und die *Fasslänge* (= Höhe des Fasses) benötigt. Dabei berechnet sich die *Fasstiefe* als Mittelwert aus dem kleinsten und dem größten Durchmesser des Fasses; diese werden am Boden und in der Mitte (sog. Spund-Durchmesser) gemessen. Dieser Mittelwert muss dabei nicht rechnerisch bestimmt werden, sondern man kann ihn mithilfe eines weiteren Messstabes, des sog. *Medials*, ermitteln.

Das Quadrat der Fasstiefe multipliziert mit der Fasslänge ergibt eine für das jeweilige Fass charakteristische Maßzahl; diese gibt aber nicht direkt das Volumen des Fasses an.

Hinweis Im Unterschied zu heute, wo wir beispielsweise *Kubikmeter* als Volumeneinheit haben, also die dritte Potenz der Längeneinheit *Meter*, gab es in früheren Jahrhunderten voneinander unabhängige Einheiten für Längen- und Volumenmaße.

Auf einer Messrute waren i. Allg. zwei Skalen abgetragen: Einheiten für die Fasslänge und *quadrierte* Einheiten für die Fasstiefe, d. h., auf der zweiten Skala der Messrute war bereits berücksichtigt, dass die Fasstiefe quadriert werden muss. Damit man aber auf dieser zweiten Skala Zwischenwerte markieren oder ablesen konnte, musste eine Tabelle mit den Quadratwurzeln zur Verfügung stehen.

Nach detaillierten Angaben, wie die Messungen mit einem Visierstab durchzuführen sind, geht Ries zum Schluss darauf ein, wie man sich behelfen kann, wenn keine Visierrute zur Verfügung steht.

Im Prinzip muss man nur Folgendes beachten: Kennt man für irgendein Vergleichsfass den Zusammenhang zwischen der charakteristischen Maßzahl und dem Volumen, dann kann man so mithilfe der Dreisatzregel das Volumen des unbekannten Fasses ermitteln.

Ries schreibt:

Kommst du an einen Ort und hast keine Visierrute dabei und möchtest du dennoch gern den Inhalt verschiedener Fässer wissen, dann nimm einen Stab und unterteile ihn in beliebige, gleich große Abschnitte. Dann nimm ein kleines Fass und visiere dieses mit dem Stab. Wenn (beispielsweise) die Tiefe 4 ½ Teilstriche und die Länge 7 Teilstriche beträgt und 36 Kannen (übliche Volumeneinheit) in das Fass passen, dann multipliziere die Tiefe mit sich selbst und mit der Länge, das ergibt 141 ¾. Merk dir diese Zahlen, denn diese entsprechen 36 Kannen.

Wenn man dann ein Fass hat mit einer Tiefe von 11 Teilstrichen und einer Länge von 20 Teilstrichen hat, dann ergibt die 11 multipliziert mit sich selbst und mit 20 die Zahl 2420.

Wenn also 141 ¾ Teile 36 Kannen ergeben, was ergeben dann 2420 Teile?

Hinweis Die ungenaue, oft betrügerisch durchgeführte Visiermethode zur Bestimmung des Volumens eines Fasses war für **Johannes Kepler** (1571–1630) Anlass, eine eigene Messmethode zu entwickeln (**Kepler'sche Fassregel**).

8.2 Christoff Rudolff (1499–1543)

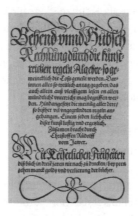

(Quelle: https://www.alvin-portal.org/alvin/imageViewer.jsf?dsId=ATTACHMENT-0001&pid=alvin-record%3A186550&dswid=-1277)

Im Jahr 1525 erschien in Straßburg das erste Algebra-Buch in deutscher Sprache; es trug den langen Titel

Behend und hübsch Rechnung durch die kunstreichen regeln Algebre, so gemeinicklich die Coß genennt werden. Darinnen alles so treülich an tag gegeben, das auch allein auß vleissigem Lesen on allen mündtlichē Vnterricht mag begriffen werden. Hindangesetzt die meinūg aller dere, so bißher vil vngegründten regeln angehangen. Einem jeden liebhaber diser kunst lustig vnd ergetzlich. Zusamen bracht durch Christoffen Rudolff vom Jawer.

Mit keiserlichen Freiheiten diß buch in dreiē Jaren nit nach zu drucken, bey peen zehen marck golds vnd verlierung der Bücher

Der Verfasser des Buches war Christoff Rudolff, gewidmet war das Werk dem Fürstbischof von Brixen (Südtirol).

Die genauen Lebensdaten von Rudolff sind nicht bekannt; auch existiert wohl auch kein Porträt von ihm. Als Geburtsort gibt er selbst das Städtchen Jauer an (heute Jawor in der Woiwodschaft Niederschlesien, damals Königreich Böhmen), möglicherweise war 1499 sein Geburtsjahr.

Zwischen 1517 und 1521 studierte Rudolff an der Universität Wien bei **Heinrich Schreiber** (1492–1525; latinisiert: Henricus Grammateus); danach war die Universität wegen einer Pestseuche für mehrere Jahre geschlossen.

Heinrich Schreiber war Autor verschiedener Rechenbücher, darunter das 1518 erschienene Buch *Ayn new kunstlich Buech welches gar gewiss vnd behend lernet nach der gemainen Regel detre* – mit den Themen: das *Rechnen auf den Linien*, der Dreisatz (*Regeldetri*), die *Regula falsi*, die Harmonielehre (Proportionen in der Musik), das praktische Rechnen für Kaufleute, die Buchführung sowie die Fassmessung mit der Visierrute.

Schreiber war der Erste, der die Symbole „+" und „−" als Rechenzeichen für Addition bzw. Subtraktion verwendete. Erfunden worden waren die Zeichen „+" und „−" von **Johannes Widmann** (1460–1498), der sie im Jahr 1489 in einem Buch im Zusammenhang mit dem kaufmännischen Rechnen als Kennzeichen für Überschuss und Defizit benutzte.

Vermutlich blieb Rudolff für den Rest seines Lebens in Wien und verdiente seinen Lebensunterhalt durch den Verkauf seiner Bücher sowie durch Unterricht.

Rudolffs Sterbedatum lässt sich aus einer Information erschließen, die Michael Stifel gab (vgl. Abschn. 8.3). Dieser erwähnte im dritten Band seiner *Arithmetica integra*, die 1544 erschien, dass Christoff Rudolff verstorben sei.

Zum Inhalt von Christoff Rudolffs Algebra-Buch

Das Buch aus dem Jahr 1525 umfasst 206 Doppelseiten (*Folia*).

Im **ersten Kapitel** wird zu Beginn die schriftliche Durchführung der Grundrechenarten behandelt; Anordnung und Vorgehensweise bei Addition, Subtraktion und Multiplikation stimmen mit unserer gewohnten Form überein. Auf die – aus heutiger Sicht – unübersichtlich wirkende Schreibweise bei der Division gehen wir hier nicht näher ein.

Bei der Multiplikation betrachtet Rudolff zunächst das kleine Einmaleins, wobei er darauf hinweist, dass man eigentlich nur das Einmaleins für Zahlen kleiner gleich 5 beherrschen muss. Diesen weit verbreiteten Rechentrick findet man u. a. auch in den Büchern von Adam Ries.

Statt der „großen" Faktoren 6, 7, 8, 9 benutze man die „kleinen" Ergänzungszahlen zu 10, also die Zahlen 4, 3, 2, 1 (in Rot). Die Einerstelle des Produkts ergibt sich aus dem Produkt der Ergänzungen zu 10, die Zehnerstelle aus der Differenz der Zehnerstelle der ersten Zahl und der Ergänzung zu 10 des zweiten Faktors, ggf. unter Berücksichtigung des Übertrags von der Einerstelle, vgl. die folgende Tabelle. Diese Methode funktioniert auch umgekehrt (vgl. das vierte Beispiel rechts – hierzu ist das Rechnen mit negativen Zahlen erforderlich). Rudolff kommentiert dies wie folgt: … *wiewol es ein überfluss ist das leichter durch das schwerer zu suchen.*

9	1	**7**	3	**6**	4	**2**	8
8	2	**7**	3	**7**	3	**4**	6
9 − 2 = **7**	1 · 2 = **2**	7 − 3 = **4**	3 · 3 = **9**	6 − 3 = **3**	4 · 3 = **12**	2 − 6 = **-4**	8 · 6 = **48**
7	**2**	**4**	**9**	**3 + 1Ü**	**2**	**-4 + 4**	**8**

Bemerkenswert ist Rudolffs Hinweis bzgl. der Division durch 10 bzw. durch 100:

• Man trenne von rechts eine bzw. zwei Stellen ab: 652 : 10 = 65|2 und 652 : 100 = 6|52 – möglicherweise ein erster Schritt zu einer Schreibweise für Dezimalzahlen.

Rudolff regt an: Bei der Multiplikation und bei der Division solle man stets die Neunerprobe (oder auch die Siebenerprobe) durchführen.

Anschließend wird an Beispielen erläutert, wie man Summen von Gliedern arithmetischer bzw. geometrischer Folgen berechnet, auch wie man (wir würden heute sagen: durch Anwenden eines Potenzgesetzes) z. B. das 29. Glied der Folge der Zweierpotenzen ermittelt:

- Man entnehme der Tabelle die Zahlen, die unter der 9 und der 10 stehen, multipliziere diese (also 512 mit 1024), dann hat man die Zahl, die unter der 19 steht, und diese multipliziere man nochmals mit 1024.

0	1	2	3	4	5	6	7	8	9	10	19	29
1	2	4	8	16	32	64	128	256	512	1024	524288	536870912

Im **zweiten Kapitel** behandelt Rudolff die Bruchrechnung: multiplizieren, kürzen (*prüch kleiner machen*), erweitern, gleichnamig machen, addieren und subtrahieren, Brüche vergleichen.

Beim Dividieren werden die Brüche zuerst gleichnamig gemacht, dann werden die Zähler dividiert und die Nenner weggelassen.

Eine Rechenprobe erfolgt mit der jeweiligen Gegenoperation.

Das **dritte Kapitel** beschäftigt sich mit einfachen Dreisatzaufgaben; in Beispielen werden auch Umrechnungen der Geld- und Maßeinheiten verschiedener Länder behandelt, zum Abschluss zwei Beispiele mit umgekehrter Proportion. Im **vierten Kapitel** folgt jeweils ein Beispiel zum schriftlichen Ziehen einer Quadrat- bzw. einer Kubikwurzel ((Wurzelziehen)).

Die eigentliche „Coß" beginnt im **fünften Kapitel** des Buches mit der Einführung von Variablen. Dabei verwendet Rudolff für die verschiedenen Potenzen jeweils eigene Symbole:

Das erste Symbol ist Platzhalter für die Einheit (*dragma* oder *numerus*), das zweite für die unbekannte Größe (*radix*, wir würden x schreiben), das dritte steht für das Quadrat der unbekannten Größe (*zensus, x^2*), das vierte für die dritte Potenz (*cubus, x^3*) usw., vgl. die folgende Übersicht.

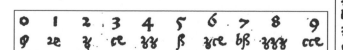

Bemerkenswert und ungewohnt aus heutiger Sicht ist, dass Rudolff durchgehend die Zahlen, die nicht Koeffizienten von x, x^2, x^3 usw. sind, also die Koeffizienten von x^0 mit dem *dragma*-Symbol kennzeichnet, beispielsweise notiert er die Gleichung $3x^2 + 4x = 20$ wie folgt:

$$3 \; \mathcal{X} \; + \; 4 \; \mathcal{E} \; \text{gleich} \; 20 \; \mathcal{g}$$

Zu Beginn seiner Ausführungen weist Rudolff auf eine wichtige Regel hin: Nur „Benennungen" (Terme) gleicher Art können durch Addition oder Subtraktion zusammengefasst werden. Eine Rechenprobe kann dadurch erfolgen, dass man beliebige Zahlen für die Variablen einsetzt.

Für die Multiplikation der Platzhalter verschiedener „Ordnungen" gibt er zunächst eine Verknüpfungstafel mit allen möglichen Kombinationen an, beispielsweise $x^2 \cdot x^3 = x^5$ (in unserer Schreibweise). Im nächsten Schritt folgt dann eine Tabelle, die oben (in unserer Sprechweise) die Exponenten der Variablen enthält und unten die Symbole der Potenzen: Um das richtige Symbol zu finden, müssen die oben stehenden Exponenten addiert und das darunterstehende Symbol gewählt werden, d. h., Rudolff beschreibt hier also das erste Potenzgesetz.

Bei der Multiplikation von gemischten Termen sind Vorzeichenregeln (*plus* mal *minus* ist *minus* usw.) sowie Distributivgesetz anzuwenden. Bei der Division von Potenzen ist umgekehrt wie bei der Multiplikation zu verfahren (also in unserer heutigen Sprechweise: *Potenzen einer Variablen werden dividiert, indem die Exponenten subtrahiert werden*).

Das **sechste Kapitel** beschäftigt sich mit Bruchtermen, für die die gleichen Regeln gelten wie für gewöhnliche Zahlbrüche.

Die folgenden Beispiele zeigen, wie souverän er mit den Regeln umgeht:

Beispiele
(notiert in der heutigen Schreibweise):

$$\frac{3}{4x^2} \cdot \frac{1}{4} = \frac{3}{16x}, \quad \frac{3x+4}{5x^2-2x} \cdot \frac{4x-4}{5x^2+4} = \frac{12x^2+4x-16}{25x^4+20x^2-10x^3-8x},$$

$$\frac{4x+5}{1x} : \frac{3}{3x-2} = \frac{12x^2+7x-10}{3x}.$$

Die Operationen *mal* und *geteilt* gibt Rudolff mit Worten an, und statt des Gleichheitszeichens, das erst 1557 von **Robert Recorde** (1510–1558, vgl. Abschn. 8.4) erfunden wurde, steht bei Termumformungen *facit* (oder kurz *fa*).

Er stellt fest: Bei Termen lässt sich – anders als bei Zahlen – nicht mehr ohne weiteres sagen, welcher von zwei Termen der größere ist, denn das kann für verschiedene Einsetzungen unterschiedlich sein.

Beispiel: Setzt man in die Terme $\frac{x^2}{2}$ und $\frac{6}{x}$ die Zahlen 2 bzw. 3 ein, dann gilt im ersten Fall, dass $\frac{x^2}{2}$ kleiner ist $\frac{6}{x}$, im zweiten, dass $\frac{x^2}{2}$ größer ist als $\frac{6}{x}$.

Hinweis Die Relationszeichen $<$ und $>$ wurden zum ersten Mal von **Thomas Harriot** (1560–1621) in seinem Buch *Artis Analyticae Praxis ad Aequationes Algebraicas Resolvendas* (Praxis der Rechenkunst) verwendet; es wurde 1631 posthum veröffentlicht.

Im **siebten Kapitel** behandelt Rudolff das Rechnen mit Wurzeln. Er ist der Erste in der Geschichte der Mathematik, der das einfache Wurzelsymbol $\sqrt{}$ verwendet; 1637 wurde es von **René Descartes** (1596–1650) in seinem Werk *La Géometrie* durch einen horizontalen Strich (das sog. *vinculum*) zu dem Symbol ergänzt, was wir heute verwenden.

Grundsätzlich unterscheidet Rudolff drei Typen von Zahlen:

- *rationale* oder *wolgeschickte Zahlen*, das sind Quadratzahlen wie z. B. 4, aus denen die Wurzel gezogen werden kann,
- *Communicantes* oder *mittermessig Zahlen,* das sind Vielfache von Quadratzahlen wie beispielsweise 8, aus denen – wie wir sagen würden – teilweise die Wurzel gezogen werden kann, und
- *irrationale* oder *ganz ungeschickte Zahlen*.

Darstellungen in der Form $a \cdot \sqrt{b}$, wie wir sie gewohnt sind, werden nicht verwendet, sondern stets als $\sqrt{a^2 \cdot b}$ notiert.

Rudolff gibt an, dass man bei der Addition und Subtraktion von Wurzeln die Radikanden auf gemeinsame Faktoren hin untersuchen solle.

Beispiel:

$\sqrt{8} + \sqrt{18}, \sqrt{7} - \sqrt{5}$

Zerlege die Radikanden in $\sqrt{4 \cdot 2} + \sqrt{9 \cdot 2}$, ziehe dann aus den Faktoren 4 und 9 jeweils die Wurzel und addiere die Ergebnisse, sodass sich die Summe 5 ergibt, die quadriert wieder unter die Wurzel gezogen wird; daher ergibt sich:

$\sqrt{8} + \sqrt{18}$ *facit* $\sqrt{50}$.

Wenn dies nicht möglich ist, quadriere man die Summe oder Differenz und ziehe anschließend wieder die Wurzel; so wird aus $\sqrt{7} - \sqrt{5}$ durch Anwenden der binomischen Formel zunächst $7 + 5 - \sqrt{4 \cdot 7 \cdot 5}$, also $12 - \sqrt{140}$ und somit

$\sqrt{7} - \sqrt{5}$ *facit* $\sqrt{12 - \sqrt{140}}$.

Um Näherungswerte von Quadratwurzeln zu ermitteln, betrachte man das 1000000-Fache der Zahlen; nach der Rechnung dividiere man durch 1000; bei Kubikwurzeln verfahre man analog.

Im **achten Kapitel** werden analoge Überlegungen zu Kubikwurzeln ausgebreitet, im **neunten Kapitel** zu vierten Wurzeln (hierfür und für Wurzeln höherer Ordnung verwendet er jeweils eigene Symbole).

Das Rechnen mit zusammengesetzten Termen wie $5 + \sqrt{7}$ und $\sqrt{8} + \sqrt{6}$, die Rudolff als *binomium* bezeichnet, zusammen mit dem jeweils zugehörigen *residuum* $5 - \sqrt{7}$ bzw. $\sqrt{8} - \sqrt{6}$ ist das Thema des **zehnten Kapitels**; besonderen Raum nimmt das Zusammenspiel von *binomium* und *residuum* (und umgekehrt) bei der Division ein.

Aus manchen dieser *binomia* gelangt man durch Wurzelziehen wieder auf ein *binomium*, wie beispielsweise von $\sqrt{14 + \sqrt{180}}$ auf $3 + \sqrt{5}$ oder von $\sqrt{8 + \sqrt{60}}$ auf $\sqrt{3} + \sqrt{5}$ – die anderen nennt Rudolff *surdisch und ungeschickt*.

Das **elfte Kapitel** enthält sogar eine (beispielgebundene) Anleitung mit allgemeinen Variablen *a, b, c, d*, wie man untersuchen kann, ob sich $\sqrt{\sqrt{a} + \sqrt{b}}$ darstellen lässt als $\sqrt{c} + \sqrt{d}$.

Das **zwölfte und letzte Kapitel** des ersten Teils schließt mit der Einführung von Sprechweisen für nicht ganzzahlige Vielfache – wer mehr erfahren möchte, schreibt Rudolff, möge die Bücher des römischen Gelehrten **Boethius** (ca. 485–525) studieren.

Das **zweite Buch** ist in drei Abschnitte unterteilt. Im ersten geht um das Lösen von Gleichungen. Es beginnt mit der Auflistung der acht Gleichungstypen (*equationes*) sowie der Coß-Regeln, die man kennen muss, um zu einer Lösung zu gelangen.

Zu den einzelnen Typen gibt Rudolff jeweils mehrere Gleichungen an, in denen die Exponenten der auftretenden Potenzen jeweils um 1 größer werden – alle von ihm angegebenen Gleichungen werden von der Zahl 2 erfüllt. Null als Lösung sowie andere Lösungen bei Gleichungen höheren Grades werden von ihm nicht beachtet, zumindest nicht erwähnt. Statt des Gleichheitszeichens in diesen *Vergleichungen* setzt er die Worte „sein gleich" zwischen die beiden Terme.

- *Erster Typ*: $3x = 6$; $4x^2 = 8x$; $5x^3 = 10x^2$; … ; $11x^9 = 22x^8$
  Rudolffs Anleitung: *Dividir die kleiner in die grösser quantitet* – gemeint ist damit (wie er vorab erläutert), dass durch die vor der höchsten Potenz stehende Zahl dividiert werden soll, also eine Normierung der Gleichung vorgenommen wird.
- *Zweiter Typ*: $2x^2 = 8$; $3x^3 = 12x$; $4x^4 = 16x^2$; … ; $9x^9 = 36x^7$
  Auch hier: Normierung und Ziehen der Quadratwurzel.
- *Dritter Typ*: $2x^3 = 16$; $3x^4 = 24x$; $4x^5 = 32x^2$; … ; $8x^9 = 64x^6$
  Wie oben Normierung und dann Ziehen der Kubikwurzel.
- *Vierter Typ*: $2x^4 = 32$; $3x^5 = 48x$; $4x^6 = 64x^2$; … ; $7x^9 = 112x^5$
  Normierung (wie oben) und dann Ziehen der vierten Wurzel.
- *Fünfter Typ*: $3x^2 + 4x = 20$; $5x^3 + 6x^2 = 32x$; … ; $6x^9 + 10x^8 = 44x^7$

Normierung, dann: Quadriere die Hälfte des mittleren Quotients und addiere den kleinsten Quotienten. Die Quadratwurzel hieraus muss um die Hälfte des mittleren Quotients vermindert werden.

- *Sechster Typ*: $4x^2 + 8 = 12x$; $5x^3 + 9x = 14\frac{1}{2}x^2$; … ; $11x^9 + 15x^7 = 29\frac{1}{2}x^8$, aber auch $2x^2 + 30 = 19x$; $3x^3 + 31x = 21\frac{1}{2}x^2$; … ; $9x^9 + 37x^7 = 36\frac{1}{2}x^8$

  Vorgehensweise zunächst wie beim fünften Typ, allerdings *Subtraktion* des kleinsten Quotienten statt *Addition*. (Rudolff geht in der ersten Ausgabe des Buches nicht darauf ein, dass alle diese Gleichungen noch eine weitere Lösung haben; dies korrigiert er später.)

- *Siebter Typ:* $4x + 12 = 5x^2$; $5x^2 + 14x = 6x^3$; … ; $11x^8 + 26x^7 = 12x^9$

  Vorgehensweise wie beim fünften Typ, nur am Ende muss addiert werden.

- *Achter Typ:* Hier geht es um Gleichungen, die wie die Gleichungen vom Typ 5, 6 oder 7 gelöst werden können; bei diesen steht x^4 statt x^2 und x^2 statt x, und entsprechend x^6 statt x^3, x^4 statt x^2 usw.

Der **zweite Abschnitt** befasst sich damit, wie man eine Lösung aus einer gegebenen Gleichung gewinnt. Rudolff gibt vier *cautelae* an (aus dem Lateinischen, wörtlich: Vorsichtsmaßnahme), in denen er erläutert, wie man vorgehen soll, wenn in einer Gleichung

- Terme gleicher Ordnung mehrfach auftreten (zusammenfassen, ggf. durch Addition oder Subtraktion auf beiden Seiten der Gleichung),
- Terme vorkommen, vor denen ein Minuszeichen steht (durch Addition ausgleichen),
- Wurzelterme auftreten (quadrieren),
- auf beiden Seiten Bruchterme stehen (*kreutzweiß* multiplizieren).

Da also in den Gleichungen keine Minuszeichen auftreten (dürfen), müssen für das Lösen quadratischer Gleichungen drei Typen (5, 6 und 7) unterschieden werden. Rudolff bezeichnet dies aber als Fortschritt gegenüber anderen Rechenbüchern, in denen seine Vorgänger 24 Regeln angegeben haben.

Der **dritte Abschnitt** des zweiten Buches enthält auf 145 Doppelseiten über 400 Aufgaben mit vollständigen Lösungen (Festlegung der Variablen, Aufstellen der Gleichung, Umformungen gemäß den o. a. Regeln). Vom hohen verbalen Anteil einmal abgesehen, unterscheiden sich die Lösungswege kaum von denen der Algebra-Aufgaben, wie wir sie aus heutigen Schulbüchern kennen. Am Ende der Ausführungen wird der Leser oft zur Durchführung der Probe aufgefordert: *Magstu probiren.*

Typ 1 (240 lineare Gleichungen)

> **Beispiele: Gesucht ist eine Zahl** ...
>
> **Nr. 1:** Wenn man 5/8 von dieser Zahl nimmt, so erhält man 29.
>
> **Nr. 5:** Addiert man 2 zu der Hälfte der Zahl, halbiert dies und addiert 3, halbiert dies noch einmal und addiert anschließend 4, dann erhält man 20.
>
> **Nr. 12:** Von zwei Zahlen übertrifft die eine die andere um 4. Wenn man die größere mit 6 multipliziert und die kleinere mit 5, dann ergibt sich zusammen 57.
>
> **Nr. 17:** Wenn man eine Zahl, die kleiner ist als 10, mit 3 multipliziert, dann liegt das Produkt 7-mal so viel über 10 wie die Zahl kleiner ist als 10.
>
> **Nr. 25:** Von neun Zahlen einer arithmetischen Folge (*über sich wachsend mit gleicher Übertretung*) ist die kleinste die Zahl 4 und die Summe beträgt 48.

Nach einfachen Aufgaben über Glieder einer geometrischen Folge (*in proportione*) schließen sich Probleme aus der Geometrie an.

Die Aufgaben 38 und 39 enthalten zwei Probleme aus der Geometrie, denen wir bereits bei **Leonardo von Pisa** (vgl. Kap. 6) begegnet sind.

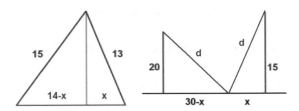

Nach einigen Aufgaben mit Gleichungen, in denen *binomia* auftreten, folgt ein weiteres geometrisches Problem:

> **Nr. 46:**
>
> In einem rechtwinkligen Dreieck (*recht winckelmässiges triangel*) hat eine der Katheten die Länge $3 + \sqrt{18}$, die andere Kathete und die Hypotenuse haben zusammen die Länge $9 + \sqrt{162}$.
>
> **Lösung:** Rudolff bezeichnet die Länge der zweiten Kathete mit x; dann gilt also (in heutiger Schreibweise) $x^2 + \left(3 + \sqrt{18}\right)^2 = \left(9 + \sqrt{162} - x\right)^2$.
>
> Die quadratischen Terme werden ausgerechnet:
>
> $$x^2 + 27 + \sqrt{648} = 243 + x^2 + \sqrt{52488} - \left(18 + \sqrt{648}\right) \cdot x.$$

(Fortsetzung)

Das x^2 wird auf beiden Seiten subtrahiert (*pleibt nichts*); dann wird der Term mit x addiert (damit ein positives Vorzeichen entsteht) und das links stehende *binomium* subtrahiert.

So erhält er $\left(18 + \sqrt{648}\right) \cdot x = 216 + \sqrt{41472}$ und nach der Division durch den links stehenden Klammerterm (durch Erweitern mit dem zugehörigen *residuum*) ergibt sich als Länge der Kathete $4 + \sqrt{32}$ und für die Hypotenuse $5 + \sqrt{50}$.

Hinweis Rudolff verwendet noch keine Klammern; dies findet man erst in den Schriften von Michael Stifel, Niccolò Tartaglia und Girolamo Cardano. Rudolff muss also im Kopf behalten, dass sich das Minuszeichen rechts auf den gesamten Term bezieht.

Rudolff fügt an dieser Stelle die Warnung ein, Anfänger nicht zu überfordern und zunächst auf die Behandlung von Aufgaben mit *binomia* zu verzichten.

Die nächsten 24 Aufgaben drehen sich um Preise für Waren und abgewickelte Handelsgeschäfte (*Exempl von keüffen*), dann folgen vier Aufgaben, in denen die Anzahl der Personen (*junckfrawen*) geraten werden soll, beispielsweise:

Nr. 71: Jemand vermutet, dass zehn Frauen beieinanderstehen. Eine von denen sagt: Wir sind nicht zehn. Wären wir noch einmal und ein Drittel so viel, dann wären wir so viel unter 30 als wir sind über 10.

Die nächsten 17 Aufgaben beschäftigen sich mit Gold- und Silberlegierungen, darunter ist auch die Geschichte von König Hierons Krone und den Experimenten des Archimedes (mit von Rudolff selbst ausgedachten Zahlenwerten).

Dann werden verschiedene Sorten Wein bzw. Safran gemischt.

Nr. 94: Jemand will wissen, wie viel Uhr es ist; aktuell hat der Tag 15 h. Die Uhrzeit ergibt sich, wenn man 2/3 von den vergangenen Stunden nimmt und von den verbleibenden Stunden die Hälfte.

Die folgende Aufgabe erinnert an eine Aufgabe bei Leonardo von Pisa (Äpfel-Torwächter-Problem aus dem siebten Abschnitt des 12. Kapitels):

Nr. 96: Ein Mann erntet Äpfel in einem Garten. Beim Verlassen soll er an einem ersten Tor dem Pförtner Äpfel abgeben; er gibt ihm die Hälfte – der Pförtner gibt ihm 12 zurück. Auch dem nächsten Pförtner gibt er die Hälfte ab und erhält 10 Äpfel zurück. Und dem dritten Pförtner überlässt er zunächst die Hälfte seiner restlichen Äpfel; dieser gibt ihm 4 Äpfel zurück. Als der Mann die nunmehr übrig gebliebenen Äpfel zählt, stellt er fest, dass es halb so viele sind, wie er geerntet hatte.

Nach weiteren zehn Aufgaben, in denen es um die Wechselkurse von Münzen aus verschiedenen Währungen geht, folgen sieben Probleme, in denen es um Testamentsbestimmungen geht.

> **Nr. 110:** Ein Mann legt im Testament fest, dass alle seine Kinder gleich viel erben sollen. Das erste Kind erhält einen Gulden und 1/10 vom Rest, das zweite zwei Gulden und 1/10 vom Rest und das dritte drei Gulden und 1/10 vom Rest usw. Wie viele Kinder hatte der Mann und wie viel erhält jeder?

Weiter geht es um Glückspieler, die unterschiedliche Beträge gewinnen bzw. verlieren, dann um Reisende, die sich von zwei Städten aus aufeinander zubewegen, und um einen Wurm und eine Schnecke, die von unten bzw. oben an einem Turm entlang kriechen.

Dann vergleichen zwei Männer die Inhalte ihrer Geldbörsen, drei Männer würden gerne ein Haus bzw. ein ganzes Dorf kaufen, ein Pferd bzw. mehrere Pferde erwerben, benötigen dafür aber Geld von den anderen. Weiter folgen Kalkulationen zur Besoldung von Landsknechten, um eine Stadt zu erobern, werden Arbeiter für Arbeitstage entlohnt und für Fehltage wird Geld abgezogen, müssen die Einkünfte aus einem Brückenzoll nachträglich wieder aufgeschlüsselt werden, wird in drei Mühlen mit unterschiedlicher Kapazität gleichzeitig und gleich lange Getreide gemahlen, werden Gesellschaften gegründet und Gewinne aufgeteilt, besucht ein Musikant nacheinander drei Häuser und wird dafür entlohnt, muss aber jedes Mal für sein Essen bezahlen usw.

Zur Aufgabe Nr. 188 weist Rudolff darauf hin, dass man bei manchen Problemen noch eine weitere Variable benötigt (*Regula quantitatis*); diese bezeichnet er als *quantitet* (das Wort schreibt er in seinen Lösungen aus). Unter den folgenden Aufgaben kommt auch eine mit negativer Lösung vor, was Rudolff mit *volgt unmüglichkeit* kommentiert.

Insgesamt sind es 217 Aufgaben, zu deren Lösung lineare Gleichungen aufgestellt werden sollen, dann folgen noch weitere 23 Probleme, die auf andere Gleichungen des ersten Typs führen, beispielsweise auf eine quadratische Gleichung ohne absolutes Glied.

> **Nr. 230:** Zwei Personen gehen gleichzeitig an einem Ort los; die erste Person wandert täglich 6 Meilen, die zweite am 1. Tag eine Meile, am 2. Tag zwei Meilen, am 3. Tag drei Meilen usw.
>
> **Lösung:** Zu lösen ist die Gleichung $6x = \frac{1}{2} \cdot x + \frac{1}{2} \cdot x^2$, die umgeformt auf $x^2 = 11x$ führt.

Beispiele zu Typ 2 (30 Aufgaben)

Nr. 3:
Multipliziert man die Hälfte einer Zahl und ein Drittel einer Zahl, dann erhält man $36 + \sqrt{1152}$.
  Lösung: Die gesuchte Zahl ist $12 + \sqrt{72}$.

Nr. 17: Ein Turm ist 100 Ellen hoch; um den Turm ist ein Graben, der 18 Ellen breit ist. Eine 30 Ellen lange Leiter wird vom Rand des Grabens an den Turm gelehnt. In welcher Höhe liegt die Leiter am Turm an?

Beispiele zu Typ 3 (20 Aufgaben)

Nr. 10:
Eine Grube ist 2 2/3-mal länger als breit und die Tiefe verhält sich zur Breite wie 3 zu 4. Das Volumen ist 93312.
  Lösung: Aus der kubischen Gleichung ergibt sich eine Breite von 216 Fuß.

Beispiele zu Typ 4 (19 Aufgaben)

Nr. 4:
Wenn ich vom Quadrat einer Zahl 3 subtrahiere und auch zum Quadrat einer Zahl 3 addiere, dann ergibt das Produkt der beiden Ergebnisse $88 - \sqrt{9408}$.
  Lösung: Die Gleichung 4. Grades $x^4 - 9 = 88 - \sqrt{9408}$ hat die Lösung $2 - \sqrt{3}$.

Nach aufmunternden Worten an den Leser widmet sich Rudolff den nächsten Aufgabentypen, den quadratischen Gleichungen.

Beispiele zu Typ 5 (40 Aufgaben)

Nr. 1: Finde eine Zahl: Wenn ich zu der Zahl 6 addiere und wenn ich von ihr 2 subtrahiere, dann ergibt das Produkt 84.

Nr. 9:

Eine Zahl ist um $2 + \sqrt{2}$ größer als eine andere. Wenn ich sie miteinander multipliziere, ergibt sich $36 + \sqrt{1152}$.

Lösung: Die kleinere Zahl ist $4 + \sqrt{8}$.

Nr. 14:

Einer leiht einem anderen 25 Gulden für zwei Jahre mit Zins und Zinseszins. Nach zwei Jahren zahlt dieser 49 Gulden zurück.

Lösung: Für das 1. Jahr zahlt der Schuldner für die Zinsen 10 Gulden, für das 2. Jahr 14 Gulden.

Nr. 19:

Jemand kauft etliche Tücher für 180 Gulden. Wenn er für denselben Gesamtbetrag drei Tücher mehr bekommen hätte, dann wäre jedes Tuch 3 Gulden billiger gewesen.

Lösung: Die Person hat 12 Tücher zu einem Stückpreis von 15 Gulden gekauft.

Nr. 34:

Zwei Bauern haben Ochsen verkauft, der eine 30, der andere etliche. Für einen Ochsen erhielten die beiden jeweils so viele Gulden wie der zweite Bauer Ochsen verkauft hat. Subtrahiert man von den Einnahmen des ersten die des zweiten und zieht daraus die dritte Wurzel, dann weiß man, wie viel Geld es für einen Ochsen gab.

Lösung: Das Problem führt auf eine Gleichung 3. Grades ohne absolutes Glied: $30x - x^2 = x^3$.

Beispiele zu Typ 6 (30 Aufgaben)

Nr. 9: Gesucht sind zwei Zahlen, deren Summe $10 + \sqrt{18}$ beträgt. Multipliziert man sie, so ergibt sich $25 + \sqrt{338}$.

Nr. 20:

Einer wird gefragt, wie viel Wochen er alt sei. Dieser antwortet: Subtrahiert man 312 von einem Viertel der Anzahl der Wochen, dann ist dies gleich der Wurzel aus der Anzahl der Wochen vermindert um 27.

Lösung: Rudolff kommt durch das Quadrieren der beiden Seiten der Ausgangs-gleichung $\frac{1}{4}x - 312 = \sqrt{x - 27}$ zu einer quadratischen Gleichung, für die er die richtige Lösung 1396 Wochen angibt. Die zweite Lösung der quadratischen Glei-chung erfüllt jedoch nicht die Wurzelgleichung.

Nr. 24:

Zwei Bäuerinnen haben auf dem Markt Hühner verkauft, insgesamt haben sie 64 Kreuzer eingenommen. Die zweite hatte vier Hühner mehr als die erste verkauft. Sagt die erste: Wenn ich deine Hühner verkauft hätte, hätte ich 42 Kreuzer eingenommen. Antwortet die zweite: Und ich hätte mit deinen Hühnern 24 Kreuzer bekommen.

Lösung: Aus der Gleichung $\frac{42}{x+4} \cdot x + \frac{24}{x} \cdot (x + 4) = 64$ ergibt sich die quadratische Gleichung $2x^2 + 384 = 64x$. Rudolff gibt als Lösung an, dass die erste Bäuerin 8 Hühner zu jeweils 3 ½ Kreuzern verkauft hat und die zweite 12 Hühner zu jeweils 3 Kreuzern. Auf die zweite Lösung – 24 Hühner zu 1 ½ Kreuzern und 28 Hühner zu 1 Kreuzer, die sich aus der quadratischen Gleichung ergibt, geht er in der ersten Auflage des Buches nicht ein.

Nr. 29:

Zwei Männer besitzen Geld, der zweite 4 Gulden weniger als der erste. Wenn man die beiden Vermögen miteinander multipliziert und das Produkt quadriert, dann ergibt sich dasselbe, wie wenn man die dritte Potenz des größeren Betrags mit $5\frac{1}{3}$ multipliziert.

Lösung: Die Gleichung 4. Grades $[x \cdot (x - 4)]^2 = 5\frac{1}{3} \cdot x^3$ ohne lineares und absolutes Glied hat die Lösung $x = 12$.

Beispiele zu Typ 7 (30 Aufgaben)

Nr. 6: Von zwei Zahlen ist die eine um 5 größer als die andere. Dividiert man 100 jeweils durch diese beiden Zahlen und addiert die Quotienten, dann ergibt sich 30.

Nr. 16:

Zwei Boten A und B gehen gleichzeitig von zwei Orten los und treffen sich in einer Herberge. B ist 20 Meilen mehr gegangen als A. Sagt B zu A: Du bist übel zu Fuß; wir hätten uns bereits gestern Morgen treffen müssen. Wenn ich deinen Weg gegangen wäre, wäre ich in 6 2/3 Tagen hier angekommen. Wenn ich deinen Weg hätte gehen müssen, hätte ich die Herberge in 15 Tagen erreicht.

Lösung: Setzt man x für die Strecke, die A zurückgelegt hat, dann ergibt sich aus den Informationen die Gleichung $\frac{20+x}{15x} = \frac{3x}{20x+400}$.

Hieraus folgt, dass A eine Strecke von 40 Meilen mit einer Geschwindigkeit von 4 Meilen pro Tag zurückgelegt hat und B eine Strecke von 60 Meilen mit einer Geschwindigkeit von 6 Meilen pro Tag.

Zum **Aufgabentyp 8** stellt Rudolff weitere 24 Aufgaben, die sich bzgl. der Anforderungen allerdings nicht von den Typen 5, 6 oder 7 unterscheiden.

In einem Zusatzabschnitt beschreibt Rudolff, dass es über die behandelten acht Regeln hinaus leicht möglich ist, Gleichungen zu lösen, in denen zwei Terme auftreten, deren Ordnung sich um sechs, acht oder neun unterscheidet, also (in unserer Schreibweise) $ax^6 = b$; $ax^7 = bx$; $ax^8 = bx^2$; ... mithilfe der Kubikwurzel aus der Quadratwurzel (oder in umgekehrter Reihenfolge)

$ax^8 = b$; $ax^9 = bx$; $ax^{10} = bx^2$; ... mithilfe der Quadratwurzel aus der vierten Wurzel (oder in umgekehrter Reihenfolge),

$ax^9 = b$; $ax^{10} = bx$; $ax^{11} = bx^2$; ... mithilfe der Kubikwurzel aus der Kubikwurzel; die Anwendung dieser Regeln zeigt er in jeweils einem Beispiel.

Abschließend stellt er mit Bedauern fest, dass es aber auch Aufgabenstellungen gibt, die mit den von ihm beschriebenen Regeln nicht gelöst werden können.

Als erstes Beispiel gibt er ein geometrisches Problem an:

Aufgabe: Ein Beobachter steht 50 Klafter (1 Klafter = 6 Fuß ≈ 1,80 m) von einer 100 Klafter hohen Säule entfernt und sieht in 40 Klafter Höhe ein Bild, das 7 Fuß hoch ist. Oben auf der Säule steht ebenfalls ein Bild, das genauso hoch zu sein scheint. Wie hoch ist dieses Bild tatsächlich?

Rudolff hofft darauf, dass es irgendwann einmal eine einfache Berechnungsmöglichkeit für dieses Problem gibt, bei dem es um gleich große Sichtwinkel geht. (Ob er Kenntnisse über Trigonometrie verfügt, ist aus keiner seiner Schriften ersichtlich.)

Am Ende des Buches präsentiert Rudolff noch drei Probleme, die jeweils auf eine kubische Gleichung führen, für deren Lösung noch kein systematisches Lösungsverfahren zur Verfügung steht.

Aufgabe:

Gesucht sind zwei Zahlen, deren Summe 10 ist. Multipliziert man das Quadrat der kleineren Zahl mit der größeren, so erhält man 63.

Lösung: Bezeichnet man die kleinere Zahl mit x, dann ist die Gleichung

$x^2 \cdot (10 - x) = 63$, also $10x^2 - x^3 = 63$ zu lösen oder, da Rudolff nur positive Koeffizienten zulässt: $10x^2 = x^3 + 63$.

Die Lösung ist $x = 3$.

Die anderen beiden Probleme führen auf die Gleichungen $605 + \frac{1}{2}x^2 = \frac{1}{2}x^3$ (Lösung: $x = 11$) sowie $27250 = 1875x + 75x^2 + x^3$ (Lösung: $x = 10$).

Der zum Abschluss abgebildete Kubus zeigt, dass er den wenige Jahre später u. a. von Tartaglia entdeckten Ansatz erahnt hat.

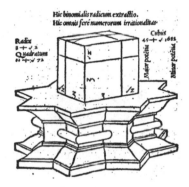

Das Werk endet mit einem Zahlenrätsel: *Wer es löst, erfährt, in welcher Druckerei und an welchem Ort das Buch gedruckt wurde.*

Zum Inhalt des Rechenbuches von Christoff Rudolff

Im darauffolgenden Jahr veröffentlicht Rudolff in Wien sein zweites Buch. Dieses trägt den Titel

Künstliche Rechnung mit der ziffer und mit den zal pfennigen,

ein Lehrbuch für Rechenschüler, Kaufleute und Handwerker.

Es besteht (zunächst) aus zwei Teilen: Im *Grundbüchlein* wird das Rechnen mit ganzen Zahlen und Brüchen behandelt – im Umfang vergleichbar mit dem ersten Werk, zusätzlich auch das Rechnen mit Rechenpfennigen. Im *Regelbüchlein* werden der Dreisatz und die *welsche Praxis* (s. u.) erläutert sowie zahlreiche Beispiele gerechnet.

Das Buch hatte bis zum Ende des 16. Jahrhunderts mindestens 17 Auflagen, von 1530 an bezeichnete er die enthaltene Sammlung von Aufgaben als *Exempelbüchlein*.

Im Rahmen der Bruchrechnung geht Rudolff intensiv auf das Rechnen mit unterschiedlichen Währungs-, Gewichts- und Längeneinheiten ein, im Zusammenhang mit dem Rechnen auf den Linien spielt das Verdoppeln (*Duplieren*) und das Halbieren (*Medieren*) eine wichtige Rolle, aber letztlich – so mahnt er den Leser – komme man nicht um das Ziffernrechnen (also die schriftlichen Methoden) herum.

Das *Regelbüchlein* beginnt mit wichtigen Eigenschaften von Proportionen:

- Multipliziert man zwei Ausgangszahlen mit demselben Faktor oder dividiert man sie durch dieselbe Zahl, dann stehen die Ergebnisse im gleichen Verhältnis wie die Ausgangszahlen.
- Stehen die erste und die zweite von vier Zahlen im gleichen Verhältnis wie die dritte und die vierte, dann stehen auch die erste und die dritte Zahl im selben Verhältnis wie die zweite und vierte, und dann ist auch das Produkt der ersten und vierten genauso groß wie das Produkt der zweiten und der dritten Zahl.

Aus diesen Regeln ergibt sich, wie man die jeweils fehlende Zahl berechnen kann, wenn drei der vier Zahlen gegeben sind – dies ist die **Regel de Tri**, für das das abgebildete Schema verwendet werden sollte.

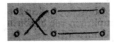

Bei den konkret durchgerechneten Beispielen gibt Rudolff Hinweise, wie man Rechnungen vereinfachen kann (prüfen, ob die auftretenden Zahlen gemeinsame Faktoren enthalten) oder wie mit den unterschiedlichen Einheiten zu verfahren ist, beispielsweise muss die Währungsangabe 15 Gulden 4 Schilling 20 Pfennig umgerechnet werden in Pfennige (1 Gulden = 8 Schilling, 1 Schilling = 30 Pfennig).

Für die Probe wende man die zweite Regel an (Produkt der 1. und 4. Zahl bzw. 2. und 3. Zahl); so lässt sich auch die Neunerprobe (oder Siebener- oder Elferprobe) durchführen.

Unter der **Practica** oder *Wellisch-Rechnung* versteht man eine Rechentechnik, die den Umgang mit den komplizierten Einheiten erleichtern soll.

Beispiel:
Multipliziere einen Betrag von 7 Schilling und 18 Pfennigen mit 24.
  Lösung: Zerlege zunächst die 7 (Schilling) in 4 + 2 + 1 und rechne dann wie folgt:
  4 Schillinge = ½ Gulden, multipliziert mit 24 ergibt dies 12 Gulden;
  2 Schillinge ist die Hälfte hiervon, also 6 Gulden,
  1 Schilling ist wiederum die Hälfte von der letzten Zahl, mit 24 multipliziert ergibt dies 3 Gulden.

(Fortsetzung)

> Zerlege die 18 (Pfennige) in 15 + 3 und rechne wie folgt:
> 15 Pfennige = ½ Schilling, multipliziert mit 24 ergibt 12 Schilling oder 1 Gulden 4 Schilling,
> 3 Pfennige ist ein Fünftel davon, also 2 Schilling 10 Pfennige.
> Insgesamt ergibt sich der Betrag von 22 Gulden 6 Schilling 10 Pfennigen.

Die hier erläuterte Rechnung stellt Rudolff abschließend in Form einer Tabelle dar und demonstriert die Vorgehensweise an insgesamt 37 weiteren Beispielen aus der kaufmännischen Praxis.

Im *Exempelbüchlein* folgen Aufgaben aus der Praxis unter der Themen *Müntz in Gold*, *Müntz und Gewicht, Gewinn und Verlust, Wechsel*. Nach einigen Aufgaben mit umgekehrter Proportionalität und *Regel der fünff Zahlen* (fortgesetzter Dreisatz) schließen sich zahlreiche Aufgaben an, die aus den Themenbereichen Gewinnaufteilung, Vererbung, Vergleich des Werts von Waren, Legierungen und Münzprägung stammen.

Daran schließt sich ein kurzer Abschnitt an, der den für uns heute irritierenden Titel *Schimpfrechnung* trägt – es handelt sich um Probleme der Unterhaltungsmathematik. Das folgende Beispiel kennen wir bereits aus Leonardo von Pisas *Liber abaci*:

> **Aufgabe:** Bei einer unbekannten Zahl von Pfennigstücken soll angegeben werden, wie viele Münzen übrig bleiben, wenn man jeweils 3 bzw. 5 bzw. 7 Münzen abzählt. Die erste Anzahl multipliziere man mit 70, die zweite mit 21 und die dritte mit 15, addiere diese drei Produkte und subtrahiere dann so oft wie möglich die Zahl 105. Das Ergebnis ist die gesuchte Zahl.

Am Ende des Buches listet Rudolff Einheiten verschiedener Städte und Länder auf. Für das Umrechnen empfiehlt er, z. B. für den Vergleich von Längeneinheiten, diese auf einem Tisch aufzutragen und mit dem Zirkel diese Strecken jeweils in kleinere Einheiten zu unterteilen, um so eine schnelle Vergleichsmöglichkeit ohne Rechnung zu haben.

Im Jahr 1553, also ca. zehn Jahre nach Christoff Rudolffs Tod, erschien dann in Königsberg (Ostpreußen) eine Bearbeitung des Rudolff'schen Buches mit dem Titel
Die Coß Christoffs Rudolffs mit schönen Exempeln der Coß durch Michael Stifel gebessert und sehr vermehrt.

In der Vorrede lobt der Herausgeber **Michael Stifel** das Werk Rudolffs als so klar und deutlich, dass *ich dieselbige Kunst ohn allen mündtlichen underricht verstanden hab (mit Gottes hülff) und gelernet.*

In der Zwischenzeit war dieses Buch vergriffen und kaum mehr verfügbar und man müsste das Drei- oder Vierfache des ursprünglichen Preises dafür bezahlen, wenn man noch ein Exemplar erwerben wolle.

Kritiker des Rudolff'schen Buches hatten allerdings beanstandet, dass er für die auf-gelisteten Regeln keine Beweise (*demonstrationes*) geliefert habe, außerdem habe er vieles aus einer Handschrift abgeschrieben, die sich in der Wiener Bibliothek befand.

Stifel wies dies zurück: Durch das Abschreiben sei kein Schaden entstanden, die Über-nahme von Aufgaben in das Buch sollte von den Neidern als Ehre angesehen werden, außerdem sei es der Zweck einer Bibliothek, dass jeder sie nutzen kann.

Tatsächlich habe Rudolff nicht einfach nur abgeschrieben, kommentierte der Mathema-tikhistoriker **Moritz Cantor** (1829–1920), sondern nur das übernommen, was ihm in sein Konzept passte; auch habe er einiges verändert und ergänzt. In der o. a. Handschrift waren beispielsweise 24 Gleichungstypen aufgelistet, die Rudolff auf acht reduzierte.

Auf die Bearbeitung Michael Stifels gehen wir im folgenden Abschnitt ein.

8.3   Michael Stifel (1487–1567)

Christoff Rudolff hatte 1525 das erste Algebra-Buch in deutscher Sprache verfasst, das aber bald vergriffen war. Die *Arithmetica integra* Michael Stifels aus dem Jahr 1544 sowie Stifels Bearbeitung der Rudolff'schen Coß im Jahr 1553 prägten im Folgenden die weitere Entwicklung der Mathematik in Europa.

Michael Stifel wuchs in Esslingen am Neckar auf. Nach dem Besuch einer Lateinschule trat er dem Bettelorden der Augustiner bei; 1511 wurde er zum Priester geweiht.

Auch **Martin Luther** (1483–1546) gehörte dem Orden der Augustiner an. Dessen Lehren führten zu heftigen Auseinandersetzungen, auch innerhalb des Esslinger Klosters. Als Michael Stifel im Jahr 1522 eine Verteidigungsschrift der Lehren des Reformators verfasste (*Von der Christförmigen, rechtgegründeten leer Doctoris Martini Lutheri*), wurde er von seinen Ordensbrüdern gezwungen, das Kloster zu verlassen.

Martin Luther vermittelte ihm zunächst eine Anstellung als Prediger beim Grafen von Mansfeld im Südharz, dann in Oberösterreich, die Stifel aber überstürzt aufgeben musste, als ihm wegen seines reformatorischen Eifers sogar der Scheiterhaufen drohte.

Zurück in Wittenberg erhielt er in der Nähe eine Stelle als Landpfarrer. Nun fand er auch Zeit für autodidaktische Studien; vor allem beschäftigte er sich mit Euklids *Elementen*, außerdem mit den Schriften von **Adam Ries** (vgl. Abschn. 8.1) und **Albrecht Dürer** (vgl. Abschn. 7.6) sowie mit dem Algebra-Buch von **Christoff Rudolff** (vgl. Abschn. 8.2).

Seine ersten Studien beschäftigten sich mit der sog. *Wortrechnung*. In vielen Kulturen wurden Buchstaben auch als Zahlzeichen benutzt; so haben z. B. die römischen Buchstaben I, V, X, L, C, D und M auch eine numerische Bedeutung. Schon zu Zeiten des Pythagoras versuchte man Schriften im Hinblick auf verborgene Botschaften zu deuten.

1532 veröffentlichte Stifel sein *Rechen Büchlin vom End Christ*. Mithilfe der Wortrechnung glaubte er damit nachzuweisen, dass der 1521 verstorbene Papst aus dem Hause Borgia, Leo X., der den Anlass für Luthers 95 Thesen gab, des Teufels war.

Denn wählt man aus dem Papstnamen LEO DECIMVS diejenigen Buchstaben aus, die eine numerische Bedeutung haben, ordnet sie in der Reihenfolge MDCLVI, lässt das M vorne weg (da es für *Mysterium* steht) und fügt noch ein X hinzu und erhält man die Zahl 666 – die Zahl des Antichrists!

Die Zahl 666 wird im Neuen Testament, Offenbarung des Johannes Kap. 13, Vers 16, erwähnt. Es heißt dort: *Hier ist die Weisheit. Wer Verständnis hat, berechne die Zahl des Tieres; denn es ist eines Menschen Zahl; und seine Zahl ist sechshundertsechsundsechzig*. Mit dem Tier ist – gemäß der verbreiteten Lehre – der Antichrist, d. h. der Satan, gemeint.

Da bei römischen Zahlzeichen nur wenige Buchstaben des Alphabets berücksichtigt werden, untersuchte Stifel auch eine Zuordnung mithilfe der Dreieckszahlen, vgl. die folgende Tabelle.

A	B	C	D	E	F	G	H	I	K	L	M
1	3	6	10	15	21	28	36	45	55	66	78
N	O	P	Q	R	S	T	V	X	Y	Z	
91	105	120	136	153	171	190	210	231	253	276	

Auch nach dieser Methode fand seine Überzeugung bestätigt:

Id bestia Leo $= (45 + 10) + (3 + 15 + 171 + 190 + 45 + 1) + (66 + 15 + 105) = 666$

Übrigens Die Zahl 666 tritt in *jedem* magischen Quadrat der Ordnung 6 als Summe der natürlichen Zahlen von 1 bis 36 auf (vgl. das folgende Beispiel).

32	29	4	1	24	21
30	31	2	3	22	23
12	9	17	20	28	25
10	11	18	19	26	27
13	16	36	33	5	8
14	15	34	35	6	7

Mithilfe einer erneuten Wortrechnung berechnete Stifel in seiner *Schrift vom End der Welt* sogar den Tag des Jüngsten Gerichts: Sonntag, der 19.10.1533.

Denn in der *Offenbarung des Johannes* (auch als *Apokalypse* bezeichnet, aus dem Griechischen *apokalypsis*, wörtlich *Enthüllung*) fand er einen (weiteren) rätselhaften Satz:

Videbvnt in qvem transfixervnt.

Ordnet man die darin enthaltenen römischen Zahlzeichen um, so ergibt sich: MDXVVVVIII = MDXXXIII = 1533.

Am berechneten Tag versammelten sich die Gläubigen seiner Gemeinde und auch viele Fremde um den Prediger herum zum Gebet; viele hatten ihr gesamtes Hab und Gut aufgegeben.

Als die Welt dann doch *nicht* unterging, wurde Stifel – bevor es zu gegen ihn gerichteten Gewaltausbrüchen kam – durch Gesandte des Kurfürsten in Schutzhaft genommen.

Die Redewendung *Einen Stiefel rechnen* ging in der Bedeutung von *sich irren* in den deutschen Sprachschatz ein.

Man nahm Stifel dieses „Missgeschick" (Luther sprach von einem *Anfechtlein*) nicht lange übel: Nachdem er das Versprechen abgegeben hatte, sich zukünftig solcher Wortrechnungen zu enthalten, übernahm er bereits ein Jahr später wieder eine Stelle als Pfarrer, allerdings in einer Nachbargemeinde.

Von nun an beschäftigte er sich – neben der Theologie – nur noch mit „ernsthafter" Mathematik. 1544 erschien das Werk *Arithmetica integra* in lateinischer Sprache, auf dessen Inhalt wir im Folgenden näher eingehen werden.

Gedruckt wurde das Buch bei dem berühmtesten Buchdrucker seiner Zeit, Johann Petreius in Nürnberg. Zu den bekanntesten Werken, die bei Petreius gedruckt wurden, zählten im Jahr zuvor die *De Revolutionibus Orbium Coelestium* des **Nikolaus Kopernikus** und im Jahr danach die *Ars magna* (*Artis Magnae sive de Regulis Algebraicis Liber*) des **Girolamo Cardano**.

Als 1547 katholische Truppen das Gebiet des protestantischen Fürsten eroberten (Schmalkaldischer Krieg), musste Stifel fliehen. Als Pfarrer in Ostpreußen hielt er an der Universität zu Königsberg Vorlesungen über Theologie und Mathematik, außerdem widmete er sich der erweiterten Neuauflage der *Rudolffschen Coß*, auf die wir weiter unten zurückkommen werden.

1560 kehrte er nach Sachsen zurück und übernahm dort Mathematik-Vorlesungen an der neu gegründeten Universität zu Jena.

8.3.1   Stifels Arithmetica integra

Das Werk fasste die damals bekannten Kenntnisse aus Arithmetik und Algebra zusammen, ging aber an einigen Stellen auch deutlich darüber hinaus. Mit Recht wird die aus drei Bänden bestehende *Arithmetica integra* zu den wichtigsten Werken der Mathematikgeschichte gezählt.

Der berühmte Gelehrte **Philipp Melanchthon**, Professor für Altgriechisch an der Universität Wittenberg, Mitstreiter Luthers und Bildungsreformer (*Praeceptor Germaniae* = Lehrer Deutschlands), verfasste ein Vorwort zu Stifels Werk, in dem er die Bedeutung der Arithmetik im Rahmen der Bildung eines Menschen betonte:

Nicht, wenn ich hundert Zungen hätte und hundert Münder, könnte ich aufzählen, zu wie vielen Dingen die Zahlen von Nutzen sind. Und ebenso klar liegen die Vorteile vor Augen, die nicht nur die Zahlen bringen, sondern auch die Kunst, die lange und schwierige Rechnungen mit erstaunlicher Geschicklichkeit ausführt und entwickelt, so dass ich denke, es wird niemand geben, der so stumpfsinnig wäre, dass er nicht die Zahlen bewundert und die Rechenkunst selbst hochschätzt.

Im **ersten Kapitel** erläutert Stifel zunächst, wie die mit indisch-arabischen Ziffern notierten Zahlen zu lesen sind; dann folgen die Verfahren der schriftlichen Addition, Subtraktion, Multiplikation und Division.

Im Abschnitt über Christoff Rudolff haben wir die Methode erläutert, beide Brüche so zu erweitern, dass sie gleiche Nenner haben und dann die Zähler zu dividieren:

$$\frac{a}{b} : \frac{c}{d} = \frac{a \cdot d}{b \cdot d} : \frac{b \cdot c}{b \cdot d} = (a \cdot d) : (b \cdot d) = \frac{a \cdot d}{b \cdot c}$$

Ein anderes übliches Verfahren war es, den ersten Bruch (Dividend) mit dem Produkt von Zähler und Nenner des zweiten Bruchs (Divisor) zu erweitern und dann die Division *Zähler geteilt durch Zähler, Nenner geteilt durch Nenner* vorzunehmen:

$$\frac{a}{b} : \frac{c}{d} = \frac{a \cdot c \cdot d}{b \cdot c \cdot d} : \frac{c}{d} = \frac{a \cdot c \cdot d \ : \ c}{b \cdot c \cdot d \ : \ d} = \frac{a \cdot d}{b \cdot c} .$$

Stifel war der Erste, der dies als Regel formulierte (hier in der uns gewohnten Fassung):

• Man dividiert einen Bruch durch einen Bruch, indem man den ersten Bruch mit dem Kehrwert des zweiten multipliziert.

Im **zweiten Kapitel** geht Stifel auf die Eigenschaften der natürlichen Zahlen ein (er bezeichnet sie als *abstrakte* Zahlen, im Unterschied zu *benannten* Zahlen, wie z. B. 15 Gulden).

Er gibt Teilbarkeitsregeln an, darunter eine bemerkenswerte Regel für die Teilbarkeit durch 7:

- Eine natürliche Zahl ist durch 7 teilbar, wenn sie sich als Summe von 3, 6, 9 oder 12 Folgengliedern aus einer der drei geometrischen Folgen 1, 2, 4, 8, 16, ... bzw. 1, 4, 16, 64, 256, ... bzw. 1, 16, 256, 4096, ... oder Vielfachen davon darstellen lassen.

Beispiele:

$$7 = 1 + 2 + 4; \; 14 = 2 \cdot (1 + 2 + 4) = 2 + 4 + 8; \; 21 = 3 \cdot (1 + 2 + 4) = 3 + 6 + 12;$$
$$21 = 1 + 4 + 16; \; 42 = 2 \cdot (1 + 4 + 16) = 2 + 8 + 32; \; 63 = 3 \cdot (1 + 4 + 16) = 3 + 12 + 48;$$
$$63 = 1 + 2 + 4 + 8 + 16 + 32; \; 126 = 2 \cdot (1 + 2 + 4 + 8 + 16 + 32) = 2 + 4 + 8 + 16 + 32 + 64.$$

Ausführlich betrachtet er die Eigenschaften *gerade* und *ungerade* von natürlichen Zahlen und untersucht die Frage, welche Eigenschaften sich ergeben, wenn solche Zahlen addiert, subtrahiert oder multipliziert werden, dann auch weiter bei zusammengesetzten Zahlen der Typen *gerade-mal-gerade* und *gerade-mal-ungerade*, bis hin zu den sog. *vollkommenen Zahlen* (das sind natürliche Zahlen, deren Summe der echten Teiler gleich der Zahl selbst ist).

Bereits Euklid hatte hierfür die Bedingung entdeckt, dass die **vollkommenen Zahlen** die Form $2^{k-1} \cdot (2^k - 1)$ haben, wobei $2^k - 1$ eine Primzahl sein muss. Stifel übersieht in seiner Aufzählung von vollkommenen Zahlen die letztgenannte Bedingung und gibt daher fälschlicherweise auch die Zahl $2^8 \cdot (2^9 - 1) = 130816$ als vollkommende Zahl an (obwohl $2^9 - 1 = 511 = 7 \cdot 73$).

Er stellt Regeln für die Anzahl der Teiler von zusammengesetzten Zahlen auf und betrachtet *reine Flächenzahlen* (wie 4, 9, 25, ... und 6, 10, 14, 15, 21, ...), die als Flächeninhalte von Rechtecken mit Primzahl-Seitenlängen auftreten können (einschließlich des Sonderfalls der Quadrate), und *räumliche Zahlen* (wie 8, 27, 125, ... und 12, 16, 18, 20, 45, ...) – als Volumina von Quadern (einschließlich Würfel) mit Primzahl-Kantenlängen.

Zu Quadratzahlen merkt Stifel u. a. an, dass deren Endziffer nicht 2, 3, 7 bzw. 8 sein kann, und wenn die Endziffer 5 ist, dass dann die davorstehende Ziffer eine 2 sein muss. (Stifel bezeichnet die Endziffer übrigens – gemäß der arabischen Tradition – als *erste* Ziffer einer Zahl.)

Weiter untersucht Stifel eine besondere Art von Flächenzahlen:

Diametralzahlen

Eine natürliche Zahl heißt **Diametralzahl**, wenn sie als Produkt von zwei natürlichen Zahlen a und b dargestellt werden kann, deren Summe $a^2 + b^2$ der Quadrate eine Quadratzahl ist.

Diametralzahlen ergeben sich also aus pythagoreischen Zahlentripeln (a ; b ; c). Die Bezeichnung leitet sich aus dem lateinischen Wort *diametrus* (= Durchmesser) ab, wie aus dem Folgenden deutlich wird:

Das Produkt $a \cdot b$ gibt den Flächeninhalt eines Rechtecks an, dessen Seiten die Längen a und b haben; man könnte auch sagen:

- Eine Diametralzahl gibt den doppelten Flächeninhalt eines rechtwinkligen Dreiecks mit den Katheten a und b an. Der Durchmesser des Umkreises dieses Rechtecks ist gleich der Seitenlänge der Hypotenuse c.

Beispiele von Diametralzahlen

$a = 3, b = 4$: Da $a^2 + b^2 = 25 = 5^2$ eine Quadratzahl ist, ergibt sich mit $a \cdot b = 3 \cdot 4 = 12$ eine Diametralzahl – der Umkreis des Rechtecks mit den Seitenlängen 3 und 4 hat den Durchmesser 5.

$a = 5, b = 12$: Da $5^2 + 12^2 = 169 = 13^2$ eine Quadratzahl ist, ergibt sich mit $a \cdot b = 5 \cdot 12 = 60$ eine Diametralzahl – der Umkreis des Rechtecks mit den Seitenlängen 5 und 12 hat den Durchmesser 13.

$a = 25, b = 60$: Da $25^2 + 60^2 = 4225 = 65^2$ eine Quadratzahl ist, ergibt sich mit $a \cdot b = 25 \cdot 60 = 1500$ eine Diametralzahl – der Umkreis des Rechtecks mit den Seitenlängen 25 und 60 hat den Durchmesser 65. Da aber auch für $a = 39$ und $b = 52$ die Summe der Quadrate gleich $39^2 + 52^2 = 4225 = 65^2$ ist, ergibt sich zu dem Kreis mit Durchmesser 65 auch die Diametralzahl $a \cdot b = 39 \cdot 52 = 2028$.

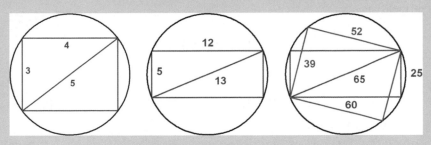

Stifel schreibt weiter: *Wenn man wissen will, ob eine Zahl eine Diametralzahl ist, muss man alle Produktdarstellungen dieser Zahl durchprobieren.*

Beispiel:

Ist 360 eine Diametralzahl?

a	1	2	3	4	5	6	8	9	10	12	15	18
b	360	180	120	90	72	60	45	40	36	30	24	20
a^2+b^2	129601	32404	14409	8116	5209	3636	2089	$1681 = 41^2$	1396	1044	801	724

Lösung: 360 ist eine Diametralzahl, da die Summe der Quadrate der beiden Faktoren $a = 9$ und $b = 40$ eine Quadratzahl ist.

Stifel stellt hierzu fest: Das Verhältnis der Seitenlängen des zugehörigen Rechtecks, also der Quotient $\frac{40}{9} = 4\frac{4}{9}$, gehört zu einer Folge von Zahlen, durch die Diametralzahlen bestimmt sind, vgl. den folgenden Satz.

Satz von Stifel: Zwei besondere Folgen von Diametralzahlen

Die beiden Zahlenfolgen

$$1\frac{1}{3}, \quad 2\frac{2}{5}, \quad 3\frac{3}{7}, \quad 4\frac{4}{9}, \quad 5\frac{5}{11}, \quad \ldots \text{(Folge 1. Ordnung) und}$$

$$1\frac{7}{8}, \quad 2\frac{11}{12}, \quad 3\frac{15}{16}, \quad 4\frac{19}{20}, \quad 5\frac{23}{24}, \quad \ldots \text{(Folge 2. Ordnung)}$$

enthalten lauter Brüche, die auf Diametralzahlen führen.

Notiert man nämlich die gemischten Zahlen als unechte Brüche

$$1\frac{1}{3} = \frac{4}{3}, \quad 2\frac{2}{5} = \frac{12}{5}, \quad 3\frac{3}{7} = \frac{24}{7}, \quad 4\frac{4}{9} = \frac{40}{9}, \quad 5\frac{5}{11} = \frac{60}{11}, \quad \ldots \text{und}$$

$$1\frac{7}{8} = \frac{15}{8}, \quad 2\frac{11}{12} = \frac{35}{12}, \quad 3\frac{15}{16} = \frac{63}{16}, \quad 4\frac{19}{20} = \frac{99}{20}, \quad 5\frac{23}{24} = \frac{119}{24}, \quad \ldots,$$

dann erkennt man, dass Zähler und Nenner dieser Brüche zu einem pythagoreischen Zahlentripel führen:

$$4^2 + 3^2 = 5^2, \quad 12^2 + 5^2 = 13^2, \quad 24^2 + 7^2 = 25^2, \quad 40^2 + 9^2 = 41^2,$$
$$60^2 + 11^2 = 61^2, \quad \ldots \text{und}$$

$$15^2 + 8^2 = 17^2, \quad 35^2 + 12^2 = 37^2, \quad 63^2 + 16^2 = 65^2, \quad 99^2 + 20^2 = 101^2,$$
$$119^2 + 24^2 = 121^2, \quad \ldots$$

Tatsächlich gilt für alle gemischten Zahlen $n\frac{n}{2n+1}$ des ersten Typs:

$n\frac{n}{2n+1} = \frac{n\cdot(2n+1)+n}{2n+1} = \frac{2n^2+2n}{2n+1}$, wobei

$$a^2 + b^2 = \left(2n^2 + 2n\right)^2 + \left(2n + 1\right)^2$$
$$= 4n^4 + 8n^3 + 4n^2 + 4n^2 + 4n + 1 = 4n^4 + 8n^3 + 8n^2 + 4n + 1$$
$$= \left(2n^2 + 2n + 1\right)^2 = c^2.$$

Man beachte, dass sich die beiden größten Zahlen des Tripels, also $a = 2n^2 + 2n$ und $c = 2n^2 + 2n + 1$, um genau *eine* Einheit unterscheiden.

Und für die gemischte Zahl $n\frac{4n+3}{4n+4}$ des zweiten Typs gilt:

$n\frac{4n+3}{4n+4} = \frac{n\cdot(4n+4)+4n+3}{4n+4} = \frac{4n^2+8n+3}{2n+1}$, wobei

$$a^2 + b^2 = \left(4n^2 + 8n + 3\right)^2 + \left(4n + 4\right)^2$$
$$= 16n^4 + 64n^2 + 9 + 64n^3 + 24n^2 + 48n + 16n^2 + 32n + 16$$
$$= 16n^4 + 64n^3 + 104n^2 + 80n + 25$$
$$= \left(4n^2 + 8n + 5\right)^2 = c^2.$$

Hier unterscheiden sich die beiden größten Zahlen des Tripels $a = 4n^2 + 8n + 3$ und $c = 4n^2 + 8n + 5$ um genau *zwei* Einheiten.

Hinweis Die in der Stifel'schen Folge 1. Ordnung auftretenden Zahlenpaare lassen sich entsprechenden pythagoreischen Zahlentripeln (4 ; 3 ; 5), (12 ; 5 ; 13), (24 ; 7 ; 25) usw. zuordnen; diese können als Muster aus roten und blauen Steinen ausgelegt werden (rotes Quadrat + *ein* blauer Winkelhaken), vgl. die ersten drei der folgenden Abbildungen (entnommen aus *Mathematik ist schön*, Kap. 2). Für die Darstellung der Zahlentripel (15 ; 8 ; 17), (35 ; 12 ; 37), (63 ; 16 ; 65) usw. der Stifel'schen Folge 2. Ordnung werden *zwei* Winkelhaken benötigt, vgl. die Abbildung rechts.

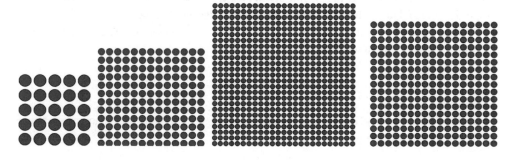

Eine weitere Besonderheit ist Stifels Untersuchung der **circulären Bezifferung der Randfelder von Quadraten**:

Betrachtet werden *quadratische Figuren mit Häuschen* (wie er es nennt), also mit Kästchen. Man beginnt in irgendeinem Randfeld mit der Nummer 1 und geht eine gewisse Anzahl von Randfeldern weiter, um die nächste Nummer einzutragen. Am Ende landet man wieder auf dem Feld mit der Nummer 1 und jedes Randfeld hat eine Nummer. Gesucht sind alle geeigneten Anzahlen von Randfeldern, die man abzählen muss, also die Schrittweiten, um zum nächsten Feld der Nummerierung zu gelangen. (Der triviale Fall der Schrittweite 1 wird nicht beachtet.)

Hinweis Ein $n{\times}n$-Quadrat hat $4n - 4$ Randfelder. Geeignet sind alle Schrittweiten, die teilerfremd sind zu $4n - 4$.

Beispiel Die beiden nicht trivialen Lösungen für ein 4×4-Quadrat mit 12 Randfeldern: Gehe von einem Startfeld jeweils fünf bzw. jeweils sieben Felder weiter.

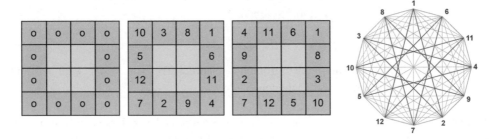

Hinweis Die beiden Lösungen der circulären Bezifferung können mithilfe eines regelmäßigen 12-Ecks veranschaulicht werden (vgl. Abb. rechts).

Im **dritten Kapitel** untersucht Stifel arithmetische Folgen (*Progressionen*). Als Erstes stellt er die Summenformel auf. Dann betrachtet er verschiedene Beispiele, darunter die Folge der ungeraden Zahlen, die bemerkenswerte Eigenschaften besitzt:

Bildet man die fortlaufende Summe von 1, 2, 3, 4, 5, ... ungeraden Zahlen, dann ergibt sich die Folge der Quadratzahlen:

$$1 = 1^2; \quad 1 + 3 = 2^2; \quad 1 + 3 + 5 = 3^2; \quad 1 + 3 + 5 + 7 = 4^2; 1 + 3 + 5 + 7 + 9 = 5^2; \quad \dots$$

Bildet man fortlaufend die Summe von 1, 2, 3, 4, 5, ... aufeinanderfolgenden ungeraden Zahlen, dann ergibt sich die Folge der Kubikzahlen:

$$1 = 1^3; \quad 3 + 5 = 2^3; \quad 7 + 9 + 11 = 3^3; \quad 13 + 15 + 17 + 19 = 4^3;$$
$$21 + 23 + 25 + 27 + 29 = 5^3; \quad \ldots$$

Man könnte dies auch so beschreiben: Man betrachtet die fortlaufende Summe der ungeraden Zahlen, lässt aber nacheinander jeweils die ersten 1, 3, 6, 10, ... ungeraden Zahlen weg – hier versteckt sich die Folge der Dreieckszahlen: 1, 3, 6, 10, 15, ...

Auch die Folge der fünften Potenzen kann auf Summen von ungeraden Zahlen zurückgeführt werden:

$$1 = 1^5; \quad 5 + 7 + 9 + 11 = 2^5; \quad 19 + 21 + 23 + \ldots + 33 + 35 = 3^5;$$
$$49 + 51 + 53 + \ldots + 77 + 79 = 4^5; \quad \ldots$$

Bei diesen Summendarstellungen lässt man beim Übergang von 1^5 zu 2^5 *eine* ungerade Zahl weg, beim Übergang von 2^5 zu 3^5 *drei* ungerade Zahlen, beim Übergang von 3^5 zu 4^5 *sechs* ungerade Zahlen, beim Übergang von 4^5 zu 5^5 *zehn* ungerade Zahlen usw.

Sogar für die Folge der siebten Potenzen stellt Stifel einen Zusammenhang mit der Folge der ungeraden Zahlen her; hierauf können wir hier nicht eingehen.

Nach Untersuchungen über Polygonal- und Pyramidalzahlen geht Stifel zum Abschluss der Ausführungen über besondere Zahlen auf eine Eigenschaft der Quadratzahlen 9, 16, 25, 36, 49, ... ein:

Für alle diese Quadratzahlen gilt, dass sich die natürlichen Zahlen bis zu der jeweiligen Quadratzahl in Form von Quadraten anordnen lassen. Diese – heute sog. – **magischen Quadrate** haben die wunderbare (*mirabilis*) Eigenschaft, dass jeweils die Summe der Zahlen in einer Zeile bzw. in einer Spalte bzw. in den Diagonalen gleich ist.

Stifel macht keine Angaben darüber, ob er die von ihm angewandte *Rahmenmethode* zur Erzeugung von solchen magischen Quadraten selbst erfunden oder aus irgendeiner Quelle übernommen hat. Er präsentiert ein magisches 9×9-Quadrat und erläutert dann, welche Zahlen im äußeren Rahmen eingetragen werden und dann schrittweise jeweils die nächstinneren Rahmen.

Wir erläutern den Aufbau hier in umgekehrter Reihenfolge:

- Man beginnt mit dem kleinstmöglichen magischen Quadrat, einem 3×3-Quadrat mit den natürlichen Zahlen von 1 bis 9 (hier in der Lo-Shu-Anordnung mit der magischen Zahl 15).
- Im nächsten Schritt erhöht man alle Zahlenwerte um $3 \cdot 2 + 2 = 8$. Das 3×3-Quadrat enthält also jetzt die natürlichen Zahlen von 9 bis 17; die magische Zahl beträgt jetzt $15 + 3 \cdot 8 = 39$.
- Der dritte Schritt besteht dann darin, in den Rahmen um das 3×3-Quadrat die Zahlen 1 bis 8 sowie die Zahlen von 18 bis 25 passend einzutragen. Da die Zahlen im inneren 3×3-Quadrat die magischen Summeneigenschaften erfüllen, ergänzen sich jeweils zwei

einander gegenüberstehende Zahlen des Rahmens zu 26, also $1 - 25, 2 - 24, \ldots,$
$8 - 18$. Die magische Zahl des 5×5-Quadrats ist $39 + 26 = 65$.

Wie die folgenden Abbildungen zeigen, sind unterschiedliche Eintragungen möglich.

6	8	23	24	4

4	9	2
3	5	7
8	1	6

→

6	8	23	24	4
7	12	17	10	19
5	11	13	15	21
25	16	9	14	1
22	18	3	2	20

4	9	2
3	5	7
8	1	6

→

8	25	23	7	2
22	12	17	10	4
5	11	13	15	21
6	16	9	14	20
24	1	3	19	18

Das nunmehr entstandene magische 5×5-Quadrat kann wiederum in zwei Schritten zu einem magischen 7×7-Quadrat ergänzt werden:

- Man erhöht alle Zahlen des 5×5-Quadrats um $5 \cdot 2 + 2 = 12$, d. h., dieses enthält jetzt die Zahlen von 13 bis 37, die magische Zahl hierfür ist $65 + 5 \cdot 12 = 125$,
- Dann trägt man die natürlichen Zahlen von 1 bis 12 und 38 bis 49 in den Rahmen; auch hier ergänzen sich einander gegenüberliegende Zahlen zur Summe 50, sodass sich die magische Summe $125 + 50 = 175$ als magische Zahl des 7×7-Quadrats ergibt, vgl. die folgende Abbildung.

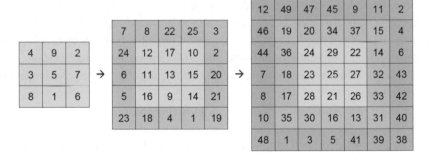

Die analoge Vorgehensweise für geradzahliges n erläutert Stifel am Beispiel eines 16×16-Quadrats. Wir beschränken uns hier auf die Erzeugung eines magischen 8×8-Quadrats – wieder in umgekehrter Reihenfolge.

Als magisches 4×4-Ausgangsquadrat wurde hier das Dürer-Quadrat gewählt, dieses dann zu einem magischen 6×6-Quadrat ergänzt (Erhöhen der Werte des 4×4-Quadrats um $4 \cdot 2 + 2 = 10$, entsprechende Eintragungen von Zahlenpaaren im äußeren Rahmen) und dieses dann wiederum zum magischen 8×8-Quadrat, vgl. die folgende Abbildung.

16	3	2	13
5	10	11	8
9	6	7	12
4	15	14	1

→

1	9	32	33	34	2
6	26	13	12	23	31
10	15	20	21	18	27
29	19	16	17	22	8
30	14	25	24	11	7
35	28	5	4	3	36

→

64	5	59	58	8	9	55	2
3	15	23	46	47	48	16	62
4	20	40	27	26	37	45	61
11	24	29	34	35	32	41	54
12	43	33	30	31	36	22	53
52	44	28	39	38	25	21	13
51	49	42	19	18	17	50	14
63	60	6	7	57	56	10	1

Abschließend stellt Stifel noch zwei multiplikative magische Quadrate vor, deren Erzeugung aus den folgenden Abbildungen zu entnehmen ist.

4	9	2
3	5	7
8	1	6

→

2^3	2^8	2^1
2^2	2^4	2^6
2^7	2^0	2^5

=

8	256	2
4	16	64
128	1	32

16	3	2	13
9	6	7	12
5	10	11	8
4	15	14	1

→

2^{15}	2^2	2^1	2^{12}
2^8	2^5	2^6	2^{11}
2^4	2^9	2^{10}	2^7
2^3	2^{14}	2^{13}	2^0

=

32768	4	2	4096
256	32	64	2048
16	512	1024	128
8	16384	8192	1

Im **vierten Kapitel** des ersten Buches behandelt Stifel geometrische Folgen (*Progressionen*). Nach der Behandlung der Summenregel stellt er fest:

* ... *was in geometrischen Progressionen die Eins ist, (ist) in den arithmetischen Progressionen die Null.*

Weiter führt er dann aus:

* *Die Addition in arithmetischen Zahlenfolgen entspricht der Multiplikation in geometrischen Zahlenfolgen. Die Subtraktion in arithmetischen Zahlenfolgen entspricht der Division in geometrischen Zahlenfolgen.*

Beispiel: Für vier aufeinanderfolgende Glieder einer arithmetischen Folge gilt: Die Summe der beiden äußeren Glieder ist genauso groß wie die Summe der beiden mittleren Glieder. Entsprechend gilt für vier aufeinanderfolgende Glieder einer geometrischen Folge, dass das Produkt der beiden äußeren Glieder ist.

- *Die Verdopplung in arithmetischen Zahlenfolgen entspricht dem Quadrieren in geometrischen Zahlenfolgen. Die Halbierung in arithmetischen Zahlenfolgen entspricht dem Wurzelziehen in geometrischen Zahlenfolgen.*

Beispiel: Von drei aufeinanderfolgenden Gliedern einer arithmetischen Folge ist die Summe des ersten und des dritten Glieds gleich dem Doppelten des mittleren Glieds. Von drei aufeinanderfolgenden Gliedern einer geometrischen Folge ist das Produkt des ersten und des dritten Glieds gleich dem Quadrat des mittleren Glieds.

Stifel gibt Anregungen, selbst Gesetzmäßigkeiten herauszufinden:

Beispiel: Wenn von vier aufeinanderfolgenden Gliedern einer arithmetischen Folge die erste und die vierte durch 3 teilbar sind, dann muss auch die Summe der zweiten und dritten Zahl durch 3 teilbar sein.

Hieraus kann man auf folgende Regel schließen:

- *Wenn von vier aufeinanderfolgenden Gliedern einer geometrischen Folge das erste und das vierte Glied jeweils eine Kubikzahl ist, dann muss auch das Produkt der zweiten und dritten Zahl eine Kubikzahl sein.*

Schließlich beschreibt Stifel noch einen Zusammenhang, der eine baldige Entdeckung der **Logarithmengesetze** ahnen lässt (vgl. hierzu mehr in Kap. 9 von *Mathematik – einfach genial*):

Beispiel:
Die 2 und die 3 in der folgenden Tabelle ergeben addiert 5; die darunterstehende Zahl 32 erhält man, wenn man die unter den Zahlen 2 und 3 stehenden Potenzen 4 und 8 miteinander multipliziert.

0	1	2	3	4	5	6	...
1	2	4	8	16	32	64	...

Es gibt noch vieles andere zu geometrischen Progressionen zu entdecken, schreibt Stifel, beispielsweise die Tatsache, dass man mithilfe der Potenzen 1, 3, 9, 27, deren Summe 40 ergibt, jede natürliche Zahl zwischen 1 und 40 darstellen kann (sog. **balanciertes 3er-System**), vgl. die folgende Tabelle.

1	$11 = 3 + 9 - 1$	$21 = 3 + 27 - 9$	$31 = 1 + 3 + 27$
$2 = 3 - 1$	$12 = 3 + 9$	$22 = 1 + 3 + 27 - 9$	$32 = 9 + 27 - 1 - 3$
3	$13 = 1 + 3 + 9$	$23 = 27 - 1 - 3$	$33 = 9 + 27 - 3$
$4 = 1 + 3$	$14 = 27 - 1 - 3 - 9$	$24 = 27 - 3$	$34 = 1 + 9 + 27 - 3$
$5 = 9 - 1 - 3$	$15 = 27 - 3 - 9$	$25 = 1 + 27 - 3$	$35 = 9 + 27 - 1$
$6 = 9 - 3$	$16 = 1 + 27 - 3 - 9$	$26 = 27 - 1$	$36 = 9 + 27$
$7 = 1 + 9 - 3$	$17 = 27 - 1 - 9$	27	$37 = 1 + 9 + 27$
$8 = 9 - 1$	$18 = 27 - 9$	$28 = 1 + 27$	$38 = 3 + 9 + 27 - 1$
9	$19 = 1 + 27 - 9$	$29 = 3 + 27 - 1$	$39 = 3 + 9 + 27$
$10 = 1 + 9$	$20 = 3 + 27 - 1 - 9$	$30 = 3 + 27$	$40 = 1 + 3 + 9 + 27$

Am Ende des 4. Kapitels fügt Stifel eine Methode an, wie man mithilfe einer geeigneten Rechteckzahl eine zu ratende natürliche Zahl ermitteln kann:

Raten einer n-stelligen natürlichen Zahl

Jemand denke sich eine n-stellige Zahl x.

Diese Zahl kann man durch zwei Fragen herausfinden. Dazu benötigt man eine *beliebige* Hilfszahl a, für die gilt, dass die Rechteckzahl $a \cdot (a + 1)$ eine $(n+1)$-stellige Zahl ist. Dann fragt man ab, welche Reste r_1 und r_2 sich ergeben, wenn die zu ratende Zahl durch a bzw. durch $a+1$ dividiert wird.

Mit diesen beiden Resten bestimmt man die Zahl $s = r_1 \cdot (a + 1) + r_2 \cdot a^2$.

Die unbekannte Zahl ist dann gleich dem Rest der Division von s durch $a \cdot (a + 1)$.

Beispiele

• Die zu ratende Zahl ist die 1-stellige Zahl 7.

Die Hilfszahl a muss mindestens gleich 3 sein, denn $3 \cdot 4 = 12$ ist 2-stellig.

Als Reste bzgl. der Division durch 3 bzw. 4 werden dann genannt: $r_1 = 4$ und $r_2 = 3$. Dann ist $s = 4 \cdot 4 + 3 \cdot 9 = 43$. Teilt man diese Zahl durch 12, dann bleibt der Rest 7.

(Fortsetzung)

- Die zu ratende Zahl ist die 2-stellige Zahl 83.

Die Hilfszahl a muss mindestens gleich 10 sein, denn $10 \cdot 11 = 110$ ist 3-stellig.

Als Reste bzgl. der Division durch 10 bzw. 11 werden dann genannt: $r_1 = 3$ und $r_2 = 6$. Dann ist $s = 3 \cdot 11 + 6 \cdot 100 = 633$. Teilt man diese Zahl durch 110, dann bleibt der Rest 83.

- Die zu ratende Zahl ist die 3-stellige Zahl 452.

Die Hilfszahl a muss mindestens gleich 32 sein, denn $32 \cdot 33 = 1056$ ist 4-stellig.

Als Reste bzgl. der Division durch 32 bzw. 33 werden dann genannt: $r_1 = 4$ und $r_2 = 23$. Dann ist $s = 4 \cdot 33 + 23 \cdot 1024 = 23684$. Teilt man diese Zahl durch $32 \cdot 33 = 1056$, dann bleibt der Rest 452.

Im **fünften Kapitel** des ersten Buches erläutert Stifel in knapper Form das schriftliche Wurzelziehen für beliebige Wurzelexponenten.

Um dies durchführen zu können, benötigt man eine Tabelle von Zahlen, die wir heute als Binomialkoeffizienten bezeichnen, vgl. Abb. 8.1. Stifel gibt nur die erste Hälfte dieser Koeffizienten an; die übrigen ergeben sich – wie er sagt – *retrograde* (rückläufig). Außerdem beschreibt er das Additionsprinzip der Koeffizienten in der Tabelle, die daher beliebig fortgesetzt werden kann.

Er zeigt, wie man die Zahlen aus der Tabelle schematisch anwendet, um folgende Wurzeln zu berechnen: $\sqrt[2]{6 \mid 76}$, $\sqrt[3]{238 \mid 328}$, $\sqrt[4]{1477 \mid 6336}$, $\sqrt[5]{9161 \mid 32832}$, $\sqrt[6]{56800 \mid 235584}$, $\sqrt[7]{352161 \mid 4606208}$ (aus drucktechnischen Gründen sind hier Trennungsstriche eingetragen – Stifel markiert jeweils die erste Zahl eines Blocks durch einen aufgesetzten Punkt).

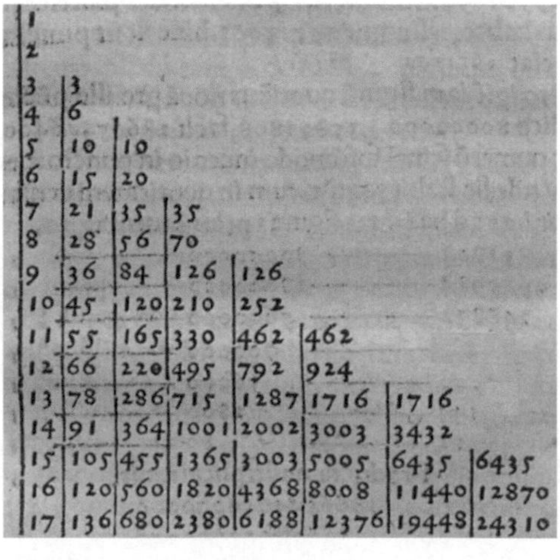

1							
2							
3	3						
4	6						
5	10	10					
6	15	20					
7	21	35	35				
8	28	56	70				
9	36	84	126	126			
10	45	120	210	252			
11	55	165	330	462	462		
12	66	220	495	792	924		
13	78	286	715	1287	1716	1716	
14	91	364	1001	2002	3003	3432	
15	105	455	1365	3003	5005	6435	6435
16	120	560	1820	4368	8008	11440	12870
17	136	680	2380	6188	12376	19448	24310

Abb. 8.1 Die Stifel'sche Tabelle der Binomialkoeffizienten

Beispiel:

Gesucht ist $\sqrt[3]{238 \mid 328}$

$216 = 6^3$ ist die größte Kubikzahl, die höchstens gleich 238 ist, d. h., die gesuchte Zahl lässt sich in der Form $238328 = (60 + x)^3$ darstellen. Aus der o. a. Tabelle entnimmt man die Koeffizienten 3 und 3, um die Potenz auszurechnen:

$$(6 \cdot 10 + x)^3 = 6^3 \cdot 10^3 + 3 \cdot 10^2 \cdot 6^2 \cdot x + 3 \cdot 10 \cdot 6 \cdot x^2 + x^3, \text{ also}$$

$$(6 \cdot 10 + x)^3 - 6^3 \cdot 10^3 = \underline{300} \cdot 6^2 \cdot x + \underline{30} \cdot 6 \cdot x^2 + x^3, \text{ wobei}$$

$$(6 \cdot 10 + x)^3 - 6^3 \cdot 10^3 = 238328 - 216000 = 22328.$$

Gesucht wird daher eine Lösung der Gleichung

$$\underline{300} \cdot 6^2 \cdot x + \underline{30} \cdot 6 \cdot x^2 + x^3 = 22328.$$

Um x zu bestimmen, genügt es, den ersten Summanden links zu beachten, da dieser wesentlich zur Summe beiträgt:

$$\frac{22328}{300 \cdot 6^2} = \frac{22328}{10800} = 2, \ldots$$

Einsetzen der Zahl 2 für x bestätigt das Ergebnis: $\sqrt[3]{238328} = 62$.

Anmerkung zu den unterstrichenen Faktoren: Stifel schreibt, wie die Zahlen aus der o. a. Tabelle mit Binomialkoeffizienten verwendet werden müssen: Bei der dritten Wurzel sind die Zahlen 3 und 3 zu lesen wie 300 und 30, bei der vierten Wurzel die Zahlen 4, 6 und 4 wie 4000, 600 und 40 usw.

Im **sechsten Kapitel** beschäftigt sich Stifel mit den Regeln zum **Rechnen mit Proportionen**; im **siebten Kapitel** untersucht er sog. **harmonische Progressionen**.

Zahlen in harmonischer Progression

Das **harmonische Mittel** $h(a,b)$ zweier Zahlen a und b wird (heute) üblicherweise definiert durch den Quotienten $h(a,b) = \frac{2}{\frac{1}{a} + \frac{1}{b}} = \frac{2ab}{a+b}$.

Man sagt: Die drei Zahlen a ; $h(a,b)$; b stehen **in harmonischer Progression**.

Der spätrömische Gelehrte **Anicius Manlius Severinus Boethius** (ca. 480–524), auf den sich Stifel in seinem Buch mehrfach bezieht, hatte zur Überprüfung der Eigenschaft das folgende Kriterium aufgestellt.

Zahlen in harmonischer Progression (Kriterium von Boethius)
Gegeben sind zwei natürliche Zahlen a und b mit $a < b$.
  Eine natürliche Zahl h mit $a < h < b$ ist das harmonische Mittel von a und b genau dann, wenn die Differenzen $h - a$ und $b - h$ im selben Verhältnis stehen wie die äußeren Zahlen a, b:

$$a : b = (h - a) : (b - h).$$

Beispiel: Die Zahlen 3, 4, 6 stehen in harmonischer Progression. Die Differenzen $4 - 3 = 1$ und $6 - 4 = 2$ stehen im selben Verhältnis wie die außen stehenden Zahlen 3 und 6.

Stifel gibt zunächst eine Berechnungsmethode an, wie man überhaupt eine Folge von drei Zahlen in harmonischer Progression finden kann:

- Man wähle zwei natürliche Zahlen a, b mit $a < b$ und berechne deren arithmetisches Mittel $m(a, b) = \frac{a+b}{2}$, damit liegt also eine *arithmetische* Progression vor: a ; $m(a, b)$; b.
  Dann bilden die Produkte $a \cdot m(a, b)$; $a \cdot b$; $m(a, b) \cdot b$ eine *harmonische* Progression und – sofern $\frac{a \cdot b}{m(a,b)}$ eine natürliche Zahl ist – auch die drei Zahlen durch a ; $\frac{a \cdot b}{m(a,b)}$; b.

Beispiel: Die Zahlen 3, 4, 5 stehen in *arithmetischer* Progression, denn $\frac{3+5}{2} = 4$. Dann bilden die drei Produkte $3 \cdot 4 = 12$; $3 \cdot 5 = 15$; $4 \cdot 5 = 20$ eine *harmonische* Progression.

Aus dieser Methode der Bestimmung des harmonischen Mittels von zwei Zahlen leitet Stifel die folgende Beziehung ab:

- Für das **harmonische, geometrische und arithmetische Mittel** von zwei Zahlen a, b gilt: $a < h(a, b) < g(a, b) = \sqrt{a \cdot b} < m(a, b) < b$.

Er kommentiert:

Es hat aber die arithmetische Progression unter sich gleiche Differenzen und ungleiche Proportionen von Gliedern unter sich. Die geometrische Progression aber hat gleiche Proportionen der Glieder unter sich. Die harmonische Progression aber hat weder gleiche Differenzen noch gleiche Proportionen ihrer Glieder.

Beispiele

9, 12, 15 ist eine Folge von Zahlen in *arithmetischer* Proportion; 9, 12, 16 ist eine Folge von Zahlen in *geometrischer* Progression; 9, 12, 18 ist eine Folge von Zahlen in *harmonischer* Progression.

Von den vier Zahlen 6, 8, 9, 12 stehen die beiden äußeren Zahlen in *geometrischer* Progression, die Zahlen 6, 9, 12 in *arithmetischer* Progression und die Zahlen 6, 8, 12 in *harmonischer* Progression.

Nicht jede Folge von drei Zahlen, die in harmonischer Progression stehen, kann (ganzzahlig) fortgesetzt werden, aber es gibt unendlich viele solcher Beispiele.

Stifels Konstruktion einer Zahlenfolge in harmonischer Progression

Man betrachte eine beliebige Anzahl von Gliedern einer arithmetischen Zahlenfolge.

Dann bestimme man das kleinste gemeinsame Vielfache dieser Zahlen und dividiere dieses durch die Glieder der Folge, beginnend mit dem größten Element.

Die sich so ergebenden natürlichen Zahlen bilden eine Zahlenfolge in harmonischer Progression.

Beispiele

arithmetische Zahlenfolge	kgV	Zahlenfolge in harmonischer Progression
1, 2, 3	6	2, 3, 6
1, 2, 3, 4	12	3, 4, 6, 12
1, 2, 3, 4, 5	60	12, 15, 20, 30, 60
1, 2, 3, 4, 5, 6	60	10, 12, 15, 20, 30, 60
1, 3, 5	15	3, 5, 15
1, 3, 5, 7	105	15, 21, 35, 105
2, 6, 10	30	3, 5, 15
2, 6, 10, 14	210	15, 21, 35, 105

Für das Doppelte des zweiten Beispiels, also für die Zahlenfolge 6, 8, 12, 24, gibt Stifel einen Merkhinweis: Ein Würfel hat 6 Flächen, 8 räumliche Winkel, 12 Kanten und 24 Flächenwinkel.

Im Folgenden untersucht Stifel über mehrere Seiten dann auch noch die sog. *contraharmonische Proportion*, bei der der Abstand zu den beiden äußeren Zahlen vertauscht wird.

Im **achten Kapitel** beschäftigt sich Stifel mit **astronomischen Progressionen** (Rechnen mit Unterteilungen von Zeiteinheiten sowie von Winkeln), im **neunten Kapitel** mit **musikalischen Progressionen** (Tonleitern). Im **zehnten Kapitel** geht Stifel auf das Rechnen mit benannten Zahlen sowie auf die **italienische Rechenmethode** ein (vgl. hierzu die Ausführungen bei Rudolff zur *welschen Praxis*, Abschn. 7.2).

Nach Abgabe des Manuskripts zum ersten Band bei dem Drucker **Johann Petreius** bat dieser Stifel darum, noch zwei Ergänzungen vorzunehmen:

In der ersten Ergänzung erläuterte Stifel dann noch die Methode der *Regula falsi*, also die Methode des doppelt falschen Ansatzes, von der man auf die wahre Lösung einer Gleichung schließt.

Die zweite Ergänzung bezog sich auf die (von ihm so bezeichnete) **Cardan'sche Regel**, die Stifel nicht näher erläutert und die auch nicht unbedingt zu den bisher behandelten Themen passte.

Hier die aus der *Ars magna* stammende Regel:

- Ist eine natürliche Zahl a Produkt von n voneinander verschiedenen Primzahlen, dann ist die Anzahl der echten Teiler der Zahl a gleich $1 + 2^1 + 2^2 + \ldots + 2^{n-1}$.

Beispiele
Die Zahl $a = 2 \cdot 3 \cdot 5 = 30$ hat die echten Teiler 1, 2, 3, 5, 6, 10, 15; dies sind insgesamt $1 + 2^1 + 2^2 = 7$ Teiler.
  Die Zahl $a = 2 \cdot 3 \cdot 5 \cdot 7 = 210$ hat die echten Teiler 1, 2, 3, 5, 6, 7, 10, 14, 15, 21, 30, 35, 42, 70, 105; dies sind insgesamt $1 + 2^1 + 2^2 + 2^3 = 15$ Teiler.

Anmerkung Ob Stifel persönlichen Kontakt zu **Girolamo Cardano** (1501–1576) hatte, ist nicht bekannt.

Das zweite Buch der *Arithmetica integra*
Thema des zweiten Buchs sind die irrationalen Zahlen. In den Kapiteln 1 bis 31 setzt sich Stifel mit den Aussagen des Buches X der *Elemente* des Euklid auseinander, in denen es um rationale und irrationale Zahlen sowie um kommensurable und inkommensurable Größen geht. Dabei nimmt er auch Bezug auf die griechische Euklid-Ausgabe von **Theon von Alexandria** (ca. 330–400 – Theon war der Vater der Hypathia) sowie auf

die lateinische Ausgabe des italienischen Mathematikers **Campanus von Novara** (1220–1296).

Im letzten, dem 32., Kapitel des zweiten Buches, das sich auf die Bücher XIII und XIV der *Elemente* bezieht, geht Stifel auf die platonischen Körper ein; dabei verweist er auch auf die Abbildungen dieser Körper, die von **Albrecht Dürer** (vgl. Abschn. 7.6) angefertigt wurden.

Zu Beginn merkt Stifel an: *Euklid leugnet im fünften Lehrsatz seines zehnten Buches schlankweg, dass irrationale Zahlen Zahlen seien.*

Stifel ist hiermit nicht einverstanden: Da irrationale Zahlen in geometrischen Figuren auftreten, sind sie offensichtlich *real*. Allerdings sind sie auch *fingiert (numeri ficti)*, da sie sich einer exakten Berechnung fortwährend entziehen (*fugere perpetuo*): *Es kann nicht etwas eine* wirkliche *Zahl genannt werden, bei dem die Genauigkeit fehlt, und was zu echten Zahlen in keiner bekannten Proportion steht.*

Auch wenn *unendlich viele gebrochene Zahlen zwischen je zwei aufeinander folgende ganze Zahlen liegen*, beispielsweise zwischen den Zahlen 2 und 3 unendlich viele Bruchzahlen $2\frac{1}{2}$; $2\frac{1}{3}$; $2\frac{2}{3}$; $2\frac{1}{4}$; $2\frac{3}{4}$; $2\frac{1}{5}$; $2\frac{2}{5}$; $2\frac{3}{5}$; $2\frac{4}{5}$; $2\frac{1}{6}$; $2\frac{5}{6}$; $2\frac{1}{7}$ usw. *und ebenso auch unendlich viele irrationale Zahlen zwischen zwei aufeinander folgende ganze Zahlen fallen,* beispielsweise $\sqrt{5}$, $\sqrt{6}$, $\sqrt{7}$, $\sqrt{8}$, $\sqrt[3]{9}$, $\sqrt[3]{10}$, ..., $\sqrt[3]{26}$, $\sqrt[4]{17}$, $\sqrt[4]{18}$, ..., $\sqrt[4]{80}$ usw., kann keine von diesen in die jeweils andere Ordnung fallen.

Stifel unterscheidet fünf Arten irrationaler Zahlen:

- *mediale Zahlen*, das sind einfache Wurzelausdrücke wie $\sqrt{2}$, $\sqrt[3]{16}$, $\sqrt[4]{24}$, $\sqrt[5]{12}$,
- *zusammengesetzte Zahlen*, das sind
  bimediale Ausdrücke wie $\sqrt{12} + \sqrt{8}$, $\sqrt[3]{12} + \sqrt[3]{6}$, $\sqrt[4]{18} + \sqrt[4]{63}$ bzw.
  binomiale Ausdrücke wie $6 + \sqrt{12}$, $\sqrt{12} + \sqrt[3]{12}$, $\sqrt{12} + \sqrt[4]{12}$,
- *zusammengesetzte Wurzelzahlen* wie $\sqrt{6} + \sqrt{12}$, $\sqrt{\sqrt{12} + \sqrt{8}}$,
- *gleichsam zusammengesetzte Zahlen*, das sind
  restlich bimediale Ausdrücke wie $\sqrt{12} - \sqrt{6}$, $\sqrt[3]{24} - \sqrt[3]{18}$ bzw.
  restlich binomiale Ausdrücke wie $12 - \sqrt{140}$, $\sqrt{12} - \sqrt[3]{60}$, $\sqrt{12} - \sqrt[4]{80}$,
- gleichsam zusammengesetzte Wurzelzahlen wie $\sqrt{6 - \sqrt{6}}$, $\sqrt{\sqrt{12} - \sqrt{8}}$.

Bzgl. des Rechnens mit einfachen Wurzelausdrücken weist Stifel darauf hin, dass beim Multiplizieren und Dividieren die Radikanden multipliziert bzw. dividiert werden, ggf. müssen die Wurzelexponenten zuerst angepasst werden.

Beispiel: $\sqrt{5} \cdot \sqrt[3]{4} = \sqrt[6]{125} \cdot \sqrt[6]{16} = \sqrt[6]{2000}$

Bei der Addition und Subtraktion von Wurzeln sind manchmal Vereinfachungen möglich. Am Beispiel $\sqrt{18} + \sqrt{8}$ wird der Unterschied zu unserer heutigen Vorgehensweise des teilweise Wurzelziehens deutlich.

Stifel argumentiert: $\sqrt{18}$ und $\sqrt{8}$ sind kommensurabel, da $\sqrt{18}$ das 3-Fache von $\sqrt{2}$ und $\sqrt{8}$ das Doppelte von $\sqrt{2}$ ist. Daher ist $\sqrt{18} + \sqrt{8}$ das 5-Fache von $\sqrt{2}$, und somit folgt: $\sqrt{18} + \sqrt{8} = \sqrt{50}$ und analog $\sqrt{18} - \sqrt{8} = \sqrt{2}$.

Stifel schreibt: *Und es ist recht erstaunlich, dass es eine genaue Rechnung gibt bei Dingen, die an sich keine genaue Größe besitzen.*

Ob solche Zusammenfassungen möglich sind, überprüfe man am besten durch Verhältnisbildung.

Beispiel: $\sqrt{18}$ verhält sich zu $\sqrt{8}$ wie 3 zu 2, denn $\frac{\sqrt{18}}{\sqrt{8}} = \sqrt{\frac{18}{8}} = \sqrt{\frac{9}{4}} = \frac{3}{2}$.

Wie Rudolff begründet er diese Rechnung auch geometrisch (vgl. die Darstellung im vorangehenden Abschn. 7.2).

Weiter untersucht Stifel, welche Rolle Wurzelausdrücke bei Proportionen spielen. Um beispielsweise *eine* mittlere Proportionale zwischen zwei Zahlen zu finden, benötigt man die Quadratwurzel, um *zwei* solcher Elemente einzufügen, die Kubikwurzel usw.

Beispiele

Die mittlere Proportionale von 2 und 3 ist $\sqrt{6}$, denn $3 : \sqrt{6} = \sqrt{6} : 2$. Dann sind 2, $\sqrt{6}$ und 3 Glieder einer geometrischen Folge.

Um zwei Glieder in geometrischer Proportion zwischen $2 = \sqrt[3]{8}$ und $3 = \sqrt[3]{27}$ einzufügen, betrachte man die Kubikwurzeln $\sqrt[3]{12}$ und $\sqrt[3]{18}$.

Um das Volumen eines Würfels mit Kantenlänge 6 zu verdoppeln, benötigt man eine Kantenlänge von $\sqrt[3]{432}$. Stifel gibt eine zeichnerische Näherungslösung des Problems an, vgl. die folgende Grafik, wobei x die mittlere Proportionale von 6 und $y = \sqrt[3]{864}$ und y die mittlere Proportionale von 12 (= dem Doppelten von 6) und $x = \sqrt[3]{432}$.

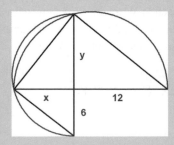

Weiter behandelt Stifel die Rechenregeln für Wurzelausdrücke, einschließlich der Methode, die wir als Rationalmachen des Nenners bezeichnen:

$$\textbf{Beispiel: } \frac{6}{\sqrt{12}+\sqrt{6}} = \frac{6\cdot\left(\sqrt{12}-\sqrt{6}\right)}{\left(\sqrt{12}+\sqrt{6}\right)\cdot\left(\sqrt{12}-\sqrt{6}\right)} = \frac{6\cdot\left(\sqrt{12}-\sqrt{6}\right)}{6} = \sqrt{12}-\sqrt{6}$$

Wie man Wurzeln aus Summen und Differenzen von Wurzeltermen bestimmen kann, beschreibt Stifel rezeptartig, vgl. die beiden Beispiele, die in der Tabelle in Abb. 8.2 abgedruckt sind, sowie deren Veranschaulichung mithilfe von Flächen (Abb. 8.3).

Term, aus dem die Wurzel gezogen werden soll	$38+\sqrt{288}$	$\sqrt{18}-4$
halbiere den Term	$19+\sqrt{72}$	$\sqrt{\frac{18}{4}}-2$
merke dir den ersten Summanden	19	$\sqrt{\frac{18}{4}}$
quadriere die Summanden des halbierten Terms und bilde die Differenz	$19^2-72=289$	$\frac{18}{4}-4=\frac{2}{4}$
merke dir die Wurzel daraus	$\sqrt{289}=17$	$\sqrt{\frac{2}{4}}$
Wurzel aus der Summe der beiden gemerkten Zahlen	$\sqrt{19+17}=6$	$\sqrt{\sqrt{\frac{18}{4}}+\sqrt{\frac{2}{4}}}=\sqrt{\sqrt{\frac{32}{4}}}=\sqrt[4]{8}$
Wurzel aus der Differenz der beiden gemerkten Zahlen	$\sqrt{19-17}=\sqrt{2}$	$\sqrt{\sqrt{\frac{18}{4}}-\sqrt{\frac{2}{4}}}=\sqrt[4]{2}$
Lösung	$\sqrt{38+\sqrt{288}}=6+\sqrt{2}$	$\sqrt{\sqrt{18}-4}=\sqrt[4]{8}-\sqrt[4]{2}$

Abb. 8.2 Algorithmus des Wurzelziehens

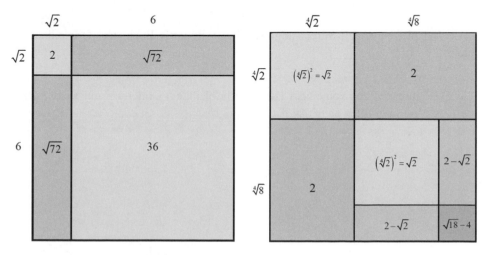

Abb. 8.3 Veranschaulichung des Wurzelziehens (ca. 6,0 cm)

Im Anhang zum zweiten Buch beschäftigt Stifel sich mit der **Quadratur des Kreises**; dabei unterscheidet er den „mathematischen Kreis" vom „physischen Kreis": Er vertritt die Ansicht, dass es mit genügender Genauigkeit möglich sei, aus Kupfer ein Quadrat (mit gleicher Blechdicke) herzustellen ebenso wie auch einen Kreis. Der mathematische Kreis dagegen sei ein *Unendlichvieleck*, die unendliche Zahl könne aber nicht angegeben werden.

Das dritte Buch der *Arithmetica integra*

Im Vorwort gibt Stifel an, dass der größte Teil seiner Ausführungen auf die *hervorragenden und zuverlässigen* Darstellungen aus dem Buch *Behend und hübsch Rechnung* von Christoff Rudolff zurückgeht. Auch verdanke er einige Anregungen einem Buch von **Adam Ries** (vgl. Abschn. 8.1)

Von der Dreisatzregel abgesehen, genüge eine einzige Regel der Algebra, um Aufgaben zu lösen.

In der Vergangenheit habe man Regeln in Fülle aufgestellt und ihnen lächerliche Namen gegeben – man könne sie alle zusammen als Menschenquälerei (*vexationes populi*) bezeichnen.

Stattdessen genüge eine einzige Regel und diese lautet wie folgt:

Lösung von Gleichungen: Stifels Regel der Algebra

Ist eine unbekannte Zahl zu finden, so setze man statt ihrer 1 Coß (wir schreiben dafür $1x$), und ist alsdann eine Gleichung hergestellt, so bringe man sie auf eine möglichst einfache Form. Dann teile man durch die mit der höchsten coßischen Größe verbundene Zahl den Rest der Gleichung. So erscheint immer die unbekannte Zahl.

Als Beispiel behandelt Stifel Aufgabe 47 aus Rudolffs Buch. Die Originalaufgabe lautete:

Ich verkaufe 15 Ellen von einem Tuch. Übrig bleibt ein Drittel und ein Viertel des Tuchs. Wie viele Ellen hatte das Tuch?

Er vereinfacht den Text (Sein Kommentar: Dass Christoff die Zahlen auf Ellen bezieht, braucht uns nicht zu stören.)

> Es gibt eine Zahl, deren Drittel und Viertel, abgezogen von der ganzen Zahl, 15 übrig lassen.

und erläutert dann, wie hieraus die folgende Gleichung entsteht:
$\frac{1}{3}x + \frac{1}{4}x + 15 = 1x$.

In den nächsten Schritten wird die Gleichung vereinfacht zu
$\frac{7}{12}x + 15 = 1x$ (*zusammenfassen*) und weiter zu
$\frac{5}{12}x = 15$ (*Gleiches von Gleichem wegnehmen*).

Wie oben angegeben, teile man durch die *mit der coßischen Größe verbundene Zahl* (also durch $\frac{5}{12}$) und erhält 36 für die zu findende Zahl.

Und während Rudolff bei der Behandlung quadratischer Gleichungen noch drei Typen unterscheidet, reduziert Stifel diese auf nur noch *einen* Typ, da er als Erster negative Zahlen (*numeri absurdi*) in der Rechnung zulässt (s. u.), allerdings auch noch nicht als Lösungen von Gleichungen.

Er formuliert die folgende AMASIAS-Regel, deren Bezeichnung sich aus den Anfangsbuchstaben der einzelnen Schritte ergibt.

> **Schritte zur Lösung einer quadratischen Gleichung: AMASIAS**
>
> *A numero radicum incipe* ... (Beginne mit der Zahl der Wurzeln, halbiere sie (halbiere den Koeffizienten von x)
>
> *Multiplica* ... (Multipliziere diese Hälfte mit sich selbst.)
>
> *Adde vel Subtrahe* ... (Addiere oder subtrahiere das andere Glied der Gleichung – je nachdem, welches Zeichen vor dieser Zahl steht.)
>
> *Invenienda* ... (Finde die Quadratwurzel aus dem Ergebnis der Addition bzw. Subtraktion.)
>
> *Adde aut Subtrahe* ... (Addiere oder Subtrahiere die oben bereitgestellte Zahl – je nachdem, welches Zeichen vor dieser Zahl steht.)

Beispiele

Gleichung	A	M	A/S	I	A/S
$x^2 = 84 - 8x$	-4	$(-4)\cdot(-4) = 16$	$16 + 84 = 100$	$\sqrt{100} = 10$	$10 - 4 = 6$
$x^2 = 6x + 72$	3	$3\cdot3 = 9$	$9 + 72 = 81$	$\sqrt{81} = 9$	$9 + 3 = 12$
$x^2 = 18x - 72$	9	$9\cdot9 = 81$	$81 - 72 = 9$	$\sqrt{9} = 3$	$9 - 3 = 6, \; 9 + 3 = 12$

Die verschiedenen Beispiele können durch geeignete Quadrat-Figuren veranschaulicht werden, wobei es im letzten Beispiel zwei mögliche Darstellungen der Gleichung und daher auch zwei Lösungen gibt. Stifel spricht auch den Sonderfall an, bei dem im dritten und vierten Schritt eine Null auftritt, wie beispielsweise bei $x^2 = 18x - 36$ – diese Gleichung besitzt nur die Lösung 6.

Im **fünften Kapitel** beschäftigt sich Stifel mit dem Rechnen mit den coßischen Zahlen, also den in den Gleichungen auftretenden Termen, aber auch mit Zahlen, und dabei kommt Stifel auch zu dem Problem, dass sich bei einer Subtraktion ein Rechenergebnis jenseits der Null ergibt.

Er schreibt: Die Null steht in der Mitte zwischen echten Zahlen (*numeri veri*) und absurden Zahlen (*numeri absurdi*). So wie oberhalb der Eins ganze Zahlen angesetzt werden und unterhalb der Eins verkleinerte Zahlen oder Bruchzahlen, so werden oberhalb der Null die Eins mit Zahlen angesetzt und unterhalb die fingierte Eins mit Zahlen.

Dann folgt eine oft zitierte Tabelle, die in der oberen Zeile eine arithmetische ((Progression)), in der unteren eine geometrische Progression zeigt: *Hierüber könnte man ein ganzes neues Buch über die Wunder der Zahlen schreiben …*

Und weiter:

Alles, was die geometrische Progression durch Multiplikation und Division bewirkt, dies macht die arithmetische Progression durch Addition und Subtraktion.

Im **sechsten Kapitel** verweist Stifel darauf, dass man gelegentlich mehr als eine *verborgene Zahl* (Variable) benötigt, und so führt er weitere ein ($A, B, C, \ldots$), mit denen man genauso rechnen könne wie mit x. Er zeigt dann, wie sich einige der Aufgaben von Christoff Rudolff leichter lösen lassen.

Wie souverän Stifel mit zusätzlichen Variablen umzugehen versteht, kann man dem folgenden *großartigen Beispiel* (Zitat Stifel) entnehmen:

Aufgabe:
Gesucht sind zwei Zahlen, die, abgezogen von der Summe ihrer Quadrate, 78 übrig lassen. Wenn man sie aber zu ihrem Produkt addiert, dann ergeben sie 39.

Lösung: Stifel führt für die zweite Zahl die Variable A ein, außerdem bezeichnet er die Summe der beiden Zahlen mit B.

Zu lösen ist also das Gleichungssystem
$$x^2 + A^2 - B = 78 \; ; \; x \cdot A + B = 39.$$

Die beiden Gleichungen werden durch die folgende Abbildung veranschaulicht: das Quadrat der ersten Variablen x^2, entsprechend das Quadrat der zweiten Variablen $A^2 = 78 + B - x^2$ sowie das Produkt der beiden Variablen $x \cdot A = 39 - B$.

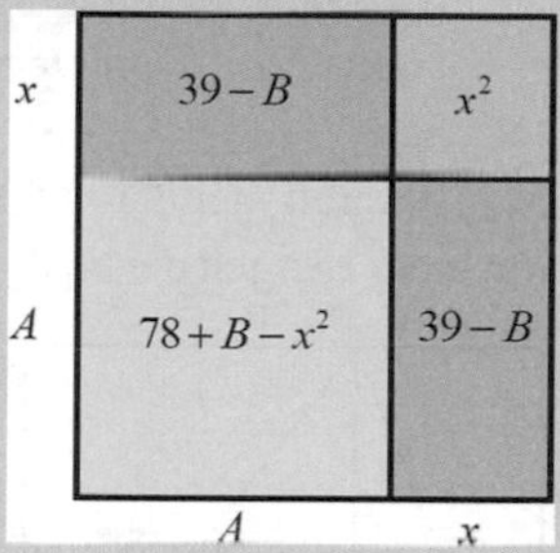

Für die Gesamtfläche des Quadrats gilt:
$$B^2 = x^2 + (78 + B - x^2) + 2 \cdot (39 - B) = 156 - B.$$

Diese quadratische Gleichung hat die Lösung $B = 12$. Einsetzen dieses Zwischenergebnisses ergibt dann die folgende vereinfachte Grafik:

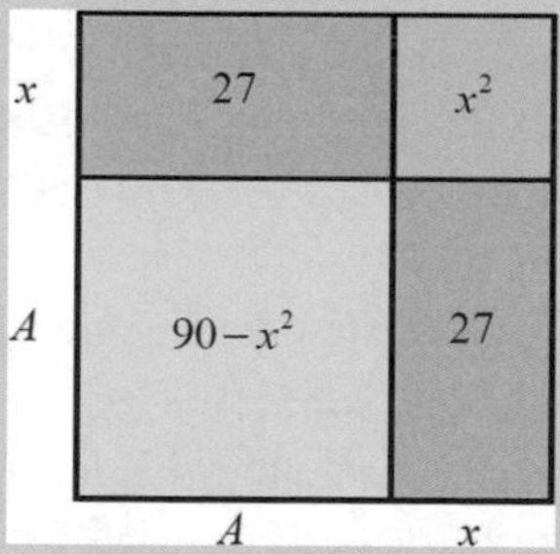

Für die Rechtecke gilt $x \cdot A = 27$, also $(x \cdot A)^2 = x^2 \cdot (90 - x^2) = 27^2$.

Diese biquadratische Gleichung $90x^2 - x^4 = 729$ hat zwei Lösungen, nämlich $x = 3 \lor x = 9$. Die beiden gesuchten Zahlen lauten also 3 und 9.

In den nächsten Kapiteln folgen dann zur Übung (oder auch zur Demonstration) zahlreiche Aufgaben, zu denen Stifel ausdrücklich angibt, wenn sie von Christoff Rudolff (Abschn. 7.2) und auch von Adam Ries (Abschn. 7.1) stammen:

Ich vertraue darauf, dass ich dies darf, wie ich auch denke, dass es mir erlaubt ist, die Aufgaben Euklids aus Campanus und Theon zu übernehmen ... Wer aber nicht damit einverstanden ist, möge bedenken, wie sorgsam und aufrichtig ich diese Kunst pflege, voller Respekt die einzelnen Schriftsteller zitiere, deren Schriften ich benütze, und mir nichts von ihnen anmaße. Und wenn wir Christen sind, zweifeln wir nicht, dass ALLES VON GOTT stammt ...

Am Ende dieses 44 Doppelseiten umfassenden Abschnitts steht eine (eigene) Aufgabe mit einem geometrischen Problem:

Aufgabe:
Ein Rechteck mit den Seitenlängen 12 und 14 soll so durch eine Parallele unterteilt werden, dass die Summe der Diagonalen in den beiden Teilrechtecken doppelt so groß ist wie die längere Rechteckseite.

Lösung: Für den kürzeren Abschnitt der Grundseite der Länge 14 wird die Variable x gewählt, für die Summe der Längen der beiden Diagonalen die Variable A.

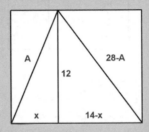

Dann ergibt sich:

$x^2 + 144 = A^2$ und $(14 - x)^2 + 144 = (28 - A)^2$.

Ersetzt man in der zweiten Gleichung die Variable A^2, so folgt

$196 - 28x + x^2 + 144 = 784 - 56A + (x^2 + 144)$, also

$28x = 56A - 588$ und weiter $x = 2A - 21$.

Setzt man dies wiederum in die erste Gleichung ein, so ergibt sich

$4A^2 - 84A + 441 + 144 = A^2$ und somit $A = 13 \lor A = 15$,

also für die kürzere Diagonale die Länge 13 und folglich die Unterteilung der Grundseite im Verhältnis 5 zu 9.

Im letzten Kapitel des Buches geht Stifel *anstelle eines Nachwortes* auf einige der Aufgaben ein, die **Girolamo (Geronimo) Cardano** in seinem Werk *Practica arithmetice et mensurandi singularis* aus dem Jahr 1539 behandelt hatte.

Aufgabe:

Gesucht ist eine geometrische Progression, deren erstes Glied 1 ist und für das die folgenden Eigenschaften erfüllt sind: Addiert man die Summe aus dem ersten und zweitem Glied, dividiert durch das dritte Glied der Folge, und die Summe aus dem zweiten und dritten Glied, dividiert durch das dritte Glied, und die Summe aus dem ersten und dem dritten Glied, dividiert durch das zweite Glied, so ergibt sich 13.

Lösung: Bezeichnet man das zweite Glied der geometrischen Folge mit x und folglich das dritte mit x^2, so ergibt sich die Gleichung:

$$\frac{1+x}{x^2} + \frac{x+x^2}{1} + \frac{1+x^2}{x} = 13 \text{ und hieraus}$$

$$(1+x) + \left(x^3 + x^4\right) + \left(x + x^3\right) = 13x^2, \text{ also eine Gleichung vierten Grades}$$

$$x^4 + 2x^3 + 2x + 1 = 13x^2.$$

Stifel räumt ein, dass er vor seiner Lektüre von Cardanos Buch selbst nicht in der Lage gewesen wäre, diese Gleichung zu lösen. Spöttisch fordert er alle „Freunde" auf, dies doch zu tun, hätten sie sich vormals gerühmt, dass sie alles, was er (Stifel) geschrieben habe, selbst auch hätten schreiben können, wenn sie Zeit gehabt hätten.

Cardano hatte erkannt, dass man die Gleichung mit einem kleinen Trick lösen kann: Addiert man auf beiden Seiten den Term $3x^2$, dann steht links ein trinomischer Ausdruck

$$x^4 + 2x^3 + 3x^2 + 2x + 1 = 16x^2, \text{ nämlich } \left(x^2 + x + 1\right)^2 = (4x)^2.$$

Somit ist – nach Wurzelziehen – nur eine quadratische Gleichung zu lösen:

$$x^2 + x + 1 = 4x, \text{ also } x^2 = 3x - 1.$$

Deren Lösung ist $x = \frac{3-\sqrt{5}}{2} \ \lor \ x = \frac{3+\sqrt{5}}{2}$.

(Fortsetzung)

Stifel und Cardano bezeichnen nur das zweite Ergebnis als die gesuchte Lösung des Problems – vermutlich, weil sie mit dem Begriff der *Progression* etwas Wachsendes verbinden.

Die ersten Glieder der Folge lauten daher: $1; \ \frac{3+\sqrt{5}}{2}; \ \frac{7+\sqrt{45}}{2}$.

Nach einer Reihe ähnlicher Aufgaben erläutert Stifel einige Probleme von der folgenden Art:

Aufgabe:
Gesucht sind zwei Zahlen, deren Summe genauso groß ist wie deren Produkt. Addiert man die Zahlen zur Summe ihrer Quadrate, so ergibt sich 20.

Lösung: Die kleinere Zahl wird mit x bezeichnet, die größere mit $A - x$.

Die Summe A der beiden Zahlen ist gleich dem Produkt, bedeutet:

$A = x \cdot (A - x) = x \cdot A - x^2$.

Außerdem gilt: $x^2 + (A - x)^2 + A = 20$, also $(A - x)^2 = 20 - A - x^2$.

Stifel veranschaulicht diese Informationen mithilfe der folgenden Quadratfigur:

Für die Gesamtfläche des Quadrats ergibt sich:

$$A^2 = x^2 + 20 - A - x^2 + 2A = 20 + A,$$

also eine quadratische Gleichung, deren Lösung $A = 5$ lautet.

Einsetzen von $A = 5$ in die Gleichung $A = xA - x^2$ führt zu $5 = 5x - x^2$

und deren kleinere Lösung ist $x = \frac{5}{2} - \sqrt{\frac{5}{4}}$.

Ein Jahr nach der *Arithmetica integra* veröffentlichte Michael Stifel – ebenfalls bei Petreius – seine *Deutsche Arithmetica*, deren Inhalt allerdings kaum vergleichbar ist mit dem 1544 erschienenen Band. Die drei Teile des Buches tragen die Titel *Haußrechnung* (Rechnen auf den Linien und Dreisatzaufgaben), *Coß oder Kunstrechnung* (Rechnen mit Brüchen, Einführung von Wurzeln) sowie *Jar- und Kirchenrechnung* (Bestimmung der Tage des Kirchenjahrs).

8.3.2 Stifels Bearbeitung der Rudolff'schen Coß

Fast zehn Jahre nach Rudolffs Tod erschien dann in Königsberg

> *Die Coß Christoffs Rudolffs mit schönen Exempeln der Coß durch Michael Stifel gebessert und sehr vermehrt.*

Stifel übernahm hierzu den vollständigen Rudolff'schen Text und fügte zahlreiche Kommentare und Ergänzungen (auch zu kubischen Gleichungen) hinzu, sodass der Umfang mehr als verdoppelt wurde.

Im Folgenden werden wir auf einige dieser Ergänzungen eingehen.

In seiner Ergänzung zu Kap. 1 geht Stifel insbesondere auf Eigenschaften einiger arithmetischer Folgen ein. Zur Folge der **Dreieckszahlen** 1, 3, 6, 10, 15, ..., also der Summenfolge der Folge der natürlichen Zahlen 1, 2, 3, 4, ..., stellt er einige bemerkenswerte (*lustlich und lieblich*) Eigenschaften zusammen:

- Die n-te Dreieckszahl d_n (moderne Schreibweise) ergibt sich aus dem halben Produkt der Nummer mit ihrem Nachfolger, also $d_n = \frac{1}{2} \cdot n \cdot (n+1)$. Um die Nummer einer gegebenen Dreieckszahl zu bestimmen, multipliziere man diese mit 8 und addiere 1; hieraus zieht man die Wurzel, subtrahiere 1.

Beispiel: $d_n = 325$, also $n = \frac{1}{2} \cdot \left(\sqrt{325 \cdot 8 + 1} - 1 \right) = 25$

- Die Summe zweier benachbarter Dreieckszahlen ist stets eine Quadratzahl. Umgekehrt kann man jede Quadratzahl als Summe von zwei benachbarten Dreieckszahlen darstellen. Allgemein gilt: $d_{n-1} + d_n = n^2$.

Beispiel: $d_7 + d_8 = 28 + 36 = 64 = 8^2$; $361 = 19^2 = d_{18} + d_{19} = 171 + 190$

- Die Summe der Quadrate zweier benachbarter Dreieckszahlen ist wieder eine Dreieckszahl; deren Nummer erhält man, indem man die Nummer der größeren Dreieckszahl quadriert. Allgemein gilt: $d_{n-1}^2 + d_n^2 = d_{n^2}$.

Beispiel: $d_5^2 + d_6^2 = 15^2 + 21^2 = 225 + 441 = 666 = d_{15+21} = d_{36}$

- Die Differenz der Quadrate zweier benachbarter Dreieckszahlen ist eine Kubikzahl. Umgekehrt kann man jede Kubikzahl darstellen als Differenz der Quadrate zweier Dreieckszahlen. Allgemein gilt: $d_n^2 - d_{n-1}^2 = n^3$.

Beispiele:
$d_9^2 - d_8^2 = 45^2 - 36^2 = 2025 - 1296 = 729 = 9^3;$
$9261 = 21^3 = d_{21}^2 - d_{20}^2 = 231^2 - 210^2$

- Folgerung: Bildet man (beginnend bei der Eins) die fortlaufende Summe von Kubikzahlen, so erhält man das Quadrat einer Dreieckszahl. Allgemein gilt:
$$1^3 + 2^3 + 3^3 + \ldots + n^3 = d_n^2.$$

Beispiel:
$1^3 + 2^3 + 3^3 + 4^3 + 5^3 + 6^3 = 1 + 8 + 27 + 64 + 125 + 216 = 441 = 21^2 = d_6^2$

- Das Quadrat der n-ten Dreieckszahl erhält man, indem man die ersten d_n ungeraden Zahlen addiert. Allgemein gilt: $d_n^2 = 1 + 3 + 5 + \ldots + (2d_n - 1)$.

Beispiel: $d_5^2 = 15^2 = 225 = 1 + 3 + 5 + \ldots + 25 + 27 + 29$

In Kap. 5 empfiehlt Stifel bzgl. des Addierens und Subtrahierens von Termen (*Coß'sche Zahlen*), dass man der Übersicht halber bei den Summanden *alle* Potenzen von x notieren soll, ggf. mit Vorfaktor 0, damit gleiche Potenzen untereinanderstehen; dabei verwendet er die gleichen Symbole für die verschiedenen Potenzen wie Rudolff (s. o.)

Bei der Division geht Stifel noch einen deutlichen Schritt weiter als Rudolff: Er betrachtet nicht nur die Division von Potenzen, sondern sogar die **Division von beliebigen Termen** (Termdivision).

Ausführlich erläutert er den zugehörigen Algorithmus: Quotient aus den beiden Gliedern mit der jeweils höchsten Potenz, Multiplikation des Divisors mit diesem Quotienten
und Subtraktion usw. – so wie er noch bis vor wenigen Jahren im Schulunterricht vermittelt
wurde.

Beispiel

$$(30x^4 + 112x^3 - 12x^2 - 208x + 96) : (6x^2 + 8x - 12) = 5x^2 + 12x - 8$$
$$- (30x^4 + \quad 40x^3 - 60x^2)$$
$$72x^3 + 48x^2 - 208x$$
$$- (72x^3 + 96x^2 - 144x)$$
$$- 48x^2 - 64x + 96$$
$$- (- 48x^2 - 64x + 96)$$

Rudolff hatte für Wurzeln höheren Grades jeweils eigene Zeichen verwendet. Stifel
führt nun im Kap. 6 eine andere Schreibweise hierfür ein; für alle Wurzeln notiert er
einheitlich das Symbol $\sqrt{}$ und ergänzt dahinter ein Symbol für die Ordnung – ein weiterer
Schritt in Richtung auf die heute übliche Schreibweise.

Weiter geht er auf das Rechnen mit Wurzeln verschiedener Ordnung ein. Er argumentiert:

- So wie man bei der Addition und Subtraktion von Brüchen zuerst gleiche Nenner bei
  den Brüchen erzeugen muss, so muss man bei der Multiplikation und Division von
  Wurzeln verschiedener Ordnung zuerst die gleiche Ordnung herstellen.

Beispiel: $\sqrt[2]{6} \cdot \sqrt[3]{7} = \sqrt[6]{216} \cdot \sqrt[6]{49} = \sqrt[6]{10584}$

Wie oben dargestellt, hatte Rudolff seine Wurzelrechnungen nicht begründet. Dies holt
Stifel nach:

Beispiel:
Begründung, warum $\sqrt{8} + \sqrt{18} = \sqrt{50}$

$\sqrt{8} + \sqrt{18}$ ist die Seitenlänge eines Quadrats, vgl. die folgende Abbildung. Durch
die Abschnitte mit den Längen $\sqrt{8}$ und $\sqrt{18}$ sind vier Teilflächen bestimmt: zwei
Quadrate mit den Flächeninhalten $\left(\sqrt{18}\right)^2 = 18$ und $\left(\sqrt{8}\right)^2 = 8$ sowie zwei Rechtecke jeweils mit dem Flächeninhalt $\sqrt{8} \cdot \sqrt{18} = \sqrt{144} = 12$. Der Gesamtflächen-

(Fortsetzung)

inhalt des Quadrats ist daher $18 + 8 + 2 \cdot 12 = 50$. Die Seitenlänge des Ausgangs-
quadrats ist daher gleich $\sqrt{50}$.

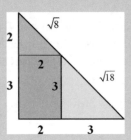

Hinweis Im Prinzip kann man diese geometrische Methode auch verwenden, um beispielsweise $\sqrt{5} + \sqrt{7} = \sqrt{12 + \sqrt{140}}$ zu begründen.

Man kann auch wie folgt überlegen:
Ein gleichschenkliges rechtwinkliges Dreieck mit Katheten der Seitenlänge 5 kann
zerlegt werden in kleinere gleichschenklig rechtwinklige Dreiecke mit Katheten der
Seitenlänge 2 bzw. 3 und ein Rechteck mit den Seitenlängen 2 und 3. Die Hypotenuse des Ausgangsdreiecks hat gemäß dem Satz des Pythagoras die Seitenlänge
$\sqrt{50}$, als Summe der Seitenlängen der Teildreiecke die Seitenlänge $\sqrt{8} + \sqrt{18}$.

Stifel formuliert deutlicher als Rudolff, wann man bei der Addition und Subtraktion
zwei Wurzeln zusammenfassen kann: Um beispielsweise die Addition $\sqrt{63} + \sqrt{175}$
durchführen zu können, suche man *die größte mensur* (etwa: das größte gemeinsame
Maß) der beiden Wurzeln, das ist $\sqrt{7}$, diese kann man *absondern* (wir würden dies
als ausklammern bezeichnen), sodass sich Folgendes ergibt

$$\sqrt{63} + \sqrt{175} = \sqrt{7} \cdot \left(\sqrt{9} + \sqrt{25} \right) = \sqrt{7} \cdot (3 + 5) = 8 \cdot \sqrt{7} = \sqrt{448}.$$

Des Weiteren ergänzt Stifel den Hinweis, dass man – wie Ptolemäus in seinem Alma-gest – Näherungswerte von Wurzeln auch im Sexagesimalsystem (Zahlensystem zur Basis 60) angeben kann, also in Ganzen, Minuten und Sekunden, also beispielsweise $\sqrt{7200} \approx 84\ 51'\ 10''$.

Zu den im zweiten Buch von Christoff Rudolff aufgelisteten Gleichungstypen und den *cauteln* merkt Stifel Folgendes an:

Ob nun acht Regeln zur Lösung von Gleichungen erforderlich sind oder 24, wie andere (Vorgänger) geschrieben haben, sei eigentlich unwichtig, sagt Stifel, es komme vor allem auf das Folgende an:

- *Für das facit deiner auffgab setz 1x. Handle da mit nach der auffgab/bis du kommest auff ein equatz. Die selbige reducir/so lang bis du sihest das 1x resolvirt ist.*

Dazu formuliert er die folgenden sechs Prinzipien (in unserer Sprechweise), die an die Stelle der Rudolff'schen *cauteln* treten können:

Wenn zwei Dinge gleich sind, dann sind sie auch gleich, wenn

- zu beiden jeweils gleich viel hinzugetan wird,
- von beiden jeweils gleich viel weggenommen wird,
- beide verdoppelt, verdreifacht, … werden,
- beide halbiert, gedrittelt, … werden,
- beide quadriert, mit 3 potenziert, … werden,
- aus beiden irgendwelche Wurzeln gezogen werden.

Anders als Rudolff spricht Stifel von den beiden Seiten einer Gleichung und das Lösen einer Gleichung geschieht dadurch, dass gleiche Operationen auf beiden Seiten einer Gleichung durchgeführt werden.

In einer weiteren Ergänzung geht Stifel auf das *extrahiren sollicher wurtzeln auß Cossischen Zalen* ein, die man bei Rudolff nicht findet.

So erläutert er, wie man durch Wurzelziehen von $36x^2 + 84x + 49$ auf $6x + 7$ kommt und von $1x^3 + 75x^2 + 1875x + 15625$ durch Ziehen der dritten Wurzel auf $x + 25$ usw. Man müsse sich nur merken, dass bei den Vorzahlen vor den Potenzen die Faktoren aus der folgenden Tabelle zu berücksichtigen sind.

Kritiker hatten beanstandet, dass Rudolff auch die Lösungsverfahren für die acht Aufgabentypen nicht begründet habe. Stifel zeigt er an einigen Beispielen, wie dies mithilfe von geometrischen Figuren (Rechtecke, Quadrate) möglich ist.

Stifel geht dann mit den folgenden Worten auf die Aufgabensammlung Rudolffs ein:

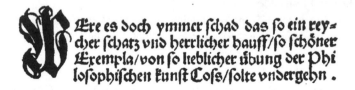

Und so übernimmt er die Aufgabensammlung Rudolffs vollständig in sein Buch, verändert dabei teilweise die Formulierungen der Aufgabenstellungen. Die Lösungen sind übersichtlicher gestaltet (besser gegliedertes Layout), an vielen Stellen sind die Kommentare ausführlicher.

Da, wo er es für sinnvoll hält, führt Stifel zusätzliche Hilfsvariablen ein, beschränkt sich also nicht auf nur eine Variable. Auf die Verwendung des *dragma*-Symbols verzichtet er ganz. Bei den quadratischen Gleichungen des Typs 6 untersucht er, ob beide Lösungen die Aufgabenstellung erfüllen.

Im Anschluss daran ergänzt Michael Stifel insgesamt 24 Aufgaben, die – wie er schreibt – von *einer andern Art seyn* und andere *operationes foddern*; ähnliche Aufgaben hatte Stifel in seiner *Arithmetica integra* gelöst.

Nr. 1: Zwei Zahlen sind gesucht, deren Differenz 79 beträgt. Bildet man die Summe der Quadrate dieser beiden Zahlen und addiert zu diesem *Aggregat* die Wurzel aus dem *Aggregat*, dann ergibt sich 10302.

Die Lösung erfolgt in zwei Schritten: Zunächst wird die Gleichung $x^2 + x = 10302$ gelöst, dann mithilfe der Lösung $x = 101$ die Gleichung $x^2 + (x - 79)^2 = 101$ mit der Lösung $x = 99$; die beiden Zahlen sind daher 99 und 20.

Nr. 2: Addiert man zum Quadrat des Doppelten einer Zahl die Quadratwurzel hieraus und dann noch die Zahl 3 und quadriert dies, so ergibt sich 25281.

Nachdem die Wurzel aus 25281 berechnet ist, wird die Gleichung $x^2 + x + 3 = 159$ gelöst ($x = 12$) und hiermit die gesuchte Zahl 72 bestimmt.

Nr. 8: Zwei Zahlen sind gesucht, deren Summe 12 beträgt. Wenn man die Summe ihrer Quadrate mit der Summe ihrer dritten Potenzen multipliziert, erhält man 46080.

Stifel wählt für die beiden Zahlen den Ansatz $6 + x$ bzw. $6 - x$. Hiermit ergibt sich die Gleichung $[(6 + x)^2 + (6 - x)^2] \cdot [(6 + x)^3 + (6 - x)^3] = 46080$, und somit $[72 + 2x^2] \cdot [432 + 36x^2] = 46080$. Die Lösung der biquadratischen Gleichung ist $x = 2$. Die gesuchten Zahlen sind also 4 und 8.

Nr. 13: Gesucht sind zwei Zahlen, deren Produkt 96 und deren Summe der Quadrate 292 ergibt.

Stifel verwendet bei seinem Ansatz zwei Variablen und setzt für die beiden Zahlen $x + A$ bzw. $x - A$. Für deren Produkt gilt $x^2 - A^2 = 96$, also $2x^2 - 2A^2 = 192$, für die Summe der Quadrate $2x^2 + 2A^2 = 292$. Die Summe der beiden Gleichungen führt zu $4x^2 = 484$, die Differenz zu $4A^2 = 100$, und somit zu $x = 11$, $A = 5$. Die gesuchten Zahlen sind also 6 und 16.

Hinweis Stifel verwendet für das Quadrat der Variablen A die Schreibweise AA. Diese Verdopplungen anstelle des Exponenten 2 findet man sogar noch bei Leonhard Euler (1707–1783).

Nr. 14: Multipliziert man zwei Zahlen und addiert die beiden Zahlen, dann ergibt sich 573. Subtrahiert man die beiden Zahlen von der Summe ihrer Quadrate, so erhält man 1716.

Stifel wählt den gleichen Ansatz wie im vorangehenden Problem und erhält so die beiden Gleichungen: $x = 11$, $A = 5$, also $2x^2 + 4x - 2A^2 = 1146$, sowie $2x^2 - 2x + 2A^2 = 1716$. Aus der Summe der beiden Gleichungen ergibt sich die quadratische Gleichung $4x^2 + 2x = 2862$ mit der Lösung $x = 26\frac{1}{2}$. Aus der Differenz der beiden Gleichungen folgt: $4A^2 - 6x = 570$ und hieraus $A = 13\frac{1}{2}$. Die gesuchten Zahlen sind also 13 und 40.

Nr. 16: Multipliziert man zwei Zahlen und addiert die beiden Zahlen, dann ergibt sich 103. Die Summe der Quadrate der beiden Zahlen ist 193.

Hier wählt Stifel die Variable x für die kleinere Zahl und $A - x$ für die größere Zahl. Aus der Aufgabenstellung ergeben sich die beiden Gleichungen $x \cdot (A - x) + x + (A - x) = 103$ und $x^2 + (A - x)^2 = 193$.

Aus diesen Gleichungen entnimmt er die Beschriftungen für ein Quadratbild:

Das Quadrat links unten veranschaulicht x^2; dann ergibt sich aus der zweiten Gleichung, dass durch das andere Quadrat (rechts oben) $193 - x^2$ dargestellt wird. Da die beiden Rechtecke für das Produkt $x \cdot (A - x)$ stehen, ergibt sich aus der ersten Gleichung, dass ihr Flächeninhalt gleich $103 - A$ darstellt.

$A-x$	$103 - A$	$193 - x^2$
x	x^2	$103 - A$
	x	$A-x$

Für die gesamte Fläche gilt daher $A^2 = x^2 + (193 - x^2) + 2 \cdot (103 - A)$, also $A^2 = 399 - 2A$, d. h. $A = 19$.

Für das Quadrat rechts oben gilt $(19 - x)^2 = 193 - x^2$; hieraus folgt $361 - 38x + x^2 = 193 - x^2$, also $x^2 = 19x - 84$ und schließlich $x = 7$.

Die gesuchten Zahlen sind also 7 und 12.

8.4   Robert Recorde (1510–1558)

Dass man sich auch noch nach Jahrhunderten an den walisischen Mathematiker und Mediziner Robert Recorde (Abb. Quelle: © Wellcome Collection) erinnert, hat er einem genialen Einfall zu verdanken: In seinem Buch *The Whetstone of Witte* (Der Wetzstein des

Verstandes) aus dem Jahr 1557 verwendete er – *um die lästige Wiederholung des Wortes* „aequalis" *zu vermeiden* – ein Zeichen, das aus *einem Paar gleich langer paralleler Strecken* besteht: „=". Er wählte dieses Symbol für die Gleichheit (Gleichheitszeichen) zweier Größen, weil – wie er schrieb – *keine anderen zwei Dinge gleicher sein können.*

Es dauerte allerdings noch einmal 60 Jahre, bis als Nächster **John Napier** (1550–1617, vgl. z. B. *Mathematik – einfach genial*, Kap. 9) diese Schreibweise übernahm; auf dem Kontinent setzte sich das Symbol erst im Laufe des 18. Jahrhunderts durch.

Der folgende Ausschnitt mit der Gleichung $14x + 15p = 71p$ zeigt, dass Recorde das Zeichen noch in einer lang gestreckten Form notierte.

Recorde war übrigens der erste Brite, der die 1489 vom deutschen Cossisten **Johannes Widmann** eingeführten Zeichen „+" und „–" übernahm.

Über die ersten Jahre des aus dem südwalisischen Ort Tenby stammenden Robert Recorde ist nur wenig bekannt:

Um 1525 nahm er ein Studium in Oxford auf, legte 1531 die Bachelor-Prüfung ab und wurde am *All Souls College* in Oxford als *Fellow* tätig, an dem Kirchenmusik, Theologie, Jura und Medizin gelehrt wurden. 1533 erwarb er dort eine Lizenz für den Arztberuf. Um den Titel als MD (*medicinae doctor*) zu erlangen, wechselte er 1537 an die weltoffene Universität in Cambridge – vor allem aus religiösen Gründen. Er war nämlich von den Lehren der Reformation überzeugt und musste mit Nachteilen rechnen, wenn er länger am streng römisch-katholischen College in Oxford geblieben wäre.

Über mehrere Jahre hielt Recorde in Cambridge und auch in Oxford Vorlesungen über Astronomie, Geografie, Mineralogie, Zoologie und in Mathematik. Für ihn war die Arithmetik die Grundlage allen Lernens, also auch aller Wissenschaften, und so gab er seinem ersten Buch den Titel *The Grounde of Artes* (erschienen um 1542 in London).

Es war das erste Mathematikbuch in englischer Sprache, und es war sehr erfolgreich: Nach drei Auflagen folgte 1552 eine erweiterte Fassung (s. u.). Auch nach Recordes Tod wurde das Buch immer wieder nachgedruckt (mit Ergänzungen durch nachfolgende Mathematiker); es erschien bis zum Jahr 1700 in 45 Auflagen.

In seiner Vorrede beklagt Recorde, dass seine Landsleute zwar nur von wenigen Völkern an natürlichem Menschenverstand (*mother witte*) übertroffen werden, dass sie aber zu bequem sind zu lernen. Mit seinem Buch möchte er dazu beitragen, die große Unwissenheit bzgl. der arithmetischen Kenntnisse zu verringern.

Das Werk ist in der Form eines Dialogs zwischen einem Lehrer (*Master*) und einem altklugen Schüler angelegt – in kleinen, leicht nachvollziehbaren Schritten und in einfacher, verständlicher Sprache werden die Themen erarbeitet und die vermittelten Methoden eingeübt. Dem *Schüler* unterlaufen anfangs immer wieder (typische) Fehler; es scheint so, als habe Recorde hier Erfahrungen aus eigenem Unterricht eingebracht. Der *Lehrer* räumt ein, dass der *Schüler* nicht alle Schritte sofort verstehen muss, sondern erst einmal eine Regel (oft in Reimform) lernen und anwenden soll.

Das Buch beginnt mit einer Einführung in die *Schreibweise* von Zahlen mit den neun arabischen Ziffern, deren Wert (*value*) mithilfe römischer Zahlzeichen erklärt wird, und der Zahl Null, die Recorde als *cipher* bezeichnet. Danach folgt das schriftliche Rechnen in den Grundrechenarten; die Ergebnisse werden jeweils mithilfe der Neunerprobe kontrolliert. Einen großen Raum nimmt auch das Umrechnen von Münz-, Gewichts-, Längen-, Flächen- und Volumeneinheiten ein. Auch werden verschiedene Aufgabentypen zu arithmetischen Folgen (*arithmetical progression*) abgehandelt, anschließend der Unterschied zu geometrischer Progression verdeutlicht.

> **Beispiel (in moderner Schreibweise):**
> If you have distributed 685 pounds to a certain number of men, you neither can tell how many they were, or how much the one's money exceeded his next before, but you are sure that the excess was equal between every two next and also you remember that the first had 19, the last had 118 pounds, how would you find both the number of the men and the excess, continually observed in the succession of their payments.

Das umfangreiche Kapitel *The Golden Rule* befasst sich mit Dreisatzaufgaben in proportionalen und antiproportionalen Beziehungen (auch mit mehrfacher Anwendung).

> **Beispiel:** If a captain over a band of men did set 300 pioneers at work which in eight hours did cast a trench of 200 rods: I demand how many labourers will be able with a like trench in three hours to entrench a camp of 3400 rods.

Die ausführliche Behandlung der *Arithmeticke with the pen* (*Rechnen mit der Feder*) ergänzte Recorde abschließend durch einen Abschnitt über das Rechnen mit *counters* (Rechenpfennige) – für alle, die nicht lesen oder schreiben konnten oder denen gerade nicht *pen or tables* zur Verfügung standen.

Von der vierten Auflage an folgten im Buch ausführliche Erläuterungen zum Rechnen mit Brüchen (Kürzen und Erweitern, Multiplikation und Division, Addition und Subtraktion) sowie Anwendungsbeispiele wie z. B. das Aufteilen von Gewinnen aus Investitionen (*Rule of Fellowship*) oder Mischungsaufgaben (*Rule of Alligation*).

Ein weiteres Kapitel befasste sich mit der Anwendung der *Rule of false Positions* (falscher Ansatz).

> **Beispiel:** Two men having several sums, which I know not, do thus talk together: The first says to the second, if you give me 2 sh. of your money, then shall I have three times so much money as you. The second man answers, it were more reason that our sums were made equal, and so will it be if you give me 3 sh. of your money. Now guess what each of them had.

1545 war Recorde zum Doktor der Medizin (*Physicke*) promoviert worden; in London arbeitete er vorübergehend als Arzt, auch am königlichen Hof, bevor er zum Leiter der königlichen Münze in Bristol ernannt wurde.

Nach dem Tod von König Henry VIII. im Jahr 1547 war der 10-jährige Edward aus dessen dritter Ehe (mit Jane Seymour) zum Nachfolger ernannt worden; im Streit um die Wahrnehmung der Regentschaft kam es zu Aufständen in verschiedenen Landesteilen.

Recorde, in seiner Funktion als Leiter der *Bristol mint*, verweigerte dem aufstrebenden William Herbert (später Earl of Pembroke) die Finanzierung einer Armee, mit der Aufstände niedergeschlagen werden sollten, worauf dieser Recorde wegen Hochverrat für 60 Tage einsperren ließ. Gleichwohl ernannte ihn der designierte König 1551 zum Aufseher über alle Minen und Prägeanstalten in Irland – in der Erwartung, dass diese Gewinn abwerfen würden, was aber nicht der Fall war.

Als Edward im Juli 1553 an Tuberkulose starb, riss Mary, Tochter aus der ersten Ehe von Henry VIII. die Regierung an sich, u. a. unterstützt durch William Herbert, den sie zum persönlichen Berater wählte. Als Mary, die eine Ehe mit Philipp II. von Spanien einging, den römisch-katholischen Glauben als Staatsreligion einführte, kam es zu Aufständen, die vom Earl of Pembroke niedergeschlagen wurden.

1556 versuchte Recorde, seine frühere Stellung am Hofe wieder zu gewinnen, beging dabei aber den unverzeihlichen Fehler, dies durch den Hinweis auf ein Fehlverhalten Pembrokes zu erreichen. Dieser verklagte Recorde wegen Verleumdung und gewann den

Prozess. Und da Recorde die Entschädigungssumme von 1000 £ nicht zahlen konnte, kam er ins Gefängnis, wo er einige Wochen später starb.

Ironie der Geschichte: Für Recordes Tätigkeit in Irland standen ihm noch Zahlungen in Höhe von 1000 £ zu; diese wurden dann 12 Jahre nach seinem Tod an seine Kinder ausgezahlt.

Es ist erstaunlich, dass Recorde trotz der Turbulenzen seiner letzten Lebensjahre dazu gekommen war, weitere Bücher zu verfassen:

1551 veröffentlichte er eine verkürzte Version der ersten Kapitel der *Elemente* des Euklid: *Pathwaie to Knowledge*. Hier ging er nur auf die Konstruktionen ein, verzichtete aber auf die Beweise; anhand von Beispielen erläuterte er deren Anwendung.

1556 erschien *The Castle of Knowledge*, eine Einführung in die Astronomie des Ptolemäus. Er erwähnte die Theorien von Aristarch und Kopernikus, wagte es aber angesichts der Ketzerverbrennungen unter der neuen Regierung der Königin *Bloody Mary* nicht, sich zum heliozentrischen Weltbild zu bekennen.

1557 erschien dann als Fortsetzung seines Arithmetik-Buches *The Whetstone of Witte: whetstone* = lateinisch *cos,* also ein Buch über Algebra; es enthält das Rechnen mit Wurzeln sowie das Lösen von linearen und quadratischen Gleichungen; in seinen Bezeichnungen hielt sich Recorde an ein wenige Jahre zuvor erschienenes Buch des deutschen Cossisten **Johann Scheubel** (1494–1570).

8.5   Simon Stevin (1548–1620)

Der flämische Mathematiker, Physiker und Ingenieur Simon Stevin gehört vielleicht zu den weniger bekannten Persönlichkeiten der Wissenschaftsgeschichte; sein Wirken hat jedoch viele Spuren hinterlassen.

Man kennt nicht einmal sein genaues Geburts- und Todesdatum; sein Geburtsort war Brügge; an welchem Ort er starb, ist unsicher: Leiden oder den Haag.

In calvinistischer Tradition erzogen, wuchs er in Flandern auf, wurde Buchhalter und Kassierer einer Handelsfirma in Antwerpen, reiste mehrere Jahre lang durch Polen, Preußen und Norwegen, bis er 1577 eine Arbeit bei der Steuerbehörde in Brügge übernahm.

Um diese Zeit gehörten die 17 Provinzen der Niederlande, die auch das Gebiet des heutigen Belgiens, Luxemburgs und Teile Nordfrankreichs umfassten, zum spanischen Herrschaftsgebiet. Große Teile der Bevölkerung, vor allem in den nördlichen Provinzen, waren zum calvinistischen Glauben übergetreten. Als im Jahre 1567 König Philipp II. von Spanien den Herzog von Alba als Statthalter einsetzte und dieser eine Strafexpedition gegen die Protestanten durchführte, begann ein Krieg, der erst 1648 mit dem Friedensvertrag von Münster (Teilvertrag des Westfälischen Friedens) endete. 1579 schlossen sich die protestantischen Provinzen im Norden der Niederlande zur *Utrechter Union* zusammen und erklärten als *Republik der Vereinigten Niederlande* ihre Unabhängigkeit; sie wählten Wilhelm von Oranien zum Regenten.

Mit der Zuspitzung der politischen Verhältnisse veränderte sich auch die Lebenssituation Simon Stevins: Obwohl er bereits 33 Jahre alt war, besuchte er noch eine Lateinschule und nahm anschließend ein Studium an der neu gegründeten Universität zu Leiden auf. Dort freundete er sich mit Maurits (Prinz Moritz von Nassau) an, dem zweitältesten Sohn von Wilhelm von Oranien. Als Wilhelm 1584 von einem fanatischen Katholiken ermordet wurde, war Maurits der neue Regent und Simon Stevin wurde einer seiner wichtigsten Berater.

Zunächst aber wurde Simon Stevin als Autor von Büchern über die Anwendung von Mathematik bekannt. 1582 erschienen die *Tafelen van Interest*; dieses Buch enthielt neben den Zinstafeln auch Regeln und Beispiele zur Zinsrechnung – jahrhundertelang hatten die Bankkaufleute Europas solche Listen unter Verschluss gehalten.

1583 wurde *Problemata Geometrica* veröffentlicht – sein einziges Buch in lateinischer Sprache. Ausgehend von Konstruktionen, die in den Werken von Euklid und Archimedes enthalten sind, beschäftigte er sich intensiv mit der Konstruktion von Vielecken und Polyedern; dabei nahm er auch Anregungen aus Albrecht Dürers *Vnderweysung der messung mit dem zirckel vnd richtscheyt* aus dem Jahr 1525 auf (vgl. Abschn. 7.6).

Nach *Dialectike ofte Bewijsconst* (Beweiskunst) folgte 1585 sein einflussreichstes Werk:

De Thiende (Das Zehntel).

Stevin widmete dieses Buch den *Sterrekykers, Landtmeters, Tapijtmeters, Wijnmeters, Lichaemmeters int ghemeene Muntmeesters, ende alle Cooplieden* (Sternenbeobachter, Landvermesser, Tuchhersteller, Weinhändler, Raum-Vermesser im Allgemeinen und Münzmeister sowie alle Kaufleute), aber die 29 Seiten umfassende Schrift, die noch im gleichen Jahr in französischer Sprache, 1602 in Dänisch, 1608 in Englisch erschien, hatte eine weit darüber hinausgehende Wirkung: Viele Quellen bezeichneten das Erscheinen des Werks und seiner Übersetzungen als den Beginn des Rechnens mit Dezimalzahlen in Europa.

Stevin erläuterte an Beispielen die vier Grundrechenarten und das Wurzelziehen und demonstrierte so die Vorteile des Rechnens mit Dezimalzahlen. Außerdem plädierte er für die Einführung eines dezimalen Einheitensystems im Münzwesen, bei den Maßen und Gewichten. Die englische Ausgabe mit dem Titel *Disme* veranlasste Ende des 18. Jahrhunderts Thomas Jefferson, für die neue amerikanische Währung ein Zehnersystem zu wählen und den Zehntel-Dollar als „dime" zu bezeichnen.

Stevin verwendete für Dezimalzahlen eine besondere Schreibweise, damit sich die Menschen an die Bedeutung der Dezimalstellen gewöhnten.

Später vereinfachte er sie: Beispielsweise notierte er die Zahl 184,5429 als 184⓪5①4②2③9④; dabei weisen die eingekreisten Zahlen auf die entsprechenden Potenzen von einem Zehntel hin.

Im selben Jahr wie *De Thiende* erschienen in *La pratique d' arithmétique* und *L' arithmétique* (auf Französisch), in denen er sich mit Näherungslösungen von Gleichungen beliebigen Grades beschäftigte und diese als Dezimalzahlen darstellte. Er plädierte dafür, alle Lösungen von Gleichungen als „Zahlen" anzusehen und keine Unterschiede mehr zu machen zwischen positiven und negativen, rationalen und irrationalen Lösungen, was von dieser Zeit an von allen Mathematikern angenommen wurde.

Im Jahr 1596 folgten *De Beghinselen der Weeghconst* (Grundlagen der Statik) zusammen mit *De Beghinselen des Waterwichts* (Grundlagen der Hydrostatik). Zunächst erläuterte Stevin in *Uytspraeck van de weerdicheyt der Duytsche tael* (Ausführungen über den Wert der niederländischen Sprache), warum er diese Sprache als besonders geeignet für wissenschaftliche Darstellungen hielt:

Keine andere besitzt so viele einsilbige Wortstämme und erleichtert damit das Bilden zusammengesetzter Wörter.

Stevin „schmiedet" – wie er es nennt – Wörter, die von da an in die Fachsprache übernommen werden: Für die Mathematik führte er die Bezeichnung *wiskunde* ein (von *wisconst* – die Kunst vom sicheren Wissen). Von ihm stammten auch die Wörter für die Grundrechenarten *optellen*, *aftrekken*, *vermenigvuldigen* und *delen,* aber auch *hoofdstuk* (Kapitel), *stelling* (Satz), *voorstel* (Proposition), *stelkunde* (Algebra), *driehoek* (Dreieck), *viercant* (Quadrat), *viercanting* (Quadrieren), *viercantsijde* (Quadratwurzel), *evenredigheid* (Proportionaliät), *loodlijn* und *raaklijn* (Lot und Tangente), *rondt* und *scheefrondt* (Kreis und Ellipse), *middellijn* (Durchmesser), *evenwijdig* (parallel).

In dem Buch ging Stevin über die Arbeiten von Archimedes hinaus; er entdeckte das Kräftedreieck (Wirken drei Kräfte, die eine geschlossene Vektorkette bilden, auf einen Körper, dann bleibt dieser in Ruhe); er begründete dies durch ein Gedankenexperiment (vgl. die Wikipedia-Abbildung rechts, entnommen aus dem Titelbild seines Werks *Hypomnemata mathematica*).

Auch untersuchte er den Druck in Flüssigkeiten: Dieser ist unabhängig von der Form des Behälters und hängt nur von der Wasserstandshöhe über dem Boden ab; er ist in allen Richtungen gleich („Hydrostatisches Paradoxon").

Um 1600 beauftragte Maurits seinen Freund und Berater mit der Gründung einer Ingenieurschule innerhalb der Universität von Leiden; Stevin hielt selbst Vorlesungen in *praktische wiskunde*. Später ernannte er Stevin zum Direktor der Regierungsbehörde für Wasserangelegenheiten und zum General-Quartiermeister der Armee.

Unermüdlich war der geniale Ingenieur als Berater beim Bau von Windmühlen und Schleusen tätig, plante Häfen und Befestigungsanlagen. Er verbesserte das System der Ent- und Bewässerungskanäle und galt als Erfinder der militärischen Strategie der jungen Republik, angreifende Heere durch Flutung der besetzten Gebiete zu vertreiben. Aufsehen erregte die Erfindung eines Segelwagens für 28 Personen, der eine 80 km lange Küstenstrecke in nur zwei Stunden zurückgelegt haben soll.

Auch die nach 1590 verfassten Schriften – *Het Burgerlick leven* (über Bürgerpflichten), *De Stercktenbouwing* (Festungsbau), *De Havenvinding* (Positionsbestimmung auf dem Meer), *De Hemelloop* (Befürwortung des kopernikanischen Weltbildes), *Van de beghinselen der Spiegelschaeuwen* (über Spiegelbilder), *De Deursichtighe* (über die Perspektive), *Vorstelicke Bouckhouding* (doppelte Buchhaltung), *Driehouckhandel* (Trigonometrie), *De Spiegheling der Singconst* (Musiktheorie – hier benutzte er als Erster Dezimalzahlen, um eine Oktave in 12 gleiche Stufen zu unterteilen) – belegen die Vielseitigkeit eines Wissenschaftlers.

8.6   Pedro Nunes (1502–1578)

Die im Jahr 2002 erschienenen Briefmarken zeigen ein Porträt von Pedro Nunes, dem bedeutendsten Mathematiker und Kosmographen Portugals; sie illustrieren die Themen, mit denen dieser sich sein ganzes Leben lang beschäftigte.

Über seine Herkunft weiß man wenig: Nunes stammte aus einer ursprünglich jüdischen Familie, die zum Christentum gewechselt war. Sein Geburtsort war die südportugiesische Stadt Alcácer do Sal – weswegen oft hinter seinem Namen auch der Zusatz „Salaciense" gestellt wird. Er studierte zunächst in Salamanca (Spanien), danach in Lissabon. 1525 schloss er sein Studium mit einer Prüfung in Medizin ab, was zur damaligen Zeit auch Kenntnisse in Astrologie (also auch in Astronomie und Mathematik) voraussetzte. Im Laufe der Jahre erhielt er Lehraufträge für Moral, Philosophie, Logik und Metaphysik an der Universität Lissabon.

1537 wurde diese wieder an ihren ursprünglichen Ort, nach Coimbra in Nordportugal, verlegt (gegründet wurde die Universität von Coimbra bereits im Jahr 1290 – sie ist eine der ältesten Universitäten in Europa); Pedro Nunes wurde dort zum Professor für Mathematik ernannt. Neben der Lehre der Mathematik erhielt er den Auftrag, die technischen Ausstattungen für die Navigation zu verbessern – eine Aufgabe, von deren Erfüllung es abhing, ob Portugal seine bedeutende Stellung als Seemacht behaupten konnte.

1531 bat ihn der portugiesische König Johann III., die wissenschaftliche Erziehung seiner jüngeren Brüder und später auch die seines Enkels, des späteren Königs Sebastian, als deren „Hoflehrer" zu übernehmen. 1547 ernannte ihn der König zum obersten königlichen Kosmografen auf Lebenszeit (Kosmografie = Wissenschaft von der Beschreibung der Erde und des Weltalls).

Pedro Nunes galt als einer der größten Mathematiker seiner Zeit. Sein berühmtester Schüler war der aus Bamberg stammende Jesuit **Christopher Clavius** (vgl. Abschn. 8.7), der spätere Leiter der gregorianischen Kalenderkommission.

Nunes war vermutlich der letzte Wissenschaftler von Bedeutung, der versuchte, das geozentrische System des Ptolemäus zu verbessern. Zum heliozentrischen System des **Nikolaus Kopernikus** (1473–1543) nahm er nicht Stellung, wies in einem Beitrag nur auf Rechenfehler in dessen Hauptwerk *De Revolutionibus Orbium Coelestium* hin.

Pedro Nunes löste das mathematisch-astronomische Problem, wie man rechnerisch – für einen beliebigen Ort der Erde – den Tag und die Dauer der kürzesten Dämmerungszeit bestimmen kann (*De crepusculis*, 1542), eine Fragestellung, an der sich ein Jahrhundert später immerhin auch Jakob Bernoulli (1655–1705) sowie dessen Bruder Johann Bernoulli (1667–1748) mit Mitteln der neu entwickelten Differenzialrechnung versuchen, allerdings mit geringerem Erfolg als Nunes.

1532 verfasste er das *Libro de Algebra en Arithmetica y Geometria* in portugiesischer Sprache; es beschäftigte sich u. a. mit der Lösung quadratischer und kubischer Gleichungen und gab den Stand der damaligen Kenntnisse wieder.

In ihm verwendete er konsequent die in Luca Paciolis Schrift *Summa de arithmetica, geometria, proportioni et proportionalita* aus dem Jahr 1494 (vgl. Abschn. 7.4) enthaltenen Bezeichnungen und verkürzte sie noch: *co* schrieb er anstelle von *cosa* (x), *ce* für *censo* (x^2), *cu* für *cubo* (x^3).

Das Buch wurde nicht gedruckt, weil Nunes sich von einer spanischen Version eine höhere Auflage versprach. Als das Buch dann endlich 1567 in Antwerpen erschien (damals: Spanische Niederlande), war dessen Inhalt bereits teilweise überholt, insbesondere weil es in der Zwischenzeit **Girolamo Cardano** (1501–1576) gelungen war, allgemeine Lösungsformeln für Gleichungen 3. Grades aufzustellen (*Ars magna*, 1545).

Pedro Nunes publizierte ansonsten in lateinischer Sprache – sein latinisierter Name Petrus Nonius Salaciensis findet sich im Begriff „Nonius" wieder; so nennt man – auch heute noch – eine zusätzliche Skala an Messgeräten, die es ermöglicht, Längen und Winkel mit größerer Genauigkeit abzulesen.

Nunes war zwar nicht der Erfinder des „Nonius", jedoch findet man in einer Schrift zur Navigationslehre von 1546 (*Navigandi Libri Duo*, vgl. die beiden portugiesischen Briefmarken aus dem Jahr 2016) einen Vorschlag, der dann von Christopher Clavius und anderen weiterentwickelt wurde und 1631 zur Erfindung des heute bekannten Nonius durch den Franzosen **Pierre Vernier** (1580–1631) führte.

Nunes schlug Folgendes vor: Man zeichne in einen Quadranten 45 konzentrische Viertelkreise, den ersten unterteile man in 90 gleich große Bogenstücke, den zweiten in 89, den dritten in 88 usw. und den letzten in 46 gleich große Abschnitte. Wenn man einen Winkel auf der äußeren Skala nicht genau ablesen kann, weil die Markierung *zwischen* zwei Teilstrichen der 1°-Skalierung liegt, dann suche man denjenigen inneren Viertelkreis, bei dem die Markierung am ehesten auf einen Teilstrich verläuft, und rechne entsprechend die Bruchteile um.

Die folgende Abbildung soll das Verfahren illustrieren: Der Strahl verläuft ziemlich genau durch den 8. Strich des Viertelkreises mit 63 gleich großen Abschnitten; daher ist der eingeschlossene Winkel gleich $8/63 \cdot 90° \approx 11{,}43°$.

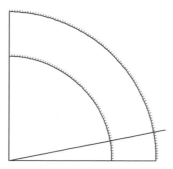

In der Briefmarke, die zu Beginn des Abschnitts gezeigt wurde, sowie auf der rechts stehenden Briefmarke von 1978 ist dieses System „*o nonio*" dargestellt.

Nunes erkannte als Erster den Vorteil für die Navigation von Schiffen, wenn diese mit einem *festen* Kurs gesteuert werden können. Zwar legen sie dann nicht den kürzestmöglichen Weg zwischen Start- und Zielpunkt zurück – dies wäre ein Weg längs eines Großkreises (Kreislinie auf einer Kugeloberfläche mit maximalem Umfang, vergleichbar der Äquatorlinie) –, sondern fahren ein Stück auf einer Linie, die „spiralförmig" um die Erde verläuft und asymptotisch auf den Nord- oder Südpol der Erde zusteuert, vgl. auch die folgende Wikipedia-Abbildung (*Rhumb line*).

Diese Linien, die teilweise auch auf den o. a. Briefmarken zu erkennen sind, werden als *Loxodrome* bezeichnet (griechisch *loxos* = schief, *dromos* = Lauf; portugiesisch *curvas dos rumos*; lateinisch *rumbus*). Bei einer Fahrt längs eines Großkreises muss ständig die Fahrtrichtung angepasst werden, weil sich die Winkel zu den Längenkreisen, die durch die Pole verlaufen, ständig verändern, vgl. die folgenden Wikipedia-Abbildungen.

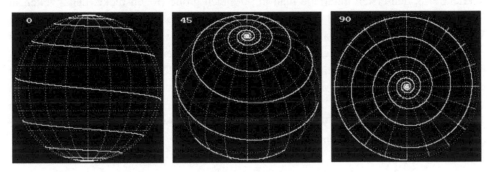

1537 stellte Nunes in einer Abhandlung den Nutzen von Seekarten heraus, auf denen Längen- und Breitenkreise ein rechtwinkliges Koordinatensystem bilden, weil dann die Loxodrome ebenfalls Geraden sind.

Aber erst **Gerhard Mercator** (1512–1594) bewältigte die hiermit verbundenen mathematischen Probleme durch seine Erfindung einer Projektion der Kugel auf einen umgebenden Zylinder (sog. Mercator-Projektion), vgl. Abb. 8.4 und auch die Briefmarke rechts

Abb. 8.4 Mercator-Projektion (Wikipedia)

(Gestaltung der deutschen Briefmarke aus dem Jahr 2012 erfolgte durch Prof. Iris Utikal/ Prof. Michael Gais/QWER).

8.7 Christopher Clavius (1538–1612)

Mit der letzten Geschichte kehren wir zum Anfang unserer Darstellungen zurück; sie handelt von Christopher Clavius, dem Lehrmeister Matteo Riccis ...

Ob der ursprüngliche Name von Christopher Clavius einmal Christoph Clau oder Christoph Schlüssel war (lateinisch *clavis* = Schlüssel), wird sich wohl nicht mehr klären lassen. Fest steht nur, dass der junge Franke, der im Alter von 17 Jahren dem Orden der Jesuiten beitrat, irgendwann den latinisierten Namen annahm.

Von Bamberg aus ging er nach Rom und dann weiter zum Studium an das Jesuitenkolleg an der altehrwürdigen Universität in Coimbra (Portugal). In den Kursen für Mathematik fällt seine besondere Begabung für dieses Fach auf und durch seinen Lehrer **Pedro Nunes** (vgl. Abschn. 8.6) erfuhr Christopher Clavius eine optimale Ausbildung. Das eindrucksvolle Erlebnis einer totalen Sonnenfinsternis im August 1560 weckte darüber hinaus sein besonderes Interesse an astronomischen Fragen.

Im *Collegio Romano* setzte er seine Studien in Theologie fort. Ab 1564 wurde er an dieser Hochschule der Jesuiten als Mathematikdozent tätig. Dort erlebte er 1567, zum zweiten Mal in seinem Leben, das bewegende Naturschauspiel einer totalen Sonnenfinsternis.

1570 beschrieb Christopher Clavius diese beiden Erlebnisse detailliert in einem Kommentar zum *Tractatus de Sphaera* des englischen Mathematikers und Astronomen **Joannis de Sacro Bosco** (John of Holywood, 1195–1256), der an der Universität Paris lehrte. Bis ins 17. Jahrhundert war die Abhandlung des Joannis Pflichtlektüre für Studenten der Astronomie an allen Universitäten Europas. Vor 1472 kursierten zahlreiche Handschriften des Werks, bevor es dann zum ersten Mal gedruckt wurde und bis 1650 über 200 Auflagen erfährt. Joannis de Sacro Bosco hatte 1235 auch eine Kritik am bestehenden *Julianischen Kalender* verfasst, einschließlich eines Vorschlags für eine Änderung der Schalttagsregelung. Aber es dauerte 350 Jahre, bis seine Ideen im Rahmen der *gregorianischen Kalenderreform* berücksichtigt wurden.

Heftige Kritik am bestehenden *julianischen Kalender*, also an den von Julius Caesar im Jahr 45 v. Chr. für das römische Reich festgelegten Kalenderregelungen, war auch von **Nikolaus von Kues** (lateinisch *Cusanus*, 1401–1464) und **Regiomontanus** (1436–1476, vgl. Abschn. 7.3) vorgebracht worden, bis dann endlich im *Konzil von Trient* (1563) der Druck auf den Papst so groß wurde, dass dieser eine Reformkommission unter Leitung des aus Spanien stammenden Astronomen **Aloisius Lilius** (1510–1576) einsetzte.

Zur Zeit Julius Caesars gingen die Astronomen davon aus, dass ein Sonnenjahr, also die Zeit zwischen zwei Frühlingsäquinoktien (Tag-und-Nacht-Gleiche), genau 365 ¼ Tage dauert, sodass ein 365-Tage-Jahr alle vier Jahre um einen Schalttag verlängert werden muss. Tatsächlich dauert aber ein Sonnenjahr im Mittel nur 365 Tage, 5 h, 48 min und ca. 45 s. (Heute weiß man, dass die Zeit zwischen zwei Frühlingspunkten – bedingt durch Unregelmäßigkeiten in der Erdbahn – um mehrere Minuten schwanken kann.) Das *Konzil von Nicäa* hatte im Jahre 325 festgelegt, dass das Frühlingsäquinoktium auf den 21. März fallen soll und dass sich von diesem Tag aus das Osterdatum berechnet.

Als die Kommission endlich tagte, war die Abweichung bereits auf 10 Tage angewachsen. Clavius ließ den Reformentwurf drucken und zur Stellungnahme an die christlichen Fürsten und Universitäten schicken. Nachdem nur wenige Änderungsvorschläge eingegangen waren, setzte Papst Gregor XIII. die Kalenderreform am 24. Februar 1582 durch die Bulle *Inter gravissimas* in Kraft. (Päpstliche Dekrete werden nach ihren Anfangsworten zitiert, diese hier beginnt so: Zu den wichtigsten Aufgaben unseres Hirtenamtes gehört ...)

Danach soll der auf den 4. Oktober 1582 folgende Tag das Datum *15. Oktober* erhalten. Zukünftig soll, wenn beim Jahrhundertwechsel die Jahrhundertzahl nicht durch 4 teilbar ist, der 29. Februar als Schalttag entfallen (also z. B. im Jahr 1700). Für die Umstellung des Kalenders wurde der Monat Oktober ausgewählt, weil er die geringste Anzahl an Heiligen-Gedenktagen hatte und somit der Ablauf des regulären Kirchenjahrs nur wenig gestört wurde.

Die Reform wurde in zahlreichen Ländern mit katholischer Herrschaft gemäß dem päpstlichen Dekret umgesetzt. Die protestantisch regierten Länder sperrten sich zunächst dagegen, eine „Anweisung" aus Rom anzunehmen. Vielfach geschah die Umstellung in diesen Ländern erst im 18. Jahrhundert, woraus sich erklärt, dass zahlreiche Verträge aus dieser Zeit zweifach (*julianisch* und *gregorianisch*) datiert sind.

In den Jahren nach 1582 musste sich Clavius immer wieder für die Notwendigkeit der Kalenderreform rechtfertigen. Das einfache Volk fühlte sich von der Kirche um zehn Tage seines Lebens beraubt; in Frankfurt kam es sogar deswegen zu Aufständen. 1588 verfasste er die Rechtfertigungsschrift *Novi calendarii romani apologia*. 1603 folgte noch einmal eine ausführliche Begründung in *Romani calendarii a Gregorio XIII P. M. restituti explicatio*.

Es wäre falsch, die Bedeutung von Clavius nur auf die letztlich von ihm verantwortete Kalenderreform zu reduzieren. Er war ein begnadeter Lehrer der Mathematik; 1574 veröffentlichte er eine ausführlich kommentierte und ergänzte Fassung der *Elemente* des Euklid, weswegen er von der Nachwelt als *Euklid des 16. Jahrhunderts* bezeichnet wurde.

In der klassischen Logik wurde die Methode der *Consequentia mirabilis* (bewunderswerte Folgerung) auch als Clavius-Gesetz bezeichnet. Clavius verwendete diese, mit der *Reductio ad absurdum* verwandte Schlussweise, in seinem Euklid-Kommentar:

Die Gültigkeit einer Behauptung lässt sich aus der Ungültigkeit der Negation beweisen, in formaler Schreibweise: $(\neg\, p \to p) \to p$.

Ob Clavius tatsächlich der „Erfinder" des Dezimalpunkts war (Abtrennung des ganzzahligen Teils einer Dezimalzahl vom Zehntel), wird wohl nicht mehr zu klären sein. Fest steht, dass sich diese Schreibweise allgemein durchsetzte, nachdem er sie in den von ihm im Jahr 1593 herausgegebenen astronomischen Tabellen konsequent verwendet hatte.

Sein *Algebra*-Buch aus dem Jahr 1608 erfuhr eine weite Verbreitung und wurde sogar noch von Leibniz und Descartes geschätzt. Seine Vorschläge für den Mathematikunterricht wurden an den zahlreichen neu entstehenden Schulen der Jesuiten als verbindliches Curriculum umgesetzt.

Darüber hinaus beschäftigte sich Clavius mit der Verbesserung der Messtechniken; er entwickelte eine Idee seines Lehrers Pedro Nunes weiter, die 1631 zur Erfindung des uns heute bekannten *Nonius* durch den Franzosen **Pierre Vernier** führte.

Clavius pflegte einen freundschaftlichen Kontakt zu **Galileo Galilei**. In der Neuauflage des Kommentars zum *Tractatus de Sphaera* aus dem Jahr 1610 erwähnte er Galileis Schrift *Sidereus Nuncius* und bestätigte dessen sensationelle Beobachtungen, u. a. die Entdeckung von vier Jupitermonden. Die Tatsache, dass sich aus den Galilei'schen Beobachtungen der Venus ergab, dass diese nicht selbst leuchtet, sondern ihr Licht von der Sonne erhält, war für ihn Anlass zur vorsichtigen Mahnung, die bisherigen Vorstellungen über das Planetensystem zu überdenken; dennoch lehnte er selbst bis zu seinem Tod im Jahr 1612 das *Kopernikanische Weltbild* ab.

8.8   Literaturhinweise

Eine wichtige Adresse zum Auffinden von Informationen über Mathematiker und deren wissenschaftliche Leistungen ist die Website der St. Andrews University.

Biografien der einzelnen Persönlichkeiten findet man über den Index

* https://mathshistory.st-andrews.ac.uk/Biographies/

Weitere Hinweise findet man auf den Wikipedia-Beiträgen zu den einzelnen Mathematikern, insbesondere den englischsprachigen Versionen.

Kalenderblätter über Adam Ries, Christoff Rudolff, Michael Stifel, Robert Recorde, Simon Stevin, Pedro Nunes und Christopher Clavius wurden bei *Spektrum online* veröffentlicht; das Gesamtverzeichnis findet man unter

- https://www.spektrum.de/mathematik/monatskalender/index/

Die englischsprachigen Übersetzungen dieser Beiträge sind erschienen unter

- https://mathshistory.st-andrews.ac.uk/Strick/

Die Texte der Schriften von Adam Ries, Christoff Rudolff und Michael Stifel sind online
verfügbar; die im Buchtext enthaltenen Ausschnitte sind aus diesen Quellen übernommen.

- Das 3. Rechenbuch von Adam Ries:
    https://www.digitale-sammlungen.de/de/view/bsb11218488?page=5
- Christoff Rudolffs *Künstliche Rechnung* . . .:
    https://www.e-rara.ch/zut/doi/10.3931/e-rara-4801
- Michael Stifels *Die Coss Christoff Rudolffs*:
    https://www.e-rara.ch/zut/doi/10.3931/e-rara-4047
- Michael Stifels *Arithmetica integra*:
    https://www.e-rara.ch/zut/doi/10.3931/e-rara-10418
- Michael Stifels *Deutsche Arithmetica*:
    https://www.e-rara.ch/zut/doi/10.3931/e-rara-9172

Darüber hinaus wurde das folgende Buch als Quelle verwendet und wird zur Vertiefung
empfohlen:

- Deschauer, Stefan (1992): *Das 2. Rechenbuch von Adam Ries*, Eine moderne Fassung
    mit Kommentar und metrologischen Anhang und einer Einführung in Leben und Werk
    des Rechenmeisters, Braunschweig
- Knobloch, Eberhard/Schönberger, Otto (2007): *Michael Stifel: Vollständiger Lehrgang
    der Arithmetik,* Königshausen & Neumann, Würzburg

Abdruck der spanischen Briefmarke zur gregorianischen Kalenderreform aus dem Jahr
2007 mit freundlicher Genehmigung durch *Correos y Telégrafos, S.A.*
    Abdruck der portugiesischen Briefmarken über Pedro Nunes mit freundlicher Geneh-
migung von *CTT Correios de Portugal.*

Anhang

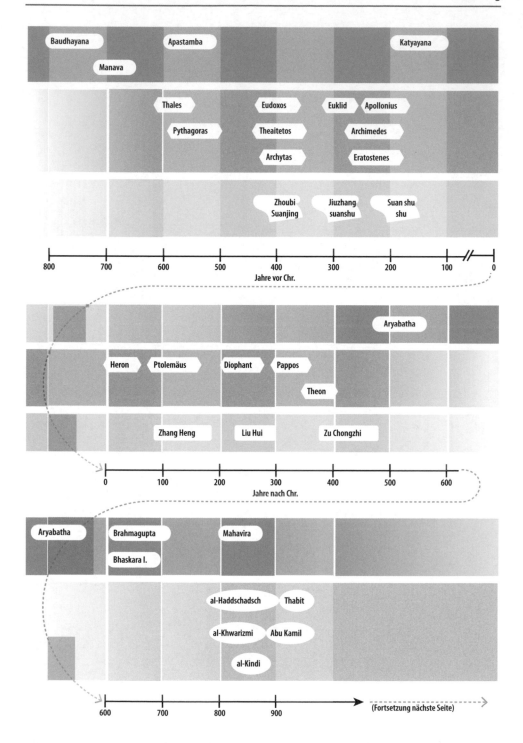

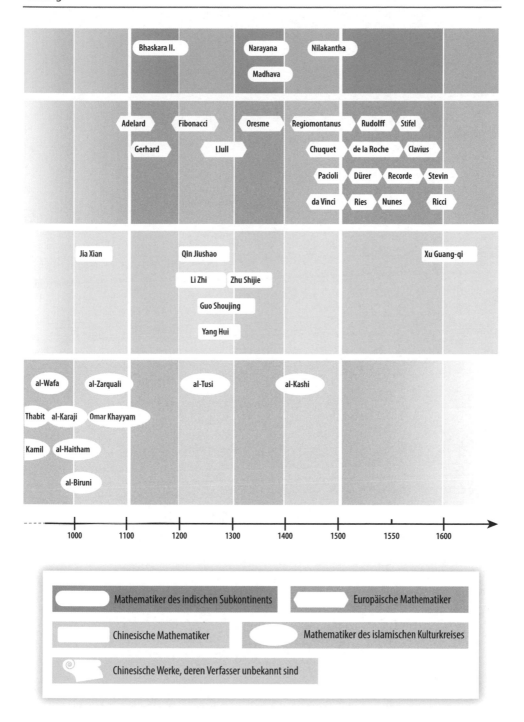

Abb. A.1 Zeittafel zur ungefähren Einordnung der Lebenszeiten der im Buch erwähnten Personen

Stichwortverzeichnis

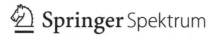

Printed by Wilco bv, the Netherlands